Inhalt

I. Lineare Gleichungssysteme

1. Grundlagen

12 1. a) $L = \{(4;1)\}$ b) $L = \{(1;2)\}$ c) $L = \{(4;0{,}5)\}$ d) $L = \{(1;8)\}$

2. a) $L = \{(2;3)\}$

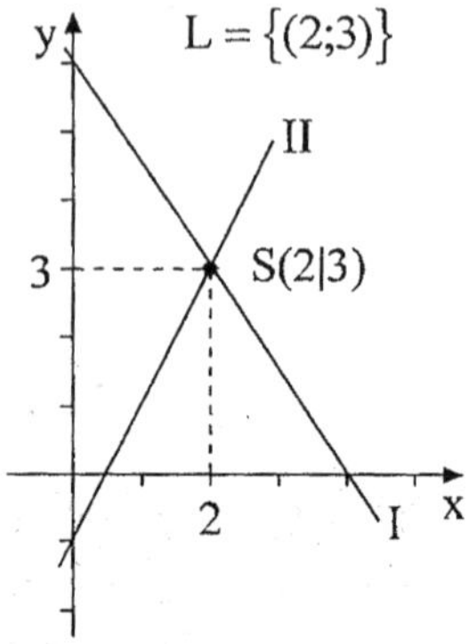

b) $L = \{(-3;1)\}$

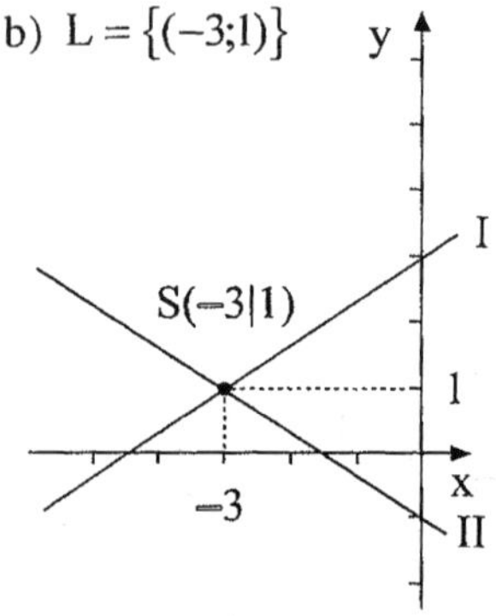

13 3. a) $x = 4$, $y = 7$ b) $x = 3$, $y = 2$ c) $x = \frac{1}{2}$, $y = \frac{1}{3}$

d) unlösbar e) $x = \frac{7}{3} - \frac{4}{3}c$, $y = c \in \mathbb{R}$

f) $x = 2$, $y = -2$ g) unlösbar h) $x = 3+2c$, $y = c \in \mathbb{R}$

4. a) $a \neq -10$ b) für alle $a \in \mathbb{R}$ c) $a \neq \pm 4$ d) $a \neq \pm 2$

14 5. a) $x = 1$, $y = -1$ b) $x = 3$, $y = 2$ c) $x = 5$, $y = 2$ d) $x = 2$, $y = -2$
e) $x = 2$, $y = 1$ f) $x = -1$, $y = 0$ g) $x = 5$, $y = -2$ h) $x = 6$, $y = 5$

6. a) $x = 2$, $y = -3$ b) $x = -2(1+c)$, $y = c \in R$

c) unlösbar, $L = \{\ \}$ d) $x = -\frac{3}{2}$, $y = -\frac{3}{2}$

e) $x = 1+3c$, $y = c \in R$ f) $x = 2$, $y = 2$

g) unlösbar, $L = \{\ \}$ h) $x = 5$, $y = -2$

7. a) für $a \in \mathbb{R} \setminus \{-6\}$ b) für $a \in \mathbb{R}$

c) für $a \in \mathbb{R} \setminus \{-3; 3\}$ d) für $a \in \mathbb{R} \setminus \{-5; 5\}$

8. Gesucht ist eine zweistellige Zahl mit der Zehnerziffer x und der Einerziffer y: $xy = 10x + y$
Die Quersumme ist die Summe der Ziffern: $x + y$. Somit erhält man das Gleichungssystem:
I $10x + y = 7(x+y)$
II $10y + x = 10x + y - 27$, Lösung: $x = 6$, $y = 3$, gesuchte Zahl: 63

Mathematik

Gymnasiale Oberstufe

Berlin

Leistungskurs MA-3

Lösungen

Herausgegeben von

Dr. Anton Bigalke   Dr. Norbert Köhler

Erarbeitet von

Dr. Anton Bigalke
Dr. Norbert Köhler
Dr. Horst Kuschnerow
Dr. Gabriele Ledworuski

unter Mitarbeit der Verlagsredaktion

Cornelsen

Umschlagfoto: Fotolia/Jörg Franzen

In den Marginalien wird die Seitennummer der Aufgabenstellung im Lehrbuch angezeigt. Beispiel: 12

Unter **www.cornelsen.de/bigalke-koehler** finden Sie Material, das die dem Buch beiliegende CD ergänzt. Die Buchkennung lautet: MBK40013. Im Passwort-geschützten Lehrerbereich liegen z. B. die Lösungen zu den Arbeitsblättern zum Download bereit: Einfach „Lehrer-Inhalte einblenden" anklicken und dann per Kundennummer als Lehrer identifizieren.

www.cornelsen.de
www.vwv.de

1. Auflage, 3. Druck 2018

Alle Drucke dieser Auflage sind inhaltlich unverändert und können im Unterricht nebeneinander verwendet werden.

Druck: Bosch-Druck GmbH

ISBN 978-3-06-040016-4

PEFC
PEFC/04-31-1575

PEFC zertifiziert
Dieses Produkt stammt aus nachhaltig bewirtschafteten Wäldern und kontrollierten Quellen.

www.pefc.de

14

9. x = Menge der hellgrünen Farbe
y = Menge der dunkelgrünen Farbe

Gleichungssystem:
I $0{,}3x + 0{,}6y = 6$
II $0{,}7x + 0{,}4y = 10$
(Gesamtmenge III $x + y = 16$)

Lösung: $x = 12$, $y = 4$: Es ergeben sich 12 Liter hellgrüne und 4 Liter dunkelgrüne Farbe.

10.

	Alter vor 3 Jahren	jetzt	Alter in 4 Jahren
Max	$x-3$	x	$x+4$
Moritz	$y-3$	y	$y+4$

LGS: I $y+4=2(x+4)$ (Aussage von Max)
II $y-3=3(x-3)$ (Aussage von Moritz)

Lösung des LGS: $x = 10$, $y = 24$

Max ist jetzt 10 Jahre alt, Moritz ist 24 Jahre alt.

2. Das Lösungsverfahren von Gauß

17

1. a) $L=\{(1;-3;3)\}$ b) $L=\{(3{,}5;0{,}5;2)\}$ c) $L=\{(2;2;2)\}$ d) $L=\{(0;4;2)\}$
e) $L=\{(4;-2;2)\}$ f) $L=\{(2;3;2)\}$

2. a) $L=\{(0;2;3)\}$ b) $L=\{(-2;3;4)\}$ c) $L=\{(1;-3;1)\}$ d) $L=\{(4;6;8)\}$
e) $L=\{(1;2;3)\}$ f) $L=\{(1;1;-2)\}$

3. a) $L=\{(1;2;3;4)\}$ b) $L=\{(1;-2;3;4)\}$ c) $L=\{(1;0;-1;2)\}$

4. a) $L=\{(4;3;-2)\}$ b) $L=\{(-2;2;3)\}$ c) $L=\{(3;-2;1)\}$
d) $L=\{(4;6;8)\}$ e) $L=\{(4;-6;2)\}$ f) $L=\{(4;5;6)\}$

5. a, b, c seien die Ziffern der Zahl z, d.h. $z = 100a + 10b + c$.
Dann gilt:
I. $a + b + c = 14$
II. $100c + 10b + a - 22 = 2(100a + 10b + c)$
III. $b = a + c$

Lösung: $a = 2$, $b = 7$, $c = 5$, $z = 275$

6. Ansatz: $f(x) = ax^2 + bx + c$, $f'(x) = 2ax + b$
$f(1) = 0$ $a + b + c = 0$
$f(2) = 6$ $4a + 2b + c = 6$
$f'(2) = 8$ $4a + b = 8$

Lösung: $a = 2$, $b = 0$, $c = -2$

Resultat: $f(x) = 2x^2 - 2$

3. Lösbarkeitsuntersuchungen

19 1. a) $L=\{(-1+2c;4-3c;c);c\in\mathbb{R}\}$ b) $L=\{\ \}$ c) $L=\{(3+2c;1+c;c);c\in\mathbb{R}\}$
d) $L=\{(-3+c;-1+c;4-c;c);c\in\mathbb{R}\}$

20 2. a) $L=\{(2;2)\}$, eindeutig lösbar b) $L=\{\ \}$, unlösbar c) $L=\{(5;-2)\}$
d) $L=\{\ \}$, unlösbar e) $L=\{(0;5;-1)\}$
f) $L=\{(-1+2{,}5c-1{,}5d;5-8c+5d;c;d);c,d\in\mathbb{R}\}$, unendlich viele Lösungen
g) $L=\{\ \}$, unlösbar h) $L=\{(2-1{,}5c-d;4-3c-2d;c;d);c,d\in\mathbb{R}\}$
i) $L=\{(3+2c-d;c;d);c,d\in\mathbb{R}\}$

21 3. a) Nach 4 Äquivalenzumformungen erhält man:
I $x+2y-z=4$ 1. Fall: $a\neq-1$, eindeutig lösbar, $L=\left\{\left(\frac{-2a}{1+a};\frac{1+3a}{1+a};\frac{-2}{1+a}\right)\right\}$
II $y-z=3$ 2. Fall: $a=-1$, unlösbar, $L=\{\ \}$
III $(1+a)z=-2$

b) Äquivalenzumformungen führen auf $(2+a)y=7-a$.
1. Fall: $a\neq-2$, eindeutig lösbar, $L=\left\{\left(\frac{9a-9}{2+a};\frac{7-a}{2+a};\frac{-a^2+15a-11}{2(2+a)}\right)\right\}$
2. Fall: $a=-2$, unlösbar, $L=\{\ \}$

c) Äquivalenzumformungen führen auf $(-8+2a)z=20+2a$.
1. Fall: $a\neq4$, eindeutig lösbar, $L=\left\{\left(\frac{-6a-25}{a-4};\frac{-a-3}{a-4};\frac{a+10}{a-4}\right)\right\}$
2. Fall: $a=4$, unlösbar

d) Äquivalenzumformungen führen auf $(a-3)z=2a-6$.
1. Fall: $a\neq3$, eindeutig lösbar, $L=\{(1;-1;2)\}$
2. Fall: $a=3$ unendlich viele Lösungen, z frei wählbar, $L=\{(-1+c;3-2c;c), c\in R\}$

e) Äquivalenzumformungen führen auf $(1+a^2)y=a$. $1+a^2\neq0$ für alle $a\in\mathbb{R}$
Das LGS ist für alle $a\in\mathbb{R}$ eindeutig lösbar, $L=\left\{\left(\frac{2a^2+1}{a^2+1};\frac{a}{a^2+1};\frac{-a^3}{a^2+1}\right)\right\}$

f) Äquivalenzumformungen führen auf $(-a^2+a+6)z=0$.
1. Fall: $a^2-a-6=0$, $a_{1/2}=\frac{1}{2}\pm\sqrt{6{,}25}$
$a_1=3, L=\{(c;c;c), c\in R\}, a_2=-2, L=\{(c;-\frac{3}{2}c;c)\ c\in R\}$
2. Fall: $a\neq3$, $a\neq-2\Rightarrow$ eindeutig lösbar $L=\{(0;0;0)\}$

22 4. a) $L=\{(\frac{1}{2};8;2)\}$ b) $L=\{(2;3;-1)\}$ c) $L=\{(1;3;3)\}$
d) $L=\{\ \}$ e) $L=\{(-3c;-1-c;c);c\in\mathbb{R}\}$ f) $L=\{(6;2;-3)\}$

5. a) $L=\{\ \}$ b) $x=3, y=2, z=1$
c) $x=2-\frac{1}{3}c, y=2+\frac{2}{3}c, z=c$ d) $x=5, y=-2, z=1$
e) $x=1-\frac{4}{7}c, y=-1+\frac{2}{7}c, z=c$ f) $L=\{\ \}$
g) $x=2-\frac{2}{3}c, y=2-\frac{1}{3}c, z=c$ h) $x=4, y=6, z=2$
i) $x=-8, y=4, z=36$

6. a) $x = 1$, $y = 2$, $z = 0$, $t = 1$ 22

b) $x = 0$, $y = 1$, $z = -1$, $t = 3$

c) $L = \{\ \}$

d) $x = -\frac{3}{2} - \frac{15}{4}c$, $y = \frac{1}{2} + \frac{7}{4}c$, $z = 2-4c$, $t = c$

e) $x = 10,\ y = 5,\ z = 20,\ t = 10$

f) $x = 0,\ y = \frac{9}{5} - \frac{4}{5}c,\ z = \frac{2}{5} - \frac{2}{5}c,\ t = c$

7. a) eindeutig lösbar, $L = \{(2;-1;-2;0)\}$

b) unendlich viele Lösungen, $L = \{(1-c;c;c;c); c \in \mathbb{R}\}$

c) unendlich viele Lösungen, $L = \{(c-2d;c-d;d;c;d); c,d \in \mathbb{R}\}$

8. a) $L = \{(2;2)\}$ b) $L = \{\ \}$ c) $L = \{(5;15;2)\}$ 23

d) $L = \{(1-c;-1;c); c \in \mathbb{R}\}$ e) $L = \{\ \}$

f) $L = \{(2+c;c;2c-4); c \in \mathbb{R}\}$ g) $L = \{(-1{,}5-c;-0{,}5;c); c \in \mathbb{R}\}$

h) $L = \{(-6c-6d;5c+5d;c;d); c,d \in \mathbb{R}\}$ i) $L = \{\ \}$

j) $L = \left\{\left(-2+\frac{b}{2}-\frac{c}{2}-\frac{3}{2}d;b;c;d\right); b,c,d \in \mathbb{R}\right\}$

k) $L = \{(3{,}5+0{,}5c;-9{,}5+2{,}5c;4{,}5-1{,}5c;c); c \in \mathbb{R}\}$ l) $L = \{\ \}$

9.
$$\begin{aligned} 3x + 16y + 40z &= 30 \\ 2x + 30z &= 10 \\ 8y + 10z &= 10 \end{aligned}$$
Lösung: $x = 2,\ y = 1,\ z = 0{,}2$

10.
$$\begin{aligned} x + y + z &= 60 \\ 5x + 4y + 3z &= 230 \\ x - y + z &= 0 \end{aligned}$$
$x = 10,\ y = 30,\ z = 20$

11. s: Anzahl der Schnecken, r: Anzahl der Raben, k: Anzahl der Katzen

39 Köpfe: $s + r + k = 39$

57 Füße: $s + 2r + 4k = 57$

$2r = 4k + 6$ Die Raben haben 6 Füße mehr als die Katzen.

Lösung: $s = 27,\ r = 9,\ k = 3$

4. Anwendung: Ströme in Netzwerken

1. a) LGS: 24

A: $13 = 6 + x \Rightarrow x = 7$

B: $x + 6 + u = 10 + y \Rightarrow u + 3 = y$

C: $y + 14 = 20 + z \Rightarrow y = 6 + z$

D: $12 + z = 9 + u \Rightarrow 3 + z = u$, $u = 3,\ z = 0,\ y = 6,\ x = 7$

Ergebnis: Die neue Fahrbahn DB muss mindestens eine Kapazität von 3000 KFZ pro Stunde haben.

b) LGS:

A: $8 + t = 6 + x \Rightarrow x - t = 2$

B: $x + 6 = 15 + y \Rightarrow x - y = 9$

C: $14 + y = z + 10 \Rightarrow -y + z = 4$

D: $12 + z = 9 + t \Rightarrow -z + t = 3$, $x = 9,\ y = 0,\ z = 4,\ t = 7$

2. $x_1 = 4$; $x_2 = 1$; $x_3 = 2$; $x_4 = 3$ 25

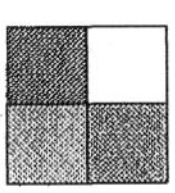

Streifzug

27 1. a) $x_1CuO + x_2C \rightarrow x_3Cu + x_4CO_2$

LGS: Cu: $x_1 = x_3$ Normalform: $x_1 - x_3 = 0$

O: $x_1 = 2x_4$ $x_1 - 2x_4 = 0$

C: $x_2 = x_4$ $x_2 - x_4 = 0$, $L = \{(2c; c; 2c; c); c \in \mathbb{R}\}$

Für c = 1 ergibt sich die kleinste natürliche Lösung (2;1;2;1).

b) LGS: Fe: $x_1 = 2x_4$ Normalform: $x_1 - 2x_4 = 0$

S: $2x_1 = x_3$ $2x_1 - x_3 = 0$

O: $2x_2 = 2x_3 + 3x_4$ $2x_2 - 2x_3 - 3x_4 = 0$

$L = \{(2c; 5{,}5c; 4c; c); c \in \mathbb{R}\}$

Für c = 2 ergibt sich die kleinste natürliche Lösung (4;11;8;2).

c) LGS: P: $4x_1 = x_3$ Normalform: $4x_1 - x_3 = 0$

O: $10x_1 + x_2 = 4x_3$ $10x_1 + x_2 - 4x_3 = 0$

H: $2x_2 = 3x_3$ $2x_2 - 3x_3 = 0$, $L = \{(\frac{c}{4}; \frac{3}{2}c; c); c \in \mathbb{R}\}$

Für c = 4 ergibt sich die kleinste natürliche Lösung (1;6;4).

d) LGS: C: $6x_1 = 2x_2 + x_3$ Normalform: $6x_1 - 2x_2 - x_3 = 0$

H: $12x_1 = 6x_2$ $2x_1 - x_2 = 0$

O: $6x_1 = x_2 + 2x_3$ $6x_1 - x_2 - 2x_3 = 0$, $L = \{(\frac{c}{2}; c; c); c \in \mathbb{R}\}$

Für c = 2 ergibt sich die kleinste natürliche Lösung (1;2;2).

e) LGS: K: $x_1 = x_6$ Normalform: $x_1 - x_6 = 0$

Mn: $x_1 = x_3$ $x_1 - x_3 = 0$

O: $4x_1 = x_5$ $4x_1 - x_5 = 0$

H: $x_2 = 2x_5$ $x_2 - 2x_5 = 0$

Cl: $x_2 = 2x_3 + 2x_4 + x_6$ $x_2 - 2x_3 - 2x_4 - x_6 = 0$

$L = \{(c; 8c; c; \frac{5}{2}c; 4c; c); c \in \mathbb{R}\}$, kleinste nat. Lösung: (2;16;2;5;8;2) (c = 2)

2. $x_1H_2O + x_2CO_2 + x_3CaCO_3 \rightarrow x_4Ca + x_5HCO_3$

LGS: H: $2x_1 = x_5$ Normalform: $2x_1 - x_5 = 0$

O: $x_1 + 2x_2 + 3x_3 = 3x_5$ $x_1 + 2x_2 + 3x_3 - 3x_5 = 0$

C: $x_2 + x_3 = x_5$ $x_2 + x_3 - x_5 = 0$

Ca: $x_3 = x_4$ $x_3 - x_4 = 0$

$L = \{(\frac{c}{2}; \frac{c}{2}; \frac{c}{2}; \frac{c}{2}; c); c \in \mathbb{R}\}$, kleinste nat. Lösung: (1;1;1;1;2) (c = 2)

Reaktionsgleichung: $H_2O + CO_2 + CaCO_3 \rightarrow Ca + 2HCO_3$

28 3. Die Ziffern der gesuchten Zahl seien x, y, z.

$x + y + z = 16$ Quersumme

$x + y = z + 2$

$x + 2y = 2z$ Lösung: $x = 4$, $z = 7$, $y = 5$ Die gesuchte Zahl lautet: 457

4. A = 40 g, B = 50 g, C = 10 g

28

5. a) Ansatz: $f(x) = ax^2 + bx + c$

$f(1) = -1$:	$a + b + c = -1$	Lösung	$a = 3$
$f(2) = 3$:	$4a + 2b + c = 3$		$b = -5$
$f(-2) = 23$:	$4a - 2b + c = 23$		$c = 1$, $f(x) = 3x^2 - 5x + 1$

b) Ansatz: $f(x) = ax^3 + bx^2 + cx + d$, $f'(x) = 3ax^2 + 2bx + c$

$f(1) = 5$:	$a + b + c + d = 5$	Lösung	$a = 2$
$f(2) = 16$:	$8a + 4b + 2c + d = 16$		$b = -1$
$f(-1) = 1$:	$-a + b - c + d = 1$		$c = 0$
$f'(-1) = 8$:	$3a - 2b + c = 8$		$d = 4$, $f(x) = 2x^3 - x^2 + 4$

c) $f(x) = x^3 - x^2 - x - 2$

6. a) LGS: H: $2x_1 = 2x_5$
S: $x_1 = x_3 + x_4$
O: $4x_1 = 4x_3 + 2x_4 + x_5$, $L = \left\{(c; \frac{c}{2}; \frac{c}{2}; \frac{c}{2}; c); c \in \mathbb{R}\right\}$
Cu: $x_2 = x_3$, kleinste nat. Lösung: (2;1;1;1;2) (c = 2)

b) LGS: Cu: $x_1 = x_3$
O: $x_1 = x_5$
N: $x_2 = 2x_4$, $L = \left\{(c; \frac{2}{3}c; c; \frac{c}{3}; c); c \in \mathbb{R}\right\}$
H: $3x_2 = 2x_5$, kleinste nat. Lösung: (3;2;3;1;3) (c = 3)

c) LGS: H: $x_1 + 2x_2 = 3x_3 + x_5$
O: $3x_1 + 4x_2 = x_3 + 2x_4 + 4x_5$
N: $x_1 = x_4$, $L = \left\{(\frac{c}{2}; c; \frac{c}{2}; \frac{c}{2}; c); c \in \mathbb{R}\right\}$
S: $x_2 = x_5$, kleinste nat. Lösung: (1;2;1;1;2) (c = 2)

7. LGS:
A: $1500 + t = x$
B: $x = y + 900$
C: $y = 900 + z$
D: $600 + z = 300 + t$, Minimallösung: $t = 300$, $z = 0$, $y = 900$, $x = 1800$

Test

30 1. a) $x = -2$, $y = 3$, $z = 5$ eindeutig lösbar
b) unlösbar, keine Lösung
c) unendlich viele Lösungen, einparametrige unendliche Lösung
Parameterlösung:
$x = \frac{8-5c}{3}$, $y = \frac{7-c}{3}$, $z = c \in \mathbb{R}$

2. a) Dreieckssystem

$$\begin{array}{llcl} \text{I} & 2x - 2y + 2z & = & 10 \\ \text{II} & \phantom{2x - {}} 2y + 8z & = & 22 \\ \text{III, IV} & \phantom{2x - 2y + {}} 0 & = & 0 \end{array}$$

$L = \{(16 - 5c; 11 - 4c; c); c \in \mathbb{R}\}$

b) unendlich viele Lösungen,
$L = \{(-1 + \frac{1}{3}c; 10 - \frac{4}{3}c; c); c \in \mathbb{R}\}$

3. a) Äquivalenzumformungen führen auf $(-6a+6)y = -2b + 10$.
Für $a = 1$ und $b \neq 5$ unlösbar, $L = \{\ \}$.
Für $a = 1$ und $b = 5$ unendlich viele Lösungen, $L = \{(5 - 3c; c); c \in \mathbb{R}\}$.
Für $a \neq 1$ eindeutig lösbar, $L = \{(\frac{b-5a}{1-a}; \frac{5-b}{3-3a})\}$.
b) Äquivalenzumformungen führen auf $(-6+a)y = a$.
Für $a = 6$ unlösbar, $L = \{\ \}$.
Für $a \neq 6$ eindeutig lösbar, $L = \{(\frac{-2-2a}{a-6}; \frac{a}{a-6}; \frac{2}{a-6})\}$.

4. $g + e + k = 100$
$5g + 3e + k/3 = 100$ führt auf $4k = 3g + 300$, g muss durch 4 teilbar sein
Möglichkeiten:

g	4	8	12
e	18	11	4
k	78	81	84

II. Vektoren
1. Punkte im Koordinatensystem

34

1. a)

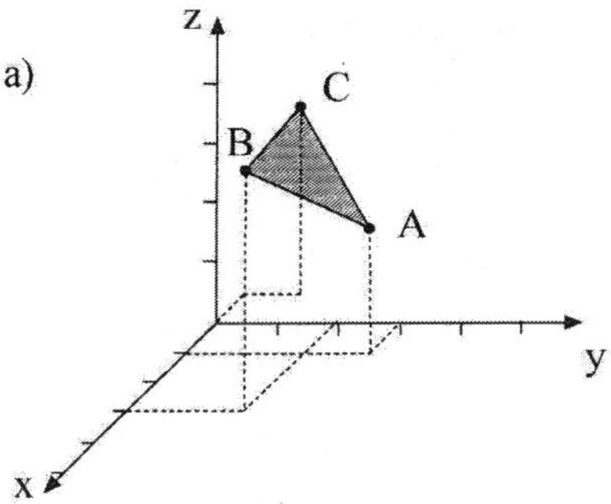

b) $d(A;B) = \sqrt{(3-1)^2 + (2-3)^2 + (4-2)^2} = \sqrt{9} = 3$

$d(A;C) = \sqrt{(-1-1)^2 + (1-3)^2 + (3-2)^2} = \sqrt{9} = 3$

$d(B;C) = \sqrt{16+1+1} = \sqrt{18}$

$\Rightarrow \quad |\overline{AC}| = |\overline{AB}|$

2. a)

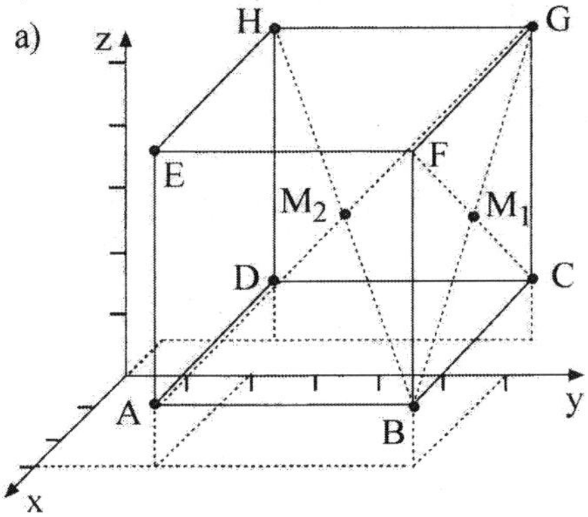

b) C(-1|6|1), D(-1|2|1), E(3|2|5)
F(3|6|5), H(-1|2|5)

c) $M_1(1|6|3)$

d) $M_2(1|4|3)$

e) $d(A;G) = \sqrt{4^2 + 4^2 + 4^2} = \sqrt{48}$

3. a)

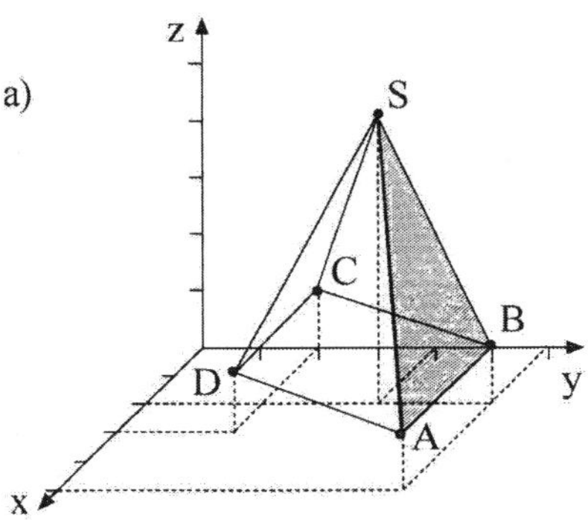

b) $d(A;S) = \sqrt{9+4+16} = \sqrt{29}$

c) F(2|4|1), $d(F;S) = \sqrt{0+0+16} = 4$

4. $d(A;G) = \sqrt{(x-2)^2 + 16 + 64} = 12$

$(x-2)^2 = 64$, $\quad x - 2 = \pm 8$, $\quad x = 10$ und $x = -6$

5. a) P(3|3|2)

b) B'(6|6|0)

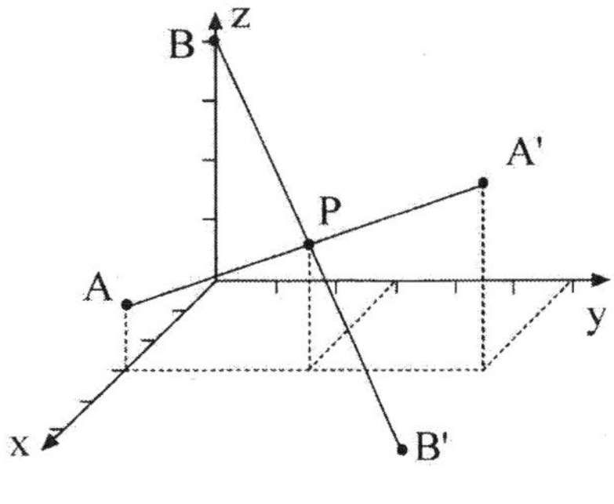

34 6. a) B(0|4|0), C(−10|4|0), D(−10|−4|0), E(0|−4|3), F(0|4|3), H(−10|−4|3), I(0|0|5)

b) $A_D = 2 \cdot d(G;K) \cdot 10 = 20 \cdot \sqrt{16+4} = 20\sqrt{20} \approx 89{,}44$

c) $A_{W_1} = 10 \cdot 3 \cdot 2 = 60$, $A_{W_2} = 2 \cdot (8 \cdot 3 + \frac{1}{2} \cdot 8 \cdot 2) = 64 \Rightarrow A_{ges.} = 124$

d) $V_{Prisma} = G \cdot h = 32 \cdot 10 = 320$

e) $d(A;K) = \sqrt{100+16+25} = \sqrt{141} \approx 11{,}87$

$d(A;G) = \sqrt{64+100+9} = \sqrt{173} \approx 13{,}15$

2. Vektoren

36 1. a) $\overrightarrow{HG}$ b) $\overrightarrow{AD}$ c) $\overrightarrow{AE}$, $\overrightarrow{BF}$, $\overrightarrow{CG}$

d) $\overrightarrow{FE}$ e) $\overrightarrow{AB}$ f) $\overrightarrow{BG}$

2. a) $\begin{pmatrix} 4 \\ 0 \\ 0 \end{pmatrix}$ b) $\begin{pmatrix} -4 \\ 0 \\ 0 \end{pmatrix}$ c) $\begin{pmatrix} 0 \\ 0 \\ 3 \end{pmatrix}$

d) $\begin{pmatrix} -4 \\ 0 \\ 3 \end{pmatrix}$ e) $\begin{pmatrix} -4 \\ -6 \\ 3 \end{pmatrix}$ f) $\begin{pmatrix} -4 \\ 0 \\ 3 \end{pmatrix}$

g) $\begin{pmatrix} 0 \\ 6 \\ 3 \end{pmatrix}$ h) $\begin{pmatrix} 0 \\ 6 \\ 0 \end{pmatrix}$ i) $\begin{pmatrix} -4 \\ 6 \\ 0 \end{pmatrix}$

3. $\vec{a} = \begin{pmatrix} -3 \\ 3 \\ 0 \end{pmatrix}$, $\vec{b} = \begin{pmatrix} -3 \\ 3 \\ 6 \end{pmatrix}$, $\vec{c} = \begin{pmatrix} 3 \\ 3 \\ -6 \end{pmatrix}$, $\vec{h} = \begin{pmatrix} 0 \\ 0 \\ 6 \end{pmatrix}$

37 4. a) $\overrightarrow{PQ} = \begin{pmatrix} 4 \\ 3 \end{pmatrix}$ b) $\overrightarrow{PQ} = \begin{pmatrix} -4 \\ 4 \end{pmatrix}$ c) $\overrightarrow{PQ} = \begin{pmatrix} 4 \\ 4 \\ 4 \end{pmatrix}$

d) $\overrightarrow{PQ} = \begin{pmatrix} 6 \\ 6 \\ -6 \end{pmatrix}$ e) $\overrightarrow{PQ} = \begin{pmatrix} -1 \\ 2 \\ -5 \end{pmatrix}$ f) $\overrightarrow{PQ} = \begin{pmatrix} a-1 \\ -7 \\ a+1 \end{pmatrix}$

5. b) $\overrightarrow{AB} = \begin{pmatrix} 4 \\ 4 \\ 0 \end{pmatrix}$, $\overrightarrow{AC} = \begin{pmatrix} -2 \\ 7 \\ 0 \end{pmatrix}$, $\overrightarrow{AS} = \begin{pmatrix} 1 \\ 4 \\ 6 \end{pmatrix}$

c) $\overrightarrow{AM} = \begin{pmatrix} 2 \\ 2 \\ 0 \end{pmatrix}$

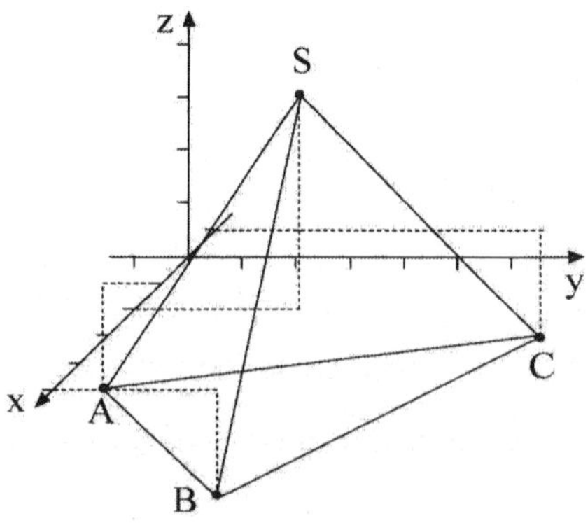

6. a) $\sqrt{1+a^2}$ b) $\sqrt{144+25}=13$ c) $\sqrt{34}\approx 5{,}83$ 38

d) $\sqrt{173}$ e) $\sqrt{196}=14$ f) $\sqrt{9a^2+16a^2}=5a$

7. a) $|\vec{a}|=\sqrt{t^2+4t^2}=\sqrt{5t^2}=1,\quad t=\pm\frac{1}{\sqrt{5}}$

b) $|\vec{a}|=\sqrt{4+t^2}=t+1,\quad 4+t^2=t^2+2t+1,\quad t=1{,}5$

c) $|\vec{a}|=\sqrt{9t^2}=3t=5,\quad t=\frac{5}{3}$

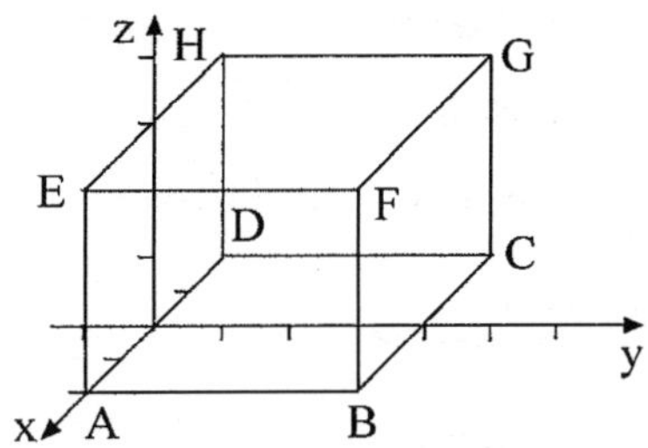

8. A(2|0|0), D(-2|0|0), E(2|0|3), F(2|4|3), G(-2|4|3) 39

$|BH|=\sqrt{16+16+9}=\sqrt{41}\approx 6{,}4$

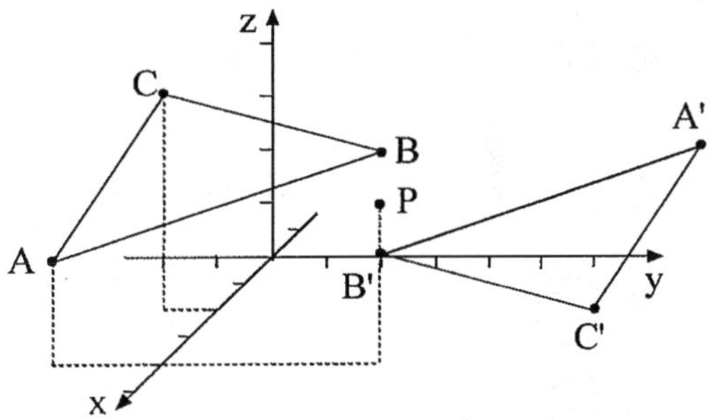

9. $\overrightarrow{AB}=\begin{pmatrix}-4\\4\\0\end{pmatrix},\quad \overrightarrow{AC}=\begin{pmatrix}-2\\1\\2\end{pmatrix},\quad \overrightarrow{BC}=\begin{pmatrix}2\\-3\\2\end{pmatrix}$

$U=\sqrt{32}+\sqrt{9}+\sqrt{17}\approx 12{,}78$

A'(4|10|4), B'(8|6|4), C'(6|9|2)

10. a) $\overrightarrow{AB}=\begin{pmatrix}6\\-2\end{pmatrix}=\overrightarrow{DC},\quad \overrightarrow{AD}=\begin{pmatrix}3\\3\end{pmatrix}=\overrightarrow{BC}\Rightarrow$ Parallelogramm 40

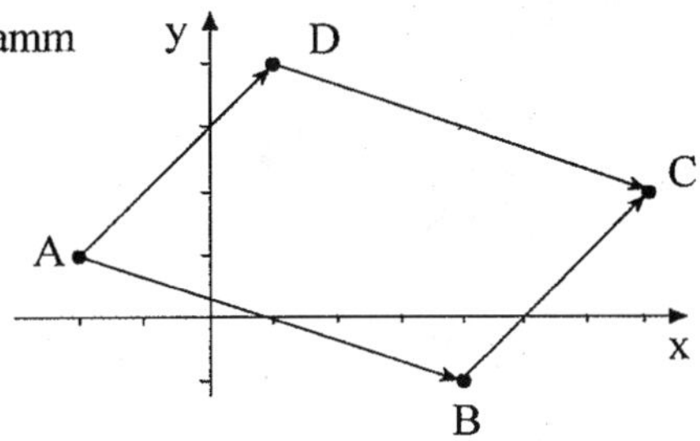

b) $\overrightarrow{AB}=\begin{pmatrix}3\\1\end{pmatrix}=\overrightarrow{DC},\quad \overrightarrow{AD}=\begin{pmatrix}0\\3\end{pmatrix}=\overrightarrow{BC}$, Parall.

c) $\overrightarrow{AB}=\begin{pmatrix}7\\6\\2\end{pmatrix}\neq\begin{pmatrix}7\\3\\2\end{pmatrix}=\overrightarrow{DC}$, kein Parall.

d) $\overrightarrow{AB}=\begin{pmatrix}-4\\7\\2\end{pmatrix}=\overrightarrow{DC},\quad \overrightarrow{AD}=\begin{pmatrix}-5\\-7\\2\end{pmatrix}=\overrightarrow{BC}$, Parall.

11. $\overrightarrow{AB}=\begin{pmatrix}6\\2\\6\end{pmatrix},\quad \begin{pmatrix}4\\1\\3\end{pmatrix}-\begin{pmatrix}6\\2\\6\end{pmatrix}=\begin{pmatrix}-2\\-1\\-3\end{pmatrix},\quad D(-2|-1|-3),\quad |\overrightarrow{AB}|=\sqrt{76}$

$\overrightarrow{BC}=\begin{pmatrix}-2\\-4\\4\end{pmatrix},\quad |\overrightarrow{BC}|=6\neq|\overrightarrow{AB}|$

Das Viereck ist keine Raute.

12. a) $\overrightarrow{AB}=\overrightarrow{HG}=\overrightarrow{GF},\ \overrightarrow{BJ}=\overrightarrow{DL},\ \overrightarrow{IB}=\overrightarrow{GD},\quad \overrightarrow{CE}=\overrightarrow{IG}=\overrightarrow{JL},\ \overrightarrow{KL}=\overrightarrow{IH}$ 41

b) $\overrightarrow{JH}$ ist doppelt so lang wie $\overrightarrow{KL}$ und $\overrightarrow{GL}$.

$\overrightarrow{KL}$ und $\overrightarrow{GL}$ sind entgegengesetzt gerichtet.

41 13. a) $C(0|22)$ b) $B(6|24)$ c) $A(-2|1)$
d) $D(3|3+b-a)$ e) $B(-1|12|-1)$ f) $C(6|0|12)$
g) $C(4|11|0)$ h) $C(a-1|0|-4+2a)$

14. a) $\vec{a}=\begin{pmatrix}1\\4\end{pmatrix}$ b) $\vec{a}=\begin{pmatrix}10\\-7\end{pmatrix}$ c) $\vec{a}=\begin{pmatrix}2\\a+1\end{pmatrix}$ d) $\vec{a}=\begin{pmatrix}-3\\1\\7\end{pmatrix}$ e) $\vec{a}=\begin{pmatrix}3\\3\\-10\end{pmatrix}$

15. a) $Q(2|4|-2)$ b) $P(1|-2|3)$ c) $Q(2|0|1)$ d) $P(2|-2|5)$ e) $Q(3|-1|-3)$
f) $Q(-1|2|-3)$ g) $Q(0|a+2|-2)$ h) $P(a+1|1|3)$
i) $P(q_1+1|q_2-2|q_3+3)$ j) $Q(p_1-1|p_2+2|p_3-3)$

16. $\overrightarrow{AB}=\begin{pmatrix}0\\4\\0\end{pmatrix}, |\overrightarrow{AB}|=4$, $\overrightarrow{AD}=\begin{pmatrix}-2\\0\\0\end{pmatrix}, |\overrightarrow{AD}|=2$, $\overrightarrow{AE}=\begin{pmatrix}0\\0\\2\end{pmatrix}, |\overrightarrow{AE}|=2$

$\overrightarrow{AF}=\begin{pmatrix}0\\4\\2\end{pmatrix}, |\overrightarrow{AF}|=\sqrt{20}$, $\overrightarrow{AG}=\begin{pmatrix}-2\\4\\2\end{pmatrix}, |\overrightarrow{AG}|=\sqrt{24}$, $\overrightarrow{AH}=\begin{pmatrix}-2\\0\\2\end{pmatrix}, |\overrightarrow{AH}|=\sqrt{8}$

$\overrightarrow{BC}=\begin{pmatrix}-2\\0\\0\end{pmatrix}, |\overrightarrow{BC}|=2$, $\overrightarrow{BH}=\begin{pmatrix}-2\\-4\\2\end{pmatrix}, |\overrightarrow{BH}|=\sqrt{24}$, $\overrightarrow{CD}=\begin{pmatrix}0\\-4\\0\end{pmatrix}, |\overrightarrow{CD}|=4$

$\overrightarrow{CH}=\begin{pmatrix}0\\-4\\2\end{pmatrix}, |\overrightarrow{CH}|=\sqrt{20}$, $\overrightarrow{DA}=\begin{pmatrix}2\\0\\0\end{pmatrix}, |\overrightarrow{DA}|=2$, $\overrightarrow{DB}=\begin{pmatrix}2\\4\\0\end{pmatrix}, |\overrightarrow{DB}|=\sqrt{20}$

$\overrightarrow{DC}=\begin{pmatrix}0\\4\\0\end{pmatrix}, |\overrightarrow{DC}|=4$, $\overrightarrow{EB}=\begin{pmatrix}0\\4\\-2\end{pmatrix}, |\overrightarrow{EB}|=\sqrt{20}$, $\overrightarrow{EC}=\begin{pmatrix}-2\\4\\-2\end{pmatrix}, |\overrightarrow{EC}|=\sqrt{24}$

$\overrightarrow{ED}=\begin{pmatrix}-2\\0\\-2\end{pmatrix}, |\overrightarrow{ED}|=\sqrt{8}$, $\overrightarrow{EG}=\begin{pmatrix}-2\\4\\0\end{pmatrix}, |\overrightarrow{EG}|=\sqrt{20}$, $\overrightarrow{FD}=\begin{pmatrix}-2\\-4\\-2\end{pmatrix}, |\overrightarrow{FD}|=\sqrt{24}$

$\overrightarrow{FG}=\begin{pmatrix}-2\\0\\0\end{pmatrix}, |\overrightarrow{FG}|=2$, $\overrightarrow{FH}=\begin{pmatrix}-2\\-4\\0\end{pmatrix}, |\overrightarrow{FH}|=\sqrt{20}$, $\overrightarrow{HG}=\begin{pmatrix}0\\4\\0\end{pmatrix}, |\overrightarrow{HG}|=4$

17. a) $\left|\begin{pmatrix}4\\1\\8\end{pmatrix}\right|=\sqrt{16+1+64}=9$, $\left|\begin{pmatrix}32\\8\\1\end{pmatrix}\right|=\sqrt{1024+64+1}=33$

$\left|\begin{pmatrix}2\\-6\\5\end{pmatrix}\right|=\sqrt{4+36+25}=\sqrt{65}$, $\left|\begin{pmatrix}0\\-15\\-20\end{pmatrix}\right|=\sqrt{225+400}=25$

b) $\left|\begin{pmatrix}2a\\2\\5\end{pmatrix}\right|=\sqrt{4a^2+4+25}=15$, $a=\pm 7$

3. Rechnen mit Vektoren

1. a) $\begin{pmatrix} 5 \\ -1 \end{pmatrix}$ b) $\begin{pmatrix} 5 \\ -3 \\ 4 \end{pmatrix}$ c) $\begin{pmatrix} 0 \\ 0 \\ 0 \end{pmatrix}$ d) $\begin{pmatrix} 4 \\ 0 \\ 2 \end{pmatrix}$ e) geht nicht 43

2. $\vec{u} = \begin{pmatrix} 0 \\ 3 \end{pmatrix}$, $\vec{v} = \begin{pmatrix} -3 \\ 2 \end{pmatrix}$, $\vec{w} = \begin{pmatrix} 3 \\ 1 \end{pmatrix}$

   a) $\begin{pmatrix} -3 \\ 5 \end{pmatrix}$ b) $\begin{pmatrix} 3 \\ 4 \end{pmatrix}$ c) $\begin{pmatrix} 0 \\ 3 \end{pmatrix}$ d) $\begin{pmatrix} 0 \\ 6 \end{pmatrix}$ e) $\begin{pmatrix} -3 \\ 5 \end{pmatrix}$ f) $\begin{pmatrix} 0 \\ 6 \end{pmatrix}$ g) $\begin{pmatrix} 0 \\ 6 \end{pmatrix}$

   Die zeichnerische Konstruktion erfolgt durch Anwendung der Parallelogramm- bzw. der Dreiecksregel.

3. Die Vektoren sind gleich.

4. a) $\begin{pmatrix} 3 \\ -3 \\ 1 \end{pmatrix}$ b) $\begin{pmatrix} 3 \\ 1 \\ 4 \end{pmatrix}$ c) $\begin{pmatrix} 1 \\ 9 \end{pmatrix}$ d) $\begin{pmatrix} 0 \\ -4 \\ -4 \end{pmatrix}$ e) / 44

   f) $\begin{pmatrix} 5 \\ 2 \\ 7 \end{pmatrix}$ g) $\begin{pmatrix} 1 \\ -8 \\ -4 \end{pmatrix}$ h) $\begin{pmatrix} -2 \\ -1 \\ -3 \end{pmatrix}$ i) $\begin{pmatrix} 0 \\ 0 \\ 0 \end{pmatrix}$

5. a) $\begin{pmatrix} 3 \\ 4 \end{pmatrix}$ b) $\begin{pmatrix} 6 \\ 6 \end{pmatrix}$ c) $\begin{pmatrix} 3 \\ 2 \end{pmatrix}$ d) $\begin{pmatrix} -2 \\ 1 \\ -1 \end{pmatrix}$ e) $\begin{pmatrix} -2 \\ -2 \\ 6 \end{pmatrix}$ f) $\begin{pmatrix} -6{,}5 \\ 1 \\ -9 \end{pmatrix}$

6. $(r+s)\cdot\begin{pmatrix} a_1 \\ a_2 \\ a_3 \end{pmatrix} = \begin{pmatrix} (r+s)a_1 \\ (r+s)a_2 \\ (r+s)a_3 \end{pmatrix} = \begin{pmatrix} ra_1+sa_1 \\ ra_2+sa_2 \\ ra_3+sa_3 \end{pmatrix} = \begin{pmatrix} ra_1 \\ ra_2 \\ ra_3 \end{pmatrix} + \begin{pmatrix} sa_1 \\ sa_2 \\ sa_3 \end{pmatrix} = r\cdot\begin{pmatrix} a_1 \\ a_2 \\ a_3 \end{pmatrix} + s\begin{pmatrix} a_1 \\ a_2 \\ a_3 \end{pmatrix}$, Ebene analog 45

7. a) $\begin{pmatrix} 6 \\ 3 \\ 17 \end{pmatrix}$ b) $\begin{pmatrix} 12 \\ 10 \\ 11 \end{pmatrix}$ c) $\begin{pmatrix} 0 \\ -2 \\ 0 \end{pmatrix}$ 46

8. a) z.B. $\frac{1}{2}\cdot\begin{pmatrix} 1 \\ 3 \\ -3 \end{pmatrix}$ b) z.B. $\frac{1}{2}\cdot\begin{pmatrix} 7 \\ 2 \\ 5 \end{pmatrix}$ c) $\frac{1}{4}\cdot\begin{pmatrix} 1 \\ 2 \\ -8 \end{pmatrix}$ d) $0{,}1\cdot\begin{pmatrix} 10 \\ 4 \\ 6 \end{pmatrix}$ e) $\frac{1}{8}\cdot\begin{pmatrix} 4 \\ -2 \\ 1 \end{pmatrix}$

   f) $\frac{1}{4}\cdot\begin{pmatrix} 6 \\ 12 \\ 3 \end{pmatrix}$

9. a) $-\begin{pmatrix} 1 \\ 2 \end{pmatrix}+\begin{pmatrix} 3 \\ 2 \end{pmatrix}=\begin{pmatrix} 2 \\ 0 \end{pmatrix}$ b) $\begin{pmatrix} 0 \\ 3 \end{pmatrix}-\begin{pmatrix} 4 \\ 0 \end{pmatrix}=\begin{pmatrix} -4 \\ 3 \end{pmatrix}$ c) $3\begin{pmatrix} 1 \\ 2 \end{pmatrix}+2\begin{pmatrix} -2 \\ -2 \end{pmatrix}+\begin{pmatrix} 0 \\ 3 \end{pmatrix}=\begin{pmatrix} -1 \\ 5 \end{pmatrix}$

   d) $2(\begin{pmatrix} 1 \\ 2 \end{pmatrix}+\begin{pmatrix} 4 \\ 0 \end{pmatrix})-(\begin{pmatrix} 1 \\ 2 \end{pmatrix}-\begin{pmatrix} -2 \\ -2 \end{pmatrix})-2\begin{pmatrix} 4 \\ 0 \end{pmatrix}=\begin{pmatrix} -1 \\ 0 \end{pmatrix}$

   e) $\begin{pmatrix} -1 \\ -1 \end{pmatrix}+\begin{pmatrix} 1 \\ 0 \end{pmatrix}-\begin{pmatrix} 1 \\ 2 \end{pmatrix}=\begin{pmatrix} -1 \\ -3 \end{pmatrix}$

   f) $\begin{pmatrix} 1 \\ 2 \end{pmatrix}+\begin{pmatrix} 4 \\ 0 \end{pmatrix}+\begin{pmatrix} -2 \\ -2 \end{pmatrix}-\begin{pmatrix} 0 \\ 3 \end{pmatrix}+3\begin{pmatrix} -1 \\ 1 \end{pmatrix}=\begin{pmatrix} 0 \\ 0 \end{pmatrix}$

10. a) $2\vec{a}$ b) $5\vec{a}-2\vec{b}$ c) $-4\vec{a}+2\vec{b}+2\vec{c}$ d) $\vec{a}+\vec{b}$

    e) $3\vec{a}+\vec{b}$

    f) $-\vec{a}+6\vec{b}-6\vec{c}$ g) $12\vec{a}+15\vec{b}$ h) $\vec{0}$

46 11. a) $x=-2$ b) keine Lösung c) $x=6$ d) $x=3$

12. a) $\begin{pmatrix}2\\2\end{pmatrix}+2\begin{pmatrix}2\\1\end{pmatrix}=3\begin{pmatrix}2\\0\end{pmatrix}-2\begin{pmatrix}0\\-2\end{pmatrix}$, richtig b) $\begin{pmatrix}2\\2\end{pmatrix}-\begin{pmatrix}0\\-2\end{pmatrix}\neq\begin{pmatrix}2\\0\end{pmatrix}-3\begin{pmatrix}0\\-2\end{pmatrix}$, falsch

c) $\begin{pmatrix}2\\2\end{pmatrix}-\begin{pmatrix}2\\1\end{pmatrix}=-\frac{1}{2}\begin{pmatrix}0\\-2\end{pmatrix}$, richtig d) $2\begin{pmatrix}2\\0\end{pmatrix}-\begin{pmatrix}0\\-2\end{pmatrix}+\begin{pmatrix}2\\2\end{pmatrix}\neq\begin{pmatrix}0\\0\end{pmatrix}$, falsch

e) $\begin{pmatrix}2\\2\end{pmatrix}+2\begin{pmatrix}2\\0\end{pmatrix}=2\begin{pmatrix}2\\1\end{pmatrix}+\begin{pmatrix}2\\0\end{pmatrix}$, richtig

47 13. $\vec{x}=\begin{pmatrix}-2\\2\end{pmatrix}+2\begin{pmatrix}1\\2\end{pmatrix}=\begin{pmatrix}0\\6\end{pmatrix}$, $\vec{y}=\begin{pmatrix}-2\\2\end{pmatrix}+\begin{pmatrix}1\\2\end{pmatrix}-\begin{pmatrix}3\\1\end{pmatrix}=\begin{pmatrix}-4\\3\end{pmatrix}$, $\vec{z}=\begin{pmatrix}-2\\2\end{pmatrix}-\begin{pmatrix}0,5\\1\end{pmatrix}+\begin{pmatrix}6\\2\end{pmatrix}=\begin{pmatrix}3,5\\3\end{pmatrix}$

48 14. $\vec{x}=\frac{1}{2}\vec{b}+\vec{c}-\frac{1}{2}\vec{a}$

15. $\overrightarrow{AE}=\vec{a}+\vec{c}$, $\overrightarrow{DA}=-\vec{b}-\vec{c}-\vec{a}$, $\overrightarrow{CF}=\vec{a}-\vec{b}-\vec{c}$

16. $\overrightarrow{AS}=\frac{1}{2}(\vec{a}+\vec{b})+\vec{h}$, $\overrightarrow{BS}=\frac{1}{2}(\vec{b}-\vec{a})+\vec{h}$, $\overrightarrow{CS}=-\frac{1}{2}(\vec{a}+\vec{b})+\vec{h}$, $\overrightarrow{DS}=\frac{1}{2}(\vec{a}-\vec{b})+\vec{h}$

49 17. $\vec{c}=2\vec{a}+\vec{b}$, $\vec{d}$ kann nicht dargestellt werden.

50 18 a) $\begin{pmatrix}-6\\-10\end{pmatrix}=-2\begin{pmatrix}3\\5\end{pmatrix}$, kollinear b) $\begin{pmatrix}-12\\3\\8\end{pmatrix}\neq-3\begin{pmatrix}4\\-1\\3\end{pmatrix}$, nicht kollinear

c) $\begin{pmatrix}4\\-2\\8\end{pmatrix}=\frac{2}{3}\begin{pmatrix}6\\-3\\12\end{pmatrix}$, kollinear d) $\begin{pmatrix}2\\-3\\4\end{pmatrix}\neq\frac{1}{2}\begin{pmatrix}4\\-9\\8\end{pmatrix}$, nicht kollinear

19. $\overrightarrow{AB}=\begin{pmatrix}-3\\6\\3\end{pmatrix}$, $\overrightarrow{CD}=\begin{pmatrix}2\\-4\\-2\end{pmatrix}$, $\overrightarrow{CD}=-\frac{2}{3}\cdot\overrightarrow{AB}$, also kollinear, ein Trapez

51 20. a) $\begin{pmatrix}1\\7\\2\end{pmatrix}=3\begin{pmatrix}1\\2\\1\end{pmatrix}-1\begin{pmatrix}2\\-1\\1\end{pmatrix}$ b) $\begin{pmatrix}1\\0\\1\end{pmatrix}=-\frac{1}{2}\begin{pmatrix}0\\1\\0\end{pmatrix}+\frac{1}{2}\begin{pmatrix}2\\1\\2\end{pmatrix}$

c) nicht komplanar

21. a) Zwei Vektoren liegen stets in einer Ebene. Da der Nullvektor keine Richtung besitzt, liegt er auch in derselben Ebene, also liegen dann alle drei Vektoren in derselben Ebene und sind somit komplanar.
b) Zwei Vektoren liegen stets in einer Ebene.

52 22. a) $\overrightarrow{AS}=\frac{1}{2}(\vec{a}+\vec{b})+\vec{c}$ b) $\overrightarrow{BS}=-\frac{1}{2}\vec{a}+\frac{1}{2}\vec{b}+\vec{c}$

c) $\overrightarrow{SC}=-\vec{c}+\frac{1}{2}(\vec{a}+\vec{b})$ d) $\overrightarrow{BD}=-\vec{a}+\vec{b}$

23. a) $\overrightarrow{AM} = \frac{1}{2}(\vec{a} + \vec{b}) + \vec{c}$ b) $\overrightarrow{BM} = \frac{1}{2}(-\vec{a} + \vec{b}) + \vec{c}$ 52

c) $\overrightarrow{GN} = -(\vec{a} + \vec{b} + \frac{1}{2}\vec{c})$ d) $\overrightarrow{FD} = -\vec{a} + \vec{b} - \vec{c}$, $\overrightarrow{EC} = \vec{a} + \vec{b} - \vec{c}$

24. a) $\overrightarrow{AE} = \vec{a} + \vec{b} + \frac{1}{2}\vec{c}$ b) $\overrightarrow{AF} = 3\vec{a} + \frac{1}{2}(\vec{b} + \vec{c})$

c) $\overrightarrow{HS} = \frac{1}{2}(\vec{a} + \vec{b} + \vec{c})$ d) $\overrightarrow{TG} = -2\vec{a} - \vec{b} + \frac{1}{2}\vec{c}$

25. a) $\vec{c} = -\vec{a} + \vec{b}$, $\vec{d} = -\vec{a}$, $\vec{e} = -\vec{b}$

b) $\overrightarrow{PQ} = 2\vec{b}$

26. a) Der Ansatz $\begin{pmatrix}1\\0\\1\end{pmatrix} = r\begin{pmatrix}0\\1\\1\end{pmatrix} + s\begin{pmatrix}1\\1\\1\end{pmatrix}$ $\begin{matrix}\Rightarrow s=1\\ \Rightarrow r=-1\\ \Rightarrow r=0\end{matrix}$ liefert einen Widerspruch.

b) $\begin{pmatrix}2\\1\\4\end{pmatrix} = 3\begin{pmatrix}1\\0\\1\end{pmatrix} + 2\begin{pmatrix}0\\1\\1\end{pmatrix} - \begin{pmatrix}1\\1\\1\end{pmatrix}$, $\begin{pmatrix}-2\\0\\-3\end{pmatrix} = -3\begin{pmatrix}1\\0\\1\end{pmatrix} - \begin{pmatrix}0\\1\\1\end{pmatrix} + \begin{pmatrix}1\\1\\1\end{pmatrix}$

27. a) $\begin{pmatrix}1\\7\\2\end{pmatrix} = 3 \cdot \begin{pmatrix}1\\2\\1\end{pmatrix} - \begin{pmatrix}2\\-1\\1\end{pmatrix}$, also komplanar 54

b) $\begin{pmatrix}1\\0\\1\end{pmatrix} = -0{,}5 \cdot \begin{pmatrix}0\\1\\0\end{pmatrix} + 0{,}5 \cdot \begin{pmatrix}2\\1\\2\end{pmatrix}$, also komplanar c) nicht komplanar

28. Die Pferde sind knapp überlegen (ca. 7%). 55

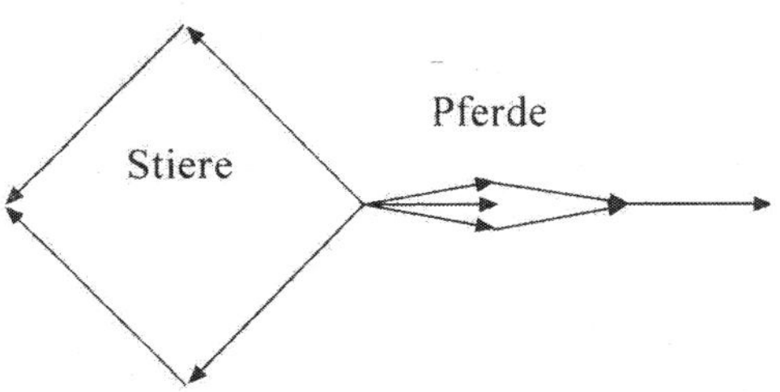

29. 56

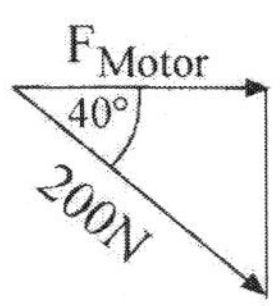

$F_M = 200N \cdot \cos 40° \approx 153{,}2N$

57 33. a) $d_1 = \sqrt{9+16} = 5$, $d_2 = \sqrt{4+9+36} = 7$, $d_3 = \sqrt{4+16+16} = 6$

b) $9 = \sqrt{1+(a-1)^2+64}$, $a_1 = 5$, $a_2 = -3$

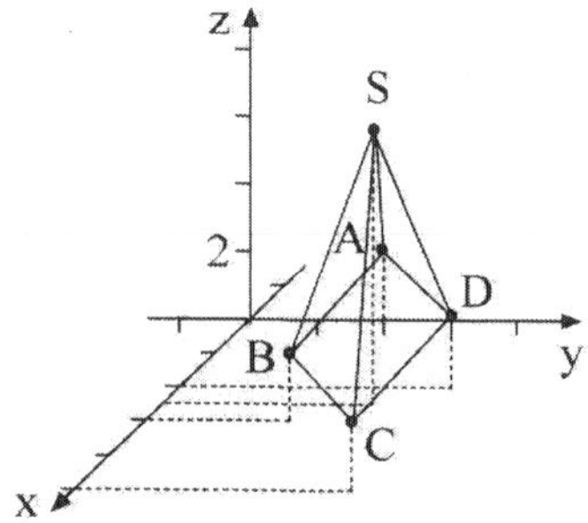

31. a) F(5|6|2) , Höhe h = 6

b) $\overrightarrow{AB} = \begin{pmatrix} 6 \\ 0 \\ 0 \end{pmatrix}$, $\overrightarrow{CD} = \begin{pmatrix} -6 \\ 0 \\ 0 \end{pmatrix}$, $\overrightarrow{BC} = \begin{pmatrix} 4 \\ 4 \\ 0 \end{pmatrix}$, $\overrightarrow{AD} = \begin{pmatrix} 4 \\ 4 \\ 0 \end{pmatrix}$

$V = \frac{1}{3} G \cdot h = \frac{1}{3} \cdot 6 \cdot 4 \cdot 6 = 48$

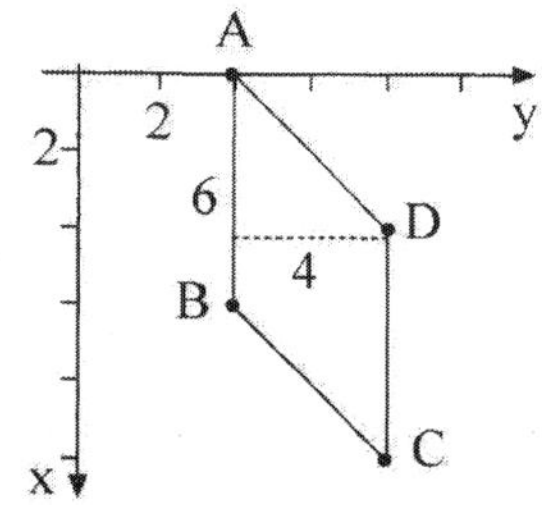

32. $\overrightarrow{AB} = \begin{pmatrix} 0 \\ 8 \\ 0 \end{pmatrix}$, $\overrightarrow{AC} = \begin{pmatrix} -4 \\ 8 \\ 0 \end{pmatrix}$, $\overrightarrow{BC} = \begin{pmatrix} -4 \\ 0 \\ 0 \end{pmatrix}$, $\overrightarrow{CJ} = \begin{pmatrix} 2 \\ 4 \\ 0 \end{pmatrix}$

$\overrightarrow{IJ} = \begin{pmatrix} 0 \\ 4 \\ 0 \end{pmatrix}$, $\overrightarrow{AE} = \begin{pmatrix} 0 \\ 0 \\ 4 \end{pmatrix}$, $\overrightarrow{JM} = \begin{pmatrix} 0 \\ 0 \\ 2 \end{pmatrix}$, $\overrightarrow{ED} = \begin{pmatrix} -4 \\ 0 \\ -4 \end{pmatrix}$

$\overrightarrow{LM} = \begin{pmatrix} 0 \\ 4 \\ 0 \end{pmatrix}$, $\overrightarrow{GM} = \begin{pmatrix} 2 \\ 4 \\ -4 \end{pmatrix}$, $\overrightarrow{AG} = \begin{pmatrix} -4 \\ 8 \\ 4 \end{pmatrix}$, $\overrightarrow{HB} = \begin{pmatrix} 4 \\ 8 \\ -4 \end{pmatrix}$

$\overrightarrow{AM} = \begin{pmatrix} -2 \\ 12 \\ 2 \end{pmatrix}$, $\overrightarrow{GJ} = \begin{pmatrix} 2 \\ 4 \\ -4 \end{pmatrix}$, $\overrightarrow{GI} = \begin{pmatrix} 2 \\ 0 \\ -4 \end{pmatrix}$

33. a) $|\vec{a}| = \sqrt{16+16+9} = \sqrt{41} \approx 6{,}40$, $|\vec{b}-\vec{c}| = \left|\begin{pmatrix} -6 \\ 1 \\ -1 \end{pmatrix}\right| = \sqrt{38} \approx 6{,}16$

$|\vec{a}+2\vec{b}| = \left|\begin{pmatrix} 4 \\ 6 \\ 11 \end{pmatrix}\right| = \sqrt{173} \approx 13{,}15$, $|\vec{b}-2\vec{a}+\vec{c}| = \left|\begin{pmatrix} -2 \\ -7 \\ 3 \end{pmatrix}\right| = \sqrt{62} \approx 7{,}87$

$|\vec{a}+\vec{b}+\vec{c}| = \left|\begin{pmatrix} 10 \\ 5 \\ 12 \end{pmatrix}\right| = \sqrt{269} \approx 16{,}40$, $|2\vec{a}-\vec{b}-2\vec{c}| = \left|\begin{pmatrix} -4 \\ 7 \\ -8 \end{pmatrix}\right| = \sqrt{129} \approx 11{,}36$

b) $\overrightarrow{PQ} = \begin{pmatrix} 3 \\ 8 \\ 14 \end{pmatrix}$, $\overrightarrow{RS} = \begin{pmatrix} 1 \\ 6-a \\ 5 \end{pmatrix}$, $|\overrightarrow{PQ}-\overrightarrow{RS}| = \left|\begin{pmatrix} 2 \\ a+2 \\ 9 \end{pmatrix}\right| = \sqrt{4+a^2+4a+4+81} = 11$

$a^2+4a-32=0$, $a_1 = 4$, $a_2 = -8$

34. a) $\overrightarrow{DA} = -\vec{a}$, $\overrightarrow{DB} = -\vec{a}+\vec{b}$, $\overrightarrow{AC} = \vec{b}+\vec{c}$, $\overrightarrow{DC} = -\vec{a}+\vec{b}+\vec{c}$, $\overrightarrow{CB} = -\vec{c}$, $\overrightarrow{BD} = \vec{a}-\vec{b}$

b) $\overrightarrow{AB} = \begin{pmatrix} -2 \\ 4 \\ 2 \end{pmatrix}$, $\overrightarrow{BC} = \begin{pmatrix} -2 \\ -2 \\ 1 \end{pmatrix}$, $\overrightarrow{CD} = \begin{pmatrix} 4 \\ -8 \\ -4 \end{pmatrix}$, $\overrightarrow{DA} = \begin{pmatrix} 0 \\ 6 \\ 1 \end{pmatrix}$

$U = \sqrt{24}+\sqrt{9}+2\sqrt{24}+\sqrt{37} \approx 23{,}78$, $\overrightarrow{AB} = -\frac{1}{2} \cdot \overrightarrow{CD}$ und $\overrightarrow{BC} \neq k \cdot \overrightarrow{DA}$

35. b) $\overrightarrow{AC} = \begin{pmatrix} -4 \\ -6 \\ 1 \end{pmatrix}$, $\vec{d_1} = \begin{pmatrix} 2 \\ 8 \\ 5 \end{pmatrix} + \begin{pmatrix} 4 \\ 6 \\ -1 \end{pmatrix} = \begin{pmatrix} 6 \\ 14 \\ 4 \end{pmatrix}$, $D_1(6|14|4)$ a) 57

$\vec{d_2} = \begin{pmatrix} 2 \\ 8 \\ 5 \end{pmatrix} + \begin{pmatrix} -4 \\ -6 \\ 1 \end{pmatrix} = \begin{pmatrix} -2 \\ 2 \\ 6 \end{pmatrix}$, $D_2(-2|2|6)$

$\overrightarrow{BC} = \begin{pmatrix} -2 \\ -8 \\ -1 \end{pmatrix}$, $\vec{d_3} = \begin{pmatrix} 4 \\ 6 \\ 3 \end{pmatrix} + \begin{pmatrix} -2 \\ -8 \\ -1 \end{pmatrix} = \begin{pmatrix} 2 \\ -2 \\ 2 \end{pmatrix}$, $D_3(2|-2|2)$

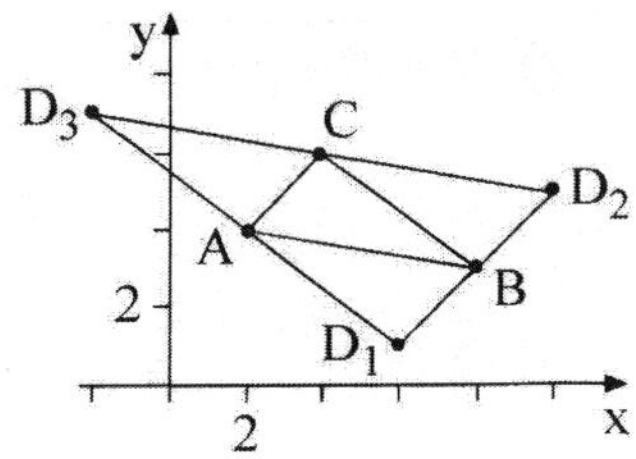

36. a) $\begin{pmatrix} 5 \\ 0 \\ 4 \end{pmatrix} = 2\begin{pmatrix} 2 \\ 0 \\ 1 \end{pmatrix} + \begin{pmatrix} 1 \\ 1 \\ 1 \end{pmatrix} - \begin{pmatrix} 0 \\ 1 \\ -1 \end{pmatrix}$, $\begin{pmatrix} 1 \\ 2 \\ 0 \end{pmatrix} = \begin{pmatrix} 1 \\ 1 \\ 1 \end{pmatrix} + \begin{pmatrix} 0 \\ 1 \\ -1 \end{pmatrix}$, $\begin{pmatrix} 0 \\ 0 \\ 0 \end{pmatrix} = 0\begin{pmatrix} 2 \\ 0 \\ 1 \end{pmatrix} + 0\begin{pmatrix} 1 \\ 1 \\ 1 \end{pmatrix} + 0\begin{pmatrix} 0 \\ 1 \\ -1 \end{pmatrix}$ 58

b) Der Ansatz $\begin{pmatrix} 1 \\ 0 \\ 1 \end{pmatrix} = r\begin{pmatrix} 0 \\ 1 \\ 1 \end{pmatrix} + s\begin{pmatrix} 2 \\ 3 \\ 3 \end{pmatrix} + t\begin{pmatrix} 1 \\ 1 \\ 1 \end{pmatrix}$, $\begin{aligned} 1 &= 2s + t \\ 0 &= r + 3s + t \\ 1 &= r + 3s + t \end{aligned}$

liefert einen Widerspruch,da aus II und III der Widerspruch 1 = 0 folgt.

Der Vektor $\vec{x}$ liegt nicht in der von den 3 komplanaren Vektoren aufgespannten Ebene.

c) Die ersten drei Vektoren sind komplanar, da $\begin{pmatrix} 1 \\ 2 \\ -1 \end{pmatrix} = -2\begin{pmatrix} 1 \\ 0 \\ 3 \end{pmatrix} + 1\begin{pmatrix} 3 \\ 2 \\ 5 \end{pmatrix}$ gilt.

Die nächsten drei Vektoren sind nicht komplanar.

37. Der Wind wirkt mit einer Kraft von ca. 1340N.
Die Kraft im Halteseil beträgt ca. 5176N.
Rechnerisch: $F_{Wind} = 5000 \cdot \tan 15° \approx 1340$ N

$F_{Seil} = \frac{5000}{\cos 15°} \approx 5176$ N

Zeichnerisch: s. rechts

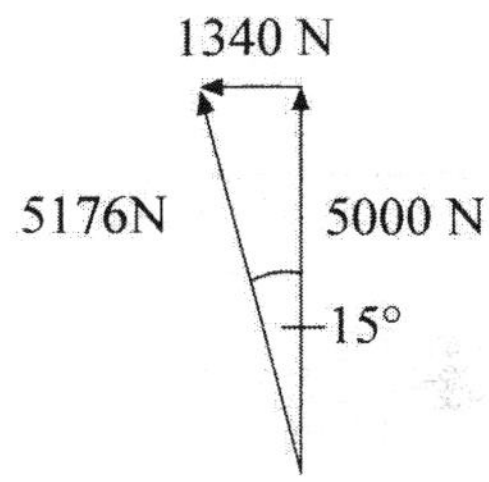

38. Die Kraft in den Schnüren beträgt ca. 144 N.

Rechnerisch: $F_{Schnur} = \frac{25}{\sin 10°} \approx 144$ N

Zeichnerisch: s. rechts

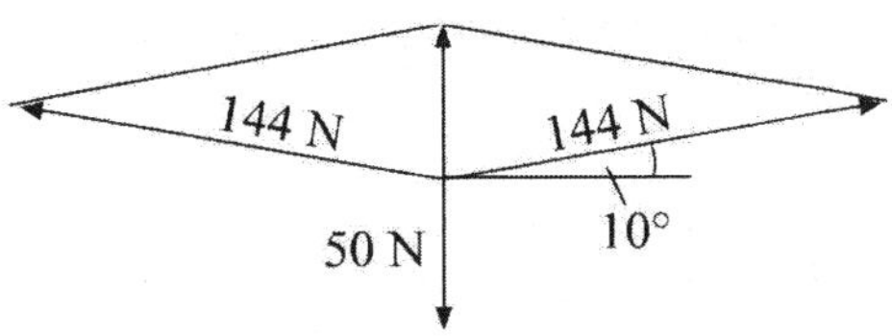

39. Die wahre Geschwindigkeit beträgt ca. 30 km/h,
der wahre Kurs beträgt ca. 26° Nord.
Zeichnerisch: s. rechts
Rechnerisch:
$40^2 = 2x^2$, $x = 28{,}3$

$v_{wahr} = \sqrt{28{,}3^2 + 13{,}3^2} = 31{,}3 \frac{m}{s}$

$\tan\alpha = \frac{13{,}3}{28{,}3}$, $\alpha \approx 25{,}17°$

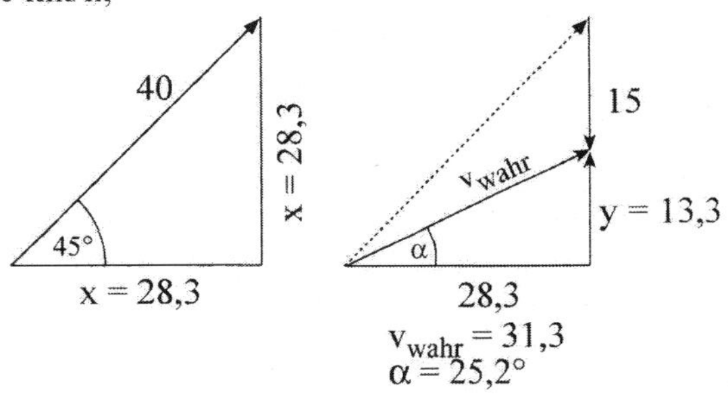

59 40. a) S(4|5), T(4|2) b) S(7|3|2), T(5|0|1) c) S(4|4|1), T(3|5|–2)

41. $\overrightarrow{AT} = \alpha \cdot \overrightarrow{AB}$

a) $\alpha = \frac{3}{7}$, $\left|\overrightarrow{AT}\right| : \left|\overrightarrow{TB}\right| = 3:4$ b) $\alpha = \frac{2}{3}$, $\left|\overrightarrow{AT}\right| : \left|\overrightarrow{TB}\right| = 2:1$

c) $\alpha = \frac{1}{4}$, $\left|\overrightarrow{AT}\right| : \left|\overrightarrow{TB}\right| = 1:3$ d) $\alpha = \frac{4}{5}$, $\left|\overrightarrow{AT}\right| : \left|\overrightarrow{TB}\right| = 4:1$

60 42. (1) $\overrightarrow{AD} + \overrightarrow{DS} + \overrightarrow{SA} = \vec{0}$

(2) $\begin{cases} \overrightarrow{AD} = \vec{a} \\ \overrightarrow{AB} = \vec{b} \\ \overrightarrow{DS} = \alpha \cdot \overrightarrow{DB} = \alpha \cdot (\vec{b} - \vec{a}) = -\alpha \cdot \vec{a} + \alpha \cdot \vec{b} \\ \overrightarrow{SA} = -\beta \cdot \overrightarrow{AC} = -\beta \cdot (\vec{a} + \frac{1}{2}\vec{b}) = -\beta\vec{a} - \frac{1}{2}\beta\vec{b} \end{cases}$

(3) $(1 - \alpha - \beta) \cdot \vec{a} + (\alpha - \frac{1}{2}\beta)\vec{b} = \vec{0}$

$\beta = \frac{2}{3}$, $\alpha = \frac{1}{3}$

$\left|\overline{AS}\right| : \left|\overline{SC}\right| = \beta : (1 - \beta) = 2:1$, $\left|\overline{DS}\right| : \left|\overline{SB}\right| = \alpha : (1 - \alpha) = 1:2$

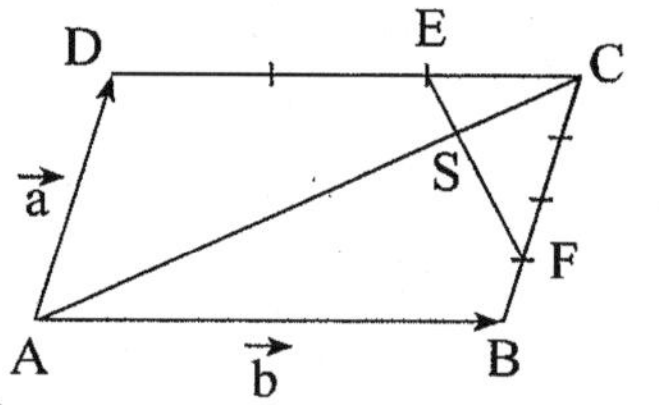

43. (1) $\overrightarrow{AD} + \overrightarrow{DE} + \overrightarrow{ES} + \overrightarrow{SA} = \vec{0}$

(2) $\begin{cases} \overrightarrow{AD} = \vec{a} \\ \overrightarrow{AB} = \vec{b} \\ \overrightarrow{DE} = \frac{2}{3}\vec{b} \\ \overrightarrow{ES} = \alpha \cdot \overrightarrow{EF} = \alpha \cdot (-\frac{2}{3}\vec{b} - \vec{a} + \vec{b} + \frac{1}{4}\vec{a}) = -\frac{3}{4}\alpha\vec{a} + \frac{1}{3}\alpha\vec{b} \\ \overrightarrow{SA} = -\beta \cdot \overrightarrow{AC} = -\beta \cdot (\vec{a} + \vec{b}) = -\beta\vec{a} - \beta\vec{b} \end{cases}$

(3) $(1 - \frac{3}{4}\alpha - \beta) \cdot \vec{a} + (\frac{2}{3} + \frac{1}{3}\alpha - \beta) \cdot \vec{b} = \vec{0}$, $\alpha = \frac{4}{13}$, $\beta = \frac{10}{13}$

$\left|\overline{AS}\right| : \left|\overline{SC}\right| = \beta : (1 - \beta) = 10:3$, $\left|\overline{ES}\right| : \left|\overline{SF}\right| = \alpha : (1 - \alpha) = 4:9$

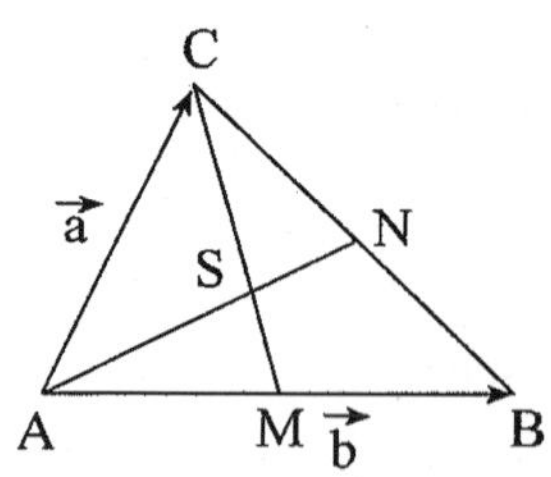

44. (1) $\overrightarrow{AC} + \overrightarrow{CS} + \overrightarrow{SA} = \vec{0}$

$\overrightarrow{AC} + \alpha\overrightarrow{CM} - \beta\overrightarrow{AN} = \vec{0}$

$\overrightarrow{AC} = \vec{a}$

$\overrightarrow{CM} = \overrightarrow{CA} + \overrightarrow{AM} = -\vec{a} + \frac{1}{2}\vec{b}$

(2) $\begin{cases} \overrightarrow{AN} = \overrightarrow{AC} + \overrightarrow{CN} = \overrightarrow{AC} + \frac{1}{2}\overrightarrow{CB} \\ \quad = \vec{a} + \frac{1}{2}(\vec{b} - \vec{a}) = \frac{1}{2}\vec{a} + \frac{1}{2}\vec{b} \end{cases}$

(3) $(1-\alpha-\frac{1}{2}\beta)\vec{a} + (\frac{1}{2}\alpha - \frac{1}{2}\beta)\vec{b} = \vec{0}$ (4) $\begin{cases} -\alpha - \frac{1}{2}\beta = -1 \\ \frac{1}{2}\alpha - \frac{1}{2}\beta = 0 \end{cases} \Leftrightarrow \alpha = \frac{2}{3},\ \beta = \frac{2}{3}$ 60

$\left|\overline{CS}\right| : \left|\overline{SM}\right| = \frac{2}{3}\left|\overline{CM}\right| : \frac{1}{3}\left|\overline{CM}\right| = 2:1,\quad \left|\overline{AS}\right| : \left|\overline{SN}\right| = \frac{2}{3}\left|\overline{AN}\right| : \frac{1}{3}\left|\overline{AN}\right| = 2:1$

Die Seitenhalbierenden teilen sich im Verhältnis 2 : 1.
Für den Schnittpunkt S (Schwerpunkt des Dreiecks) gilt dann:

$$\begin{aligned}\overrightarrow{OS} &= \overrightarrow{OA} + \overrightarrow{AS} = \overrightarrow{OA} + \tfrac{2}{3}\overrightarrow{AN} = \overrightarrow{OA} + \tfrac{2}{3}(\overrightarrow{AB} + \tfrac{1}{2}\overrightarrow{BC}) \\ &= \overrightarrow{OA} + \tfrac{2}{3}(-\overrightarrow{OA} + \overrightarrow{OB} + \tfrac{1}{2}(-\overrightarrow{OB} + \overrightarrow{OC})) = \tfrac{1}{3}(\overrightarrow{OA} + \overrightarrow{OB} + \overrightarrow{OC})\end{aligned}$$

45. T teilt $\overline{AB}$ im Verhältnis $\frac{m}{n}$, also gilt $\left|\overline{AT}\right| = \frac{m}{m+n}\cdot\left|\overline{AB}\right|$, $\left|\overline{AB}\right| = \frac{m+n}{m}\cdot\left|\overline{AT}\right|$. 62
Daher gilt $\overrightarrow{OB} = \overrightarrow{OA} + \frac{m+n}{m}(\overrightarrow{OT} - \overrightarrow{OA})$. Durch Einsetzen folgt:

a) $m = 2, n = 3$: B(11|14)
b) $m = 3, n = 5$: B(32|–19)
c) $m = 2, n = 5$: B(29|46|–21)
d) $m = 3, n = 4$: B(15|–2|–16)

46. (1) $\overrightarrow{EC} + \overrightarrow{CS} + \overrightarrow{SE} = \vec{0}$

(2) $\begin{cases} \overrightarrow{EC} = \alpha\overrightarrow{DC} = \alpha\vec{b} \\ \overrightarrow{CS} = \frac{1}{3}\cdot\overrightarrow{CA} = \frac{1}{3}(-\vec{a}-\vec{b}) = -\frac{1}{3}\vec{a} - \frac{1}{3}\vec{b} \\ \overrightarrow{SE} = \beta\overrightarrow{BE} = \beta(\overrightarrow{BC} + \overrightarrow{CE}) = \beta(\vec{a} - \alpha\vec{b}) = \beta\vec{a} - \alpha\beta\vec{b} \end{cases}$

(3) $\alpha\vec{b} - \frac{1}{3}\vec{a} - \frac{1}{3}\vec{b} + \beta\vec{a} - \alpha\beta\vec{b} = \vec{0}$

$\vec{a}\underbrace{(-\frac{1}{3}+\beta)}_{=0} + \vec{b}\underbrace{(\alpha - \frac{1}{3} - \alpha\beta)}_{=0} = \vec{0} \Rightarrow \quad \beta = \frac{1}{3},\quad \alpha = \frac{1}{2},\quad \left|\overline{DE}\right| : \left|\overline{EC}\right| = (1-\alpha):\alpha = 1:1$

47. (1) $\overrightarrow{ED} + \overrightarrow{DS} + \overrightarrow{SE} = \vec{0}$

(2) $\begin{cases} \overrightarrow{AD} = \vec{a},\quad \overrightarrow{AB} = \vec{b} \\ \overrightarrow{ED} = \alpha\cdot\overrightarrow{CD} = -\alpha\vec{b} \\ \overrightarrow{DS} = \beta\cdot\overrightarrow{DB} = \beta\cdot(\vec{b}-\vec{a}) = -\beta\vec{a} + \beta\vec{b} \\ \overrightarrow{SE} = \frac{2}{5}\overrightarrow{AE} = \frac{2}{5}(\overrightarrow{AD} + \overrightarrow{DE}) = \frac{2}{5}(\vec{a} + \alpha\vec{b}) = \frac{2}{5}\vec{a} + \frac{2}{5}\alpha\vec{b} \end{cases}$

(3) $(\frac{2}{5}-\beta)\cdot\vec{a} + (-\frac{3}{5}\alpha + \beta)\cdot\vec{b} = \vec{0} \Rightarrow \quad \alpha = \frac{2}{3},\quad \beta = \frac{2}{5};\quad \left|\overline{CE}\right| : \left|\overline{ED}\right| = (1-\alpha):\alpha = 1:2$

48. (1) $\overrightarrow{AS} + \overrightarrow{SM} + \overrightarrow{MA} = \vec{0}$

(2) $\begin{cases} \overrightarrow{AC} = \vec{a} \\ \overrightarrow{AB} = \vec{b} \\ \overrightarrow{AS} = \alpha\cdot\overrightarrow{AD} = \alpha(\overrightarrow{AB} + \frac{3}{4}\overrightarrow{BC}) = \alpha(\vec{b} + \frac{3}{4}(\vec{a}-\vec{b})) = \frac{3\alpha}{4}\vec{a} + \frac{\alpha}{4}\vec{b} \\ \overrightarrow{SM} = -\beta\cdot\overrightarrow{MC} = -\beta(\vec{a} - \frac{1}{2}\vec{b}) = -\beta\cdot\vec{a} + \frac{\beta}{2}\cdot\vec{b} \\ \overrightarrow{MA} = -\frac{1}{2}\vec{b} \end{cases}$

(3) $(\frac{3}{4}\alpha - \beta)\vec{a} + (\frac{1}{4}\alpha + \frac{1}{2}\beta - \frac{1}{2})\vec{b} = \vec{0}$

$\alpha = \frac{4}{5},\quad \beta = \frac{3}{5},\qquad \left|\overline{MS}\right| : \left|\overline{SC}\right| = \beta:(1-\beta) = 3:2$

62 49.a) (1) $\overrightarrow{AD} + \overrightarrow{DS} + \overrightarrow{SA} = \vec{0}$

$$(2)\ \begin{cases} \overrightarrow{AD} = \vec{a} \\ \overrightarrow{DS} = \alpha \cdot \overrightarrow{DM} = \alpha(-\vec{a} + \frac{2}{3}\vec{b}) = -\alpha \cdot \vec{a} + \frac{2}{3}\alpha \cdot \vec{b} \\ \overrightarrow{SA} = \beta \cdot \overrightarrow{CA} = \beta(-\vec{b} - \vec{a}) = -\beta \cdot \vec{a} - \beta \cdot \vec{b} \end{cases}$$

(3) $(1 - \alpha - \beta) \cdot \vec{a} + (\frac{2}{3}\alpha - \beta)\vec{b} = \vec{0}$

$\alpha = \frac{3}{5}$, $\beta = \frac{2}{5}$, $|\overline{AS}| : |\overline{SC}| = \beta : (1-\beta) = 2:3$

$|\overline{MS}| : |\overline{SD}| = (1-\alpha) : \alpha = 2:3$

b) (1) $\overrightarrow{AD} + \overrightarrow{DS} + \overrightarrow{SA} = \vec{0}$

$$(2)\ \begin{cases} \overrightarrow{AD} = \vec{a} \\ \overrightarrow{DS} = \alpha \cdot \overrightarrow{DB} = \alpha(\vec{b} - \vec{a}) = -\alpha \cdot \vec{a} + \alpha \cdot \vec{b} \\ \overrightarrow{SA} = \beta \cdot \overrightarrow{NA} = \beta(-\frac{3}{5}\vec{a} - \vec{b}) = -\frac{3}{5}\beta \cdot \vec{a} - \beta \cdot \vec{b} \end{cases}$$

(3) $(1 - \alpha - \frac{3}{5}\beta) \cdot \vec{a} + (\alpha - \beta)\vec{b} = \vec{0}$

$\alpha = \frac{5}{8}$, $\beta = \frac{5}{8}$, $|\overline{AS}| : |\overline{SN}| = \beta : (1-\beta) = 5:3$

$|\overline{BS}| : |\overline{SD}| = (1-\alpha) : \alpha = 3:5$

c) (1) $\overrightarrow{SB} + \overrightarrow{BM} + \overrightarrow{MS} = \vec{0}$

$$(2)\ \begin{cases} \overrightarrow{SB} = \alpha \cdot \overrightarrow{DB} = \alpha(\vec{b} - \vec{a}) = -\alpha \cdot \vec{a} + \alpha \cdot \vec{b} \\ \overrightarrow{BM} = \frac{1}{3}\overrightarrow{BA} = -\frac{1}{3}\vec{b} \\ \overrightarrow{MS} = \beta \cdot \overrightarrow{MN} = \beta(\frac{1}{3}\vec{b} + \frac{3}{5}\vec{a}) = \frac{3}{5}\beta \cdot \vec{a} + \frac{1}{3}\beta \cdot \vec{b} \end{cases}$$

(3) $(-\alpha + \frac{3}{5}\beta)\vec{a} + (\alpha + \frac{1}{3}\beta - \frac{1}{3})\vec{b} = \vec{0}$

$\alpha = \frac{3}{14}$, $\beta = \frac{5}{14}$, $|\overline{MS}| : |\overline{SN}| = \beta : (1-\beta) = 5:9$

$|\overline{BS}| : |\overline{SD}| = \alpha : (1-\alpha) = 3:11$

d) (1) $\overrightarrow{AS} + \overrightarrow{SM} + \overrightarrow{MA} = \vec{0}$

$$(2)\ \begin{cases} \overrightarrow{AS} = \alpha \cdot \overrightarrow{AN} = \alpha(\vec{b} + \frac{3}{5}\vec{a}) = \frac{3}{5}\alpha \cdot \vec{a} + \alpha \cdot \vec{b} \\ \overrightarrow{SM} = \beta \cdot \overrightarrow{CM} = \beta(-\vec{a} - \frac{1}{3}\vec{b}) = -\beta \cdot \vec{a} - \frac{1}{3}\beta \cdot \vec{b} \\ \overrightarrow{MA} = -\frac{2}{3}\vec{b} \end{cases}$$

(3) $(\frac{3}{5}\alpha - \beta)\vec{a} + (\alpha - \frac{1}{3}\beta - \frac{2}{3})\vec{b} = \vec{0}$

$\alpha = \frac{5}{6}$, $\beta = \frac{1}{2}$, $|\overline{AS}| : |\overline{SN}| = \alpha : (1-\alpha) = 5:1$

$|\overline{CS}| : |\overline{SM}| = (1-\beta) : \beta = 1:1$

50. a) (1) $\overrightarrow{AS}+\overrightarrow{SB}+\overrightarrow{BA}=\vec{0}$

(2) $\begin{cases}\overrightarrow{AB}=\vec{a}\\ \overrightarrow{AC}=\vec{b}\\ \overrightarrow{AS}=\alpha(\overrightarrow{AC}+\frac{1}{4}\overrightarrow{CB})=\frac{\alpha}{4}\vec{a}+\frac{3}{4}\alpha\vec{b}\\ \overrightarrow{SB}=-\beta\overrightarrow{BE}=-\beta\vec{a}-\frac{1}{2}\beta\vec{b}\\ \overrightarrow{BA}=-\vec{a}\end{cases}$

(3) $(-1+\frac{1}{4}\alpha+\beta)\vec{a}+(\frac{3}{4}\alpha-\frac{1}{2}\beta)\vec{b}=\vec{0}$

$\alpha=\frac{4}{7}$, $\beta=\frac{6}{7}$; $|\overrightarrow{AS}|:|\overrightarrow{SD}|=\alpha:(1-\alpha)=4:3$, $|\overrightarrow{BS}|:|\overrightarrow{SE}|=\beta:(1-\beta)=6:1$

b) (1) $\overrightarrow{AS}+\overrightarrow{SM}+\overrightarrow{MA}=\vec{0}$

(2) $\begin{cases}\overrightarrow{AC}=\vec{a}\\ \overrightarrow{AB}=\vec{b}\\ \overrightarrow{AS}=\alpha\overrightarrow{AB}=\alpha\vec{a}\\ \overrightarrow{SM}=\beta\overrightarrow{SC}=\beta(-\alpha\vec{b}+\vec{a})=\beta\vec{a}-\alpha\beta\vec{a}\\ \overrightarrow{MA}=-\frac{1}{2}\overrightarrow{AX}=-\frac{1}{2}(\vec{a}+\frac{1}{2}\overrightarrow{CB})=-\frac{1}{4}\vec{a}-\frac{1}{4}\vec{b}\end{cases}$

(3) $(-\frac{1}{4}+\beta)\vec{a}+(\alpha-\alpha\beta-\frac{1}{4})\vec{b}=\vec{0}$

$\beta=\frac{1}{4}$, $\alpha=\frac{1}{3}$; $|\overrightarrow{AS}|:|\overrightarrow{SB}|=\alpha:(1-\alpha)=1:2$

51. (1) $\overrightarrow{CY}+\overrightarrow{YM}+\overrightarrow{MC}=\vec{0}$

(2) $\begin{cases}\overrightarrow{AC}=\vec{a}\\ \overrightarrow{AB}=\vec{b}\\ \overrightarrow{CY}=\alpha\cdot\overrightarrow{CB}=\alpha(\vec{b}-\vec{a})=\alpha\cdot\vec{b}-\alpha\cdot\vec{a}\\ \overrightarrow{YM}=\beta\cdot\overrightarrow{YA}=\beta\cdot(\overrightarrow{YC}+\overrightarrow{CA})=\alpha\beta\cdot\vec{a}-\beta\cdot\vec{a}-\alpha\beta\cdot\vec{b}\\ \overrightarrow{MC}=\frac{1}{2}\overrightarrow{XC}=\frac{1}{2}(\vec{a}-\frac{1}{2}\vec{b})=\frac{1}{2}\vec{a}-\frac{1}{4}\vec{b}\end{cases}$

(3) $(-\alpha+\alpha\beta-\beta+\frac{1}{2})\vec{a}+(\alpha-\alpha\beta-\frac{1}{4})\vec{b}=\vec{0}$

$\alpha=\frac{1}{3}$, $\beta=\frac{1}{4}$, $|\overrightarrow{BY}|:|\overrightarrow{YC}|=(1-\alpha):\alpha=2:1$

52. (1) $\overrightarrow{CX}+\overrightarrow{XS}+\overrightarrow{SY}=\vec{0}$

(2) $\begin{cases}\overrightarrow{AC}=\vec{a}\\ \overrightarrow{AB}=\vec{b}\\ \overrightarrow{CX}=\alpha\cdot\overrightarrow{CB}=\alpha(\vec{b}-\vec{a})=-\alpha\cdot\vec{a}+\alpha\cdot\vec{b};\ \overrightarrow{YC}=\beta\cdot\vec{a}\\ \overrightarrow{XS}=\frac{1}{5}\overrightarrow{XA}=\frac{1}{5}(\overrightarrow{XC}+\overrightarrow{CA})=\frac{1}{5}(\alpha\cdot\vec{a}-\alpha\cdot\vec{b}-\vec{a})=\frac{\alpha}{5}\vec{a}-\frac{1}{5}\vec{a}-\frac{\alpha}{5}\vec{b}\\ \overrightarrow{SY}=\frac{1}{5}\overrightarrow{BY}=\frac{1}{5}(\overrightarrow{BC}+\overrightarrow{CY})=\frac{1}{5}(\vec{a}-\vec{b}-\beta\cdot\vec{a})=\frac{1}{5}\vec{a}-\frac{\beta}{5}\vec{a}-\frac{1}{5}\vec{b}\end{cases}$

(3) $(-\frac{4}{5}\alpha+\frac{4}{5}\beta)\vec{a}+(\frac{4}{5}\alpha-\frac{1}{5})\vec{b}=\vec{0}$

$\alpha=\frac{1}{4}$, $\beta=\frac{1}{4}$, $|\overrightarrow{AY}|:|\overrightarrow{YC}|=(1-\beta):\beta=3:1$, $|\overrightarrow{BX}|:|\overrightarrow{XC}|=(1-\alpha):\alpha=3:1$

Test

66 1. a) B(4|8|0), C(0|8|0), D(0|0|0), E(4|0|5), F(4|8|5), H(0|0|5), M(2|4|5)

b) $|\overline{AF}| = \sqrt{64+25} = \sqrt{89} \approx 9{,}43$, $|\overline{DM}| = \sqrt{4+16+25} = \sqrt{45} \approx 6{,}71$

2. a) $\begin{pmatrix}1\\7\end{pmatrix}$ b) $\begin{pmatrix}-2\\2\end{pmatrix}+\begin{pmatrix}-1\\3\end{pmatrix}+\begin{pmatrix}4\\2\end{pmatrix}=\begin{pmatrix}1\\7\end{pmatrix}$

3. $\vec{a}=\begin{pmatrix}2\\-2\end{pmatrix}$, $\vec{b}=\begin{pmatrix}3\\2\end{pmatrix}$, $\vec{c}=\begin{pmatrix}2\\0\end{pmatrix}$, $\vec{d}=\begin{pmatrix}0\\-2\end{pmatrix}$

a) $\begin{pmatrix}2\\-2\end{pmatrix}+\begin{pmatrix}3\\2\end{pmatrix}+\begin{pmatrix}0\\-2\end{pmatrix}=\begin{pmatrix}5\\-2\end{pmatrix}$ b) $\begin{pmatrix}1\\-1\end{pmatrix}-2\left(\begin{pmatrix}3\\2\end{pmatrix}-\begin{pmatrix}0\\-4\end{pmatrix}\right)=\begin{pmatrix}-5\\-13\end{pmatrix}$

c) $\begin{pmatrix}2\\-2\end{pmatrix}+\begin{pmatrix}6\\4\end{pmatrix}-\begin{pmatrix}8\\0\end{pmatrix}+\begin{pmatrix}0\\-2\end{pmatrix}=\begin{pmatrix}0\\0\end{pmatrix}$

4. a) $\begin{pmatrix}6\\-2\\-1\end{pmatrix}=4\begin{pmatrix}3\\1\\2\end{pmatrix}-3\begin{pmatrix}2\\2\\3\end{pmatrix}$

b) Die Vektoren sind nicht komplanar, denn keiner der Vektoren lässt sich durch die beiden anderen darstellen.

5. a) $\overrightarrow{AB}=\begin{pmatrix}-2\\-3\\-6\end{pmatrix}$, $\overrightarrow{AC}=\begin{pmatrix}-4\\3\\-3\end{pmatrix}$, $\overrightarrow{BC}=\begin{pmatrix}-2\\6\\3\end{pmatrix}$

$|\overrightarrow{AB}| = \sqrt{4+9+36} = 7$, $|\overrightarrow{AC}| = \sqrt{34}$, $|\overrightarrow{BC}| = \sqrt{49} = 7$

Das Dreieck ist gleichschenklig aber nicht gleichseitig.

c) $\vec{d}=\vec{c}+\overrightarrow{AB}=\begin{pmatrix}2\\10\\6\end{pmatrix}+\begin{pmatrix}-2\\-3\\-6\end{pmatrix}=\begin{pmatrix}0\\7\\0\end{pmatrix}$

D(0|7|0) (bzw. D(4|13|12) bzw. D(8|1|6))

b)

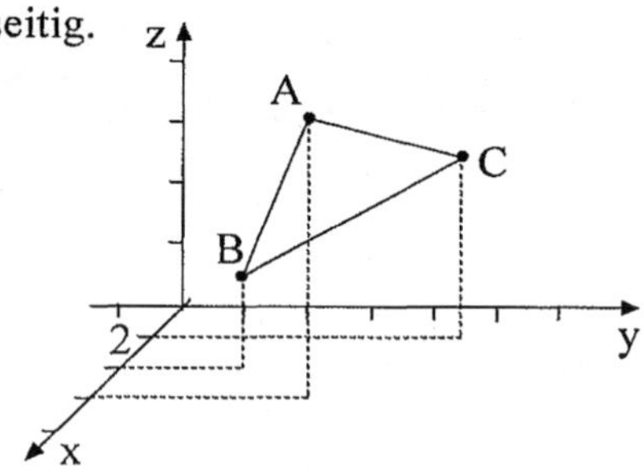

6. Kraft des α-Teams:

$\vec{F}_\alpha=\begin{pmatrix}-2\\2\end{pmatrix}+\begin{pmatrix}-3\\-1\end{pmatrix}=\begin{pmatrix}-5\\1\end{pmatrix}$

Kraft des β-Teams:

$\vec{F}_\beta=\begin{pmatrix}3\\2\end{pmatrix}+\begin{pmatrix}1\\-2\end{pmatrix}=\begin{pmatrix}4\\0\end{pmatrix}$

Gesamtkraft: $\vec{F}_\alpha+\vec{F}_\beta=\begin{pmatrix}-1\\1\end{pmatrix}$

Das α-Team gewinnt, da die Gesamtkraft nach links zeigt, denn ihre erste Koordinate ist -1.

III. Geraden

1. Geraden im Raum

1.

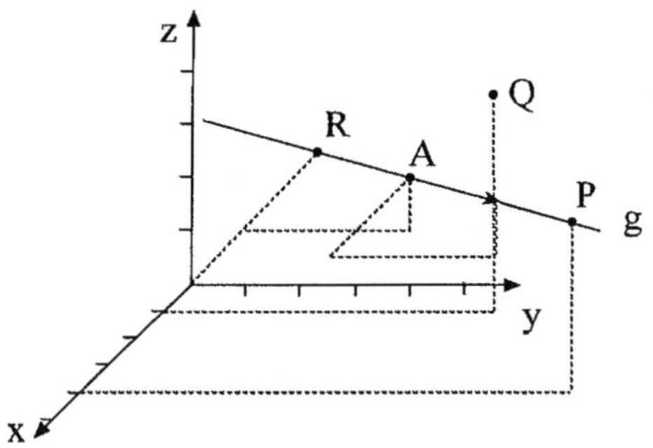

$P \in g$, 2mal den Richtungsvektor an A angesetzt ($r = 2$) 70

$Q \notin g$, Gleichungssystem liefert Widerspruch

$R \in g$ ($r = -1$), R liegt vor A

2.

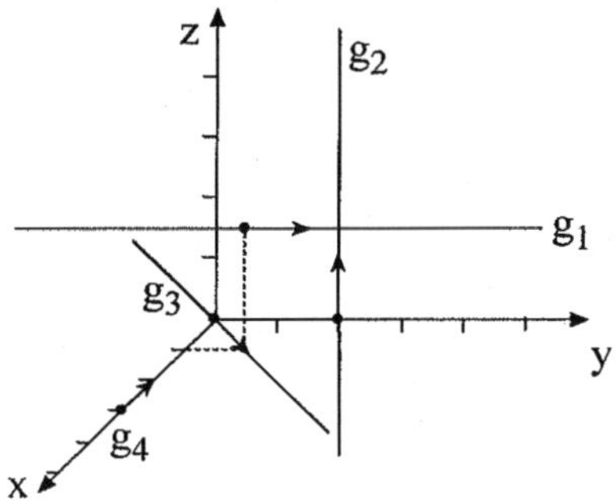

a) g_1 ist parallel zur y-Achse.

b) g_2 ist parallel zur z-Achse.

c) g_3 ist eine Ursprungsgerade entlang der Winkelhalbierenden in der x-y-Ebene.

d) g_4 ist die x-Achse.

3. a) $\vec{x} = \begin{pmatrix} 3 \\ 3 \end{pmatrix} + r\begin{pmatrix} -1 \\ -2 \end{pmatrix}$ b) $\vec{x} = \begin{pmatrix} -3 \\ 1 \\ 0 \end{pmatrix} + r\begin{pmatrix} 7 \\ -1 \\ 2 \end{pmatrix}$ c) $\vec{x} = \begin{pmatrix} -3 \\ 2 \\ 1 \end{pmatrix} + r\begin{pmatrix} 7 \\ -1 \\ 6 \end{pmatrix}$

4. a) $\vec{x} = \begin{pmatrix} 3 \\ 2 \\ 0 \end{pmatrix} + r\begin{pmatrix} 0 \\ 1 \\ 0 \end{pmatrix}$ b) $\vec{x} = r\begin{pmatrix} a \\ 2a \\ -a \end{pmatrix}$ oder $\vec{x} = r\begin{pmatrix} 1 \\ 2 \\ -1 \end{pmatrix}$

5. Ansatz: $y = mx + n$ 71
A: $2 = -m + n$
B: $5 = 5m + n$, $3 = 6m$, $m = 0{,}5$, $n = 2{,}5$
Funktionsgleichung: $y = 0{,}5x + 2{,}5$
Koordinatengleichung: $-x + 2y = 5$
vektorielle Parametergleichung:
g: $\vec{x} = \vec{a} + r(\vec{b} - \vec{a}) = \begin{pmatrix} -1 \\ 2 \end{pmatrix} + r\begin{pmatrix} 5+1 \\ 5-2 \end{pmatrix}$, $\vec{x} = \begin{pmatrix} -1 \\ 2 \end{pmatrix} + r\begin{pmatrix} 6 \\ 3 \end{pmatrix}$

6. a) $-x + 2y = 5$ 72

b) $y = -\frac{5}{3}x + \frac{5}{3}$, $5x + 3y = 5$

c) $y = 3$

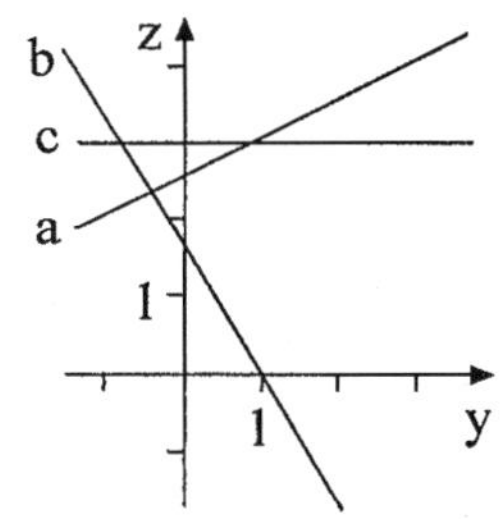

72 7. a) z.B. $\vec{x} = \binom{-1}{2} + r\binom{6}{3}$ bzw. $\vec{x} = \binom{-1}{2} + r\binom{2}{1}$

b) z.B. $\vec{x} = \binom{-2}{5} + r\binom{6}{-10}$ bzw. $\vec{x} = \binom{-2}{5} + r\binom{3}{-5}$

c) z.B. $\vec{x} = \binom{0}{3} + r\binom{4}{0}$ bzw. $\vec{x} = \binom{0}{3} + r\binom{1}{0}$

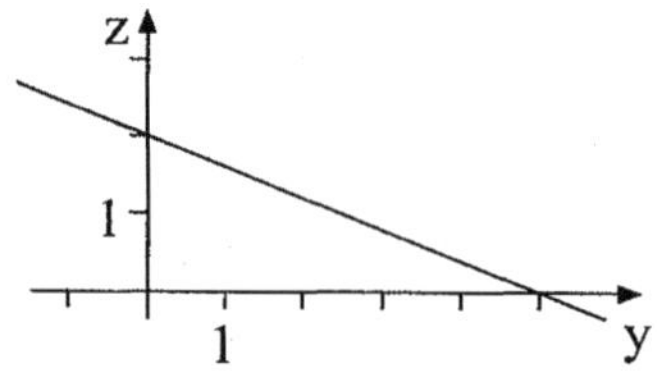

8. $\frac{x}{5} + \frac{y}{2} = 1$

9. a) g_1: $\vec{x} = \binom{0}{3} + r\binom{9}{-3}$ bzw. $\vec{x} = \binom{0}{3} + r\binom{3}{-1}$

b) $\binom{3}{2} = \binom{3r}{3-r}$ gilt für r = 1 ; $\binom{-6}{5} = \binom{3r}{3-r}$ gilt für r = -2

c) g_1: $\frac{x}{9} + \frac{y}{3} = 1$, g_2: $x + y = 1$

d) S(-3|4)

73 10.

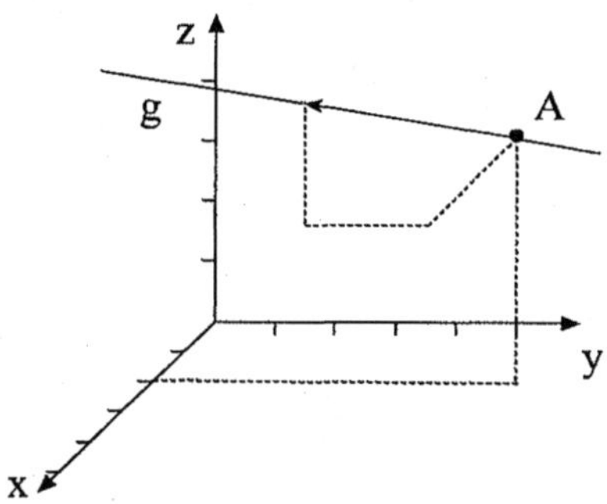

11. a) g: $\vec{x} = \binom{1}{2} + r\binom{2}{-6}$ b) g: $\vec{x} = \begin{pmatrix}-3\\2\\1\end{pmatrix} + r\begin{pmatrix}6\\-1\\1\end{pmatrix}$

c) g: $\vec{x} = \begin{pmatrix}3\\3\\-4\end{pmatrix} + r\begin{pmatrix}-1\\-2\\7\end{pmatrix}$ d) g: $\vec{x} = \begin{pmatrix}a_1\\a_2\\a_3\end{pmatrix} + r\begin{pmatrix}b_1-a_1\\b_2-a_2\\b_3-a_3\end{pmatrix}$

12. a) $\binom{1}{3} = \binom{3}{2} + r\binom{-4}{2} \begin{matrix}\Leftrightarrow r=0,5\\ \Leftrightarrow r=0,5\end{matrix}$, $P \in g$ b) $P \notin g$ c) $P \in g$ d) $P \notin g$

13. I*l*, II*k*, III*n*, IV*g*, V*p*, VI*h*, VII*f*, VIII*e*, IX*m*

14. a) g: $\vec{x} = \begin{pmatrix}3\\2\\0\end{pmatrix} + r\begin{pmatrix}0\\1\\0\end{pmatrix}$ b) g: $\vec{x} = \begin{pmatrix}0\\0\\0\end{pmatrix} + r\begin{pmatrix}2\\4\\-2\end{pmatrix}$ c) g: $\vec{x} = \begin{pmatrix}0\\0\\0\end{pmatrix} + r\begin{pmatrix}1\\0\\1\end{pmatrix}$

2. Lagebeziehungen

1. a) g_{AB}: $\vec{x} = \begin{pmatrix} 2 \\ 2 \\ 4 \end{pmatrix} + r\begin{pmatrix} 2 \\ 2 \\ -2 \end{pmatrix}$ P liegt auf g (r = −1), aber nicht auf $\overline{AB}$. Q liegt auf g (r = 0,5) 74
und sogar auf $\overline{AB}$. R liegt nicht auf g.

b) $\begin{pmatrix} 4+t \\ 5t \\ t \end{pmatrix} = \begin{pmatrix} 2 \\ 2 \\ 4 \end{pmatrix} + r\begin{pmatrix} 2 \\ 2 \\ -2 \end{pmatrix} \Rightarrow t = 1 \quad (r = 1{,}5)$

2. a) g schneidet h in S(-4|-1|8) (r = -2, s = 1). 77
b) g ist echt parallel zu h.
c) g und h sind windschief.
d) g schneidet h in S(6|2|-1) (r = 2, s = 3)

3. $\overline{CD}$: $\vec{x} = \begin{pmatrix} 2 \\ -2 \\ 3 \end{pmatrix} + t\begin{pmatrix} -4 \\ 2 \\ -2 \end{pmatrix}$, $\overline{EF}$: $\vec{x} = \begin{pmatrix} 2 \\ 0 \\ 0 \end{pmatrix} + k\begin{pmatrix} -2 \\ 3 \\ 3 \end{pmatrix}$
g schneidet h in S(4|-1,5|3,5) (r = 0,5 , s = 1,5)
g ist echt parallel zu CD.
g und EF sind windschief, ebenso h und CD sowie CD und EF.
h und EF sind echt parallel.

4. Ursprung in E, x-Achse in Richtung EA:

a) g_{AG} : $\vec{x} = \begin{pmatrix} 8 \\ 0 \\ 0 \end{pmatrix} + r\begin{pmatrix} -8 \\ 6 \\ 4 \end{pmatrix}$, g_{BH} : $\vec{x} = \begin{pmatrix} 8 \\ 6 \\ 0 \end{pmatrix} + s\begin{pmatrix} -8 \\ -6 \\ 4 \end{pmatrix}$

b) g_{AG} und g_{BH} schneiden sich in S(4|3|2) (r = s = 0,5)

c) h_{AM} : $\vec{x} = \begin{pmatrix} 8 \\ 0 \\ 0 \end{pmatrix} + r\begin{pmatrix} -4 \\ 6 \\ 2 \end{pmatrix}$, $g_{BH} = h_{AM}$: $S(\frac{16}{3} \mid 4 \mid \frac{4}{3})$, $r = \frac{2}{3}$, $s = \frac{1}{3}$

5. a) Mit g : $\vec{x} = \begin{pmatrix} 0 \\ 0 \\ 1{,}5 \end{pmatrix} + r\begin{pmatrix} -1 \\ 3 \\ 0{,}5 \end{pmatrix}$: Lediglich der Wolf wird getroffen. 79
Entfernung: $|PW| = \sqrt{155^2 + 465^2 + 77{,}5^2} \approx 496{,}24$ dm ≈ 50 m

d.h. $v = 50\,\frac{m}{s} = 180\,\frac{km}{h}$

b) Elchscheibenrichtung: $\vec{w} = \begin{pmatrix} -160 \\ 640 \\ 80 \end{pmatrix}$, bzw. $\begin{pmatrix} -1 \\ 4 \\ 0{,}5 \end{pmatrix}$

6. a) g_{AB} : $\vec{x} = \begin{pmatrix} 20 \\ 20 \\ 0 \end{pmatrix} + r\begin{pmatrix} 200 \\ 400 \\ 80 \end{pmatrix}$, S_1 erfüllt die Geradengleichung, ist also geeignet.
S_2 muss von 30m auf 40m Höhe gebracht werden um geeignet zu sein.
S_3 ist nicht geeignet, auch nicht durch Kürzen oder Verlängern.

b) Drahtlänge: $|AB| = \sqrt{200^2 + 400^2 + 80^2} \approx 454{,}31$ m

$v = 20\,\frac{km}{h} \approx 5{,}56\,\frac{m}{s}$, $t \approx \frac{454.31}{5.56}\,s \approx 81{,}71s$

c) $\tan\gamma = \frac{80}{\sqrt{200^2 + 400^2}}$, $\gamma \approx 10{,}14°$

79 7. Belüftungsbohrung b: $\vec{x} = \begin{pmatrix} 8 \\ 2 \\ 0 \end{pmatrix} + r \begin{pmatrix} 1 \\ 1 \\ -4 \end{pmatrix}$, Überlaufkanal k: $\vec{x} = \begin{pmatrix} 8 \\ 12 \\ -6 \end{pmatrix} + s \begin{pmatrix} 3 \\ -12 \\ -3 \end{pmatrix}$

b = k: Schnittpunkt S(10|4|-8) (r = 2, s = 2/3)

Länge des Bohrers: $|TS| = \sqrt{4+4+64} \approx 8{,}5$ LE, also ca. 850m

Versorgungsleitung g: $\vec{x} = \begin{pmatrix} 8 \\ 12 \\ 0 \end{pmatrix} + t \begin{pmatrix} 6 \\ -10 \\ -10 \end{pmatrix}$

Gleichsetzen von g und b bzw. g und k liefert jeweils einen Widerspruch.
Daher wird weder b noch k getroffen.

Bohrdauer: $|EN| = \sqrt{236} \approx 15{,}36\text{LE} = 1536\text{m}$
$t = \frac{1536\text{m}}{0{,}2\text{m/min}} = 7680\,\text{min} \approx 5{,}3\,\text{Tage}$

81 8. a) Für a = 2 liegt P auf g_a, Q liegt für kein a auf g_a.

b) g_a und h schneiden sich für a = 1 in S(-2|6|8).

c) g_a verläuft für a = 0 parallel zur z-Achse.

d) g_a schneidet die x-Achse für a = 3 in X(4|0|0).

9. a) g_0: $\vec{x} = \begin{pmatrix} 2 \\ 0 \\ 0 \end{pmatrix} + s \begin{pmatrix} -2 \\ 0 \\ 2 \end{pmatrix}$, g_1: $\vec{x} = \begin{pmatrix} 2 \\ 1 \\ 0 \end{pmatrix} + s \begin{pmatrix} -2 \\ 0 \\ 2 \end{pmatrix}$

b) g_a: $\vec{x} = \begin{pmatrix} 2 \\ 0 \\ 0 \end{pmatrix} + s \begin{pmatrix} -2 \\ a \\ 2 \end{pmatrix}$ bzw. g_a: $\vec{x} = \begin{pmatrix} 2 \\ a \\ 0 \end{pmatrix} + s \begin{pmatrix} -1 \\ 0 \\ 1 \end{pmatrix}$

c) g_{12} schneidet h in S(1|12|1).

10. a) $\overline{AB}$: $\vec{x} = \begin{pmatrix} 8 \\ 2 \\ -2 \end{pmatrix} + s \begin{pmatrix} 7 \\ 14 \\ -7 \end{pmatrix}$, $\overline{AB} = g_a$ liefert r = 1, s = $\frac{3}{7}$ und a = 6 und S(11|8|-5).

b) $g_a = \begin{pmatrix} 22 \\ 6 \\ -14 \end{pmatrix}$ liefert r = 2, a = 4, $g_a = \begin{pmatrix} 12 \\ 16 \\ -4 \end{pmatrix}$ liefert r = 2, a = 9.
Nur der 1. Hohlraum wird von einer Bohrung getroffen (a = 0, 2, ..., 10).

c) Senkrecht nach unten bedeutet: Richtungsvektor = $\begin{pmatrix} 0 \\ 0 \\ a-11 \end{pmatrix}$, das geht nicht.

11. a) $g_a = \begin{pmatrix} 11 \\ 14 \\ 12 \end{pmatrix}$ liefert r = 1, a = 3, der Lichtstrahl g_3 trifft den Eingang.

b) $\overline{PQ} = g_a$ liefert r = 1, a = 1, der Lichtstrahl g_1 trifft die Treppe bei R(9|18|4).

c) $\overrightarrow{BS} = \begin{pmatrix} -8 \\ -8 \\ 16 \end{pmatrix}$, diese Richtung kann für kein a erreicht werden.

12. a) g und h verlaufen parallel, sie sind nicht identisch. 82
    b) g und h schneiden sich in S(23|−10).
    c) g und h sind identisch.
    d) g und h schneiden sich in S(8|20).

13. a) $g: \vec{x} = \begin{pmatrix} 2 \\ -5 \end{pmatrix} + r\begin{pmatrix} 2 \\ -3 \end{pmatrix}$

    b) $\begin{pmatrix} 1 \\ -3{,}5 \end{pmatrix} = \begin{pmatrix} 2 \\ -5 \end{pmatrix} - 0{,}5\begin{pmatrix} 2 \\ -3 \end{pmatrix}$

    P liegt auf g, Q liegt nicht auf g

    c) $\begin{pmatrix} 4 \\ 0 \end{pmatrix} + s\begin{pmatrix} -2 \\ 1 \end{pmatrix} = \begin{pmatrix} 2 \\ -5 \end{pmatrix} + r\begin{pmatrix} 2 \\ -3 \end{pmatrix} = \;\Rightarrow s = 4,\quad r = -3,\quad S(-4|4)$

    d) $k:\quad \vec{x} = \begin{pmatrix} 1 \\ 1 \end{pmatrix} + r\begin{pmatrix} 2 \\ -3 \end{pmatrix}$

14. a) $g:\quad \vec{x} = \begin{pmatrix} 0 \\ 0 \\ 5 \end{pmatrix} + r\begin{pmatrix} 1 \\ 2 \\ -1 \end{pmatrix}$ 83

    P liegt auf g (r = 3) , Q liegt nicht auf g (Wid.)

    b) $g:\quad \vec{x} = \begin{pmatrix} 6 \\ 3 \\ 0 \end{pmatrix} + r\begin{pmatrix} -6 \\ 3 \\ 6 \end{pmatrix}$

    P liegt auf g (r = 2/3) , Q liegt nicht auf g (Wid.)

15. Alle Geradenpunkte haben die z–Koordinate 3, da $\vec{m} = \begin{pmatrix} 2 \\ -2 \\ 0 \end{pmatrix}$ nur in x– und y–Richtung verschiebt. Daher können die Punkte P und Q nicht auf g liegen.

83 16. a) g_{AB}: $\vec{x} = \begin{pmatrix} 2 \\ 1 \\ 4 \end{pmatrix} + r\begin{pmatrix} 3 \\ 6 \\ -3 \end{pmatrix}$ P liegt auf $\overline{AB}$ $(0 < r = 1/3 < 1)$

b) g_{AB}: $\vec{x} = \begin{pmatrix} -2 \\ 4 \\ 5 \end{pmatrix} + r\begin{pmatrix} 4 \\ 4 \\ 4 \end{pmatrix}$ P liegt auf $\overline{AB}$ $(0 < r = 0{,}5 < 1)$

c) g_{AB}: $\vec{x} = \begin{pmatrix} 3 \\ 0 \\ 7 \end{pmatrix} + r\begin{pmatrix} 1 \\ 1 \\ -1 \end{pmatrix}$ P liegt nicht auf $\overline{AB}$ $(r = 4 > 1)$

d) g_{AB}: $\vec{x} = \begin{pmatrix} 2 \\ 1 \\ 3 \end{pmatrix} + r\begin{pmatrix} 4 \\ 6 \\ -2 \end{pmatrix}$ P liegt nicht auf g (Wid.)

17 P liegt offensichtlich außerhalb des Dreiecks.

Vermutung: $Q \in \overline{BC}$

g_{BC}: $\vec{x} = \begin{pmatrix} 0 \\ 6 \\ 3 \end{pmatrix} + r\begin{pmatrix} 3 \\ -3 \\ -3 \end{pmatrix}$

mit $r = \frac{2}{3}$ gilt $\vec{x} = \begin{pmatrix} 2 \\ 4 \\ 1 \end{pmatrix} \Rightarrow Q \in \overline{BC}$

Vermutung: $R \in \overline{AC}$

$\begin{pmatrix} 2 \\ 5{,}5 \\ 4{,}5 \end{pmatrix}$ in g_{AC}: $\begin{pmatrix} 2 \\ 5{,}5 \\ 4{,}5 \end{pmatrix} = \begin{pmatrix} 0 \\ 6 \\ 6 \end{pmatrix} + r\begin{pmatrix} 3 \\ -3 \\ -6 \end{pmatrix}$ Wid. $R \notin \overline{AC}$

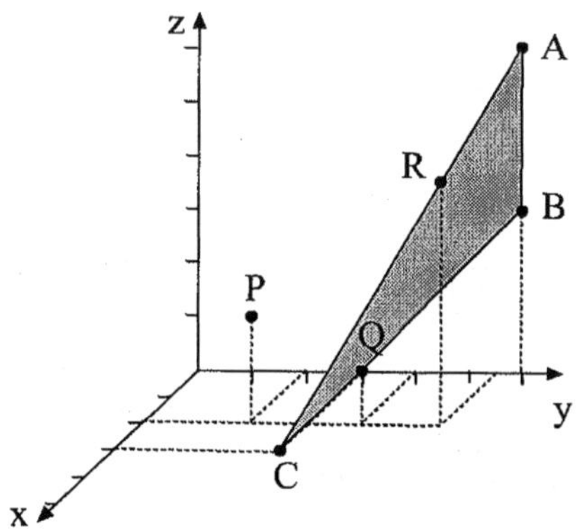

18. g | | k, aber nicht identisch
g und v sind identisch
v und k sind parallel aber nicht identisch ebenso w und h sowie g und u sowie u und v
u und k sind identisch

w: $\vec{x} = \begin{pmatrix} 6 \\ -1 \\ -1 \end{pmatrix} + r\begin{pmatrix} -4 \\ 2 \\ -2 \end{pmatrix}$, u: $\vec{x} = \begin{pmatrix} 1 \\ 2 \\ -6 \end{pmatrix} + t\begin{pmatrix} 8 \\ -4 \\ 2 \end{pmatrix}$

19. a) g_{AB}: $\vec{x} = \begin{pmatrix} 3 \\ 1 \\ 2 \end{pmatrix} + r\begin{pmatrix} 2 \\ 2 \\ 2 \end{pmatrix}$, g_{CD}: $\vec{x} = \begin{pmatrix} 2 \\ 1 \\ 1 \end{pmatrix} + s\begin{pmatrix} 1 \\ 2 \\ 1 \end{pmatrix}$, gleichsetzen ergibt S(1|−1|0) (r = s = −1)

b) g_{AB}: $\vec{x} = \begin{pmatrix} 1 \\ 0 \\ 0 \end{pmatrix} + r\begin{pmatrix} 0 \\ 1 \\ 1 \end{pmatrix}$, g_{CD}: $\vec{x} = \begin{pmatrix} 2 \\ 4 \\ 5 \end{pmatrix} + s\begin{pmatrix} 1 \\ 2 \\ 3 \end{pmatrix}$, S(1|2|2) (r = 2, s = −1)

c) g_{AB}: $\vec{x} = \begin{pmatrix} 4 \\ 1 \\ 5 \end{pmatrix} + r\begin{pmatrix} 2 \\ -1 \\ 1 \end{pmatrix}$, g_{CD}: $\vec{x} = \begin{pmatrix} 1 \\ 2 \\ 3 \end{pmatrix} + s\begin{pmatrix} -3 \\ 3 \\ 0 \end{pmatrix}$, S(0|3|3) (r = −2, s = 1/3)

20. a) $\begin{array}{lll} 1+r = 0 & \Rightarrow & r=-1 \\ -r = 1+s & & \Rightarrow 1 = 2 \\ 1 = s & \Rightarrow & s=1 \end{array}$ Wid., also windschief

b) Gleichsetzen wie in a) liefert Widerspruch, also windschief
c) Gleichsetzen wie in a) liefert Widerspruch, also windschief

21. $g \cap h$: Gleichsetzen liefert A(1|0|2) (r = 1, s = −2) 84

$g \cap k$: Gleichsetzen liefert B(3|6|0) (r = 3, t = 0)

$h \cap k$: Gleichsetzen liefert C(0|3|6) (s = −1, t = −3)

22. a) $g_{AB}: \vec{x} = \begin{pmatrix} -1 \\ 1 \\ 1 \end{pmatrix} + r\begin{pmatrix} 2 \\ 0 \\ -2 \end{pmatrix}$, $g_{CD}: \vec{x} = \begin{pmatrix} 1 \\ 1 \\ 1 \end{pmatrix} + s\begin{pmatrix} -1 \\ 0 \\ 1 \end{pmatrix}$, $\begin{pmatrix} 2 \\ 0 \\ -2 \end{pmatrix}, \begin{pmatrix} -1 \\ 0 \\ 1 \end{pmatrix}$ kollinear ⇒ parallel

$\begin{pmatrix} 1 \\ 1 \\ 1 \end{pmatrix} = \begin{pmatrix} -1 \\ 1 \\ 1 \end{pmatrix} + r\begin{pmatrix} 2 \\ 0 \\ -2 \end{pmatrix}$ Widerspruch, nicht identisch

b) $g_{AB}: \vec{x} = \begin{pmatrix} 4 \\ 2 \\ 1 \end{pmatrix} + r\begin{pmatrix} -4 \\ 2 \\ 2 \end{pmatrix}$, $g_{CD}: \vec{x} = \begin{pmatrix} 1 \\ 2 \\ 1 \end{pmatrix} + s\begin{pmatrix} 2 \\ 2 \\ 2 \end{pmatrix}$, Gleichsetzen liefert S(2|3|2) (r = s = 0,5)

c) $g_{AB}: \vec{x} = \begin{pmatrix} 2 \\ 0 \\ 4 \end{pmatrix} + r\begin{pmatrix} 2 \\ 2 \\ -1 \end{pmatrix}$, $g_{CD}: \vec{x} = \begin{pmatrix} 6 \\ 4 \\ 2 \end{pmatrix} + s\begin{pmatrix} 4 \\ 4 \\ -2 \end{pmatrix}$, parallel und identisch

d) $g_{AB}: \vec{x} = \begin{pmatrix} 0 \\ 0 \\ 6 \end{pmatrix} + r\begin{pmatrix} 3 \\ 3 \\ -6 \end{pmatrix}$, $g_{CD}: \vec{x} = \begin{pmatrix} 0 \\ 0 \\ 0 \end{pmatrix} + s\begin{pmatrix} 6 \\ 6 \\ 6 \end{pmatrix}$, Gleichsetzen: S(2|2|2) ($r = \frac{2}{3}$, $s = \frac{1}{3}$)

e) $g_{AB}: \vec{x} = \begin{pmatrix} 1 \\ -2 \\ 4 \end{pmatrix} + r\begin{pmatrix} 2 \\ 6 \\ -2 \end{pmatrix}$, $g_{CD}: \vec{x} = \begin{pmatrix} 3 \\ 0 \\ 0 \end{pmatrix} + s\begin{pmatrix} -2 \\ 2 \\ 4 \end{pmatrix}$, Gleichsetzen liefert Wid., windschief

f) $g_{AB}: \vec{x} = \begin{pmatrix} 1 \\ -2 \\ 0 \end{pmatrix} + r\begin{pmatrix} -2 \\ 4 \\ 8 \end{pmatrix}$, $g_{CD}: \vec{x} = \begin{pmatrix} -2 \\ -2 \\ 5 \end{pmatrix} + s\begin{pmatrix} 6 \\ 6 \\ -3 \end{pmatrix}$, Gleichsetzen: S(0|0|4) ($r = \frac{1}{2}$, $s = \frac{1}{3}$)

23. a) $g: \vec{x} = \begin{pmatrix} 7 \\ 3 \end{pmatrix} + r\begin{pmatrix} 11 \\ -5 \end{pmatrix}$ b) $x + y = -2$

c) $\begin{pmatrix} 7 \\ 3 \end{pmatrix} + r\begin{pmatrix} 11 \\ -5 \end{pmatrix} = \begin{pmatrix} 2 \\ -4 \end{pmatrix} + s\begin{pmatrix} 1 \\ -1 \end{pmatrix}$ ⇒ r = −2, s = −17, S(−15 | 13)

24. a) $4x + 5y = 37$ b) $h: \vec{x} = \begin{pmatrix} 2 \\ 1 \end{pmatrix} + s\begin{pmatrix} 1 \\ -2 \end{pmatrix}$

c) $\begin{pmatrix} 2 \\ 1 \end{pmatrix} + s\begin{pmatrix} 1 \\ -2 \end{pmatrix} = \begin{pmatrix} 3 \\ 5 \end{pmatrix} + r\begin{pmatrix} 5 \\ -4 \end{pmatrix}$ ⇒ s = −4, r = −1, S(−2 | 9)

d) für a = −2 (s. Teil c)) e) $k: \vec{x} = \begin{pmatrix} 2 \\ 1 \end{pmatrix} + s\begin{pmatrix} 2 \\ 1 \end{pmatrix}$

25. a) Die Geraden sind parallel und identisch.
b) Die Geraden sind parallel und nicht identisch.

26. a) g: $\vec{x} = \begin{pmatrix} 0 \\ 0 \\ 2 \end{pmatrix} + r\begin{pmatrix} 6 \\ 8 \\ -2 \end{pmatrix}$, h: $\vec{x} = \begin{pmatrix} 3 \\ 0 \\ 0 \end{pmatrix} + s\begin{pmatrix} -3 \\ 8 \\ 4 \end{pmatrix}$, A(0|0|2), B(6|8|0), C(3|0|0), D(0|8|4)

$g \cap h$: S(2|8/3|4/3) (r = s = 1/3)

b) g: $\vec{x} = \begin{pmatrix} 2 \\ 0 \\ 0 \end{pmatrix} + r\begin{pmatrix} -2 \\ 4 \\ 2 \end{pmatrix}$, h: $\vec{x} = \begin{pmatrix} 2 \\ 0 \\ 4 \end{pmatrix} + s\begin{pmatrix} -2 \\ 6 \\ -4 \end{pmatrix}$, Gleichsetzen liefert Wid., windschief

85 27. A(6|0|0), B(0|8|0), C(0|0|4)

a) $\vec{s} = \vec{a} + \frac{2}{3}\overrightarrow{AM}_a = \begin{pmatrix}6\\0\\0\end{pmatrix} + \frac{2}{3}[-\begin{pmatrix}6\\0\\0\end{pmatrix} + \vec{m}_a] = \begin{pmatrix}6\\0\\0\end{pmatrix} + \frac{2}{3}[-\begin{pmatrix}6\\0\\0\end{pmatrix} + \begin{pmatrix}0\\4\\2\end{pmatrix}] = \begin{pmatrix}2\\8/3\\4/3\end{pmatrix}$, S(2|8/3|4/3)

Die Seitenhalbierenden schneiden sich im Verhältnis 2 : 1.

b) s_a: $\vec{x} = \begin{pmatrix}6\\0\\0\end{pmatrix} + r\begin{pmatrix}-6\\4\\2\end{pmatrix}$, $\vec{m}_a = \begin{pmatrix}0\\4\\2\end{pmatrix}$, s_b: $\vec{x} = \begin{pmatrix}0\\8\\0\end{pmatrix} + s\begin{pmatrix}3\\-8\\2\end{pmatrix}$, $\vec{m}_b = \begin{pmatrix}3\\0\\2\end{pmatrix}$

s_c: $\vec{x} = \begin{pmatrix}0\\0\\4\end{pmatrix} + t\begin{pmatrix}3\\4\\-4\end{pmatrix}$, $\vec{m}_c = \begin{pmatrix}3\\4\\0\end{pmatrix}$

$s_a \cap s_b$: S(2|8/3|4/3) (r = s = 2/3), $S \in s_c$ (t = 2/3)

28. $g: \vec{x} = \begin{pmatrix}0\\4\\1\end{pmatrix} + r\begin{pmatrix}-1\\0\\1\end{pmatrix}$, $\overrightarrow{AC} = \begin{pmatrix}-4\\0\\4\end{pmatrix}$, $\overrightarrow{BC} = \begin{pmatrix}0\\-4\\5\end{pmatrix}$

$h: \vec{x} = \begin{pmatrix}4\\0\\2\end{pmatrix} + s\begin{pmatrix}0\\-4\\5\end{pmatrix}$

S(4|4|−3) (r = −4, s = −1)

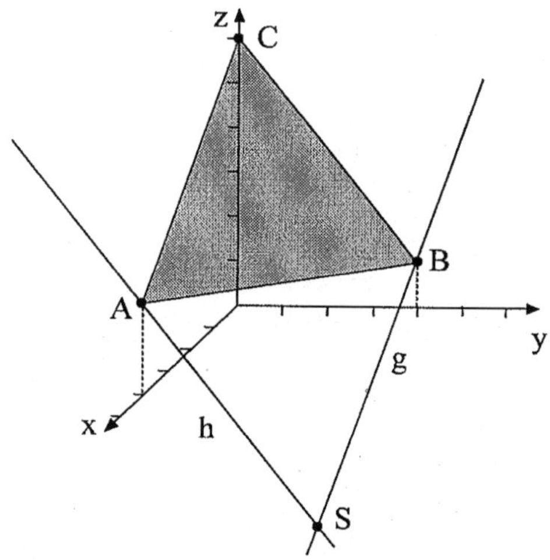

29. a) $g_{AC}: \vec{x} = \begin{pmatrix}3\\1\\2\end{pmatrix} + r\begin{pmatrix}2\\8\\2\end{pmatrix}$, $g_{BD}: \vec{x} = \begin{pmatrix}6\\2\\2\end{pmatrix} + s\begin{pmatrix}-5\\2\\1\end{pmatrix}$

$g_{AC} \cap g_{BD}: s = \frac{1}{2}, r = \frac{1}{4} \Rightarrow$ ebenes Viereck

b) $g_{AC}: \vec{x} = \begin{pmatrix}5\\2\\0\end{pmatrix} + r\begin{pmatrix}-4\\4\\0\end{pmatrix}$, $g_{BD}: \vec{x} = \begin{pmatrix}1\\2\\6\end{pmatrix} + s\begin{pmatrix}5\\5\\-8\end{pmatrix}$

$g_{AC} \cap g_{BD}$: Wid.

nicht eben

c) g_{AC}: $\vec{x} = \begin{pmatrix}5\\2\\0\end{pmatrix} + r\begin{pmatrix}-4\\4\\0\end{pmatrix}$, g_{BD}: $\vec{x} = \begin{pmatrix}1\\2\\6\end{pmatrix} + s\begin{pmatrix}5\\5\\-8\end{pmatrix}$, $g_{AC} \cap g_{BD}$: Wid., nicht eben

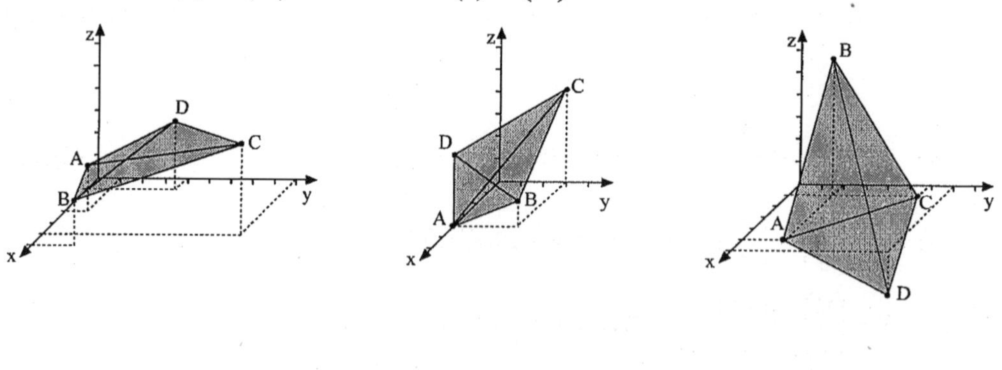

30. $A(6|0|0)$, $B(6|6|0)$, $C(0|6|0)$, $S(3|3|6)$, $M(1{,}5|4{,}5|3)$, $N(4|2|4)$ 85

Gleichsetzen liefert den Schnittpunkt $T(2{,}4|3{,}6|2{,}4)$ $(r = 0{,}8,\ s = 0{,}6)$

$$g_{AM}:\ \vec{x} = \begin{pmatrix}6\\0\\0\end{pmatrix} + r\begin{pmatrix}-4{,}5\\4{,}5\\3\end{pmatrix},\quad \tfrac{2}{3}\overrightarrow{AS} = \begin{pmatrix}-2\\2\\4\end{pmatrix},\quad g_{CN}:\ \vec{x} = \begin{pmatrix}0\\6\\0\end{pmatrix} + s\begin{pmatrix}4\\-4\\4\end{pmatrix}$$

31. a) $\begin{pmatrix}b\\6\\4\end{pmatrix} = r\begin{pmatrix}2\\-3\\d\end{pmatrix}\ \begin{matrix}\Rightarrow b=-4\\ \Rightarrow r=-2\\ \Rightarrow d=-2\end{matrix}$, $\begin{pmatrix}2\\2\\a\end{pmatrix} + r\begin{pmatrix}-4\\6\\4\end{pmatrix} \neq \begin{pmatrix}6\\c\\0\end{pmatrix} + s\begin{pmatrix}2\\-3\\-2\end{pmatrix}$ z.B. für $a = c = 0$

b) z.B. $b = -4$, $d = -2$, $a = 4$, $c = -4$

c) z.B. $b = d = 0$, $\begin{pmatrix}2\\2\\a\end{pmatrix} + r\begin{pmatrix}0\\6\\4\end{pmatrix} = \begin{pmatrix}6\\c\\0\end{pmatrix} + s\begin{pmatrix}2\\-3\\0\end{pmatrix}$, z.B. $a = 4$, $c = -10$ $(r = -1,\ s = -2)$

d) z.B. $a = 4$, $b = c = d = 0$

3. Exkurs: Spurpunkte mit Anwendungen

86

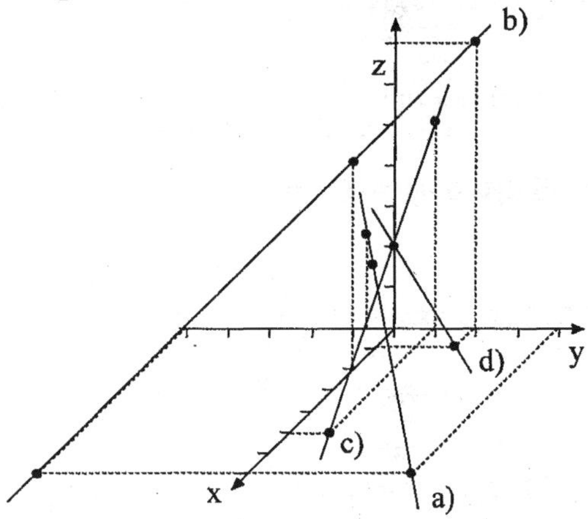

1. a) $g_{AB}:\ \vec{x} = \begin{pmatrix}10\\6\\-1\end{pmatrix} + r\begin{pmatrix}-6\\-4\\2\end{pmatrix}$, $\begin{matrix}x=0 \Leftrightarrow r=5/3\\ y=0 \Leftrightarrow r=1{,}5\\ z=0 \Leftrightarrow r=0{,}5\end{matrix}$

$S_{yz}(0|-\tfrac{2}{3}|\tfrac{7}{3})$, $S_{xz}(1|0|2)$, $S_{xy}(7|4|0)$

b) $g_{AB}:\ \vec{x} = \begin{pmatrix}-2\\4\\9\end{pmatrix} + r\begin{pmatrix}6\\-6\\-6\end{pmatrix}$, $\begin{matrix}x=0 \Leftrightarrow r=1/3\\ y=0 \Leftrightarrow r=2/3\\ z=0 \Leftrightarrow r=1{,}5\end{matrix}$

$S_{yz}(0|2|7)$, $S_{xz}(2|0|5)$, $S_{xy}(7|-5|0)$

c) $g_{AB}:\ \vec{x} = \begin{pmatrix}4\\1\\1\end{pmatrix} + r\begin{pmatrix}-6\\0\\6\end{pmatrix}$, $\begin{matrix}x=0 \Leftrightarrow r=2/3\\ y=0 \text{ nicht möglich}\\ z=0 \Leftrightarrow r=-1/6\end{matrix}$

$S_{yz}(0|1|5)$, $S_{xy}(5|1|0)$

d) $S_{xz}(0|0|2) = S_{yz}$, $S_{xy}(1|2|0)$

2. Eine Gerade besitzt z.B. 2 Spurpunkte, wenn sie zu einer Koordinatenebene parallel ist,

z.B. g: $\vec{x} = \begin{pmatrix}2\\3\\1\end{pmatrix} + r\begin{pmatrix}1\\1\\0\end{pmatrix}$ (parallel zur x-y-Ebene).

Eine Gerade hat z.B. nur einen Spurpunkt, wenn sie parallel zu einer Koordinatenachse ist,

z.B. g: $\vec{x} = \begin{pmatrix}4\\3\\5\end{pmatrix} + r\begin{pmatrix}1\\0\\0\end{pmatrix}$ (parallel zur x-Achse).

3. $g_{AS}:\ \vec{x} = \begin{pmatrix}2\\2\\0\end{pmatrix} + r\begin{pmatrix}4\\4\\8\end{pmatrix}$ Schnittpunkt mit dem Wasserspiegel für $z = 2 \Rightarrow r = \tfrac{1}{4}$, $S_1(3|3|2)$

$g_{CS}:\ \vec{x} = \begin{pmatrix}2\\12\\0\end{pmatrix} + r\begin{pmatrix}4\\-6\\8\end{pmatrix}$, $z = 2 \Rightarrow r = \tfrac{1}{4}$, $S_2(3|10{,}5|2)$

$g_{BS}:\ \vec{x} = \begin{pmatrix}10\\6\\0\end{pmatrix} + r\begin{pmatrix}-4\\0\\8\end{pmatrix}$, $z = 2 \Rightarrow r = \tfrac{1}{4}$, $S_3(9|6|2)$

87 4. rechnerisch:

Gleichung des Strahls g: g: $\vec{x} = \begin{pmatrix} 6 \\ 4 \end{pmatrix} + r\begin{pmatrix} 2 \\ 3 \end{pmatrix}$

Schnittpunkt mit Bande A für x = 14, r = 4 und Q(14|16)

Gleichung des Strahls h: h: $\vec{x} = \begin{pmatrix} 14 \\ 16 \end{pmatrix} + s\begin{pmatrix} -2 \\ 3 \end{pmatrix}$

Schnittpunkt mit Bande B für x = 0, s = 4 und T(6|28)

Gleichung des Strahls k: k: $\vec{x} = \begin{pmatrix} 6 \\ 28 \end{pmatrix} + t\begin{pmatrix} -2 \\ -3 \end{pmatrix}$

Schnittpunkt mit Bande C für y = 28, t = 3 und U(0|19)

Gleichung des Strahls *l*: *l*: $\vec{x} = \begin{pmatrix} 0 \\ 19 \end{pmatrix} + r\begin{pmatrix} 2 \\ -3 \end{pmatrix}$

Schnittpunkt mit Bande D für y = 0, r = $\frac{19}{3}$ und V($\frac{38}{3}$ |0)

Die Kugel trifft das Loch nicht.

zeichnerisch:

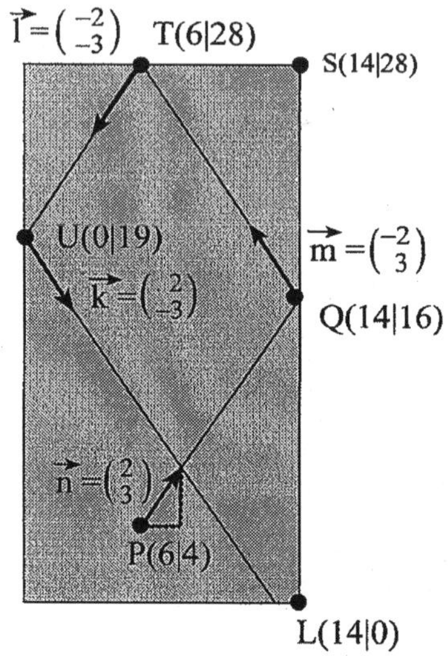

88 5. Eckpunkte des Schrankes:
A(2|2|0), B(2|4|0), C(2|4|4), D(2|2|4)
Gleichung des Lichtstrahls durch C:

$$g: \quad \vec{x} = \begin{pmatrix} 2 \\ 4 \\ 4 \end{pmatrix} + r\begin{pmatrix} -1 \\ 1 \\ -1 \end{pmatrix}$$

Schnittpunkt von g mit der y-z-Ebene:
x = 0, also r = 2 und C '(0|6|2)
Fußpunkt des Lotes von C ' auf die y-Achse: C "(0|6|0)

Analoge Rechnung für D liefert D '(0|4|2), D "(0|4|0)

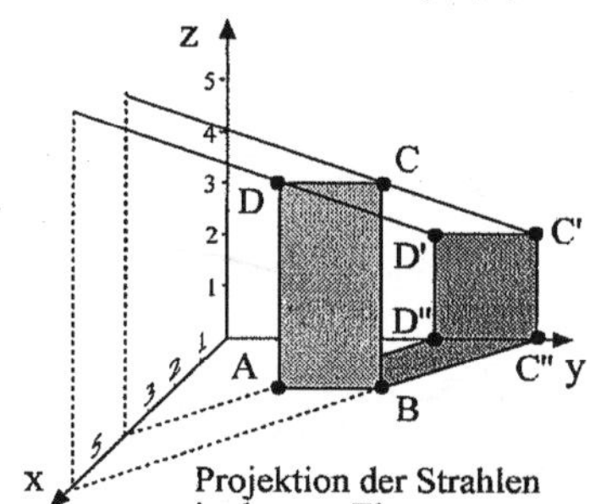

Projektion der Strahlen in der x-y-Ebene und y-z-Ebene

89 6. g: $\vec{x} = \begin{pmatrix} 1 \\ 3 \\ 6 \end{pmatrix} + r\begin{pmatrix} 1 \\ 1 \\ -3 \end{pmatrix}$, x=0 ⇔ r=−1, y=0 ⇔ r=−3, z=0 ⇔ r= 2

$S_{yz}(0|2|9)$, $S_{xz}(-2|0|15)$, $S_{xy}(3|5|0)$

h: $\vec{x} = \begin{pmatrix} -1 \\ 4 \\ 6 \end{pmatrix} + s\begin{pmatrix} 2 \\ -2 \\ -2 \end{pmatrix}$, x=0 ⇔ s=0,5, y=0 ⇔ s= 2, z=0 ⇔ s= 3

$S_{yz}(0|3|5)$, $S_{xz}(3|0|2)$, $S_{xy}(5|-2|0)$

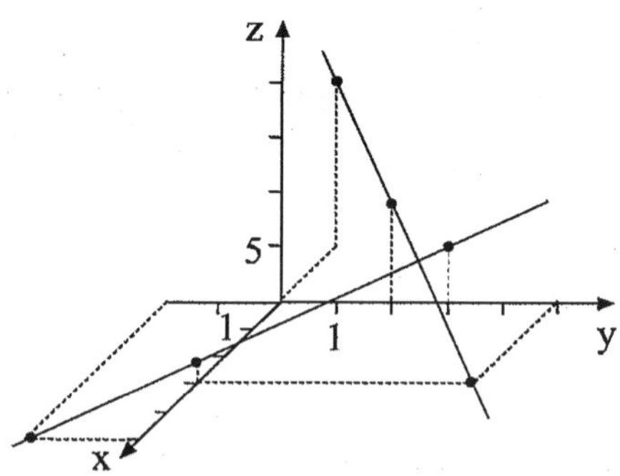

7. Eine Gerade hat nur einen Spurpunkt, wenn die Gerade parallel zu einer Koordinatenachse verläuft oder wenn sie eine Ursprungsgerade ist.
Eine Gerade hat nur 2 Spurpunkte, wenn sie parallel zu einer Koordinatenebene verläuft oder eine Koordinatenachse schneidet.
Eine Gerade hat unendlich viele Spurpunkte, wenn sie in einer Koordinatenebene liegt.
Ansonsten hat eine Gerade 3 Spurpunkte.

7. a) g hat zwei Spurpunkte, da g parallel zur x-z-Ebene verläuft. 89
   b) g hat drei Spurpunkte.
   c) g hat nur zwei verschiedene Spurpunkte, da S_{xz} und $S_{xy}(-2|0|0)$ zusammenfallen.
   d) g hat unendlich viele Spurpunkte, da es unendlich viele Schnittpunkte mit der x-z-Ebene gibt.
   e) g hat einen Spurpunkt, da g parallel zur z-Achse verläuft.
   f) g ist eine Ursprungsgerade, g schneidet alle 3 Koordinatenebenen im Ursprung.

8. rechnerisch:

g: $\vec{x} = \binom{2}{4} + r\binom{3}{-1}$, Bande A: $y = 0$, A(14|0)

h: $\vec{x} = \binom{14}{0} + s\binom{3}{1}$, Bande B: $x = 22$, B(22|8/3)

k: $\vec{x} = \binom{22}{8/3} + t\binom{-3}{1}$, Bande D: $x = 0$, C(0|10)

l: $\vec{x} = \binom{0}{10} + v\binom{3}{1}$, Bande C: $y = 14$, D(12|14)

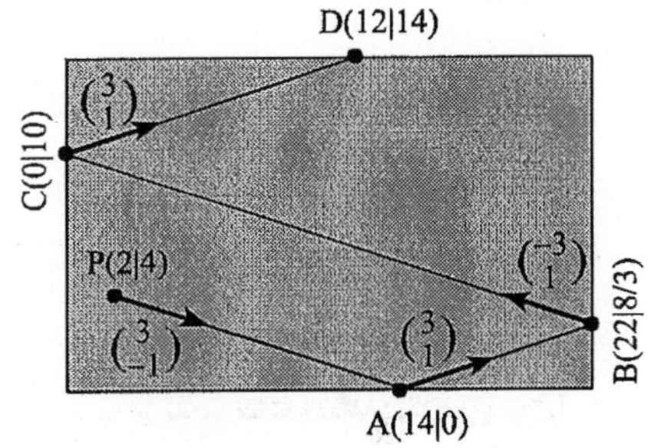

9. a) P(4|6|0), Q(4|6|3)

$\begin{pmatrix}4\\6\\3\end{pmatrix} + r\begin{pmatrix}-1\\-3\\1\end{pmatrix}$, $y = 0 \Rightarrow r = 2$, Q'(2|0|5), Q''(2|0|0)

b) $\vec{m} = \begin{pmatrix}-1\\-3\\1\end{pmatrix}$, C': g: $\vec{x} = \begin{pmatrix}2\\3\\3\end{pmatrix} + r\begin{pmatrix}-1\\-3\\1\end{pmatrix}$

$y = 0$, $r = 1 \Rightarrow$ C'(1|0|4) $\Rightarrow$ C''(1|0|0)

D':h: $\vec{x} = \begin{pmatrix}4\\3\\3\end{pmatrix} + s\begin{pmatrix}-1\\-3\\1\end{pmatrix}$

$y = 0$, $s = 1 \Rightarrow$ D'(3|0|4) $\Rightarrow$ D''(3|0|0)

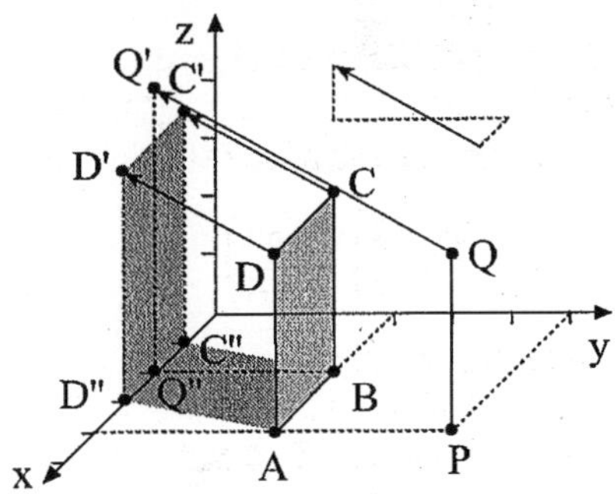

10. rechnerisch:

Strahl durch C: g: $\vec{x} = \begin{pmatrix}2\\3\\4\end{pmatrix} + r\begin{pmatrix}-1\\-3\\-1\end{pmatrix}$

$y = 0$: $r = 1$, C'(1|0|3)

$z = 0$: $r = 4$, C''(−2|−9|0)

$g_{C''A}$: $\vec{x} = \begin{pmatrix}3\\2\\0\end{pmatrix} + r\begin{pmatrix}-5\\-11\\0\end{pmatrix}$

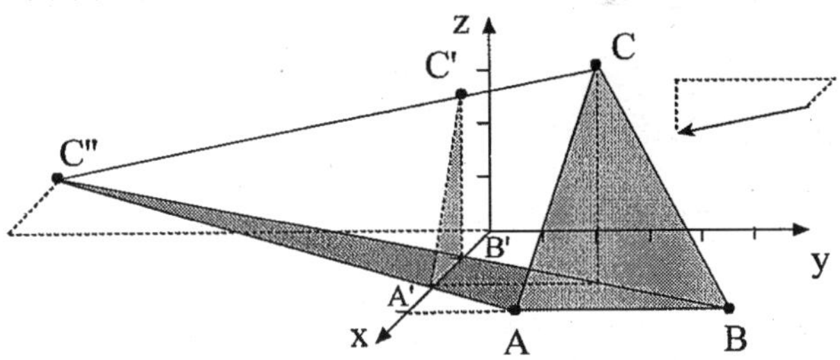

$y = 0$: $r = \frac{2}{11}$, A'($\frac{23}{11}$|0|0), $g_{C''B}$: $\vec{x} = \begin{pmatrix}3\\6\\0\end{pmatrix} + r\begin{pmatrix}-5\\-15\\0\end{pmatrix}$, $y = 0$: $r = 0{,}4$, B'(1|0|0)

11. a) Fluggerade von A: g_A: $\vec{x} = \begin{pmatrix}-8\\3\\2\end{pmatrix} + r\begin{pmatrix}4\\-4\\2\end{pmatrix}$, *Startpunkt : z = 0 gilt für r = −1* $\Rightarrow F(-12\,|\,7\,|\,0)$ 90

Reiseflughöhe 10000m = 10km: $z = 10$ gilt für $r = 4 \Rightarrow$ T(8|−13|10)

b) Fluggerade von B: g_B: $\vec{x} = \begin{pmatrix}10\\-10\\5\end{pmatrix} + s\begin{pmatrix}-2\\2\\-1\end{pmatrix}$. Das Gleichsetzen von g_A und g_B liefert einen Widerspruch, d.h; es gibt keine Kollision.

90

11. c) $|\overrightarrow{BC}| = \left|\begin{pmatrix} 14 \\ -9 \\ 1 \end{pmatrix}\right| = \sqrt{278} \approx 16{,}67\text{km}$

d) Flugbahn von Beta ab C: $h_B\colon \vec{x} = \begin{pmatrix} 10 \\ -10 \\ 5 \end{pmatrix} + t\begin{pmatrix} -5 \\ 4 \\ -1 \end{pmatrix}$

Berechnung des Punktes in 1km Höhe: $z = 1$ gilt für $t = 4 \Rightarrow W(-10|6|1)$

Berechnung der Richtung zum Flughafen: $\overrightarrow{v_2} = \overrightarrow{WF} = \begin{pmatrix} -2 \\ 1 \\ -1 \end{pmatrix}$

12. a) 1. Flugbahn von Gamma: $g\colon \vec{x} = \begin{pmatrix} 10 \\ 1 \\ 0{,}8 \end{pmatrix} + r\begin{pmatrix} 5 \\ 6 \\ 0{,}2 \end{pmatrix}$

2. Zusammenhang zwischen den Parametern r und der Zeit: Die Änderung des Parameters r um eine Einheit entspricht einer Änderung der Zeit um 2 Minuten.

b) Seit dem Start in A sind 10 Minuten vergangen. Also ist $r = 5$. Das Flugzeug befindet sich in $F(35|31|1{,}8)$. Seine mittlere Geschwindigkeit auf dem Flug von A nach F beträgt:

$$\frac{|\overrightarrow{AF}|\text{km}}{10\text{min}} \approx \frac{39{,}06\text{km}}{10\text{min}} \approx 3{,}9\frac{\text{km}}{\text{min}} = 234{,}38\frac{\text{km}}{\text{h}}$$

Die Höhe 4000m, d.h. $z = 4$ bzw. $r = 16$, erreicht das Flugzeug nach 32 Minuten.

c) Flugbahn von Delta: $h\colon \vec{x} = \begin{pmatrix} 100 \\ 130 \\ 3{,}7 \end{pmatrix} + r\begin{pmatrix} -5 \\ -9 \\ -0{,}1 \end{pmatrix}$

Gleichsetzen von g und h liefert $s = 7$, $r = 11$, d.h. $S(65|67|3)$

Die Bahnen schneiden sich. Theoretisch wäre also die Kollision möglich, praktisch aber nicht, weil das erste Flugzeug zu einer anderen Zeit am möglichen Kollisionspunkt ist als das zweite Flugzeug.

Das 1. Flugzeug ist wegen $r = 11$ um $10.00 + 11 \cdot 2\text{min} = 10.22$ Uhr am Punkt S.

Beim 2. Flugzeug entspricht eine Änderung des Parameters s um eine Einheit einer Änderung der Zeit um eine Minute. Wegen $s = 7$ ist es also bereits um $10.00 + 7 \cdot 1\text{min} = 10.07$ Uhr am Punkt S.

13. $g\colon \vec{x} = \begin{pmatrix} 100 \\ 200 \\ 0 \end{pmatrix} + r\begin{pmatrix} 4 \\ 4 \\ -0{,}8 \end{pmatrix}$, $\left|\begin{pmatrix} 4 \\ 4 \\ -0{,}8 \end{pmatrix}\right| \approx 5{,}71\frac{\text{m}}{\text{s}} \approx 20{,}57\frac{\text{km}}{\text{h}} \approx 11{,}1$ Knoten (r in Sekunden)

Nach 100s neuer Kurs: $g_{xy}\colon \vec{x} = \begin{pmatrix} 500 \\ 600 \\ -80 \end{pmatrix} + r\begin{pmatrix} 4 \\ 4 \\ 0 \end{pmatrix}$, $\left|\begin{pmatrix} 4 \\ 4 \\ 0 \end{pmatrix}\right| \approx 5{,}66\frac{\text{m}}{\text{s}} \approx 20{,}36\frac{\text{km}}{\text{h}} \approx 11$ Knoten

Kurs der Tauchkugel: $h\colon \vec{x} = \begin{pmatrix} 700 \\ 800 \\ 0 \end{pmatrix} + s\begin{pmatrix} 0 \\ 0 \\ -0{,}5 \end{pmatrix}$, $g_{xy} = h$: $s = 160$, $r = 50$, $S(700|800|-80)$

Das U-Boot durchfährt den Schnittpunkt S ca. 10 s vor der Tauchkugel.

91

14. a) $g_{AB}\colon \vec{x} = \begin{pmatrix} -7 \\ -3 \\ -8 \end{pmatrix} + r\begin{pmatrix} 5 \\ 3 \\ -1 \end{pmatrix}$, $g_{CD}\colon \vec{x} = \begin{pmatrix} 4 \\ -6 \\ -6 \end{pmatrix} + s\begin{pmatrix} 3 \\ 5 \\ -2 \end{pmatrix}$, $g_{AB} = g_{CD}$: $s = 3$ und $r = 4$: $S(13|9|-12)$.

b) Länge: $|\overrightarrow{AS}| = \left|\begin{pmatrix} 20 \\ 12 \\ -4 \end{pmatrix}\right| = \sqrt{560} \approx 23{,}66 = 2366\text{m}$, Dauer: $\frac{2366}{5} = 473{,}3$ Tage

Länge: $|\overrightarrow{CS}| = \left|\begin{pmatrix} 9 \\ 15 \\ -6 \end{pmatrix}\right| = \sqrt{342} \approx 18{,}49 = 1849$ m, Dauer: $\frac{1849}{473{,}2} \approx 3{,}91\frac{\text{m}}{\text{Tag}}$

c) k: $\vec{x} = \begin{pmatrix}13\\9\\-12\end{pmatrix} + t\begin{pmatrix}2\\1\\2\end{pmatrix}$. z = 0 gilt für t = 6 $\Rightarrow$ P(25|15|0) 91

d) Streckenlänge von $\overrightarrow{PS}$: $|\overrightarrow{PS}| = \left|\begin{pmatrix}-12\\-6\\-12\end{pmatrix}\right| = \sqrt{324} = 18\text{km}$

Man muss also von P aus 2/3 dieser Strecke - das sind dann 12km - in Richtung S gehen:

$\vec{x} = \begin{pmatrix}25\\15\\0\end{pmatrix} + \frac{2}{3}\begin{pmatrix}-12\\-6\\-12\end{pmatrix} = \begin{pmatrix}17\\11\\-8\end{pmatrix}$. Die Bohrung endet im Stollen bei Q(17|11|−8). Die Bohrung beginnt an der Oberfläche im Punkt P(17|11|0). Sie ist 8 Einheiten, d.h. 800m tief.

15. I. a) $\overline{AS}: \vec{x} = r\begin{pmatrix}-50\\50\\50\end{pmatrix}, \overline{BS}: \vec{x} = \begin{pmatrix}0\\100\\0\end{pmatrix} + s\begin{pmatrix}-50\\-50\\50\end{pmatrix}, \overline{CS}: \vec{x} = \begin{pmatrix}-100\\100\\0\end{pmatrix} + t\begin{pmatrix}50\\-50\\50\end{pmatrix}, \overline{DS}: \vec{x} = \begin{pmatrix}-100\\0\\0\end{pmatrix} + k\begin{pmatrix}50\\50\\50\end{pmatrix}$

b) P(−10|90|10)

c) Hilfspunkt P ': von P aus 90m in -x-Richtung, 10m in -y-Richtung, 10m in z-Richtung

P '(−100|80|20), $\overline{PP'}$: $\vec{x} = \begin{pmatrix}-10\\90\\10\end{pmatrix} + a\begin{pmatrix}-90\\-10\\10\end{pmatrix}$

Schnittpunkt von $\overline{PP'}$ mit $\overline{CS}$: Gleichsetzen liefert a = 0,8; t = 0,36; Q(−82|82|18)
Die Rampe endet im Punkt Q(−82|82|18).
Im Punkt R(−55|85|15) hat die Rampe eine Höhe von 15 m.

d) Setzt man die z-Komponente von $\overline{AS}$ gleich 20, so erhält man r = 0,4 und damit A'(−20|20|20), analog B'(−20|80|20), C'(−80|80|20), D'(−80|20|20)
Flächeninhalt 25 bedeutet Kantenlänge 5.
Eine Strahlensatzfigur liefert: $\frac{50}{100} = \frac{h}{5} \Rightarrow h = 2{,}5$
In 47,5 m Höhe hat das Querschnittsquadrat 5 m Breite und den Inhalt 25 m².

II. a) Lichtstrahlen längs g_a: $\vec{x} = \begin{pmatrix}50\\-50\\100\end{pmatrix} + r\begin{pmatrix}-1-a\\3-a\\a-2\end{pmatrix}$

Eine Punktprobe mit B zeigt, dass B mit r = 50, a = 0 auf g_0 liegt.
Entsprechend folgt, dass S mit r = 50, a = 1 auf g_1 liegt.

b) Setzt man g_a gleich $\overline{BS}$, so folgt r = 50; eingesetzt und umgeformt folgt:

$\begin{pmatrix}0\\100\\0\end{pmatrix} + t\begin{pmatrix}-50\\-50\\50\end{pmatrix} = \begin{pmatrix}50\\-50\\50\end{pmatrix} + 50\begin{pmatrix}-1\\3\\-2\end{pmatrix} + 50\begin{pmatrix}-a\\-a\\a\end{pmatrix} = \begin{pmatrix}0\\100\\0\end{pmatrix} + 50\begin{pmatrix}-a\\-a\\a\end{pmatrix}$, d.h. für $0 \le t \le 1$

durchläuft $\overline{BS}$ die Punkte auf $\overline{BS}$ und damit durchläuft sie auch g_a für $0 \le a \le 1$.

c) Lichtstrahl TS: h: $\vec{x} = \begin{pmatrix}50\\-50\\100\end{pmatrix} + t\begin{pmatrix}-100\\100\\-50\end{pmatrix}$ schneidet die x-y-Ebene (t = 2) in P(−150|150|0).

Schattengerade: s: $\vec{x} = \begin{pmatrix}0\\100\\0\end{pmatrix} + r\begin{pmatrix}-150\\50\\0\end{pmatrix}$

Schattenpunkte: $0 \le r \le 1$

16. a) nächste Seite 92

b) CDHG ist offensichtlich die leichteste Wand (flach) gefolgt von BCGF (steil), dann folgt ADHE (senkrecht) am schwierigsten dürfte ABFE (Überhang) sein.

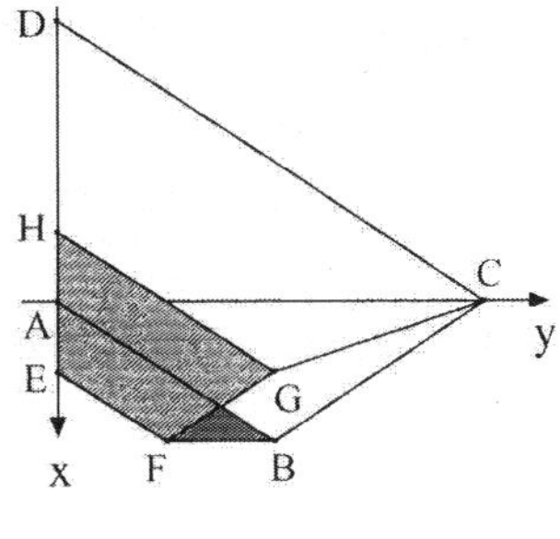

92

16\. c) $\overline{AE}:\ \vec{x} = r\begin{pmatrix}2\\0\\12\end{pmatrix}$, $\overline{BF}:\ \vec{x} = \begin{pmatrix}4\\6\\0\end{pmatrix} + s\begin{pmatrix}0\\-3\\12\end{pmatrix}$

$\overline{AE} = \overline{BF} \Rightarrow\ r = 2,\ s = 2,\ S(4\,|\,0\,|\,24)$

$\overline{CG}:\ \vec{x} = \begin{pmatrix}0\\12\\0\end{pmatrix} + t\begin{pmatrix}2\\-6\\12\end{pmatrix},\ t = 2$

$\overline{DH}:\ \vec{x} = \begin{pmatrix}-8\\0\\0\end{pmatrix} + k\begin{pmatrix}6\\0\\12\end{pmatrix},\ k = 2$

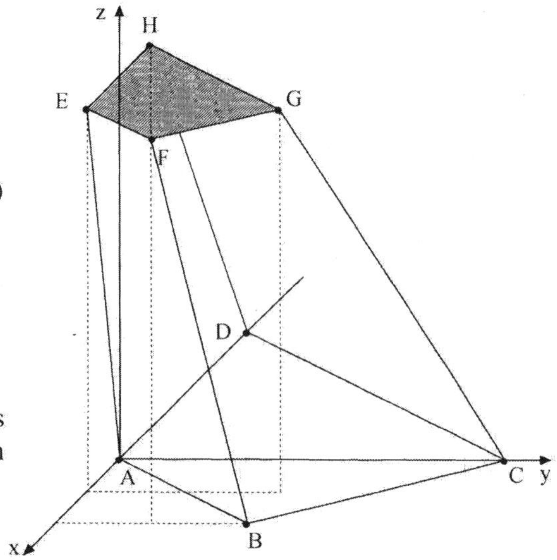

d) Der Zeichnung zu b) entnehmen wir, dass sich die Grundfläche der Pyramide zerlegen lässt in zwei Dreiecke:

$A_{ABC} = 0{,}5 \cdot 12 \cdot 4 = 24$

$A_{ACD} = 0{,}5 \cdot 12 \cdot 8 = 48$

Damit gilt für die Grundfläche $A = 72\ m^2$.

Volumen der Pyramide: $V = \frac{1}{3}G \cdot h = \frac{1}{3}72 \cdot 24 = 576m^3$

Für die abgeschnittene Pyramide gilt: $h = 12$

Grundfläche: $A_{Trapez} = 3 \cdot 4 = 12$, $A_{Dreieck} = \frac{1}{2} \cdot 3 \cdot 4 = 6$, also $A_{oben} = 18\ m^2$.

Volumen der abgeschnittenen Pyramide: $V_{oben} = \frac{1}{3}G \cdot h = \frac{1}{3}18 \cdot 12 = 72m^3$

Volumen des Stumpfes: $V_{Stumpf} = V - V_{oben} = 576 - 72 = 504m^3$

e) A'(1|0|6), B'(4|4,5|6), C'(1|9|6), D'(–5|0|6)

f) $g_a:\ \vec{x} = \begin{pmatrix}4\\0\\24\end{pmatrix} + r\begin{pmatrix}-2-2a\\3a\\12\end{pmatrix}$

$g_{-1} = \overline{BF}$: 1. Der Stützvektor stimmt, denn beide Geraden gehen durch S(4|0|24).
2. Der Richtungsvektor stimmt für a = -1 überein

analog: $g_{-2} = \overline{CG}$

g) Die z-Komponente ist konstant.

17\. Ursprung in A, x-Achse durch D und A.

a) Mitte von $\overline{EF}$: $M_1(0|4|0)$, Mitte von $\overline{HG}$: $M_2(-2|4|1{,}5)$

$|M_1M_2| = 2{,}5$; $|GH| = 2$; Flächeninhalt des Eingangs: $A = \frac{2+4}{2} \cdot 2{,}5 = 7{,}5$

b) Lichtquelle: S'(-4|4|2)

H(-2|3|1,5), $\overline{S'H}:\ \vec{x} = \begin{pmatrix}-4\\4\\2\end{pmatrix} + r\begin{pmatrix}2\\-1\\-0{,}5\end{pmatrix}$, z = 0 für r = 4, H'(4|0|0)

G(-2|5|1,5), $\overline{S'G}:\ \vec{x} = \begin{pmatrix}-4\\4\\2\end{pmatrix} + r\begin{pmatrix}2\\1\\-0{,}5\end{pmatrix}$, z = 0 für r = 4, G'(4|8|0)

Mitte von H'G': $M_3(4|4|0)$; $|M_1M_3| = 4$

Flächeninhalt der beleuchteten Fläche: $A = \frac{4+8}{2} \cdot 4 = 24$

c) $\overline{M_1S}:\ \vec{x} = \begin{pmatrix}0\\4\\0\end{pmatrix} + r\begin{pmatrix}-4\\0\\3\end{pmatrix}$, x = -8 gilt für r = 2, in 6 m Höhe muss die Kamera sein. 92

d) Wird die Lichtquelle höher gebracht, so wandert die Beleuchtungsgrenze H 'G ' näher an EF heran. Im Grenzfall (Lichtquelle in S) liegt H 'G ' auf EF.
Wird die Lichtquelle weiter herunter gelassen, so entfernt sich H 'G ' weiter von EF.
Im Grenzfall (Lichtquelle in 1,5m Höhe) geht H 'G ' nach unendlich.
In beiden Fällen bleiben die Winkel des beleuchteten Trapezes erhalten.

Test

1. a) g: $\vec{x} = \begin{pmatrix}3\\0\\1\end{pmatrix} + r\begin{pmatrix}-3\\6\\3\end{pmatrix}$ 96

   b) $\begin{pmatrix}1\\4\\3\end{pmatrix} = \begin{pmatrix}3\\0\\1\end{pmatrix} + \frac{2}{3}\begin{pmatrix}-3\\6\\3\end{pmatrix}$, $P \in g$, wegen $0 < r < 1$ liegt P sogar auf der Strecke AB.

2. a) $g \cap h$: $r = \frac{1}{3}$, $s = -2$, $S(3|4|4)$

   b) S_{xy}: $z = 0$, $S_{xy}(-1|-4|0)$, S_{yz}: $x = 0$, $S_{yz}(0|-2|1)$, S_{xz}: $y = 0$, $S_{xz}(1|0|2)$

3. j: $\vec{x} = \begin{pmatrix}4\\0\\5\end{pmatrix} + r\begin{pmatrix}-1\\2\\-1\end{pmatrix}$, $g \,||\, j$, Gleichsetzen von g und j liefert einen Wid., nicht identisch

   k: $\vec{x} = \begin{pmatrix}3\\2\\3\end{pmatrix} + r\begin{pmatrix}-3\\6\\-3\end{pmatrix}$, $g \,||\, k$, $j \,||\, k$

   Gleichsetzen von g und k liefert keinen Widerspruch, also sind g und k identisch.
   Gleichsetzen von j und k liefert einen Widerspruch, also sind j und k nicht identisch.

4. a) $\begin{array}{ll} -5+br=1-3s & \Rightarrow\ b=6 \quad \Rightarrow\ c=1 \\ 7-6r=c+3s & \\ a+2r=3+ds & \Rightarrow\ d=-1 \quad \Rightarrow\ a=1 \end{array}$

   b) z. B. $a = 3$, $b = d = 0$, $c = 1$ $(r = 0, s = 2)$

5. a) g: $\vec{x} = \begin{pmatrix}180\\300\\-480\end{pmatrix} + r\begin{pmatrix}2\\-4\\-3\end{pmatrix}$ bzw. $\vec{x} = \begin{pmatrix}180\\300\\-480\end{pmatrix} + s\begin{pmatrix}3\\5\\-15\end{pmatrix}$

   Die Rettungsbohrung setzt mit z = 0 an, also s = -32. Ansatzpunkt: A(84|140|0)

   b) h: $\vec{x} = \begin{pmatrix}95-a\\65+5a\\0\end{pmatrix} + s\begin{pmatrix}3\\5\\-15\end{pmatrix} = \begin{pmatrix}180\\300\\-480\end{pmatrix} + r\begin{pmatrix}2\\-4\\-3\end{pmatrix}$, $r = -10$, $a = 25$, $s = 30$

   Die Bohrung beginnt in A(70|190|0) und trifft den Stollen in B(160|340|-450).

IV. Skalarprodukt
1. Das Skalarprodukt

98 1. a) $\vec{a}\cdot\vec{b}=|\vec{a}|\cdot|\vec{b}|\cdot\cos\gamma=\sqrt{10}\cdot\sqrt{18}\cdot\cos 63°\approx 6{,}09$

b) $\vec{a}\cdot\vec{b}=5\cdot 4\cdot 0{,}8=16$

c) $|\vec{a}|=\sqrt{34}$, $|\vec{b}|=\sqrt{61}$, $\gamma=180°-50{,}19°-59{,}04°=70{,}77°$, $\vec{a}\cdot\vec{b}=\sqrt{34\cdot 61}\cdot\cos 70{,}77°=15$

d) $|\vec{a}|=\sqrt{20}$, $|\vec{b}|=\sqrt{50}$, $\gamma=56{,}31°-26{,}57°\approx 29{,}74°$, $\vec{a}\cdot\vec{b}\approx 27{,}46$

100 2. a) Messen: $|\vec{a}|\approx 5{,}7$, $|\vec{b}|\approx 4{,}5$, $\gamma\approx 72°$, $\vec{a}\cdot\vec{b}\approx 7{,}92$

$|\vec{a}|=5$, $|\vec{b}|\approx 6{,}4$, $\gamma\approx 88°$, $\vec{a}\cdot\vec{b}\approx 1{,}12$

$|\vec{a}|\approx 4{,}5$, $|\vec{b}|=5$, $\gamma\approx 117°$, $\vec{a}\cdot\vec{b}\approx -10{,}21$

b) Koordinatenform: $\vec{a}\cdot\vec{b}=\begin{pmatrix}-4\\4\end{pmatrix}\cdot\begin{pmatrix}2\\4\end{pmatrix}=8$, $\vec{a}\cdot\vec{b}=\begin{pmatrix}-3\\-4\end{pmatrix}\cdot\begin{pmatrix}5\\-4\end{pmatrix}=1$, $\vec{a}\cdot\vec{b}=\begin{pmatrix}-2\\-4\end{pmatrix}\cdot\begin{pmatrix}5\\0\end{pmatrix}=-10$

3. a) $\vec{a}\cdot\vec{b}=0$, $\vec{a}\cdot\vec{c}=16$, $\vec{b}\cdot\vec{c}=9$

b) $\overrightarrow{DA}\cdot\overrightarrow{DF}=36$, $\overrightarrow{FB}\cdot\overrightarrow{FD}=-15$, $\overrightarrow{AF}\cdot\overrightarrow{AD}=0$, $\overrightarrow{DC}\cdot\overrightarrow{DF}=40$

c) Die Innenwinkel in einem Sechseck betragen 120°.

$\vec{a}\cdot\vec{b}=5\cdot 5\cdot\cos 120°=-12{,}5$, $\vec{a}\cdot\vec{c}=5\cdot 5\cdot\cos 60°=12{,}5$, $\vec{a}\cdot\vec{d}=5\cdot 5\cdot\cos 180°=-25$
$(\vec{a}+\vec{b})\cdot\vec{c}=|\vec{a}+\vec{b}|\cdot 5\cdot\cos 90°=0$, $(\vec{a}+\vec{b}+\vec{c})\cdot(\vec{d}+\vec{e}+\vec{f})=10\cdot 10\cdot\cos 180°=-100$

4. a) -2 b) a^2+a c) 0 d) -1

5. a) $2a^2+4a+2=0$, $a=-1$ b) $a+4a+a=1$, $a=1/6$ c) $4a+5=6$, $a=0{,}25$

6. a) $\overrightarrow{SB}\cdot\overrightarrow{SC}=\begin{pmatrix}3\\3\\-3\end{pmatrix}\cdot\begin{pmatrix}-3\\3\\-3\end{pmatrix}=9$, $\overrightarrow{AD}\cdot\overrightarrow{DC}=0$, $\overrightarrow{AC}\cdot\overrightarrow{BD}=0$, $\overrightarrow{BA}\cdot\overrightarrow{BS}=18$

b) $\overrightarrow{SA}=\begin{pmatrix}3\\-3\\-3\end{pmatrix}$, $\overrightarrow{SB}=\begin{pmatrix}3\\3\\-3\end{pmatrix}$, $\overrightarrow{SA}\cdot\overrightarrow{SB}=\begin{pmatrix}3\\-3\\-3\end{pmatrix}\begin{pmatrix}3\\3\\-3\end{pmatrix}=9$

$|\overrightarrow{SA}|=\sqrt{27}=|\overrightarrow{SB}|$, $\overrightarrow{SA}\cdot\overrightarrow{SB}=9=\sqrt{27}\cdot\sqrt{27}\cdot\cos\alpha\Rightarrow\alpha\approx 70{,}53°$

101 7. 1. Methode: $(r\vec{a})\cdot\vec{b}=|r\vec{a}|\cdot|\vec{b}|\cdot\cos\gamma=r|\vec{a}|\cdot|\vec{b}|\cdot\cos\gamma=r\cdot(\vec{a}\cdot\vec{b})$

2. Methode: $(r\vec{a})\cdot\vec{b}=\begin{pmatrix}ra_1\\ra_2\\ra_3\end{pmatrix}\cdot\begin{pmatrix}b_1\\b_2\\b_3\end{pmatrix}=ra_1b_1+ra_2b_2+ra_3b_3$

$=r(a_1b_1+a_2b_2+a_3b_3)=r\cdot(\vec{a}\cdot\vec{b})$

8. $\vec{a}=\begin{pmatrix}1\\-1\\2\end{pmatrix}, \vec{b}=\begin{pmatrix}0\\2\\3\end{pmatrix}, \vec{c}=\begin{pmatrix}1\\0\\-1\end{pmatrix}, \vec{a}\cdot(\vec{b}\cdot\vec{c})=\vec{a}\cdot(\begin{pmatrix}0\\2\\3\end{pmatrix}\cdot\begin{pmatrix}1\\0\\-1\end{pmatrix})=\vec{a}\cdot(-3)=-3\vec{a}=-3\begin{pmatrix}1\\-1\\2\end{pmatrix}=\begin{pmatrix}-3\\3\\-6\end{pmatrix}$ 101

$(\vec{a}\cdot\vec{b})\cdot\vec{c}=(\begin{pmatrix}1\\-1\\2\end{pmatrix}\cdot\begin{pmatrix}0\\2\\3\end{pmatrix})\cdot\vec{c}=4\vec{c}=4\begin{pmatrix}1\\0\\-1\end{pmatrix}=\begin{pmatrix}4\\0\\-4\end{pmatrix}\neq\vec{a}\cdot(\vec{b}\cdot\vec{c})$

9. a) $(\vec{a}+\vec{b})^2=(\vec{a}+\vec{b})\cdot(\vec{a}+\vec{b})=\vec{a}\cdot(\vec{a}+\vec{b})+\vec{b}\cdot(\vec{a}+\vec{b})=(\vec{a}+\vec{b})\cdot\vec{a}+(\vec{a}+\vec{b})\cdot\vec{b}$
$=\vec{a}\cdot\vec{a}+\vec{b}\cdot\vec{a}+\vec{a}\cdot\vec{b}+\vec{b}\cdot\vec{b}=\vec{a}^2+\vec{a}\cdot\vec{b}+\vec{a}\cdot\vec{b}+\vec{b}^2=\vec{a}^2+2\vec{a}\cdot\vec{b}+\vec{b}^2$

b) $(\vec{a}+\vec{b})\cdot(\vec{a}-\vec{b})=\vec{a}\cdot(\vec{a}-\vec{b})+\vec{b}\cdot(\vec{a}-\vec{b})\quad(-\vec{b}=+(-\vec{b}))$
$=\vec{a}\cdot\vec{a}+\vec{a}\cdot(-\vec{b})+\vec{b}\cdot\vec{a}+\vec{b}\cdot(-\vec{b})=\vec{a}^2-\vec{a}\cdot\vec{b}+\vec{a}\cdot\vec{b}-\vec{b}^2$
$=\vec{a}^2-\vec{b}^2$

10. a) z.B. $\vec{a}=\begin{pmatrix}1\\-1\\2\end{pmatrix},\quad \vec{b}=\begin{pmatrix}0\\2\\3\end{pmatrix},\quad (\vec{a}\cdot\vec{b})^2=(\begin{pmatrix}1\\-1\\2\end{pmatrix}\begin{pmatrix}0\\2\\3\end{pmatrix})^2=4^2=16$

$\vec{a}^2\cdot\vec{b}^2=(\begin{pmatrix}1\\-1\\2\end{pmatrix}\cdot\begin{pmatrix}1\\-1\\2\end{pmatrix})\cdot(\begin{pmatrix}0\\2\\3\end{pmatrix}\cdot\begin{pmatrix}0\\2\\3\end{pmatrix})=6\cdot13=78\neq(\vec{a}\cdot\vec{b})^2$

b) z.B. $\vec{a}=\begin{pmatrix}1\\-1\\0\end{pmatrix},\quad \vec{b}=\begin{pmatrix}2\\2\\8\end{pmatrix},\quad \vec{a}\cdot\vec{b}=\begin{pmatrix}1\\-1\\0\end{pmatrix}\cdot\begin{pmatrix}2\\2\\8\end{pmatrix}=0$ aber $\vec{a}\neq\vec{0},\ \vec{b}\neq\vec{0}$

11. a) $\vec{a}=\vec{b}, \vec{c}$ bel.: $\vec{a}\cdot\vec{c}=\begin{pmatrix}a_1\\a_2\\a_3\end{pmatrix}\cdot\begin{pmatrix}c_1\\c_2\\c_3\end{pmatrix}=\begin{pmatrix}b_1\\b_2\\b_3\end{pmatrix}\cdot\begin{pmatrix}c_1\\c_2\\c_3\end{pmatrix}=\vec{b}\cdot\vec{c}$ (da $\begin{pmatrix}a_1\\a_2\\a_3\end{pmatrix}=\begin{pmatrix}b_1\\b_2\\b_3\end{pmatrix}$ ist)

b) Annahme: $\vec{x}\cdot\vec{c}=\vec{y}\cdot\vec{c}\Rightarrow\vec{x}=\vec{y}$

Gegenbeispiel: $\vec{x}=\begin{pmatrix}1\\2\\-1\end{pmatrix},\quad \vec{c}=\begin{pmatrix}1\\3\\-1\end{pmatrix},\quad \vec{x}\cdot\vec{c}=\begin{pmatrix}1\\2\\-1\end{pmatrix}\cdot\begin{pmatrix}1\\3\\-1\end{pmatrix}=8$

$\vec{y}=\begin{pmatrix}2\\2\\0\end{pmatrix},\quad \vec{y}\cdot\vec{c}=\begin{pmatrix}2\\2\\0\end{pmatrix}\cdot\begin{pmatrix}1\\3\\-1\end{pmatrix}=8=\vec{x}\cdot\vec{c}$, aber $\vec{x}\neq\vec{y}$

2. Winkel- und Flächenberechnungen

1. a) $\cos\gamma=\frac{6}{\sqrt{10}\cdot\sqrt{18}},\quad \gamma\approx63{,}43°$ b) $\cos\gamma=\frac{-10}{\sqrt{14\cdot20}},\quad \gamma\approx126{,}70°$ 103

c) $\cos\gamma=\frac{0}{\sqrt{41\cdot21}},\quad \gamma=90°$

2. a) $\cos\alpha=\frac{5}{\sqrt{13\cdot17}},\quad \alpha\approx70{,}35°$ b) $\cos\alpha=\frac{44}{\sqrt{40\cdot61}},\quad \alpha\approx27{,}03°$

3. a) 71,57° ; 63,43° ; 45° b) 66,14° ; 69,77° ; 44,1°
c) 29,35° ; 96,99° ; 53,66° d) 50,77° ; 50,77° ; 78,46°

4. Der Ansatz $\cos45°=\frac{24+2z}{6\cdot\sqrt{36+z^2}}=0{,}707$ führt auf $24+2z=0{,}707\cdot6\cdot\sqrt{36+z^2}$.
Quadrieren und umformen: $z^2-\frac{48}{7}z+\frac{36}{7}=0,\quad z_1=6, z_2=\frac{6}{7}$.

105 5. $\vec{a}$ ist orthogonal zu $\vec{c}$, $\vec{e}$ (für $a = -1{,}5$). $\vec{b}$ ist orthogonal zu $\vec{c}$, $\vec{e}$ (für $a = -0{,}5$).

$\vec{c}$ ist orthogonal zu $\vec{b}$, $\vec{e}$ (für $a = \frac{8}{3}$). $\vec{d}$ ist orthogonal zu $\vec{e}$ (für $a = -5$).

$\vec{e}$ ist orthogonal zu

$\vec{a}$ (für $a = -1{,}5$), $\vec{b}$ (für $a = -0{,}5$), $\vec{c}$ (für $a = \frac{8}{3}$), $\vec{d}$ (für $a = -5$), $\vec{f}$ (für $a = 0{,}5$).

$\vec{f}$ ist orthogonal zu $\vec{e}$ (für $a = 0{,}5$).

6. a) $\overrightarrow{AB} = \begin{pmatrix} -1 \\ 2 \\ 2 \end{pmatrix}$, $\overrightarrow{AC} = \begin{pmatrix} -3 \\ 2 \\ 0{,}5 \end{pmatrix}$, $\overrightarrow{BC} = \begin{pmatrix} -2 \\ 0 \\ -1{,}5 \end{pmatrix}$, $\overrightarrow{AB} \cdot \overrightarrow{AC} \neq 0$, $\overrightarrow{AB} \cdot \overrightarrow{BC} \neq 0$, $\overrightarrow{AC} \cdot \overrightarrow{BC} \neq 0$

Das Dreieck ist nicht rechtwinklig.

b) $\overrightarrow{AB} = \begin{pmatrix} -3 \\ 3 \\ 0 \end{pmatrix}$, $\overrightarrow{AC} = \begin{pmatrix} -6 \\ 0 \\ 0 \end{pmatrix}$, $\overrightarrow{BC} = \begin{pmatrix} -3 \\ -3 \\ 0 \end{pmatrix}$, $\overrightarrow{AB} \cdot \overrightarrow{AC} \neq 0$, $\overrightarrow{AB} \cdot \overrightarrow{BC} = 0$, $\overrightarrow{AC} \cdot \overrightarrow{BC} \neq 0$

Das Dreieck ist rechtwinklig.

c) $\overrightarrow{AB} = \begin{pmatrix} 2 \\ 1 \\ 2 \end{pmatrix}$, $\overrightarrow{AC} = \begin{pmatrix} 0 \\ 3 \\ 3 \end{pmatrix}$, $\overrightarrow{BC} = \begin{pmatrix} -2 \\ 2 \\ 1 \end{pmatrix}$, $\overrightarrow{AB} \cdot \overrightarrow{AC} \neq 0$, $\overrightarrow{AB} \cdot \overrightarrow{BC} = 0$, $\overrightarrow{AC} \cdot \overrightarrow{BC} \neq 0$

Das Dreieck ist rechtwinklig.

d) $\overrightarrow{AB} = \begin{pmatrix} 1 \\ 2 \\ 2 \end{pmatrix}$, $\overrightarrow{AC} = \begin{pmatrix} a-2 \\ -1 \\ -1 \end{pmatrix}$, $\overrightarrow{BC} = \begin{pmatrix} a-3 \\ -3 \\ -3 \end{pmatrix}$

$\overrightarrow{AB} \cdot \overrightarrow{AC} = 0$ für $a = 6$, $\overrightarrow{AB} \cdot \overrightarrow{BC} = 0$ für $a = 15$, $\overrightarrow{AC} \cdot \overrightarrow{BC} \neq 0$ f.a. $a \in \mathbb{R}$

Das Dreieck ist rechtwinklig für $a = 6$ und für $a = 15$.

7. a) $\vec{x} = \begin{pmatrix} 1 \\ -1 \\ 0 \end{pmatrix}$ b) $\vec{x} = \begin{pmatrix} -1{,}5 \\ 2 \\ -3 \end{pmatrix}$ c) $\vec{x} = \begin{pmatrix} 2 \\ -1 \\ 1 \end{pmatrix}$

106 8. a) $\Delta ABC: A_1 = \frac{1}{2} \cdot \sqrt{464} \approx 10{,}77$; $\Delta ABD: A_2 = \frac{1}{2} \cdot \sqrt{200} \approx 7{,}07$
$\Delta BCD: A_3 = \frac{1}{2} \cdot \sqrt{374} \approx 9{,}67$; $\Delta ACD: A_4 = \frac{1}{2} \cdot \sqrt{206} \approx 7{,}18$
$O \approx 34{,}69$

b) $A(1 \mid 1 \mid 4)$, $B(4 \mid 4 \mid 4)$, $C(1 \mid 5 \mid 2)$, $D(2 \mid 4 \mid 6)$

$O = A_1 + A_2 + A_3 + A_4 \approx 7{,}35 + 5{,}20 + 5{,}20 + 7{,}35 = 25{,}10$

9. Der Ansatz $15 = \frac{1}{2} \cdot \sqrt{\begin{pmatrix} 0 \\ -3 \\ z-2 \end{pmatrix}^2 \cdot \begin{pmatrix} 6 \\ -3 \\ 4 \end{pmatrix}^2 - (1+4z)^2}$ führt auf die quadratische Gleichung

$z^2 - \frac{28}{5} z - \frac{12}{5} = 0$ mit den Lösungen $z_1 = 6$ und $z_2 = -0{,}4$.

10.a) 107

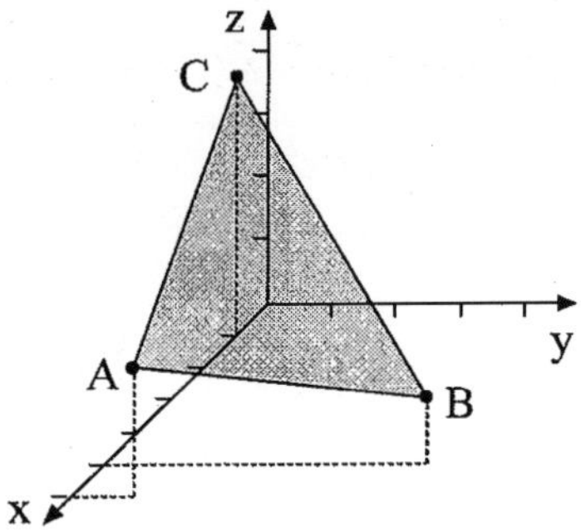

$\overrightarrow{CA} = \begin{pmatrix}5\\1\\-2\end{pmatrix}, \overrightarrow{CB} = \begin{pmatrix}4\\5\\-3\end{pmatrix}$

$\overrightarrow{AC} = \begin{pmatrix}-5\\-1\\2\end{pmatrix}, \overrightarrow{AB} = \begin{pmatrix}-1\\4\\-1\end{pmatrix}$

$\cos\gamma = \frac{31}{\sqrt{30\cdot 50}}, \quad \gamma \approx 36{,}83°$

$\cos\alpha = \frac{-1}{\sqrt{30\cdot 18}}, \quad \alpha \approx 92{,}47°$

$\beta = 180° - \alpha - \gamma \approx 50{,}70°$

b) $A = \frac{1}{2}\sqrt{\overrightarrow{AC}^2 \cdot \overrightarrow{AB}^2 - (\overrightarrow{AC} \cdot \overrightarrow{AB})^2} = \frac{1}{2}\sqrt{30\cdot 18 - 1} \approx 11{,}61$

11. A(0|0), B(8|0), C(12|4), D(4|4), M(6|2), $\overrightarrow{MB} = \binom{2}{-2}$, $\overrightarrow{MC} = \binom{6}{2}$, $\overrightarrow{MD} = \binom{-2}{2}$

$|AB| = 8$, $|BC| = \sqrt{32}$, $|AC| = \sqrt{160}$, $|BD| = \sqrt{32}$

$\cos\phi = \frac{8}{\sqrt{8\cdot 40}}$, $\phi \approx 63{,}43°$, $\cos\varepsilon = \frac{-8}{\sqrt{8\cdot 40}}$, $\varepsilon \approx 116{,}57°$ $(\varepsilon = 180° - \phi)$

Flächeninhalt: I. konventionell: $A = |AB|\cdot h = 8\cdot 4 = 32$

II. mittels Skalarprodukt:

$$A = \sqrt{\overrightarrow{AB}^2 \cdot \overrightarrow{AD}^2 - (\overrightarrow{AB} \cdot \overrightarrow{AD})^2} = \sqrt{64\cdot 32 - 32^2} = \sqrt{1024} = 32$$

12. a) z.B. C(4|−1|0) b) z.B. C(−4|5|4) c) z.B. C(1|−4|2)

13. C(8|2) bzw. C(0|8) rechter Winkel bei B
oder C(5|−2) bzw. C(−3|4) rechter Winkel bei A
rechter Winkel bei C ist schwieriger:
C muss auf der zu AB Senkrechten durch $M_{AB}(2{,}5|3)$ liegen:

$$y = -\frac{3}{4}(x - 2{,}5) + 3 = -\frac{3}{4}x + \frac{39}{8}, \quad C(x \mid -\frac{3}{4}x + \frac{39}{8})$$

$$\begin{pmatrix}x-1\\ -\frac{3}{4}x+\frac{39}{8}-1\end{pmatrix}\cdot\begin{pmatrix}x-4\\ -\frac{3}{4}x+\frac{39}{8}-5\end{pmatrix} = \frac{25}{16}x^2 - \frac{250}{32}x + \frac{225}{64} = 0$$

$$\Rightarrow \quad x^2 - 5x + \frac{9}{4} = 0 \quad \Rightarrow \quad C(4{,}5 \mid 1{,}5) \text{ bzw. } C(0{,}5 \mid 4{,}5)$$

14. Ist h die Höhe des Quaders, so muss gelten: $\begin{pmatrix}4\\-3\\h\end{pmatrix}\cdot\begin{pmatrix}-4\\-3\\h\end{pmatrix} = 9 - 16 + h^2 = 0$, also $h = \sqrt{7}$

15. a) Man lege den Koordinatenursprung in den Mittelpunkt des Quadrates ABCD.
Dann gilt: A(0|−4|0), B(4|0|0), C(0|4|0), D(−4|0|0), S(0|0|3), T(0|0|−3)
Da alle Seitendreiecke kongruent sind, genügt es, die Winkel für ein Dreieck zu bestimmen: $\cos\alpha = \frac{\begin{pmatrix}4\\4\\0\end{pmatrix}\cdot\begin{pmatrix}0\\4\\3\end{pmatrix}}{\sqrt{32\cdot 25}}$, $\alpha \approx 55{,}55°$, $\cos\beta = \frac{16}{5\sqrt{32}} \Rightarrow \beta \approx 55{,}55°$, $\gamma \approx 68{,}9°$

107 b) $\cos(\sphericalangle ASC) = \frac{\begin{pmatrix}0\\-4\\-3\end{pmatrix}\cdot\begin{pmatrix}0\\4\\-3\end{pmatrix}}{25}$, $\sphericalangle ASC = 106{,}26°$, $\cos(\sphericalangle SBT) = \frac{\begin{pmatrix}-4\\0\\3\end{pmatrix}\cdot\begin{pmatrix}-4\\0\\-3\end{pmatrix}}{25}$, $\sphericalangle SBT = 73{,}74°$

c) Oberfläche: $O = 8 \cdot A_{ABS}$, $A_{ABS} = \frac{1}{2}\sqrt{\begin{pmatrix}4\\4\\0\end{pmatrix}^2 \cdot \begin{pmatrix}0\\4\\3\end{pmatrix}^2 - 16^2} \approx 11{,}66$, $O \approx 93{,}3$

16. a) A(8|0|0), B(8|8|0), C(0|8|0), D(0|0|0), E(6|2|5), F(6|6|5), G(2|6|5), H(2|2|5)

b) $\cos(\sphericalangle ABF) = \frac{\begin{pmatrix}0\\-8\\0\end{pmatrix}\cdot\begin{pmatrix}-2\\-2\\5\end{pmatrix}}{8\sqrt{33}}$, $\sphericalangle ABF = 69{,}63°$

c) g_{BH}: $\vec{x} = \begin{pmatrix}8\\8\\0\end{pmatrix} + r\begin{pmatrix}-6\\-6\\5\end{pmatrix}$, g_{DF}: $\vec{x} = \begin{pmatrix}0\\0\\0\end{pmatrix} + s\begin{pmatrix}6\\6\\5\end{pmatrix}$, $g_{BH} \cap g_{DF}$: $r = s = \frac{2}{3}$, $S(4|4|\frac{10}{3})$

$\cos\gamma = \frac{\left|\begin{pmatrix}-6\\-6\\5\end{pmatrix}\cdot\begin{pmatrix}6\\6\\5\end{pmatrix}\right|}{97}$, $\gamma \approx 61{,}02°$

d) O_{Stumpf} = Quadratfl. ABCD + Quadratfl. EFGH + $4A_{ABFE} = 64 + 16 + 4 \cdot 32{,}31 = 209{,}24$

$A_{AFE} = \frac{1}{2}\sqrt{64 \cdot 63 - 16^2} + \frac{1}{2}\sqrt{33 \cdot 16 - 8^2} = 21{,}54 + 10{,}77 = 32{,}31$

3. Der Winkel zwischen Geraden

108 1. a) $S(-2|0|-3)$, $\cos\gamma = \frac{1}{6}$, $\gamma \approx 80{,}41°$ b) $S(2|0)$, $\cos\gamma = \frac{3}{5}$, $\gamma \approx 53{,}13°$

109 2. a) $\begin{pmatrix}1\\1\end{pmatrix}\cdot\begin{pmatrix}2\\1\end{pmatrix} = 3 \neq 0$, g und h stehen nicht senkrecht zueinander.

b) $\begin{pmatrix}3\\-2\\1\end{pmatrix}\cdot\begin{pmatrix}2\\1\\-4\end{pmatrix} = 0$, g und h stehen senkrecht zueinander.

c) $\begin{pmatrix}3\\-1\end{pmatrix}\cdot\begin{pmatrix}-1\\a\end{pmatrix} = -3 - a = 0$ für $a = -3$, also sind g und h für diesen Wert senkrecht.

d) $\begin{pmatrix}2\\1\\-4\end{pmatrix}\cdot\begin{pmatrix}a\\2\\-1\end{pmatrix} = 2a + 6 = 0$ für $a = -3$, also sind g und h für diesen Wert senkrecht.

3. a) g = h für r = 2, s = 3 ; S(7|4), $\gamma = 26{,}57°$
b) g=h für r = -2, s = -3 ; S(-1|-3|8), $\gamma = 39{,}51°$
c) g=h für r = 3, s = 1,5 ; S(5|4), $\gamma = 90°$
d) g=h für $r = -\frac{1}{2}$, $s = \frac{1}{3}$; S(2|0|6), $\gamma = 10{,}89°$

4. x-Achse: $\frac{\left|\begin{pmatrix}1\\0\\0\end{pmatrix}\cdot\begin{pmatrix}1\\2\\4\end{pmatrix}\right|}{\sqrt{21}} = \frac{1}{\sqrt{21}} \approx 0{,}218 \Rightarrow \gamma = 77{,}40°$, y-Achse: $\frac{\left|\begin{pmatrix}0\\1\\0\end{pmatrix}\cdot\begin{pmatrix}1\\2\\4\end{pmatrix}\right|}{\sqrt{21}} = \frac{2}{\sqrt{21}} \approx 0{,}436 \Rightarrow \gamma = 64{,}12°$ 109

z-Achse: $\frac{\left|\begin{pmatrix}0\\0\\1\end{pmatrix}\cdot\begin{pmatrix}1\\2\\4\end{pmatrix}\right|}{\sqrt{21}} = \frac{4}{\sqrt{21}} \approx 0{,}873 \Rightarrow \gamma = 29{,}21°$

5. $\frac{\left|\begin{pmatrix}1\\0\\0\end{pmatrix}\cdot\begin{pmatrix}3\\4\\t\end{pmatrix}\right|}{\sqrt{25+t^2}} = \frac{3}{\sqrt{25+t^2}} = \cos 60° = 0{,}5$

$\Rightarrow \sqrt{25+t^2} = 6 \Rightarrow t = \pm\sqrt{11}$

6. a) $g_{AB}: \vec{x} = \begin{pmatrix}5\\1\end{pmatrix} + r\begin{pmatrix}1\\4\end{pmatrix}$, $g_{AC}: \vec{x} = \begin{pmatrix}3\\4\end{pmatrix} + s\begin{pmatrix}1\\-1\end{pmatrix}$

b) $\begin{pmatrix}5\\1\end{pmatrix} + r\begin{pmatrix}1\\4\end{pmatrix} = \begin{pmatrix}3\\4\end{pmatrix} + s\begin{pmatrix}1\\-1\end{pmatrix}$

führt auf $r = 0{,}2$, $s = 2{,}2$; $S(5{,}2|1{,}8)$

c)

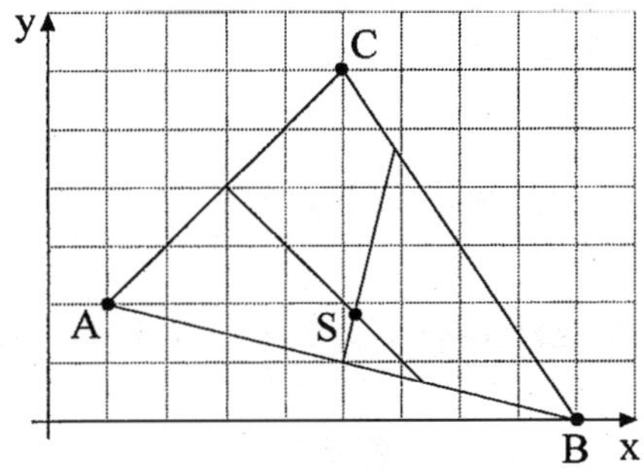

5. Das Vektorprodukt

1. a) $\begin{pmatrix}2\\1\\5\end{pmatrix}\times\begin{pmatrix}3\\4\\2\end{pmatrix} = \begin{pmatrix}1\cdot2-5\cdot4\\5\cdot3-2\cdot2\\2\cdot4-1\cdot3\end{pmatrix} = \begin{pmatrix}-18\\11\\5\end{pmatrix}$

b) $\begin{pmatrix}-1\\3\\7\end{pmatrix}\times\begin{pmatrix}2\\0\\1\end{pmatrix} = \begin{pmatrix}3\cdot1-7\cdot0\\7\cdot2-(-1)\cdot1\\(-1)\cdot0-3\cdot2\end{pmatrix} = \begin{pmatrix}3\\15\\-6\end{pmatrix}$ 111

c) $\begin{pmatrix}1\\8\\0\end{pmatrix}\times\begin{pmatrix}-2\\-1\\1\end{pmatrix} = \begin{pmatrix}8\cdot1-0\cdot(-1)\\0\cdot(-2)-1\cdot1\\1\cdot(-1)-8\cdot(-2)\end{pmatrix} = \begin{pmatrix}8\\-1\\15\end{pmatrix}$

d) $\begin{pmatrix}2\\1\\3\end{pmatrix}\times\begin{pmatrix}4\\2\\6\end{pmatrix} = \begin{pmatrix}6-6\\12-12\\4-4\end{pmatrix} = \begin{pmatrix}0\\0\\0\end{pmatrix}$

2. a) $\begin{pmatrix}1\\1\\-3\end{pmatrix}\times\begin{pmatrix}5\\-2\\3\end{pmatrix} = \begin{pmatrix}3-6\\-15-3\\-2-5\end{pmatrix} = \begin{pmatrix}-3\\-18\\-7\end{pmatrix}$ b) $\begin{pmatrix}9\\6\\5\end{pmatrix}$ c) $\begin{pmatrix}-9\\-6\\11\end{pmatrix}$ d) $\begin{pmatrix}-9\\-6\\-5\end{pmatrix}$ e) $\begin{pmatrix}1\\1\\-3\end{pmatrix}\times\begin{pmatrix}-9\\-6\\11\end{pmatrix} = \begin{pmatrix}-7\\16\\3\end{pmatrix}$

3. a) (2) $(r\cdot\vec{a})\times\vec{b} = \begin{pmatrix}ra_1\\ra_2\\ra_3\end{pmatrix}\times\begin{pmatrix}b_1\\b_2\\b_3\end{pmatrix} = \begin{pmatrix}(ra_2)b_3-(ra_3)b_2\\(ra_3)b_1-(ra_1)b_3\\(ra_1)b_2-(ra_2)b_1\end{pmatrix} = \begin{pmatrix}r(a_2b_3-a_3b_2)\\r(a_3b_1-a_1b_3)\\r(a_1b_2-a_2b_1)\end{pmatrix} = r\begin{pmatrix}a_2b_3-a_3b_2\\a_3b_1-a_1b_3\\a_1b_2-a_2b_1\end{pmatrix}$ 112

$= r\cdot(\vec{a}\times\vec{b})$

(3) $\vec{a}\times(\vec{b}+\vec{c}) = \begin{pmatrix}a_1\\a_2\\a_3\end{pmatrix}\times\begin{pmatrix}b_1+c_1\\b_2+c_2\\b_3+c_3\end{pmatrix} = \begin{pmatrix}a_2(b_3+c_3)-a_3(b_2+c_2)\\a_3(b_1+c_1)-a_1(b_3+c_3)\\a_1(b_2+c_2)-a_2(b_1+c_1)\end{pmatrix} = \begin{pmatrix}a_2b_3-a_3b_2+a_2c_3-a_3c_2\\a_3b_1-a_1b_3+a_3c_1-a_1c_3\\a_1b_2-a_2b_1+a_1c_2-a_2c_1\end{pmatrix}$

$= \begin{pmatrix}a_2b_3-a_3b_2\\a_3b_1-a_1b_3\\a_1b_2-a_2b_1\end{pmatrix} + \begin{pmatrix}a_2c_3-a_3c_2\\a_3c_1-a_1c_3\\a_1c_2-a_2c_1\end{pmatrix} = (\vec{a}\times\vec{b}) + (\vec{a}\times\vec{c})$

b) $\vec{a}\times\vec{a} = \begin{pmatrix}a_1\\a_2\\a_3\end{pmatrix}\times\begin{pmatrix}a_1\\a_2\\a_3\end{pmatrix} = \begin{pmatrix}a_2a_3-a_3a_2\\a_3a_1-a_1a_3\\a_1a_2-a_2a_1\end{pmatrix} = \begin{pmatrix}0\\0\\0\end{pmatrix} = \vec{0}$

112 3. c) Voraussetzungen: $\vec{a}, \vec{b}$ l.a. $\Rightarrow \quad \vec{b} = r \cdot \vec{a} \quad (r \in \mathbb{R})$ o.B.d.A.

$$\Rightarrow \vec{a} \times \vec{b} = \vec{a} \times (r \cdot \vec{a}) = r \cdot (\vec{a} \times \vec{a}) = r \cdot \vec{0} = \vec{0}$$

d) Das Gesetz $(\vec{a} \times \vec{b}) \times \vec{c} = \vec{a} \times (\vec{b} \times \vec{c})$ ist nicht für alle $\vec{a}, \vec{b}, \vec{c}$ des Raumes gültig.

Gegenbeispiel: $\vec{a} = \begin{pmatrix} 1 \\ 1 \\ 2 \end{pmatrix}, \vec{b} = \begin{pmatrix} 2 \\ 0 \\ 1 \end{pmatrix}, \vec{c} = \begin{pmatrix} 3 \\ 1 \\ -1 \end{pmatrix}$

$$(\vec{a} \times \vec{b}) \times \vec{c} = \begin{pmatrix} 1 \\ 3 \\ -2 \end{pmatrix} \times \begin{pmatrix} 3 \\ 1 \\ -1 \end{pmatrix} = \begin{pmatrix} -1 \\ -5 \\ -8 \end{pmatrix}, \vec{a} \times (\vec{b} \times \vec{c}) = \begin{pmatrix} 1 \\ 1 \\ 2 \end{pmatrix} \times \begin{pmatrix} -1 \\ 5 \\ 2 \end{pmatrix} = \begin{pmatrix} -8 \\ -4 \\ 6 \end{pmatrix}$$

e) $(\vec{a} + \vec{b}) \times (\vec{a} + \vec{b}) = \vec{0}$ nach Ü4

$\vec{a} \times \vec{a} + \vec{b} \times \vec{b} = \vec{0} + \vec{0} = \vec{0}$ nach Ü4 $\Rightarrow \quad (\vec{a} + \vec{b}) \times (\vec{a} + \vec{b}) = \vec{a} \times \vec{a} + \vec{b} \times \vec{b} = \vec{0}$

113 4. a) $\vec{a} = \overrightarrow{AB} = \begin{pmatrix} 1 \\ 6 \\ -4 \end{pmatrix}, \quad \vec{b} = \overrightarrow{AD} = \begin{pmatrix} -4 \\ 1 \\ 1 \end{pmatrix}$

$$A = |\vec{a} \times \vec{b}| = \left| \begin{pmatrix} 1 \\ 6 \\ -4 \end{pmatrix} \times \begin{pmatrix} -4 \\ 1 \\ 1 \end{pmatrix} \right| = \left| \begin{pmatrix} 10 \\ 15 \\ 25 \end{pmatrix} \right| = \sqrt{10^2 + 15^2 + 25^2} \approx 30{,}82$$

b) $\vec{a} = \overrightarrow{AB} = \begin{pmatrix} -5 \\ 4 \\ 0 \end{pmatrix}, \quad \vec{b} = \overrightarrow{AC} = \begin{pmatrix} -5 \\ 0 \\ 6 \end{pmatrix}, \quad A = \frac{1}{2} |\vec{a} \times \vec{b}| = \frac{1}{2} \left| \begin{pmatrix} -5 \\ 4 \\ 0 \end{pmatrix} \times \begin{pmatrix} -5 \\ 0 \\ 6 \end{pmatrix} \right| = \frac{1}{2} \left| \begin{pmatrix} 24 \\ 30 \\ 20 \end{pmatrix} \right| \approx 21{,}66$

114 5. $V = |(\vec{a} \times \vec{b}) \cdot \vec{c}| = \left| \left(\begin{pmatrix} 8 \\ 0 \\ 0 \end{pmatrix} \times \begin{pmatrix} 2 \\ 2 \\ 1 \end{pmatrix} \right) \cdot \begin{pmatrix} 1 \\ 1 \\ 3 \end{pmatrix} \right| = \left| \begin{pmatrix} 0 \\ -8 \\ 16 \end{pmatrix} \cdot \begin{pmatrix} 1 \\ 1 \\ 3 \end{pmatrix} \right| = |0 - 8 + 48| = 40$

6. $\vec{a} = \overrightarrow{AB} = \begin{pmatrix} -3 \\ 1 \\ -1 \end{pmatrix}, \quad \vec{b} = \overrightarrow{AC} = \begin{pmatrix} -3 \\ -3 \\ 1 \end{pmatrix}, \quad \vec{c} = \overrightarrow{AD} = \begin{pmatrix} -3 \\ 0 \\ 3 \end{pmatrix}$

$$V = \frac{1}{6} |(\vec{a} \times \vec{b}) \cdot \vec{c}| = \frac{1}{6} \left| \left(\begin{pmatrix} -3 \\ 1 \\ -1 \end{pmatrix} \begin{pmatrix} -3 \\ -3 \\ 1 \end{pmatrix} \right) \cdot \begin{pmatrix} -3 \\ 0 \\ 3 \end{pmatrix} \right| = \frac{1}{6} \left| \begin{pmatrix} -2 \\ 6 \\ 12 \end{pmatrix} \cdot \begin{pmatrix} -3 \\ 0 \\ 3 \end{pmatrix} \right| = \frac{1}{6} |6 + 36| = 7$$

115 7. a) $\vec{a} \times \vec{b} = \begin{pmatrix} 2 \\ -10 \\ -6 \end{pmatrix}$ b) $\vec{a} \times \vec{b} = \begin{pmatrix} 8 \\ 16 \\ 4 \end{pmatrix}$ c) $\vec{a} \times \vec{b} = \begin{pmatrix} 0 \\ 4 \\ 2 \end{pmatrix}$

8. a) $\vec{a} \times \vec{b} = \begin{pmatrix} -1 \\ 3 \\ 9 \end{pmatrix}, \quad \vec{b} \times \vec{a} = \begin{pmatrix} 1 \\ -3 \\ -9 \end{pmatrix}, \quad \vec{c} \times \vec{a} = \begin{pmatrix} -5 \\ -6 \\ 24 \end{pmatrix}, \quad (\vec{a} \times \vec{b}) \times \vec{c} = \begin{pmatrix} -33 \\ 1 \\ -4 \end{pmatrix}$

$$(\vec{a} \times \vec{b}) \cdot \vec{c} = \begin{pmatrix} -1 \\ 3 \\ 9 \end{pmatrix} \cdot \begin{pmatrix} 0 \\ 4 \\ 1 \end{pmatrix} = 12 + 9 = 21$$

b) $\begin{pmatrix} -1 \\ 3 \\ 9 \end{pmatrix} \cdot \begin{pmatrix} -6 \\ 1 \\ -1 \end{pmatrix} = 0 \Rightarrow \vec{a} \times \vec{b} \perp \vec{a}, \quad \begin{pmatrix} -1 \\ 3 \\ 9 \end{pmatrix} \cdot \begin{pmatrix} 3 \\ -2 \\ 1 \end{pmatrix} = 0 \Rightarrow \vec{a} \times \vec{b} \perp \vec{b}$

c) $\vec{a} \times \vec{b}$ und $\vec{b} \times \vec{a}$ stehen beide senkrecht zu $\vec{a}$ und $\vec{b}$ (gemeinsam).
$\vec{b} \times \vec{a}$ hat dieselbe Länge wie $\vec{a} \times \vec{b}$, weist nur in die entgegengesetzte Richtung, da $\vec{b} \times \vec{a} = -\vec{a} \times \vec{b}$ ist.
Während $\vec{a}, \vec{b}, \vec{a} \times \vec{b}$ ein Rechtssystem bilden, bilden $\vec{a}, \vec{b}, \vec{b} \times \vec{a}$ ein Linkssystem.

115

9. $(r\cdot\vec{a})\times(s\vec{b})=\begin{pmatrix}ra_1\\ra_2\\ra_3\end{pmatrix}\times\begin{pmatrix}sb_1\\sb_2\\sb_3\end{pmatrix}=\begin{pmatrix}ra_2\cdot sb_3-ra_3\cdot sb_2\\ra_3\cdot sb_1-ra_1\cdot sb_3\\ra_1\cdot sb_2-ra_2\cdot sb_1\end{pmatrix}=\begin{pmatrix}rs(a_2b_3-a_3b_2)\\rs(a_3b_1-a_1b_3)\\rs(a_1b_2-a_2b_1)\end{pmatrix}=r\cdot s\begin{pmatrix}a_2b_3-a_3b_2\\a_3b_1-a_1b_3\\a_1b_2-a_2b_1\end{pmatrix}$

$=r\cdot s\cdot(\vec{a}\times\vec{b})$

10. $(\vec{a}\times\vec{b})\cdot\vec{c}=\begin{pmatrix}a_2b_3-a_3b_2\\a_3b_1-a_1b_3\\a_1b_2-a_2b_1\end{pmatrix}\cdot\begin{pmatrix}c_1\\c_2\\c_3\end{pmatrix}=a_2b_3c_1-a_3b_2c_1+a_3b_1c_2-a_1b_3c_2+a_1b_2c_3-a_2b_1c_3$

$(\vec{b}\times\vec{c})\cdot\vec{a}=\begin{pmatrix}b_2c_3-b_3c_2\\b_3c_1-b_1c_3\\b_1c_2-b_2c_1\end{pmatrix}\cdot\begin{pmatrix}a_1\\a_2\\a_3\end{pmatrix}=b_2c_3a_1-b_3c_2a_1+b_3c_1a_2-b_1c_3a_2+b_1c_2a_3-b_2c_1a_3$

$(\vec{c}\times\vec{a})\cdot\vec{b}=\begin{pmatrix}c_2a_3-c_3a_2\\c_3a_1-c_1a_3\\c_1a_2-c_2a_1\end{pmatrix}\cdot\begin{pmatrix}b_1\\b_2\\b_3\end{pmatrix}=c_2a_3b_1-c_3a_2b_1+c_3a_1b_2-c_1a_3b_2+c_1a_2b_3-c_2a_1b_3$

Alle 3 rechten Seiten stimmen überein.

11.a) $\vec{a}=\overrightarrow{AB}=\begin{pmatrix}-2\\4\\-3\end{pmatrix},\quad \vec{b}=\overrightarrow{AC}=\begin{pmatrix}-2\\3\\0\end{pmatrix},\quad A=\frac{1}{2}|\vec{a}\times\vec{b}|=\frac{1}{2}\left|\begin{pmatrix}-2\\4\\-3\end{pmatrix}\times\begin{pmatrix}-2\\3\\0\end{pmatrix}\right|=\frac{1}{2}\left|\begin{pmatrix}9\\6\\2\end{pmatrix}\right|=\frac{11}{2}=5{,}5$

b) $\vec{a}=\overrightarrow{AB}=\begin{pmatrix}-2\\3\\3\end{pmatrix},\quad \vec{b}=\overrightarrow{AC}=\begin{pmatrix}-3\\0\\5\end{pmatrix},\quad A=\frac{1}{2}|\vec{a}\times\vec{b}|=\frac{1}{2}\left|\begin{pmatrix}-2\\3\\3\end{pmatrix}\times\begin{pmatrix}-3\\0\\5\end{pmatrix}\right|=\frac{1}{2}\left|\begin{pmatrix}15\\1\\9\end{pmatrix}\right|\approx 8{,}76$

12.a) $\overrightarrow{AB}=\begin{pmatrix}6\\2\\2\end{pmatrix}=\overrightarrow{DC},\quad \overrightarrow{BC}=\begin{pmatrix}-2\\6\\-10\end{pmatrix}=\overrightarrow{AD}$

b) $A=\left|\begin{pmatrix}6\\2\\2\end{pmatrix}\times\begin{pmatrix}-2\\6\\-10\end{pmatrix}\right|=\left|\begin{pmatrix}-32\\56\\40\end{pmatrix}\right|=\sqrt{5760}\approx 75{,}89$

13. $\vec{a}=\overrightarrow{AB}=\begin{pmatrix}0\\7\\0\end{pmatrix},\quad \vec{b}=\overrightarrow{BC}=\begin{pmatrix}-3\\0\\0\end{pmatrix}$

$\vec{c}=\overrightarrow{AE}=\begin{pmatrix}-1\\1\\4\end{pmatrix}$

$V=\left|\left(\begin{pmatrix}0\\7\\0\end{pmatrix}\times\begin{pmatrix}-3\\0\\0\end{pmatrix}\right)\cdot\begin{pmatrix}-1\\1\\4\end{pmatrix}\right|=\left|\begin{pmatrix}0\\0\\21\end{pmatrix}\cdot\begin{pmatrix}-1\\1\\4\end{pmatrix}\right|=84$

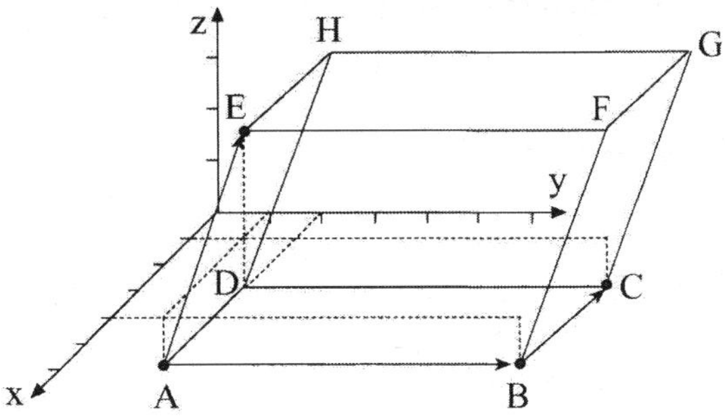

14.a) $\vec{a}=\overrightarrow{AB}=\begin{pmatrix}-5\\4\\0\end{pmatrix},\quad \vec{b}=\overrightarrow{AC}=\begin{pmatrix}-5\\0\\0\end{pmatrix},\quad \vec{c}=\overrightarrow{AD}=\begin{pmatrix}-3\\2\\6\end{pmatrix}$

$V=\frac{1}{6}|(\vec{a}\times\vec{b})\cdot\vec{c}|=\frac{1}{6}\left|\left(\begin{pmatrix}-5\\4\\0\end{pmatrix}\times\begin{pmatrix}-5\\0\\0\end{pmatrix}\right)\cdot\begin{pmatrix}-3\\2\\6\end{pmatrix}\right|=\frac{1}{6}\left|\begin{pmatrix}0\\0\\20\end{pmatrix}\cdot\begin{pmatrix}-3\\2\\6\end{pmatrix}\right|=20$

b) $\vec{a}=\overrightarrow{AB}=\begin{pmatrix}-3\\4\\-2\end{pmatrix},\quad \vec{b}=\overrightarrow{AC}=\begin{pmatrix}-5\\1\\-1\end{pmatrix},\quad \vec{c}=\overrightarrow{AD}=\begin{pmatrix}-3\\1\\4\end{pmatrix}$

$V=\frac{1}{6}|(\vec{a}\times\vec{b})\cdot\vec{c}|=\frac{1}{6}\left|\left(\begin{pmatrix}-3\\4\\-2\end{pmatrix}\times\begin{pmatrix}-5\\1\\-1\end{pmatrix}\right)\cdot\begin{pmatrix}-3\\1\\4\end{pmatrix}\right|=\frac{1}{6}\left|\begin{pmatrix}-2\\7\\17\end{pmatrix}\cdot\begin{pmatrix}-3\\1\\4\end{pmatrix}\right|=13{,}5$

115 15. Die Pyramide mit viereckiger Grundfläche kann in zwei Pyramiden mit dreieckiger Grungdfläche zerlegt werden, z.B. in die Pyramide P_1 mit der Grundfläche ACD und der Spitze S und in die Pyramide P_2 mit der Grundfläche ABC und der Spitze S. Wir können die Volumina von P_1 und P_2 mit dem Spatprodukt berechnen.

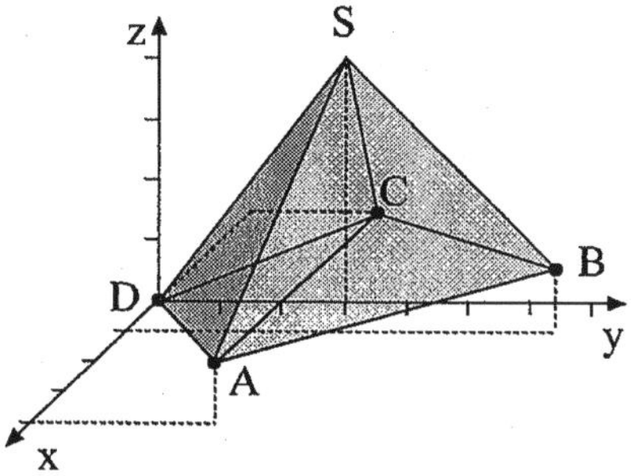

$$V(P_1) = \tfrac{1}{6}|(\overrightarrow{AC} \times \overrightarrow{AD}) \cdot \overrightarrow{AS}| = \tfrac{1}{6}|\left(\begin{pmatrix}-7\\-1\\-1\end{pmatrix} \times \begin{pmatrix}-4\\-3\\-1\end{pmatrix}\right) \cdot \begin{pmatrix}-4\\0\\3\end{pmatrix}| = \tfrac{1}{6}|\begin{pmatrix}-2\\-3\\17\end{pmatrix} \cdot \begin{pmatrix}-4\\0\\3\end{pmatrix}| = \tfrac{59}{6}$$

$$V(P_2) = \tfrac{1}{6}|(\overrightarrow{AB} \times \overrightarrow{AC}) \cdot \overrightarrow{AS}| = \tfrac{1}{6}|\left(\begin{pmatrix}-3\\4\\0\end{pmatrix} \times \begin{pmatrix}-7\\-1\\-1\end{pmatrix}\right) \cdot \begin{pmatrix}-4\\0\\3\end{pmatrix}| = \tfrac{1}{6}|\begin{pmatrix}-4\\-3\\31\end{pmatrix} \cdot \begin{pmatrix}-4\\0\\3\end{pmatrix}| = \tfrac{109}{6}$$

$$V(P) = V(P_1) + V(P_2) = 28$$

16. a) Annahme: $(\vec{a} \times \vec{b}) \cdot \vec{c} = 0$. Dann ist $\vec{c}$ orthogonal zu $\vec{a} \times \vec{b}$.
Da $\vec{a} \times \vec{b}$ orthogonal zu $\vec{a}$ und zu $\vec{b}$ ist, liegt $\vec{c}$ in der von $\vec{a}$ und $\vec{b}$ aufgespannten Ebene. $\vec{a}, \vec{b}, \vec{c}$ sind dann l.a.
Folglich folgt aus $(\vec{a} \times \vec{b}) \cdot \vec{c} \neq 0$, dass $\vec{a}, \vec{b}, \vec{c}$ l.u. sind.

b) Annahme: $\vec{a}, \vec{b}, \vec{c}$ l.a. $\Rightarrow$

1. Fall: $\vec{c}$ lässt sich als Linearkombination von $\vec{a}$ und $\vec{b}$ ausdrücken. $\vec{c}$ liegt in der von $\vec{a}$ und $\vec{b}$ aufgespannten Ebene (Der Spat hat das Volumen 0). Oder: $\vec{a} \times \vec{b}$ ist senkrecht auf dieser Ebene, also auch auf $\vec{c}$, daraus folgt: $(\vec{a} \times \vec{b}) \cdot \vec{c} = 0$.

2. Fall: $\vec{a}$ oder $\vec{b}$ lässt sich als Linearkombination darstellen. o.B.d.A. sei es $\vec{a}$.
$\vec{a}$ liegt in der von $\vec{b}$ und $\vec{c}$ aufgespannten Ebene.
$\vec{b} \times \vec{c}$ ist senkrecht zu $\vec{a}$: $(\vec{b} \times \vec{c}) \cdot \vec{a} = 0$
Nach Übung 15 gilt: $(\vec{a} \times \vec{b}) \cdot \vec{c} = (\vec{b} \times \vec{c}) \cdot \vec{a} = 0$

Daher gilt: $\vec{a}, \vec{b}, \vec{c}$ l.a. $\Rightarrow$ $(\vec{a} \times \vec{b}) \cdot \vec{c} = 0$
Folglich: $\vec{a}, \vec{b}, \vec{c}$ l.u. $\Rightarrow$ $(\vec{a} \times \vec{b}) \cdot \vec{c} \neq 0$

c) $\vec{a} = \begin{pmatrix}1\\2\\4\end{pmatrix}$, $\vec{b} = \begin{pmatrix}-2\\3\\1\end{pmatrix}$, $\vec{c} = \begin{pmatrix}2\\0\\-3\end{pmatrix}$

$\vec{a}, \vec{b}, \vec{c}$ sind l.u., wenn $(\vec{a} \times \vec{b}) \cdot \vec{c} \neq 0$ ist. Wir bilden also $(\vec{a} \times \vec{b}) \cdot \vec{c}$:

$$(\vec{a} \times \vec{b}) \cdot \vec{c} = \left(\begin{pmatrix}1\\2\\4\end{pmatrix} \times \begin{pmatrix}-2\\3\\1\end{pmatrix}\right) \cdot \begin{pmatrix}2\\0\\-3\end{pmatrix} = \begin{pmatrix}-10\\-9\\7\end{pmatrix} \cdot \begin{pmatrix}2\\0\\-3\end{pmatrix} = -20 - 21 = -41 \neq 0$$

Zusammengesetzte Aufgaben

1. a) $\overrightarrow{AB} = \begin{pmatrix} -3 \\ 3 \end{pmatrix}$, $\overrightarrow{AC} = \begin{pmatrix} -6 \\ 0 \end{pmatrix}$, $\overrightarrow{BC} = \begin{pmatrix} -3 \\ -3 \end{pmatrix}$ 116

$|\overrightarrow{AB}| = |\overrightarrow{BC}| = \sqrt{18}$, das Dreieck ist gleichschenklig.

$\overrightarrow{AB} \cdot \overrightarrow{BC} = 0$, das Dreieck ist rechtwinklig.

b) $A = \frac{1}{2} |\overrightarrow{AB}| \cdot |\overrightarrow{BC}| = 9$

c) $\overrightarrow{OD} = \overrightarrow{OA} + \overrightarrow{BC} = \begin{pmatrix} 2 \\ -2 \end{pmatrix}$, D(2 | –2)

d) $\overrightarrow{OM} = \overrightarrow{OA} + \frac{1}{2}\overrightarrow{AC} = \begin{pmatrix} 2 \\ 1 \end{pmatrix}$, M(2 | 1)

2. a) $\overrightarrow{AB} = \begin{pmatrix} -4 \\ -2 \\ -6 \end{pmatrix}$, $\overrightarrow{AC} = \begin{pmatrix} -4 \\ 0 \\ 3 \end{pmatrix}$

$r \cdot \overrightarrow{AC} \neq \overrightarrow{AB}$ für alle $r \in \mathbb{R}$, die Vektoren sind nicht kollinear.

b) $\overrightarrow{OD} = \overrightarrow{OA} + \overrightarrow{BC} = \begin{pmatrix} 2 \\ 2 \\ 3 \end{pmatrix} + \begin{pmatrix} -2 \\ 2 \\ 9 \end{pmatrix} = \begin{pmatrix} 0 \\ 4 \\ 12 \end{pmatrix}$, D(0 | 4 | 12)

c) Winkel α: $\cos\alpha = \frac{\overrightarrow{AB} \cdot \overrightarrow{AC}}{|\overrightarrow{AB}| |\overrightarrow{AC}|} = \frac{6}{\sqrt{56} \cdot \sqrt{45}}$, $\alpha \approx 83{,}1°$

Winkel β: $\cos\beta = \frac{\overrightarrow{BA} \cdot \overrightarrow{BC}}{|\overrightarrow{BA}| |\overrightarrow{BC}|} = \frac{50}{\sqrt{56} \cdot \sqrt{89}}$, $\beta \approx 44{,}9°$

3. a) $\overrightarrow{AB} = \begin{pmatrix} 3 \\ 4 \\ 8 \end{pmatrix}$, $\overrightarrow{AC_t} = \begin{pmatrix} 0 \\ t-1 \\ 4 \end{pmatrix}$, $\overrightarrow{BC_t} = \begin{pmatrix} -3 \\ t-5 \\ -4 \end{pmatrix}$

$r \cdot \overrightarrow{AC_t} \neq \overrightarrow{AB}$ für alle $r \in \mathbb{R}$, die Vektoren sind nicht kollinear.

$s \cdot \overrightarrow{AC_t} \neq \overrightarrow{BC}$ für alle $s \in \mathbb{R}$, die Vektoren sind nicht kollinear.

b) $\overrightarrow{AB} \cdot \overrightarrow{AC_t} = 4t + 28 = 0$ für $t = -7$.

c) $A = \frac{1}{2} \cdot |\overrightarrow{AB} \times \overrightarrow{AC_2}| = \frac{1}{2} \cdot \left| \begin{pmatrix} 3 \\ 4 \\ 8 \end{pmatrix} \times \begin{pmatrix} 0 \\ 1 \\ 4 \end{pmatrix} \right| = \frac{1}{2} \cdot \left| \begin{pmatrix} 8 \\ -12 \\ 3 \end{pmatrix} \right| = \frac{1}{2}\sqrt{217}$

116 4. a) $\overrightarrow{AB} = \overrightarrow{DC} = \begin{pmatrix} -3 \\ 3 \\ 0 \end{pmatrix}$, $\overrightarrow{BC} = \overrightarrow{AD} = \begin{pmatrix} -3 \\ -3 \\ 0 \end{pmatrix}$

alle Seiten haben die gleiche Länge (Parallelogramm)

$\overrightarrow{AB} \cdot \overrightarrow{BC} = 0$ (rechter Winkel)

b)

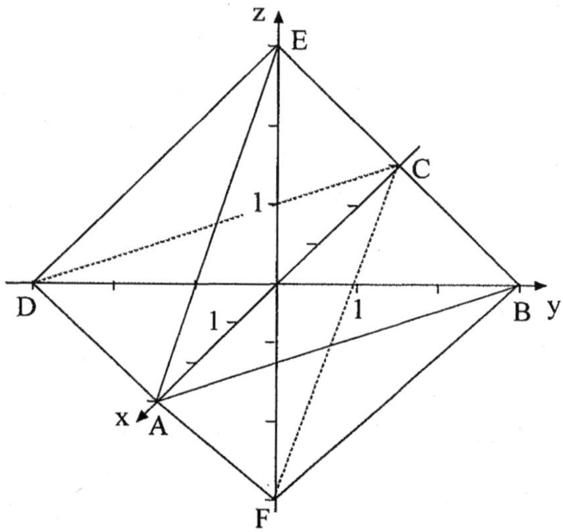

c) Volumen: Beide Pyramiden haben das gleiche Volumen.

$V = 2 \cdot \frac{1}{3} \cdot |\overrightarrow{AB}| \cdot |\overrightarrow{AD}| \cdot |\overrightarrow{OE}| = 36$

Oberfläche: Die 8 Dreiecke haben den gleichen Flächeninhalt.

$O = 8 \cdot \frac{1}{2} \cdot |\overrightarrow{DA} \times \overrightarrow{DE}| = 4 \cdot 9 \cdot \sqrt{3}$

5. a) $\overrightarrow{DA} \cdot \overrightarrow{OB_t} = 6 - 6t = 0$ nur für $t = 1$

$\overrightarrow{DA} \cdot \overrightarrow{OC_t} = 4t - 4 = 0$ nur für $t = 1$

$\overrightarrow{OB_t} \cdot \overrightarrow{OC_t} = t - 1 = 0$ nur für $t = 1$

b) $V = \frac{1}{6} \cdot |\overrightarrow{OA}| \cdot |\overrightarrow{OB_1}| \cdot |\overrightarrow{OC_1}|$

$= \frac{1}{6} \cdot \sqrt{12} \cdot \sqrt{14} \cdot \sqrt{42} = 14$

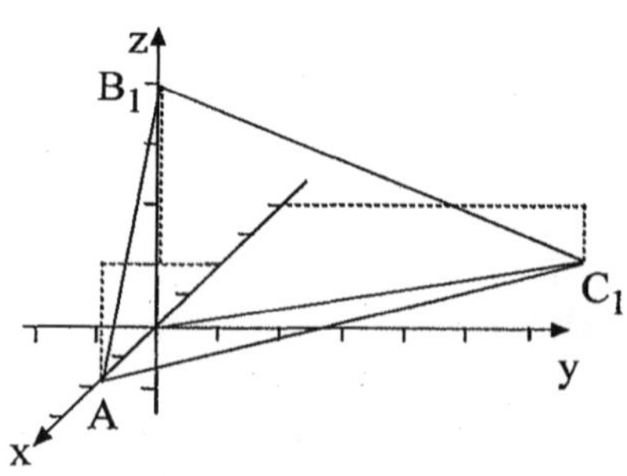

116

5. c) $\overrightarrow{AB_1} = \begin{pmatrix} 0 \\ 1 \\ 5 \end{pmatrix}$, $\overrightarrow{AC_1} = \begin{pmatrix} -2 \\ 7 \\ 1 \end{pmatrix}$, $\overrightarrow{B_1C_1} = \begin{pmatrix} -2 \\ 6 \\ -4 \end{pmatrix}$

Winkel bei A: $\cos\alpha = \frac{12}{\sqrt{26}\cdot\sqrt{54}}$, $\alpha \approx 71{,}32°$

Winkel bei B_1: $\cos\beta = \frac{14}{\sqrt{26}\cdot\sqrt{56}}$, $\beta \approx 68{,}48°$

Winkel bei C_1: $\gamma \approx 40{,}20°$

d) Mittelpunkt von $\overrightarrow{OA}$: $M_1(-1\,|\,-1\,|\,-1)$

Mittelpunkt von $\overrightarrow{AB_t}$: $M_2(-2\,|\,-1{,}5\,|\,\frac{3t-2}{2})$

Mittelpunkt von $\overrightarrow{B_tC_t}$: $M_3(-t-2\,|\,2\,|\,\frac{3t-1}{2})$, $\overrightarrow{M_1M_2} = \overrightarrow{M_4M_3} = \begin{pmatrix} -1 \\ -0{,}5 \\ 1{,}5t \end{pmatrix}$

Mittelpunkt von $\overrightarrow{C_tO}$: $M_4(-t-1\,|\,2{,}5\,|\,-0{,}5)$, $\overrightarrow{M_2M_3} = \overrightarrow{M_1M_4} = \begin{pmatrix} -t \\ 3{,}5 \\ 0{,}5 \end{pmatrix}$

Damit hat das Viereck OAB_tC_t zwei Paare gleichlanger Seiten, es ist ein Parallelogramm.

6. b) Mit den Bezeichnungen der Zeichnung:

$\overrightarrow{OM} = \frac{1}{2}\vec{a} + \vec{c} = \begin{pmatrix} 4 \\ 1 \\ 3 \end{pmatrix}$, $\overrightarrow{OL} = \frac{1}{2}\vec{a} + \vec{b} = \begin{pmatrix} 5 \\ 4 \\ 0 \end{pmatrix}$

$\overrightarrow{OK} = \frac{1}{2}\vec{a} + \frac{1}{2}\vec{b} + \frac{1}{2}\vec{c} = \frac{1}{2}\begin{pmatrix} 9 \\ 5 \\ 3 \end{pmatrix}$

a)

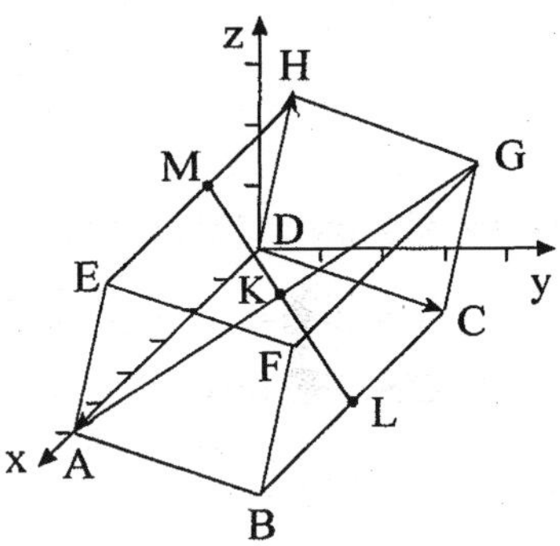

c) $\overrightarrow{OM} + \frac{1}{2}\overrightarrow{ML} = \begin{pmatrix} 4 \\ 1 \\ 3 \end{pmatrix} + \frac{1}{2}\begin{pmatrix} 1 \\ 3 \\ -3 \end{pmatrix} = \begin{pmatrix} 4{,}5 \\ 2{,}5 \\ 1{,}5 \end{pmatrix} = \frac{1}{2}\begin{pmatrix} 9 \\ 5 \\ 3 \end{pmatrix} = \overrightarrow{OK}$

K teilt ML im Verhältnis 1:1.

Elementargeometrische Beweise mit dem Skalarprodukt

118 1. a) $a^2 = |\vec{a}|^2 = \vec{a} \cdot \vec{a}$

$= \vec{a} \cdot (\vec{b} - \vec{c})$ (wegen $\vec{a} = \vec{b} - \vec{c}$)

$= \vec{a}\vec{b} - \vec{a}\vec{c} = -\vec{a}\vec{c}$ (wegen $\vec{a} \perp \vec{b}$)

$= -(\vec{h} - \vec{p}) \cdot \vec{c}$ (wegen $\vec{a} = \vec{h} - \vec{p}$)

$= -\vec{h}\vec{c} + \vec{p}\vec{c} = \vec{p}\vec{c}$ (wegen $\vec{h} \perp \vec{c}$)

$= |\vec{p}| \cdot |\vec{c}| \cdot \cos 0° = |\vec{p}| \cdot |\vec{c}| \cdot 1 = p \cdot c$

b) $b^2 = |\vec{b}|^2 = \vec{b} \cdot \vec{b}$

$= \vec{b} \cdot (\vec{c} + \vec{a})$ (wegen $\vec{b} = \vec{c} + \vec{a}$)

$= \vec{b}\vec{c} + \vec{b}\vec{a} = \vec{b}\vec{c}$ (wegen $\vec{b} \perp \vec{a}$)

$= (\vec{q} + \vec{h}) \cdot \vec{c}$ (wegen $\vec{q} + \vec{h} = \vec{b}$)

$= \vec{q}\vec{c} + \vec{h}\vec{c} = \vec{q}\vec{c}$ (wegen $\vec{h} \perp \vec{c}$)

$= |\vec{q}| \cdot |\vec{c}| \cdot \cos 0° = |\vec{q}| \cdot |\vec{c}| \cdot 1 = q \cdot c$

2. $0 = \vec{a}\vec{b}$ (wegen $\vec{b} \perp \vec{a}$)

$= (\vec{h} - \vec{p}) \cdot (\vec{h} + \vec{q})$ (wegen $\vec{a} = \vec{h} - \vec{p}$, $\vec{b} = \vec{h} + \vec{q}$)

$= (\vec{h} - \vec{p}) \cdot (\vec{q} + \vec{h}) = \vec{h}\vec{q} + \vec{h}\vec{h} - \vec{p}\vec{q} - \vec{p}\vec{h}$

$= \vec{h}\vec{h} - \vec{p}\vec{q}$ (wegen $\vec{h}\vec{q} = 0$, $\vec{p}\vec{h} = 0$)

$= h^2 - |\vec{p}| \cdot |\vec{q}| \cdot \cos 0° = h^2 - p \cdot q$

119 3. $\vec{d}_1 = \vec{a} + \vec{b}$, $\vec{d}_2 = \vec{a} - \vec{b}$

$\vec{d}_1 \cdot \vec{d}_2 = (\vec{a} + \vec{b}) \cdot (\vec{a} - \vec{b}) = \vec{a}^2 - \vec{b}^2 = |\vec{a}|^2 - |\vec{b}|^2 = 0$ (wegen $|\vec{a}| = |\vec{b}|$ bei einer Raute)

Also stehen die Diagonalen einer Raute immer senkrecht aufeinander.

4. $\vec{e} \cdot \vec{f} = (\vec{a} + \vec{b}) \cdot (-\vec{a} + \vec{b}) = -\vec{a}^2 + \vec{a}\vec{b} - \vec{a}\vec{b} + \vec{b}^2$

$= -|\vec{a}|^2 + |\vec{b}|^2 = 0$ (wegen $\vec{e} \perp \vec{f}$)

$\Rightarrow$ $|\vec{a}|^2 = |\vec{b}|^2$ $\Rightarrow$ $|\vec{a}| = |\vec{b}| \Rightarrow$ Raute

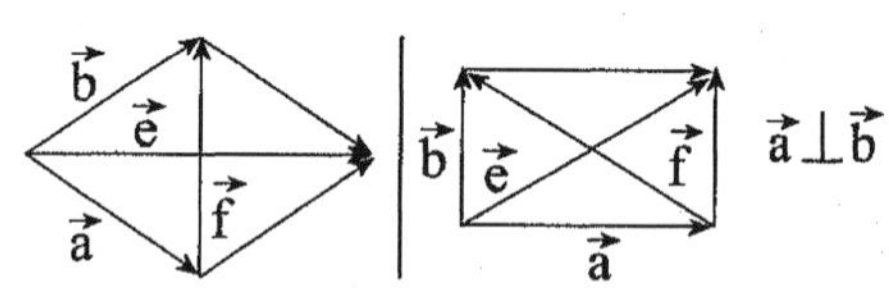

5. (i) $\vec{e} \perp \vec{f}$, zu zeigen: $|\vec{a}| = |\vec{b}|$

Beweis: $\vec{e} \cdot \vec{f} = (\vec{a} + \vec{b}) \cdot (-\vec{a} + \vec{b}) = -\vec{a}^2 + \vec{a}\vec{b} - \vec{a}\vec{b} + \vec{b}^2$
$= -|\vec{a}|^2 + |\vec{b}|^2 = 0$ (wegen $\vec{e} \perp \vec{f}$) $\Rightarrow |\vec{a}|^2 = |\vec{b}|^2 \Rightarrow |\vec{a}| = |\vec{b}|$

(ii) Voraussetzung: Quadrat ($|\vec{a}| = |\vec{b}|$), zu zeigen: $\vec{e} \perp \vec{f}$

$\vec{e} \cdot \vec{f} = (\vec{a} + \vec{b}) \cdot (-\vec{a} + \vec{b}) = -\vec{a}^2 + \vec{a}\vec{b} - \vec{b}\vec{a} + \vec{b}^2$
$= -|\vec{a}|^2 + |\vec{b}|^2 = -|\vec{b}|^2 + |\vec{b}|^2$ (wegen $|\vec{a}| = |\vec{b}|$) $= 0 \Rightarrow \vec{e} \perp \vec{f}$

6. a) Voraussetzung: $\vec{a} \perp \vec{b}$ (rechter Winkel bei C), zu zeigen: $a^2 + b^2 = c^2$

Beweis: $c^2 = |\vec{c}|^2 = \vec{c}^2 = (\vec{b} - \vec{a}) \cdot (\vec{b} - \vec{a}) = \vec{b}^2 - \underbrace{2\vec{a}\vec{b}}_{=0} + \vec{a}^2 = |\vec{b}|^2 + |\vec{a}|^2 = b^2 + a^2$

b) Voraussetzung: $a^2 + b^2 = c^2$, zu zeigen: $\vec{a} \perp \vec{b}$

Beweis: $c^2 = \underbrace{b^2 + a^2}_{\text{Vor.}} - 2\vec{a}\vec{b}$ (s. a)
$c^2 = c^2 - 2\vec{a}\vec{b} \quad |-c^2, \quad 0 = -2\vec{a}\vec{b} \quad |:(-2), \quad 0 = \vec{a}\vec{b} \Rightarrow \vec{a} \perp \vec{b}$

7. Voraussetzungen:

(1) $\vec{a} \perp \vec{b}$, d.h. $\vec{a} \cdot \vec{b} = 0$
(2) $\vec{a} \perp \vec{c}$, d.h. $\vec{a} \cdot \vec{c} = 0$
(3) $\vec{b} \perp \vec{c}$, d.h. $\vec{b} \cdot \vec{c} = 0$
(4) $|\vec{a}| = |\vec{b}|$
(5) $\vec{e} = -\vec{a} + \vec{b}$
(6) $\vec{f} = \vec{a} + \vec{b} + \vec{c}$

Beweis:

$\vec{e} \cdot \vec{f} = (-\vec{a} + \vec{b}) \cdot (\vec{a} + \vec{b} + \vec{c})$ (6),(5)
$= -\vec{a}^2 - \vec{a}\vec{b} - \vec{a}\vec{c} + \vec{b}\vec{a} + \vec{b}^2 + \vec{b}\vec{c}$
$= -|\vec{a}|^2 - \vec{a}\vec{b} - \vec{a}\vec{c} + \vec{a}\vec{b} + |\vec{b}|^2 + \vec{b}\vec{c}$
$= -|\vec{a}|^2 - 0 - 0 + 0 + |\vec{b}|^2 + 0$ (1),(2),(3)
$= 0$ (wegen $|\vec{a}|^2 = |\vec{b}|^2$ (4)) $\Rightarrow \vec{e} \perp \vec{f}$

8. zu zeigen: $e^2 + f^2 = 2(a^2 + b^2)$

Beweis: $e^2 + f^2 = |\vec{e}|^2 + |\vec{f}|^2 = \vec{e}^2 + \vec{f}^2 = (\vec{a} + \vec{b})^2 + (\vec{b} - \vec{a})^2$
$= \vec{a}^2 + 2\vec{a}\vec{b} + \vec{b}^2 + \vec{b}^2 - 2\vec{b}\vec{a} + \vec{a}^2$
$= 2\vec{a}^2 + 2\vec{b}^2 = 2|\vec{a}|^2 + 2|\vec{b}|^2 = 2a^2 + 2b^2 = 2(a^2 + b^2)$

9. $\vec{a}\vec{b} = (\vec{n} - \vec{r}) \cdot (\vec{r} + \vec{n})$ (wegen $\vec{a} = \vec{n} - \vec{r}, \vec{b} = \vec{r} + \vec{n}$)
$= \vec{n}\vec{r} + \vec{n}\vec{n} - \vec{r}\vec{r} - \vec{r}\vec{n} = \vec{n}\vec{n} - \vec{r}\vec{r}$ (wegen $\vec{n}\vec{r} = \vec{r}\vec{n}$)
$= |\vec{n}|^2 - |\vec{r}|^2 = 0$ (wegen $|\vec{n}|^2 = |\vec{r}|^2$) $\Rightarrow \vec{a} \perp \vec{b} \Rightarrow$ rechter Winkel bei C

Test

120 1. a) $g = h: \begin{array}{rcl} 0 &=& r+s \\ -1 &=& -2r-s \\ 3 &=& r-2s \end{array}, \quad r=-s,\ r=1,\ s=-1, \quad S(1|2|3)$

$\cos\alpha = \dfrac{\left|\begin{pmatrix}-1\\2\\-1\end{pmatrix}\cdot\begin{pmatrix}1\\-1\\-2\end{pmatrix}\right|}{\sqrt{6}\cdot\sqrt{6}} = \frac{1}{6}, \quad \alpha \approx 80{,}4°$

b)

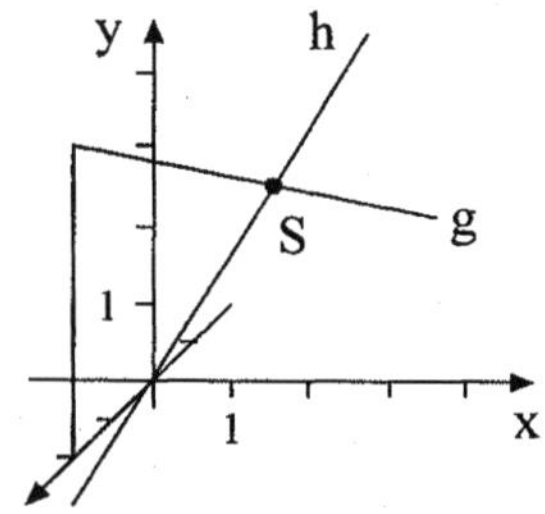

2. a) $\cos\alpha = \dfrac{\begin{pmatrix}-2\\0\\4\end{pmatrix}\cdot\begin{pmatrix}0\\-5\\4\end{pmatrix}}{\sqrt{20\cdot 41}} = \frac{16}{\sqrt{820}}, \quad \alpha \approx 56°, \quad \cos\beta = \dfrac{\begin{pmatrix}2\\-5\\0\end{pmatrix}\cdot\begin{pmatrix}2\\0\\-4\end{pmatrix}}{\sqrt{29\cdot 20}} = \frac{4}{\sqrt{580}}, \quad \beta \approx 80{,}4°$

$\cos\gamma = \dfrac{\begin{pmatrix}0\\5\\-4\end{pmatrix}\cdot\begin{pmatrix}-2\\5\\0\end{pmatrix}}{\sqrt{41\cdot 29}} = \frac{25}{\sqrt{1189}}, \quad \gamma \approx 43{,}5°$

$A = \frac{1}{2}\cdot\sqrt{\begin{pmatrix}-2\\0\\4\end{pmatrix}^2\cdot\begin{pmatrix}0\\-5\\4\end{pmatrix}^2 - \left(\begin{pmatrix}-2\\0\\4\end{pmatrix}\cdot\begin{pmatrix}0\\-5\\4\end{pmatrix}\right)^2} = \frac{1}{2}\cdot\sqrt{20\cdot 41 - 16^2} \approx 11{,}87$

b) $V = \frac{1}{3}G\cdot h = \frac{1}{3}\cdot 4\cdot 5 = \frac{20}{3} \approx 6{,}67$ VE

3. a) $\overrightarrow{AB} = \begin{pmatrix}2\\4\\1\end{pmatrix}, \quad \overrightarrow{AC} = \begin{pmatrix}-3\\6\\3\end{pmatrix}, \quad \overrightarrow{BC} = \begin{pmatrix}-5\\2\\2\end{pmatrix}, \quad \overrightarrow{AB}\cdot\overrightarrow{AC} = 21, \quad \overrightarrow{AB}\cdot\overrightarrow{BC} = 0 \Rightarrow \sphericalangle ABC = 90°$

b) $\vec{n} = \begin{pmatrix}x\\y\\7\end{pmatrix}, \quad \begin{array}{l} 2x+4y+z=0 \\ -3x+6y+3z=0 \end{array} \Rightarrow \vec{n} = \begin{pmatrix}-2\\3\\-8\end{pmatrix}$

4. a) $\begin{pmatrix}3\\4\\t\end{pmatrix}\cdot\begin{pmatrix}2\\-2\\1\end{pmatrix} = 6 - 8 + t = 0 \Rightarrow t = 2$

b) $\begin{pmatrix}3\\4\\t\end{pmatrix}\cdot\begin{pmatrix}0\\0\\1\end{pmatrix} = \left|\begin{pmatrix}3\\4\\t\end{pmatrix}\right|\cdot\left|\begin{pmatrix}0\\0\\1\end{pmatrix}\right|\cdot\cos 45°$

$t = \sqrt{25+t^2}\cdot 1\cdot\frac{1}{\sqrt{2}}, \quad t^2 = (25+t^2)\cdot\frac{1}{2}, \quad t = 5\ (t > 0)$

c) 1. Art: $\begin{pmatrix}3\\4\\1\end{pmatrix}\times\begin{pmatrix}2\\-2\\1\end{pmatrix} = \begin{pmatrix}6\\-1\\-14\end{pmatrix}$ 2. Art: I $\begin{pmatrix}3\\4\\1\end{pmatrix}\cdot\begin{pmatrix}x\\y\\z\end{pmatrix} = 0$, II $\begin{pmatrix}2\\-2\\1\end{pmatrix}\cdot\begin{pmatrix}x\\y\\z\end{pmatrix} = 0$, z.B. $\begin{pmatrix}-6\\1\\14\end{pmatrix}$

5. b) Berechnung der 4 Dreiecksflächen mithilfe des Skalarproduktes: 120

$$1.\ \Delta ABC: G = \frac{1}{2}|\vec{a}\times\vec{b}| = \frac{1}{2}\left|\begin{pmatrix}2\\6\\-3\end{pmatrix}\times\begin{pmatrix}-3\\4\\-2\end{pmatrix}\right| = \frac{1}{2}\left|\begin{pmatrix}0\\13\\26\end{pmatrix}\right| \approx 14{,}53$$

$$2.\ \Delta ABD: A = \frac{1}{2}|\vec{a}\times\vec{c}| = \frac{1}{2}\left|\begin{pmatrix}2\\6\\-3\end{pmatrix}\times\begin{pmatrix}0\\3\\3\end{pmatrix}\right| = \frac{1}{2}\left|\begin{pmatrix}27\\-6\\6\end{pmatrix}\right| \approx 14{,}15$$

$$3.\ \Delta ACD: A = \frac{1}{2}|\vec{b}\times\vec{c}| = \frac{1}{2}\left|\begin{pmatrix}-3\\4\\-2\end{pmatrix}\times\begin{pmatrix}0\\3\\3\end{pmatrix}\right| = \frac{1}{2}\left|\begin{pmatrix}18\\9\\-9\end{pmatrix}\right| \approx 11{,}02$$

$$4.\ \Delta BCD: A = \frac{1}{2}\left|\begin{pmatrix}-5\\-2\\1\end{pmatrix}\times\begin{pmatrix}-2\\-3\\6\end{pmatrix}\right| = \frac{1}{2}\left|\begin{pmatrix}-9\\28\\11\end{pmatrix}\right| \approx 15{,}7$$

Oberfläche: $O \approx 55{,}40$

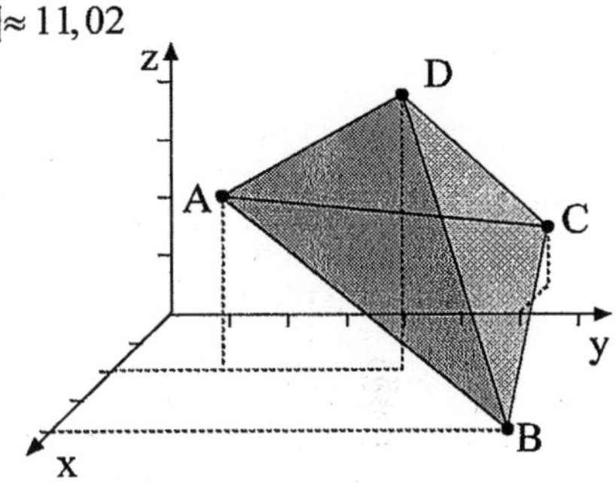

c) $$V = \frac{1}{6}|(\vec{a}\times\vec{b})\cdot\vec{c}| = \frac{1}{6}\left|\left(\begin{pmatrix}2\\6\\-3\end{pmatrix}\times\begin{pmatrix}-3\\4\\-2\end{pmatrix}\right)\cdot\begin{pmatrix}0\\3\\3\end{pmatrix}\right| = \frac{1}{6}\left|\begin{pmatrix}0\\13\\26\end{pmatrix}\cdot\begin{pmatrix}0\\3\\3\end{pmatrix}\right| = 19{,}5$$

6. Voraussetzungen: 1) $|\vec{a}| = |\vec{b}| = |\vec{c}|$

2) Die dreieckigen Seitenflächen sind gleichseitig. Daher sind die Innenwinkel 60° groß.

z.z. $\vec{c} \perp \overrightarrow{BC}$

$$\vec{c}\cdot\overrightarrow{BC} = \vec{c}\cdot(\vec{b}-\vec{a}) = \vec{c}\cdot\vec{b} - \vec{c}\,\vec{a} = |\vec{c}|\cdot|\vec{b}|\cdot\cos\alpha - |\vec{c}|\cdot|\vec{a}|\cdot\cos\beta$$

$$= |\vec{c}|\cdot|\vec{b}|\cdot\cos 60° - |\vec{c}|\cdot|\vec{a}|\cdot\cos 60° = |\vec{c}|\cdot|\vec{b}|\cdot\frac{1}{2} - |\vec{c}|\cdot|\vec{a}|\cdot\frac{1}{2}$$

$$= |\vec{c}|\cdot\frac{1}{2}\cdot(|\vec{b}| - |\vec{a}|) = |\vec{c}|\cdot\frac{1}{2}\cdot 0 = 0$$

Der Beweis gilt für je zwei gegenüberliegende Kanten, denn durch Umbenennen der Punkte und Kanten lässt sich die obige Konfiguration stets erreichen.

V. Ebenen

1. Ebenengleichungen

123 1. a) $\vec{x} = \begin{pmatrix} 3 \\ 0 \\ 0 \end{pmatrix} + r\begin{pmatrix} -3 \\ 4 \\ 0 \end{pmatrix} + s\begin{pmatrix} -3 \\ 0 \\ 2 \end{pmatrix}$ b) $\vec{x} = \begin{pmatrix} 2 \\ 0 \\ 1 \end{pmatrix} + r\begin{pmatrix} 1 \\ 2 \\ -1 \end{pmatrix} + s\begin{pmatrix} -2 \\ 3 \\ 1 \end{pmatrix}$ c) $\vec{x} = \begin{pmatrix} 4 \\ 2 \\ 1 \end{pmatrix} + r\begin{pmatrix} -1 \\ 3 \\ 0 \end{pmatrix} + s\begin{pmatrix} -4 \\ -2 \\ 3 \end{pmatrix}$

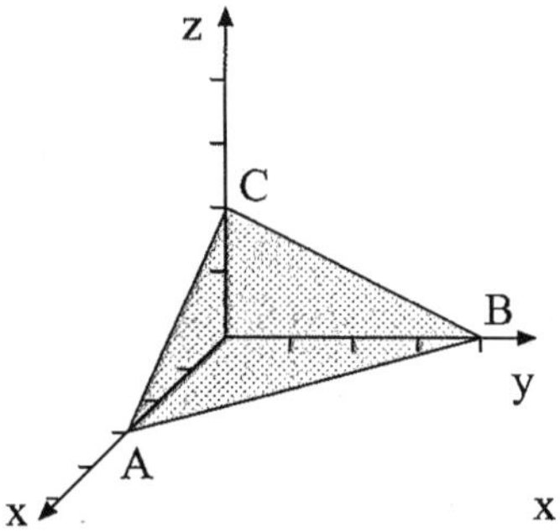

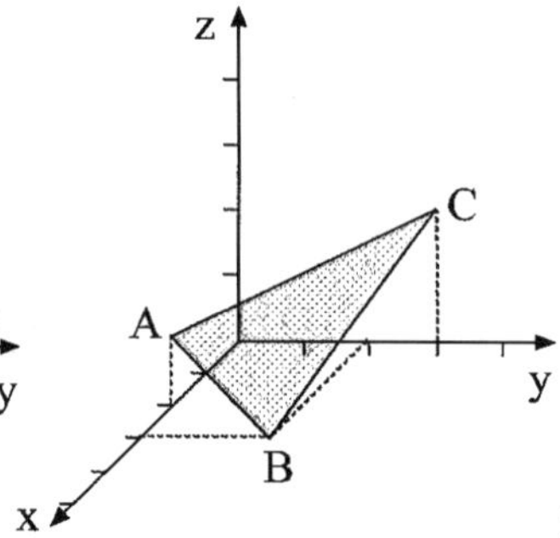

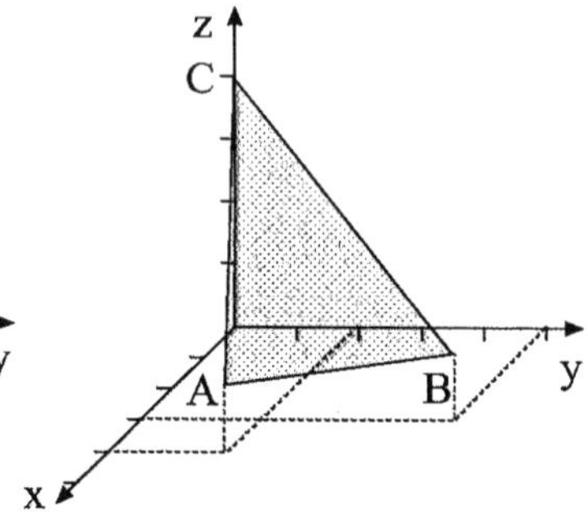

2. $E_1: \vec{x} = \begin{pmatrix} 1 \\ 1 \\ 0 \end{pmatrix} + r\begin{pmatrix} 5 \\ 5 \\ 1 \end{pmatrix} + s\begin{pmatrix} 1 \\ 3 \\ 4 \end{pmatrix}$, E_{ABS}

$E_2: \vec{x} = \begin{pmatrix} 6 \\ 6 \\ 1 \end{pmatrix} + r\begin{pmatrix} -3 \\ 0 \\ 0 \end{pmatrix} + s\begin{pmatrix} -4 \\ -2 \\ 3 \end{pmatrix}$, E_{BCS}

$E_3: \vec{x} = \begin{pmatrix} 1 \\ 1 \\ 0 \end{pmatrix} + r\begin{pmatrix} 2 \\ 5 \\ 1 \end{pmatrix} + s\begin{pmatrix} 1 \\ 3 \\ 4 \end{pmatrix}$, E_{ACS}

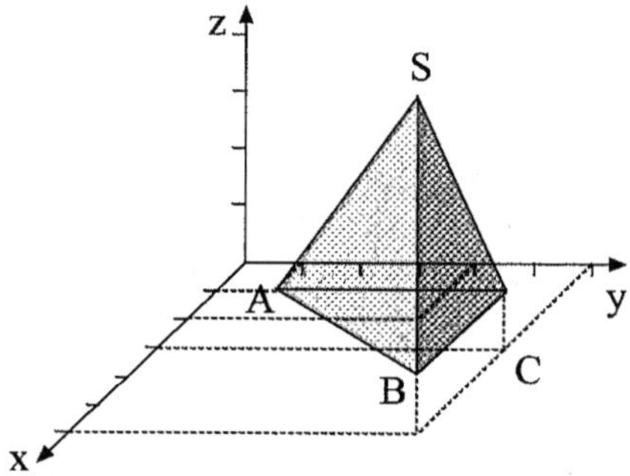

124 3. $E_1: \vec{x} = \begin{pmatrix} 4 \\ 2 \\ 0 \end{pmatrix} + r\begin{pmatrix} -4 \\ 0 \\ 2 \end{pmatrix} + s\begin{pmatrix} -1 \\ -2 \\ 2 \end{pmatrix}$

$E_2: \vec{x} = \begin{pmatrix} 4 \\ 4 \\ 1 \end{pmatrix} + r\begin{pmatrix} 1 \\ 3 \\ 0 \end{pmatrix} + s\begin{pmatrix} -4 \\ 0 \\ 1 \end{pmatrix}$, $E_3: \vec{x} = \begin{pmatrix} 3 \\ 8 \\ 0 \end{pmatrix} + r\begin{pmatrix} 0 \\ 3 \\ 0 \end{pmatrix} + s\begin{pmatrix} -3 \\ 1 \\ 3 \end{pmatrix}$

4. a) $\vec{x} = \begin{pmatrix} 0 \\ 0 \\ 0 \end{pmatrix} + r\begin{pmatrix} 1 \\ 0 \\ 0 \end{pmatrix} + s\begin{pmatrix} 0 \\ 1 \\ 0 \end{pmatrix}$, $\vec{x} = \begin{pmatrix} 0 \\ 0 \\ 0 \end{pmatrix} + r\begin{pmatrix} 0 \\ 1 \\ 0 \end{pmatrix} + s\begin{pmatrix} 0 \\ 0 \\ 1 \end{pmatrix}$, $\vec{x} = \begin{pmatrix} 2 \\ 0 \\ 3 \end{pmatrix} + r\begin{pmatrix} 1 \\ 0 \\ 0 \end{pmatrix} + s\begin{pmatrix} 0 \\ 0 \\ 1 \end{pmatrix}$

b) $\vec{x} = \begin{pmatrix} 2 \\ 3 \\ 0 \end{pmatrix} + r\begin{pmatrix} 1 \\ 0 \\ 0 \end{pmatrix} + s\begin{pmatrix} 0 \\ 0 \\ 2 \end{pmatrix}$ c) $\vec{x} = \begin{pmatrix} -1 \\ 0 \\ -1 \end{pmatrix} + r\begin{pmatrix} 2 \\ 0 \\ 0 \end{pmatrix} + s\begin{pmatrix} 0 \\ 1 \\ 0 \end{pmatrix}$ d) $\vec{x} = \begin{pmatrix} 0 \\ 0 \\ 0 \end{pmatrix} + r\begin{pmatrix} 3 \\ 1 \\ 0 \end{pmatrix} + s\begin{pmatrix} 0 \\ 0 \\ 5 \end{pmatrix}$

e) $\vec{x} = \begin{pmatrix} 0 \\ 0 \\ 0 \end{pmatrix} + r\begin{pmatrix} 0 \\ 1 \\ 1 \end{pmatrix} + s\begin{pmatrix} 2 \\ 0 \\ 0 \end{pmatrix}$ f) $\vec{x} = \begin{pmatrix} 1 \\ -1 \\ 1 \end{pmatrix} + r\begin{pmatrix} 3 \\ 2 \\ 1 \end{pmatrix} + s\begin{pmatrix} 1 \\ -1 \\ 0 \end{pmatrix}$

5. a) $\vec{x} = \begin{pmatrix} 1 \\ 0 \\ 1 \end{pmatrix} + r\begin{pmatrix} 1 \\ -1 \\ 1 \end{pmatrix} + s\begin{pmatrix} 0 \\ 1 \\ 0 \end{pmatrix}$ b) $\vec{x} = \begin{pmatrix} 1 \\ 0 \\ 0 \end{pmatrix} + r\begin{pmatrix} -1 \\ 1 \\ 0 \end{pmatrix} + s\begin{pmatrix} -1 \\ 0 \\ 1 \end{pmatrix}$ c) $\vec{x} = \begin{pmatrix} 0 \\ 0 \\ 0 \end{pmatrix} + r\begin{pmatrix} 3 \\ 2 \\ 1 \end{pmatrix} + s\begin{pmatrix} 1 \\ 2 \\ 1 \end{pmatrix}$

d) z.B. $\vec{x} = \begin{pmatrix} 2 \\ -1 \\ 4 \end{pmatrix} + r\begin{pmatrix} 4 \\ 6 \\ 8 \end{pmatrix} + s\begin{pmatrix} 1 \\ 0 \\ 0 \end{pmatrix}$, $\overrightarrow{AC}$ ist kollinear zu $\overrightarrow{AB}$, daher ist die Ebene E nicht eindeutig festgelegt. Jeder zu $\begin{pmatrix} 4 \\ 6 \\ 8 \end{pmatrix}$ nicht kollinearer Vektor ist einsetzbar und legt eine Ebene E fest, die A, B und C enthält.

6. a) E_{ABCD}: $\vec{x}=\begin{pmatrix}0\\0\\0\end{pmatrix}+r\begin{pmatrix}1\\0\\0\end{pmatrix}+s\begin{pmatrix}0\\1\\0\end{pmatrix}$, E_{EFGH}: $\vec{x}=\begin{pmatrix}0\\0\\5\end{pmatrix}+r\begin{pmatrix}1\\0\\0\end{pmatrix}+s\begin{pmatrix}0\\1\\0\end{pmatrix}$ 124

E_{AEHD}: $\vec{x}=\begin{pmatrix}0\\0\\0\end{pmatrix}+r\begin{pmatrix}1\\0\\0\end{pmatrix}+s\begin{pmatrix}0\\0\\1\end{pmatrix}$, E_{DCGH}: $\vec{x}=\begin{pmatrix}0\\0\\0\end{pmatrix}+r\begin{pmatrix}0\\1\\0\end{pmatrix}+s\begin{pmatrix}0\\0\\1\end{pmatrix}$

E_{ABFE}: $\vec{x}=\begin{pmatrix}5\\0\\0\end{pmatrix}+r\begin{pmatrix}0\\1\\0\end{pmatrix}+s\begin{pmatrix}0\\0\\1\end{pmatrix}$, E_{BCGF}: $\vec{x}=\begin{pmatrix}5\\5\\0\end{pmatrix}+r\begin{pmatrix}-1\\0\\0\end{pmatrix}+s\begin{pmatrix}0\\0\\1\end{pmatrix}$

b) E_{BEG}: $\vec{x}=\begin{pmatrix}5\\5\\0\end{pmatrix}+r\begin{pmatrix}0\\-5\\5\end{pmatrix}+s\begin{pmatrix}-5\\0\\5\end{pmatrix}$, E_{DBE}: $\vec{x}=\begin{pmatrix}0\\0\\0\end{pmatrix}+r\begin{pmatrix}5\\5\\0\end{pmatrix}+s\begin{pmatrix}5\\0\\5\end{pmatrix}$

E_{DEG}: $\vec{x}=\begin{pmatrix}0\\0\\0\end{pmatrix}+r\begin{pmatrix}5\\0\\5\end{pmatrix}+s\begin{pmatrix}0\\5\\5\end{pmatrix}$, E_{DBG}: $\vec{x}=\begin{pmatrix}0\\0\\0\end{pmatrix}+r\begin{pmatrix}5\\5\\0\end{pmatrix}+s\begin{pmatrix}0\\5\\5\end{pmatrix}$

7. a) Ein Punkt der Ebene E, für dessen Parameter $0\le r\le 1$ und $0\le s\le 1$ gilt, liegt in dem von $(\vec{b}-\vec{a})$ und $(\vec{c}-\vec{a})$ aufgespannten Parallelogramm.

b) Ein Punkt der Ebene E, für den $r\le 0$, $s\le 0$, $r+s=1$ gilt, liegt auf der Strecke BC.

c) Ein Punkt der Ebene E mit r = s liegt auf der Geraden durch A und D wobei der Punkt D den Ortsvektor $\overrightarrow{OD}=\overrightarrow{OB}+\overrightarrow{AC}$ besitzt.

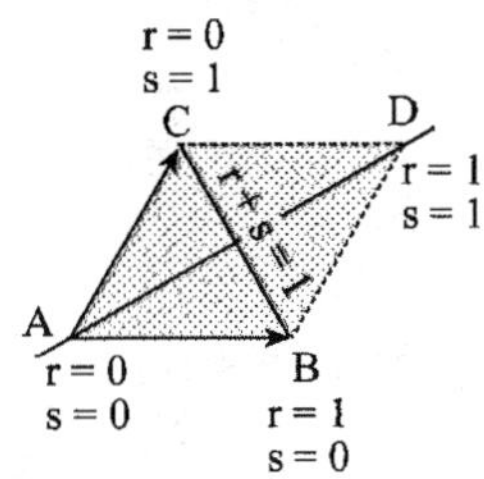

8. a) E: $\vec{x}=\begin{pmatrix}1\\1\\-3\end{pmatrix}+r\begin{pmatrix}-1\\1\\5\end{pmatrix}+s\begin{pmatrix}1\\0\\-2\end{pmatrix}$, $\vec{n}=\begin{pmatrix}2\\-3\\1\end{pmatrix}$, E: $\left(\vec{x}-\begin{pmatrix}1\\1\\-3\end{pmatrix}\right)\cdot\begin{pmatrix}2\\-3\\1\end{pmatrix}=0$ 126

b) $\vec{n}=\begin{pmatrix}1\\-1\\1\end{pmatrix}$, E: $\left(\vec{x}-\begin{pmatrix}1\\1\\1\end{pmatrix}\right)\cdot\begin{pmatrix}1\\-1\\1\end{pmatrix}=0$

9. $E_1=E_5$, $E_2=E_6$, $E_3=E_4$ 127

10. a) E: $\vec{x}=\begin{pmatrix}3\\0\\0\end{pmatrix}+r\begin{pmatrix}-3\\6\\0\end{pmatrix}+s\begin{pmatrix}-3\\0\\4\end{pmatrix}$ bzw. $\left(\vec{x}-\begin{pmatrix}3\\0\\0\end{pmatrix}\right)\cdot\begin{pmatrix}4\\2\\3\end{pmatrix}=0$

b) E: $\left(\vec{x}-\begin{pmatrix}0\\0\\4\end{pmatrix}\right)\cdot\begin{pmatrix}0\\0\\1\end{pmatrix}=0$ bzw. $\vec{x}=\begin{pmatrix}0\\0\\4\end{pmatrix}+r\begin{pmatrix}1\\0\\0\end{pmatrix}+s\begin{pmatrix}0\\1\\0\end{pmatrix}$

c) E: $\vec{x}=\begin{pmatrix}2\\0\\0\end{pmatrix}+r\begin{pmatrix}0\\1\\0\end{pmatrix}+s\begin{pmatrix}-2\\2\\4\end{pmatrix}$ bzw. $\left(\vec{x}-\begin{pmatrix}2\\0\\0\end{pmatrix}\right)\cdot\begin{pmatrix}2\\0\\1\end{pmatrix}=0$

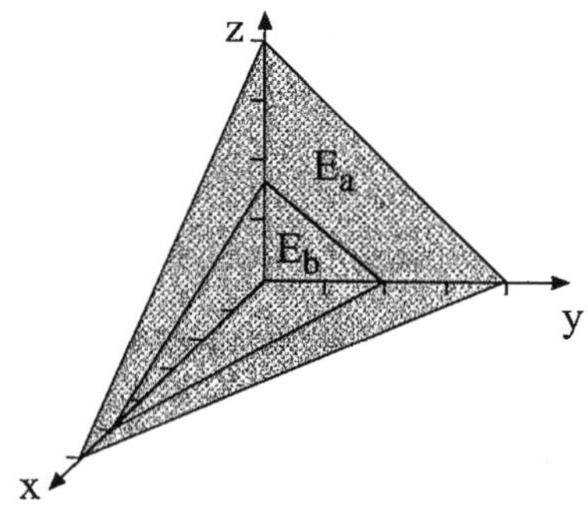

129 11. a) A(6|0|0), B(0|4|0), C(0|0|4)

b) Achsenabschnitte: X(5|0|0), Y(0|2|0), Z(0|0|2,5)

c) A(4|0|0), C(0|0|2)
kein y-Achsenabschnitt
Die Ebene verläuft parallel zur y-Achse.

130 12. a) Die Achsenschnittpunkte sind X(3|0|0), Y(0|4|0), Z(0|0|3). Wir setzen diese Achsenschnittpunkte in die Achsenabschnittsform ein und erhalten E: $\frac{x}{3}+\frac{y}{4}+\frac{z}{3}=1$ bzw.

E: $4x+3y+4z=12$.

b) X(2|0|0), Y(0|5|0), Z(0|0|–3) $\Rightarrow$ E: $\frac{x}{2}+\frac{y}{5}+\frac{z}{-3}=1$ bzw. E: $15x+6y-10z=30$

c) X(3|0|0), Y(0|2|0), parallel zur z-Achse $\Rightarrow$ E: $\frac{x}{3}+\frac{y}{2}=1$ bzw. E: $2x+3y=6$

d) y-x-Ebene, geht durch den Ursprung, parallel zur y- und z-Achse $\Rightarrow$ E: $x=0$

e) parallel zur x-Achse, Y(0|3|0), Z(0|0|4) $\Rightarrow$ E: $4y+3z=12$

f) X(3,5|0|0), Y(0|7|0), Z(0|0|3) $\Rightarrow$ E: $6x+3y+7z=21$

13. a) X(2|0|0), Y(0|1|0), Z(0|0|4)

b) X(-4|0|0), Y(0|3|0), Z(0|0|1,5)

c) X(-2|0|0), Y(0|4|0), Z(0|0|-2)

d) kein X (parallel zur x-Achse)
Y(0|3|0), Z(0|0|2)

e) X(2|0|0), kein Y, kein Z (da parallel zur y- und z-Achse)

f) kein X, kein Y, Z(0|0|2) (da parallel zur x- und y-Achse)

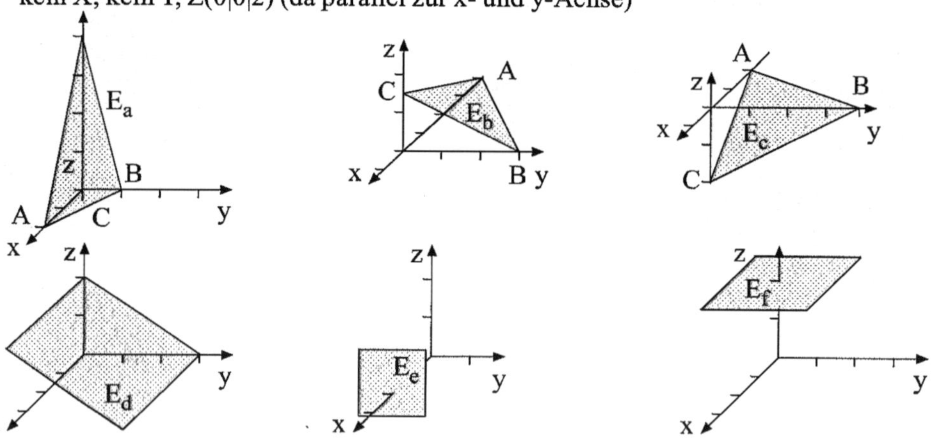

131 14. a) $\vec{x}=\begin{pmatrix}1\\2\\-2\end{pmatrix}+r\begin{pmatrix}-1\\3\\2\end{pmatrix}+s\begin{pmatrix}4\\-2\\0\end{pmatrix}$, $\left[\vec{x}-\begin{pmatrix}1\\2\\-2\end{pmatrix}\right]\cdot\begin{pmatrix}2\\4\\-5\end{pmatrix}=0$, $2x+4y-5z=20$

b) $\vec{x}=\begin{pmatrix}2\\1\\1\end{pmatrix}+r\begin{pmatrix}2\\1\\1\end{pmatrix}+s\begin{pmatrix}1\\2\\3\end{pmatrix}$, $\left[\vec{x}-\begin{pmatrix}2\\1\\1\end{pmatrix}\right]\cdot\begin{pmatrix}1\\-5\\3\end{pmatrix}=0$, $x-5y+3z=0$

15. a) E: $\left[\vec{x}-\begin{pmatrix}-3\\0\\0\end{pmatrix}\right]\cdot\begin{pmatrix}-4\\5\\3\end{pmatrix}=0$ b) E: $\left[\vec{x}-\begin{pmatrix}4\\0\\0\end{pmatrix}\right]\cdot\begin{pmatrix}1\\0\\2\end{pmatrix}=0$ 131

c) E: $\left[\vec{x}-\begin{pmatrix}1\\0\\0\end{pmatrix}\right]\cdot\begin{pmatrix}3\\-2\\1\end{pmatrix}=0$ d) E: $\left[\vec{x}-\begin{pmatrix}5\\2\\3\end{pmatrix}\right]\cdot\begin{pmatrix}-1\\4\\5\end{pmatrix}=0$

16. a) E: $\left[\vec{x}-\begin{pmatrix}0\\2\\0\end{pmatrix}\right]\cdot\begin{pmatrix}-2\\2\\3\end{pmatrix}=0$ b) E: $\left[\vec{x}-\begin{pmatrix}0\\5\\0\end{pmatrix}\right]\cdot\begin{pmatrix}2\\1\\-3\end{pmatrix}=0$

c) E: $\left[\vec{x}-\begin{pmatrix}0\\0\\0\end{pmatrix}\right]\cdot\begin{pmatrix}0\\0\\1\end{pmatrix}=0$ bzw $\vec{x}\cdot\begin{pmatrix}0\\0\\1\end{pmatrix}=0$

d) E: $\left[\vec{x}-\begin{pmatrix}0\\0\\0\end{pmatrix}\right]\cdot\begin{pmatrix}0\\1\\0\end{pmatrix}=0$ bzw $\vec{x}\cdot\begin{pmatrix}0\\1\\0\end{pmatrix}=0$

e) E: $\left[\vec{x}-\begin{pmatrix}0\\0\\0\end{pmatrix}\right]\cdot\begin{pmatrix}1\\-1\\0\end{pmatrix}=0$ bzw $\vec{x}\cdot\begin{pmatrix}1\\-1\\0\end{pmatrix}=0$

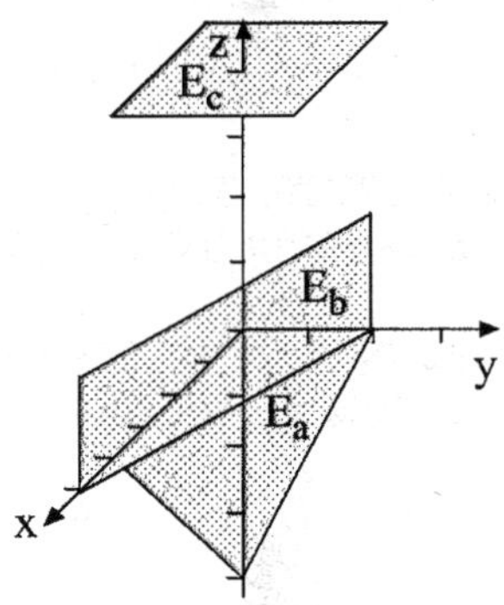

17. a) X(4|0|0), Y(0|2|0), Z(0|0|–4)
b) X(5|0|0), Y(0|2|0)
Die Ebene verläuft parallel zur z-Achse.
c) Z(0|0|4) , Die Ebene geht durch den Punkt Z und verläuft parallel zur x-y-Ebene.

18. a) E: $z=0$ b) E: $3x+6y+2z=12$ c) E: $x=2$
d) $X(6|0|0)\in E$, E: $2x+y=12$
e) E: $\vec{x}=\begin{pmatrix}2\\-1\\5\end{pmatrix}+r\begin{pmatrix}-3\\-2\\4\end{pmatrix}+s\begin{pmatrix}0\\0\\1\end{pmatrix}$, E: $2x-3y=7$
f) E_1: $x+y-z=3$, E_2: $x+z=2$

2.Lagebeziehungen

133 1. a) $P(-2|10|7) \in E_1$ $(r = 2, s = -1)$, $Q(1|1|1) \notin E_1$ (Wid.)
   b) $P(2|1|1) \in E_2$, $Q(1|0|1) \notin E_2$ (Wid.)

2. a) $A \in E, B \notin E$
   b) $3a - (a+1) + 4 = 5$ gilt für $a = 1$, $P(3|2|2) \in E$
   c) $a - (2a+3) + 2(3-2a) = 5$ gilt für $a = -\frac{2}{5}$, $P(-\frac{2}{5} | \frac{11}{5} | \frac{19}{5}) \in E$

3. a) $[\begin{pmatrix}3\\2\\1\end{pmatrix} - \begin{pmatrix}2\\1\\1\end{pmatrix}] \cdot \begin{pmatrix}1\\-1\\2\end{pmatrix} = 0$, also liegt A in E. $[\begin{pmatrix}1\\4\\2\end{pmatrix} - \begin{pmatrix}2\\1\\1\end{pmatrix}] \cdot \begin{pmatrix}1\\-1\\2\end{pmatrix} = -2 \neq 0$, also liegt B nicht in E.

   $[\begin{pmatrix}-1\\2\\3\end{pmatrix} - \begin{pmatrix}2\\1\\1\end{pmatrix}] \cdot \begin{pmatrix}1\\-1\\2\end{pmatrix} = 0$, also liegt C in E.

   b) $[\begin{pmatrix}a\\a+3\\3\end{pmatrix} - \begin{pmatrix}2\\1\\1\end{pmatrix}] \cdot \begin{pmatrix}1\\-1\\2\end{pmatrix} = 0$, für alle $a \in \mathbb{R}$, also liegt D in E.

   $[\begin{pmatrix}a\\2a\\3\end{pmatrix} - \begin{pmatrix}2\\1\\1\end{pmatrix}] \cdot \begin{pmatrix}1\\-1\\2\end{pmatrix} = 0$ für $a = 3$, also liegt F für $a = 3$ in E.

   c) E: $x - y + 2z = 3$
   d) E: $\vec{x} = \begin{pmatrix}2\\1\\1\end{pmatrix} + r\begin{pmatrix}1\\1\\0\end{pmatrix} + s\begin{pmatrix}2\\0\\-1\end{pmatrix}$

134 4. E_{ABC}: $\vec{x} = \begin{pmatrix}6\\3\\1\end{pmatrix} + r\begin{pmatrix}0\\6\\0\end{pmatrix} + s\begin{pmatrix}-6\\0\\2\end{pmatrix} = \begin{pmatrix}3\\5\\2\end{pmatrix} \Rightarrow \begin{matrix}s=0{,}5\\r=1/3\\s=0{,}5\end{matrix}$

   P liegt im Dreieck.
   Q liegt nicht im Dreieck ($r = \frac{2}{3}$, $s = \frac{1}{2}$, $r + s = \frac{7}{6} > 1$).
   R liegt nicht auf E, also auch nicht im Dreieck.

5. a) $\overrightarrow{AB} = \begin{pmatrix}-2\\2\\2\end{pmatrix} = \overrightarrow{DC}$, $\overrightarrow{AD} = \begin{pmatrix}-3\\0\\2\end{pmatrix} = \overrightarrow{BC}$

   b) $\begin{pmatrix}2\\1{,}5\\1{,}5\end{pmatrix} = \begin{pmatrix}4\\1\\0\end{pmatrix} + 0{,}25\begin{pmatrix}-2\\2\\2\end{pmatrix} + 0{,}5\begin{pmatrix}-3\\0\\2\end{pmatrix}$, also liegt P im Parallelogramm.

   $\begin{pmatrix}-2\\4\\5\end{pmatrix} = \begin{pmatrix}4\\1\\0\end{pmatrix} + 1{,}5\begin{pmatrix}-2\\2\\2\end{pmatrix} + 1\begin{pmatrix}-3\\0\\2\end{pmatrix}$, $r = 1{,}5 > 1$, Q liegt nicht im Parallelogramm.

137

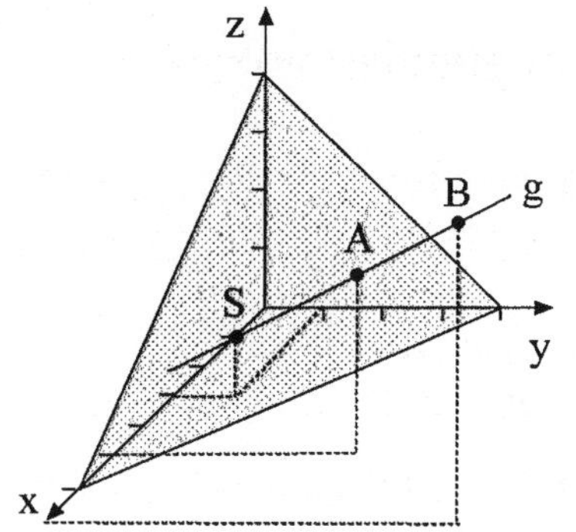

6. a) g: $\vec{x} = \begin{pmatrix} 5 \\ 4 \\ 3 \end{pmatrix} + r\begin{pmatrix} 2 \\ 3 \\ 2 \end{pmatrix}$

$2(5+2r)+3(4+3r)+3(3+2r)=12$

$\Rightarrow \quad r=-1 \Rightarrow \quad S(3|1|1)$

b) g: $\vec{x} = r\begin{pmatrix} 4 \\ 6 \\ 4 \end{pmatrix}$

$6(4r)+4(6r)=24 \Rightarrow \quad r=\frac{1}{2} \Rightarrow \quad S(2|3|2)$

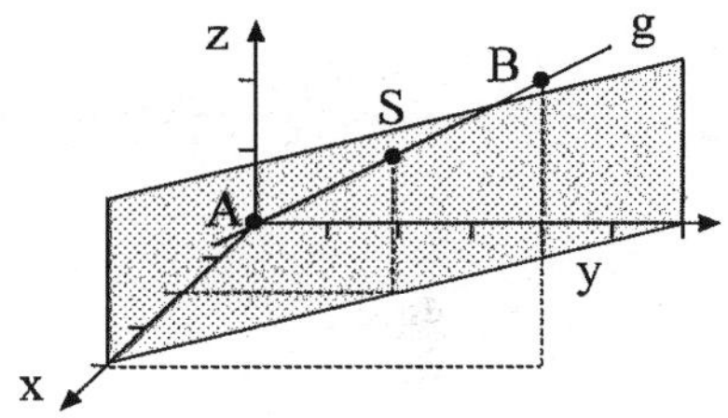

c) g: $\vec{x} = \begin{pmatrix} 2 \\ 0 \\ 2 \end{pmatrix} + r\begin{pmatrix} 4 \\ 4 \\ -2 \end{pmatrix}$, E: $x+2y+4z=12$

$2+4r+2\cdot 4r+4(2-2r)=12$

$\Rightarrow \quad r=\frac{1}{2} \Rightarrow \quad S(4|2|1)$

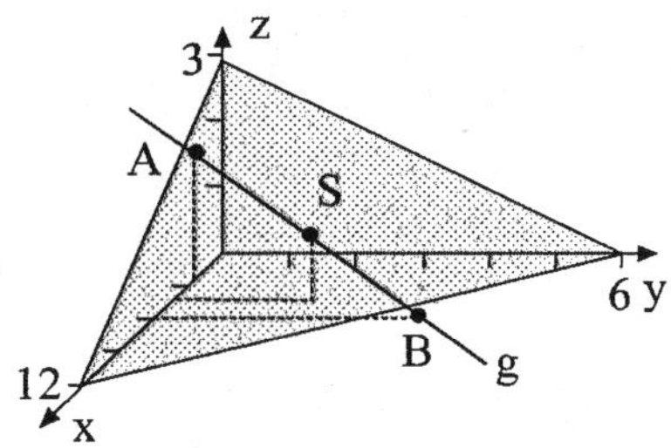

7. a) $2(-1+2r)+6r+2r=4$
$r=0{,}5$, Schnittpunkt $S(0|3|1)$
b) $4r+4(3-2r)+2(2+2r)=8$
Wid., g und E sind echt parallel.
c) $2(1+2r)+2(2+r)+3(-2r)=6$
allgemeingültig, g liegt in E.

8. $\left[\begin{pmatrix} 1 \\ 2 \\ 2 \end{pmatrix} + r\begin{pmatrix} 2 \\ -1 \\ 1 \end{pmatrix} - \begin{pmatrix} 2 \\ 2 \\ 3 \end{pmatrix}\right] \cdot \begin{pmatrix} -1 \\ -1 \\ 1 \end{pmatrix} = 0$ für alle r, also liegt g in E_1.

$\left[\begin{pmatrix} 1 \\ 2 \\ 2 \end{pmatrix} + r\begin{pmatrix} 2 \\ -1 \\ 1 \end{pmatrix} - \begin{pmatrix} 2 \\ -3 \\ 2 \end{pmatrix}\right] \cdot \begin{pmatrix} 2 \\ 2 \\ -2 \end{pmatrix} = 8 \neq 0$, also verläuft g parallel zu E_2 außerhalb der Ebene.

9. a) A(0|0|0), B(6|0|0), C(6|6|0), D(0|6|0), E(0|0|6), F(6|0|6), G(6|6|6), H(0|6|6)

b) $E_1: \ \vec{x} = \begin{pmatrix} 6 \\ 0 \\ 0 \end{pmatrix} + r\begin{pmatrix} 0 \\ 6 \\ 6 \end{pmatrix} + s\begin{pmatrix} -6 \\ 0 \\ 6 \end{pmatrix}$

c) FD: $\vec{x} = \begin{pmatrix} 6 \\ 0 \\ 6 \end{pmatrix} + t\begin{pmatrix} -6 \\ 6 \\ -6 \end{pmatrix}$ in E_1 liefert $t=\frac{1}{3}$, S(4|2|4)

d) Wegen $\overrightarrow{BE} \parallel \overrightarrow{CH}$ ist h parallel zu E_1, also kein Schnittpunkt.

10. a) E_{FBC}: $\vec{x} = \begin{pmatrix} 4 \\ 4 \\ 0 \end{pmatrix} + r\begin{pmatrix} 1 \\ 0 \\ 0 \end{pmatrix} + s\begin{pmatrix} -1 \\ -1 \\ 4 \end{pmatrix}$ bzw. $\left(\vec{x} - \begin{pmatrix} 4 \\ 4 \\ 0 \end{pmatrix}\right) \cdot \begin{pmatrix} 0 \\ 4 \\ 1 \end{pmatrix} = 0$, g: $\vec{x} = \begin{pmatrix} -6 \\ 16 \\ 8 \end{pmatrix} + t\begin{pmatrix} 2{,}5 \\ -6{,}5 \\ -2 \end{pmatrix}$

g in E_{FBC} eingesetzt liefert t = 2, Eintrittspunkt $S_E(-1|3|4)$

E_{DAE}: $\vec{x} = \begin{pmatrix} 4 \\ -4 \\ 0 \end{pmatrix} + r\begin{pmatrix} 1 \\ 0 \\ 0 \end{pmatrix} + s\begin{pmatrix} -1 \\ 1 \\ 4 \end{pmatrix}$ bzw. $\left(\vec{x} - \begin{pmatrix} 4 \\ -4 \\ 0 \end{pmatrix}\right) \cdot \begin{pmatrix} 0 \\ 4 \\ -1 \end{pmatrix} = 0$

g in E_{DAE} eingesetzt liefert t = 3, Austrittspunkt $S_E(1{,}5|-3{,}5|2)$

137 b) Länge des Kanals: $d(S_E;S_A)=\sqrt{2{,}5^2+6{,}5^2+2^2}\approx 7{,}25$

c) PQ: $\vec{x}=\begin{pmatrix}-1\\15\\0\end{pmatrix}+t\begin{pmatrix}2\\-6\\-1\end{pmatrix}$ eingesetzt in E_{FBC}: $t=2$, T(3|3|4) auf der Kante BF

138 11. a) $E_{AB}:\ \vec{x}=\begin{pmatrix}2\\1\\-1\end{pmatrix}+s\begin{pmatrix}6\\6\\3\end{pmatrix}+t\begin{pmatrix}4\\8\\8\end{pmatrix}$, $g=E_{AB}:\ r=3, s=\frac{1}{3}, t=\frac{1}{4}$, S(5|5|2)

Wegen $0\le s,t\le 1$ liegt S im Dreieck ABC.

b) $E_{AB}:\ \vec{x}=\begin{pmatrix}2\\8\\3\end{pmatrix}+s\begin{pmatrix}4\\3\\-5\end{pmatrix}+t\begin{pmatrix}0\\-2\\2\end{pmatrix}$, $g=E_{AB}:\ r=-2, s=-\frac{1}{2}, t=-\frac{17}{4}$, S(0|15|−3)

S liegt nicht im Dreieck ABC.

140 12. $g:\ \vec{x}=\begin{pmatrix}2\\2\\0\end{pmatrix}+r\begin{pmatrix}3\\1\\4\end{pmatrix}$

13. a) $g:\ \vec{x}=\begin{pmatrix}5\\-5\\1\end{pmatrix}+r\begin{pmatrix}4\\-1\\-1\end{pmatrix}$

b) $g:\ \vec{x}=\left[\begin{pmatrix}5\\-5\\1\end{pmatrix}+r\begin{pmatrix}4\\-1\\-1\end{pmatrix}-\begin{pmatrix}2\\2\\1\end{pmatrix}\right]\begin{pmatrix}4\\-1\\-1\end{pmatrix}=19+18r=0\Rightarrow r=-\frac{19}{18}\Rightarrow F(\frac{14}{18}\,|\,-\frac{71}{18}\,|\,\frac{37}{18})$

c) $\overrightarrow{OA}\,'=\overrightarrow{OA}+2\overrightarrow{AF}=\begin{pmatrix}5\\-5\\1\end{pmatrix}+2\begin{pmatrix}-76/18\\19/18\\19/18\end{pmatrix}=\begin{pmatrix}-31/9\\-26/9\\28/9\end{pmatrix}\Rightarrow A'(-\frac{31}{9}\,|\,-\frac{26}{9}\,|\,\frac{28}{9})$

14. Der Mittelpunkt M der Strecke AA' ist Ebenenpunkt, $\overrightarrow{AA}\,'$ ist ein Normalenvektor von E.

M(2|3,5|2,5), $\overrightarrow{AA}\,'=\begin{pmatrix}2\\-3\\-3\end{pmatrix}$, $E:\ \left[\vec{x}-\begin{pmatrix}2\\3{,}5\\2{,}5\end{pmatrix}\right]\cdot\begin{pmatrix}2\\-3\\-3\end{pmatrix}=0$

141 15. a) P liegt auf E, Q liegt auf E.
b) P liegt nicht auf E, Q liegt auf E.
c) P liegt auf E, Q liegt nicht auf E.
d) P liegt nicht auf E, Q liegt auf E.

16. a) E: $\vec{x}=\begin{pmatrix}1\\1\\-1\end{pmatrix}+r\begin{pmatrix}2\\4\\2\end{pmatrix}+s\begin{pmatrix}4\\4\\8\end{pmatrix}$

b) $r=0{,}5$, $s=-0{,}75$, D liegt auf E.

c) F liegt mit $r=0{,}5$ und $s=0{,}75$ auf E, aber wegen $r+s=1{,}25>1$ nicht im Dreieck ABC.

17. a) $5(10+3r)-2(4+2r)+8-r=10$, $r=-4$, g und E schneiden sich in S(−2|−4|12)
b) S(1|4|−3) ($r=1$, $s=2$, $t=-2$)

c) $g:\ \vec{x}=\begin{pmatrix}1\\1\\1\end{pmatrix}+r\begin{pmatrix}4\\2\\-2\end{pmatrix}$, $E:\ \vec{x}=\begin{pmatrix}3\\3\\3\end{pmatrix}+s\begin{pmatrix}0\\-3\\-9\end{pmatrix}+t\begin{pmatrix}-3\\-6\\-9\end{pmatrix}$, S(3|2|0) ($r=0{,}5$, $s=1/3$, $t=0$)

d) $g:\ \vec{x}=\begin{pmatrix}3\\4\\0\end{pmatrix}+r\begin{pmatrix}0\\0\\1\end{pmatrix}$, $E:\ \frac{x}{3}+\frac{y}{3}+\frac{z}{9}=1$ bzw. $3x+3y+z=9$, S(3|4|−12) für $r=-12$

e) $2(4+2r)-2(1+r)+(1-2r)=8$ liefert Widerspruch, g liegt echt parallel zu E.

f) g und E schneiden sich in S(4|7|0) für $r=4$.

g) g liegt in E (allgemeingültige Lösung).

h) g und E schneiden sich in S(4|2|5) für $r=-3$.

i) g und E sind echt parallel (Wid.)

j) g und E schneiden sich in S(0,5|−0,5|0) für $r=0{,}5$

18\. a) $E_{\alpha\beta\gamma}: \ \vec{x} = \begin{pmatrix}4\\4\\8\end{pmatrix} + r\begin{pmatrix}-4\\16\\-8\end{pmatrix} + s\begin{pmatrix}-20\\12\\-4\end{pmatrix}$ bzw. $\left(\vec{x} - \begin{pmatrix}4\\4\\8\end{pmatrix}\right)\cdot\begin{pmatrix}2\\9\\17\end{pmatrix} = 0$ 141

$P: \ \left(\begin{pmatrix}-4\\16\\6\end{pmatrix} - \begin{pmatrix}4\\4\\8\end{pmatrix}\right)\cdot\begin{pmatrix}2\\9\\17\end{pmatrix} = 58 \neq 0$, $P \notin E_{\alpha\beta\gamma}$, analog $Q, R \notin E_{\alpha\beta\gamma}$

b) $g_{AB}: \ \vec{x} = \begin{pmatrix}10\\3\\1\end{pmatrix} + r\begin{pmatrix}-6\\4\\2\end{pmatrix}$, $E_{\alpha\beta\delta}: \ \begin{pmatrix}6-6r\\-1+4r\\-7+2r\end{pmatrix}\cdot\begin{pmatrix}8\\7\\10\end{pmatrix} = -29 \neq 0$

$E_{\alpha\beta\delta}$ wird nicht getroffen. Analog: $E_{\beta\gamma\delta}$ wird in $S(-8|15|7)$ getroffen.
$E_{\alpha\gamma\delta}$ wird nicht, $E_{\alpha\beta\gamma}$ wird in $T(-2|11|5)$ getroffen.

19\. a) g schneidet zwar die Ebene, in der das Parallelogramm liegt, aber mit $s = 0{,}5 < 1$ und $t = 2 > 1$ nicht das Parallelogramm. 142

b) g schneidet das Parallelogramm ($r = 2$, $s = 2/3$, $t = 2/3$)

20\. a) $g_{AM}: \ \vec{x} = \begin{pmatrix}6\\0\\0\end{pmatrix} + t\begin{pmatrix}-3\\6\\3\end{pmatrix}$, $E_{BCE}: \ \vec{x} = \begin{pmatrix}0\\6\\0\end{pmatrix} + r\begin{pmatrix}6\\0\\0\end{pmatrix} + s\begin{pmatrix}6\\-6\\6\end{pmatrix}$, $S(4|4|2)$ ($r = s = 1/3$, $t = 2/3$)

b) $p: \ \vec{x} = \begin{pmatrix}3\\6\\3\end{pmatrix} + t\begin{pmatrix}0\\6\\0\end{pmatrix} \cap E_{BCE}$, $T(3|3|3)$ ($r = 0$, $s = 0{,}5$, $t = -0{,}5$)

c) $h_{MD}: \ \vec{x} = t\begin{pmatrix}3\\6\\3\end{pmatrix} \cap E_{BCE}$, $S^*(2|4|2)$ liegt wegen $r + s = 0 + \frac{1}{3} < 1$ im Dreieck ($t = \frac{2}{3}$).

d) $|MA| = \sqrt{54}$, $|MS| = \sqrt{6}$, $|MS| : |MA| = \frac{\sqrt{6}}{\sqrt{54}} = \frac{1}{3}$, S teilt $\overline{MA}$ wie 1 : 2.

21\. a) $|\overline{AB}| = |\overline{AC}| = |\overline{BC}| = \sqrt{162} \approx 12{,}73$; $|\overline{AS}| = |\overline{BS}| = |\overline{CS}| = 9$

b) $\overrightarrow{AS} = \begin{pmatrix}3\\6\\6\end{pmatrix}$, $\overrightarrow{BS} = \begin{pmatrix}6\\-6\\3\end{pmatrix}$, $\overrightarrow{CS} = \begin{pmatrix}6\\3\\-6\end{pmatrix}$, $\overrightarrow{AS}\cdot\overrightarrow{BS} = \overrightarrow{AS}\cdot\overrightarrow{CS} = \overrightarrow{BS}\cdot\overrightarrow{CS} = 0$

c) $g_{PQ}: \ \vec{x} = \begin{pmatrix}8\\7\\7\end{pmatrix} + t\begin{pmatrix}-4\\7\\4\end{pmatrix}$, $E_{SBC}: \ \vec{x} = \begin{pmatrix}15\\3\\3\end{pmatrix} + r\begin{pmatrix}-6\\6\\-3\end{pmatrix} + s\begin{pmatrix}-6\\-3\\6\end{pmatrix}$, $\left(\vec{x} - \begin{pmatrix}15\\3\\3\end{pmatrix}\right)\cdot\begin{pmatrix}1\\2\\2\end{pmatrix} = 0$

Gleichsetzen liefert $t = -0{,}5$, also $T_1(10|3{,}5|5)$.

$E_{SCA}: \ \vec{x} = \begin{pmatrix}15\\3\\3\end{pmatrix} + r\begin{pmatrix}-3\\-6\\-6\end{pmatrix} + s\begin{pmatrix}-6\\-3\\6\end{pmatrix}$, $\left(\vec{x} - \begin{pmatrix}15\\3\\3\end{pmatrix}\right)\cdot\begin{pmatrix}2\\-2\\1\end{pmatrix} = 0$ g_{PQ} in E_{SCA}: $t = -1$, $T_2(12|0|3)$

$l = |\overline{T_1T_2}| = \left|\begin{pmatrix}2\\-3{,}5\\-2\end{pmatrix}\right| \sqrt{20{,}25} = 4{,}5$

142 22. a) $\overrightarrow{AE}=\begin{pmatrix}4\\4\\4\end{pmatrix},\ \overrightarrow{BF}=\begin{pmatrix}4\\4\\4\end{pmatrix},\ \overrightarrow{DH}=\begin{pmatrix}4\\4\\4\end{pmatrix},\ \overrightarrow{CG}=\begin{pmatrix}4\\4\\4\end{pmatrix}\ \Rightarrow\ \overrightarrow{AE}\,||\,\overrightarrow{BF}\,||\,\overrightarrow{DH}\,||\,\overrightarrow{CG}$

$\overrightarrow{AB}=\begin{pmatrix}2\\4\\6\end{pmatrix}=\overrightarrow{DC}=\overrightarrow{EF}=\overrightarrow{HG}\ \Rightarrow\ \overrightarrow{AB}\,||\,\overrightarrow{DC}\,||\,\overrightarrow{EF}\,||\,\overrightarrow{HG}$

b) $\begin{pmatrix}6\\7\\10\end{pmatrix}=r\begin{pmatrix}2\\4\\6\end{pmatrix}+s\begin{pmatrix}3\\3\\6\end{pmatrix}+t\begin{pmatrix}4\\4\\4\end{pmatrix}$ wegen $0<r=0{,}5$, $s=2/3$, $t=0{,}75<1$ liegt P im Spat.
Ein analoger Ansatz mit Q liefert $r=-0{,}5<0$, also liegt Q nicht im Spat.

c) $g_{AG}\colon\ \vec{x}=t\begin{pmatrix}9\\11\\16\end{pmatrix},\quad E_{BFH}\colon\ \vec{x}=\begin{pmatrix}2\\4\\6\end{pmatrix}+r\begin{pmatrix}4\\4\\4\end{pmatrix}+s\begin{pmatrix}5\\3\\4\end{pmatrix}$

$g_{AG}\cap E_{BFH}$ liefert $S(4{,}5|5{,}5|8)$ $(r=0,\ s=0{,}5,\ t=0{,}5)$.

143 23.a) $\left[\begin{pmatrix}2\\0\\0\end{pmatrix}+r\begin{pmatrix}1\\-2\\3\end{pmatrix}-\begin{pmatrix}0\\4\\0\end{pmatrix}\right]\cdot\begin{pmatrix}-3\\6\\5\end{pmatrix}=-30\neq 0$, also verläuft g parallel zu E und liegt nicht in E.

b) $4(5-2r)-2(1+r)-6(6+3r)=-18$ führt auf $-18-28r=-18$, $r=0$, $S(5|1|6)$
g und E sind weder parallel noch orthogonal.

c) $4(-4+5r)-3(-5+6r)+(3-2r)=5$
führt auf $2=5$, also verläuft g parallel zu E und liegt nicht in E.

24. a) g: $\vec{x}=\begin{pmatrix}3\\2\\-6\end{pmatrix}+r\begin{pmatrix}3\\1\\4\end{pmatrix}$, $g\cap E$: $r=\frac{1}{2}$, $F(4{,}5|2{,}5|-4)$, $A'(6|3|-2)$

b) g: $\vec{x}=\begin{pmatrix}4\\0\\8\end{pmatrix}+r\begin{pmatrix}2\\-1\\1\end{pmatrix}$, $g\cap E$: $r=-2$, $F(0|2|6)$, $A'(-4|4|4)$

c) $g:\vec{x}=\begin{pmatrix}3\\7\\-4\end{pmatrix}+r\begin{pmatrix}1\\3\\-1\end{pmatrix}$, $E:\left(\vec{x}-\begin{pmatrix}0\\2\\0\end{pmatrix}\right)\cdot\begin{pmatrix}1\\3\\-1\end{pmatrix}=0$, $g\cap E$: $r=-2$, $F(1|1|-2)$, $A'(-1|-5|0)$

25. a) E: $\left(\vec{x}-\begin{pmatrix}3\\4\\2\end{pmatrix}\right)\cdot\begin{pmatrix}4\\8\\-2\end{pmatrix}=0$ b) E: $\left(\vec{x}-\begin{pmatrix}2{,}5\\2\\-2\end{pmatrix}\right)\cdot\begin{pmatrix}1\\2\\4\end{pmatrix}=0$ c) E: $\left(\vec{x}-\begin{pmatrix}1\\4\\3{,}5\end{pmatrix}\right)\cdot\begin{pmatrix}-1\\-1\\-2{,}5\end{pmatrix}=0$

26. a) C ist Geradenpunkt: $\overrightarrow{OC}=\begin{pmatrix}2\\2\\2r\end{pmatrix}$, $\overrightarrow{CA}\cdot\overrightarrow{CB}=\begin{pmatrix}2\\2\\-2r\end{pmatrix}\cdot\begin{pmatrix}-1\\-1\\-2r\end{pmatrix}=0\ \Rightarrow\ r=\pm 1$

$C_1(2|2|2)$ oder $C_2(2|2|-2)$

$h_1:\ \vec{x}=\begin{pmatrix}2\\2\\2\end{pmatrix}+s\begin{pmatrix}1\\-1\\0\end{pmatrix}$, $h_2:\ \vec{x}=\begin{pmatrix}2\\2\\-2\end{pmatrix}+s\begin{pmatrix}1\\-1\\0\end{pmatrix}$, $\begin{pmatrix}1\\-1\\0\end{pmatrix}\cdot\overrightarrow{CB}=0$, $\overrightarrow{CA}\cdot\begin{pmatrix}1\\-1\\0\end{pmatrix}=0$

b) $\overrightarrow{OC}=\begin{pmatrix}r\\2+r\\r\end{pmatrix}$, $\overrightarrow{CA}\cdot\overrightarrow{CB}=\begin{pmatrix}1-r\\-r\\1-r\end{pmatrix}\cdot\begin{pmatrix}-1-r\\1-r\\7-r\end{pmatrix}=0$

$r^2-3r+2=0$, $r_1=2$, $r_2=1$, $C_1(2|4|2)$, $C_2(1|3|1)$

$h_1\colon\ \vec{x}=\begin{pmatrix}2\\4\\2\end{pmatrix}+s\begin{pmatrix}11\\-8\\5\end{pmatrix}$, $h_2\colon\ \vec{x}=\begin{pmatrix}1\\3\\1\end{pmatrix}+s\begin{pmatrix}3\\0\\1\end{pmatrix}$

27. a) $\begin{pmatrix}1\\-2\\-1\end{pmatrix}\cdot\begin{pmatrix}3\\2\\-1\end{pmatrix}=0$, g ∥ E, g liegt nicht in E, da A(2|0|1) nicht in E liegt. 143

b) A(2|0|1) wird an E gespiegelt: Lotgerade h: $\vec{x}=\begin{pmatrix}2\\0\\1\end{pmatrix}+s\begin{pmatrix}3\\2\\-1\end{pmatrix}$, Lotfußpunkt F(0,5|−1|1,5)

A'(−1|−2|2), Spiegelgerade g' parallel zu E und zu g: g': $\vec{x}=\begin{pmatrix}-1\\-2\\2\end{pmatrix}+s\begin{pmatrix}1\\-2\\-1\end{pmatrix}$

28. Die für eine Kollision in Frage kommende Pyramidenseite ist die Seitenfläche ABS. Dies erkennt man, wenn man den Grundriss in der x-y-Ebene zeichnet. (Ansonsten müsste man mit allen Pyramidenseitenflächen eine Schnittuntersuchung durchführen.) 144

E_{ABS}: $\vec{x}=\begin{pmatrix}0\\-16\\0\end{pmatrix}+r\begin{pmatrix}16\\16\\0\end{pmatrix}+s\begin{pmatrix}0\\16\\12\end{pmatrix}$, $g_{F_1F_2}$: $\vec{x}=\begin{pmatrix}56\\-44\\15\end{pmatrix}+t\begin{pmatrix}-8\\8\\-1\end{pmatrix}$

$E_{ABS}\cap g_{F_1F_2}\Rightarrow s=0{,}75,\ t=6,\ r=0{,}5$

E_{ABS} und g_{F1F2} schneiden sich im Punkt T(8|4|9). Wegen r+s = 1,25 > 1 liegt T aber nicht im Dreieck ABS. Das Flugzeug kollidiert also nicht.

29. a)

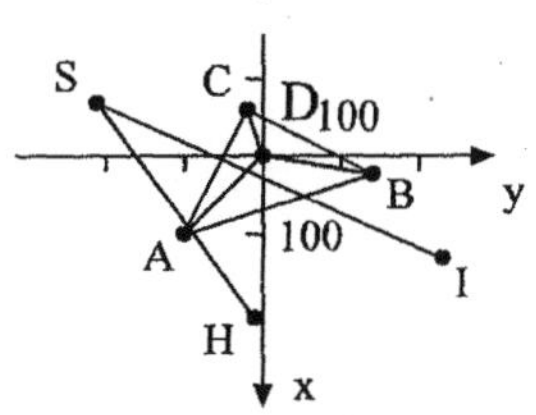

b) Der Grundriss zeigt, dass die Sichtlinien HS und IS durch die Pyramide genau dann gehen, wenn sie die Pyramidenfläche ABD durchdringen.

c) Trägerebene des Dreiecks ABD: E: $\vec{x}=\begin{pmatrix}100\\-100\\20\end{pmatrix}+r\begin{pmatrix}-80\\240\\0\end{pmatrix}+s\begin{pmatrix}-100\\100\\60\end{pmatrix}$

Geraden durch H, S und I, S: g_{HS}: $\vec{x}=\begin{pmatrix}210\\-10\\0\end{pmatrix}+t\begin{pmatrix}-280\\-200\\100\end{pmatrix}$, g_{IS}: $\vec{x}=\begin{pmatrix}130\\230\\0\end{pmatrix}+k\begin{pmatrix}-200\\-440\\100\end{pmatrix}$

Schnittpunkt von g_{HS} und E: P(70|−110|50), Schnittpunkt von g_{IS} und E: Q(30|10|50)
P liegt nicht im Parallelogramm, das von $\overrightarrow{AB}$ und $\overrightarrow{AD}$ aufgespannt wird (s = 0,5, r = −0,25 < 0).
Also liegt P auch nicht im Dreieck ABD, die Sichtlinie HS wird nicht unterbrochen.
Q liegt sowohl im von $\overrightarrow{AB}$ und $\overrightarrow{AD}$ also auch in dem von $\overrightarrow{BA}$ und $\overrightarrow{BD}$ aufgespannten Parallelogramm (r = 0,25, s = 0,5, 0 < r+s < 1). Also liegt Q im Dreieck ABD, d.h., die Sichtlinie IS wird unterbrochen.

30. Es gilt: E(0|0|4), F(0|8|4), G(−4|8|6), H(−4|0|6), A(−2|2|5), B(−2|2|6).
Ebenengleichung der Dachfläche EFGH:

E: $\vec{x}=\begin{pmatrix}0\\0\\4\end{pmatrix}+r\begin{pmatrix}0\\8\\0\end{pmatrix}+s\begin{pmatrix}-4\\0\\2\end{pmatrix}$, g: $\vec{x}=\begin{pmatrix}-2\\2\\6\end{pmatrix}+t\begin{pmatrix}2\\8\\-3\end{pmatrix}$, $E\cap g\Rightarrow s=\frac{1}{4},\ t=\frac{1}{2},\ r=\frac{3}{4}$

g schneidet E in T(−1|6|4,5). T liegt wegen $0\le r,s\le 1$ auf der Dachfläche EFGH (im Parallelogramm EFGH). Länge des Schattenbildes: $|AT|=\left|\begin{pmatrix}1\\4\\-0{,}5\end{pmatrix}\right|=\sqrt{17{,}25}\approx 4{,}15$

145 31. a) $2(2-r-s)+4s+6r=8$, $s=2-2r$ in E einsetzen: Schnittgerade g: $\vec{x}=\begin{pmatrix}0\\8\\0\end{pmatrix}+r\begin{pmatrix}1\\-8\\3\end{pmatrix}$

b) E: $\vec{x}=r\begin{pmatrix}1\\2\\2\end{pmatrix}+s\begin{pmatrix}-1\\0\\6\end{pmatrix}$, $r-s+2r+2r+6s=5$, $s=1-r$ in E einsetzen: g: $\vec{x}=\begin{pmatrix}-1\\0\\6\end{pmatrix}+r\begin{pmatrix}2\\2\\-4\end{pmatrix}$

c) E: $\vec{x}=\begin{pmatrix}4\\0\\0\end{pmatrix}+r\begin{pmatrix}-4\\2\\0\end{pmatrix}+s\begin{pmatrix}-4\\0\\4\end{pmatrix}$, $4-4r-4s+2r+4s=2$, $r=1$ in E: g: $\vec{x}=\begin{pmatrix}0\\2\\0\end{pmatrix}+s\begin{pmatrix}-4\\0\\4\end{pmatrix}$

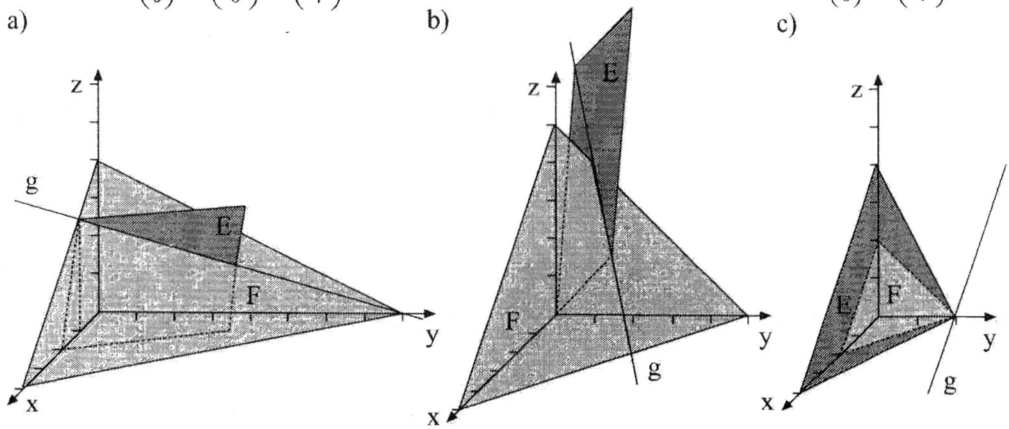

146 32. a) $3(2-2s)+6(2r+3s)+4(3-3r-3s)=36$, $18=36$ Wid., E und F sind echt parallel zueinander.

b) $3(8-2r+8s)+6(3r-2s)+4(3-3r-3s)=36$, $36=36$ wahr, E und F sind identisch.

c) F: $\vec{x}=\begin{pmatrix}4\\4\\0\end{pmatrix}+r\begin{pmatrix}-4\\0\\3\end{pmatrix}+s\begin{pmatrix}-4\\-4\\0\end{pmatrix}$, $3(4-4r-4s)+6(4-4s)+4(3r)=36$, $s=0$

E und F schneiden sich in der Schnittgeraden g: $\vec{x}=\begin{pmatrix}4\\4\\0\end{pmatrix}+r\begin{pmatrix}-4\\0\\3\end{pmatrix}$.

d) F: $\vec{x}=\begin{pmatrix}6\\0\\0\end{pmatrix}+r\begin{pmatrix}-6\\3\\0\end{pmatrix}+s\begin{pmatrix}-6\\0\\4{,}5\end{pmatrix}$, $3(6-6r-6s)+18r+18s=36$, $18=36$ Wid., echt parallel

e) F: $\vec{x}=\begin{pmatrix}6\\0\\0\end{pmatrix}+r\begin{pmatrix}-6\\12\\0\end{pmatrix}+s\begin{pmatrix}-6\\0\\9\end{pmatrix}$, $3(6-6r-6s)+6(12r)+4(9s)=36$, $s=1-3r$

E und F schneiden sich in der Schnittgeraden g: $\vec{x}=\begin{pmatrix}0\\0\\9\end{pmatrix}+r\begin{pmatrix}4\\4\\-9\end{pmatrix}$.

33. E: $\vec{x}=\begin{pmatrix}4\\4\\1\end{pmatrix}+r\begin{pmatrix}0\\-3\\3\end{pmatrix}+s\begin{pmatrix}-2\\0\\3\end{pmatrix}$, $2(4-2s)-6(4-3r)+5(1+3r+3s)=0$, $s=1-3r$

E und F schneiden sich in der Schnittgeraden g: $\vec{x}=\begin{pmatrix}2\\4\\4\end{pmatrix}+r\begin{pmatrix}6\\-3\\-6\end{pmatrix}$.

$-1{,}5(4-2s)-(4-3r)-(1+3r+3s)=-11$, $-11=-11$ wahr, E und G sind identisch.
$3(4-2s)+2(4-3r)+2(1+3r+3s)=6$, $22=6$ Wid., E und H sind echt parallel.

148 34. E ist zu E_1 echt parallel (P(2|2|−2) liegt nicht in E). Die Normalenvektoren von E und E_2 sind kollinear, Q(0|2|0) liegt in E und E_2, die Ebenen sind identisch.

35. E_2: $\vec{x}=\begin{pmatrix}1\\0\\1\end{pmatrix}+r\begin{pmatrix}3\\0\\2\end{pmatrix}+s\begin{pmatrix}1\\2\\0\end{pmatrix}$, $E_1\cap E_2$: $r=s$, g: $\vec{x}=\begin{pmatrix}1\\0\\1\end{pmatrix}+r\begin{pmatrix}4\\2\\2\end{pmatrix}$

36. E_2: $\left(\vec{x} - \begin{pmatrix} -2 \\ 1 \\ 2 \end{pmatrix}\right) \cdot \begin{pmatrix} 1 \\ 0 \\ 1 \end{pmatrix} = 0$, E_2: $\vec{x} = \begin{pmatrix} -2 \\ 1 \\ 2 \end{pmatrix} + r\begin{pmatrix} 0 \\ 1 \\ 0 \end{pmatrix} + s\begin{pmatrix} 2 \\ 1 \\ -2 \end{pmatrix}$ 148

$E_1 \cap E_2$: $r = 5 - 9s$, g: $\vec{x} = \begin{pmatrix} -2 \\ 6 \\ 2 \end{pmatrix} + s\begin{pmatrix} 2 \\ -8 \\ -2 \end{pmatrix}$

37. a) g_{xz}: $\vec{x} = \begin{pmatrix} 20/3 \\ 0 \\ -1 \end{pmatrix} + s\begin{pmatrix} -50/3 \\ 0 \\ 10 \end{pmatrix}$, g_{yz}: $\vec{x} = \begin{pmatrix} 0 \\ -16 \\ 15 \end{pmatrix} + s\begin{pmatrix} 0 \\ 40 \\ -30 \end{pmatrix}$ 149

b) E_1: g_{xz}: $\vec{x} = \begin{pmatrix} -1 \\ 0 \\ 5 \end{pmatrix} + r\begin{pmatrix} 3 \\ 0 \\ -1 \end{pmatrix}$, g_{yz}: $\vec{x} = \begin{pmatrix} 0 \\ 1 \\ 3 \end{pmatrix} + r\begin{pmatrix} 0 \\ -3 \\ 5 \end{pmatrix}$, g_{xy}: $\vec{x} = \begin{pmatrix} -1 \\ 3 \\ 0 \end{pmatrix} + s\begin{pmatrix} 5 \\ -1 \\ 0 \end{pmatrix}$

E_2: $\vec{x} = r\begin{pmatrix} 1 \\ 2 \\ 0 \end{pmatrix} + s\begin{pmatrix} 0 \\ 3 \\ 1 \end{pmatrix}$, g_{xz}: $\vec{x} = s\begin{pmatrix} -3 \\ 0 \\ 2 \end{pmatrix}$, g_{yz}: $\vec{x} = s\begin{pmatrix} 0 \\ 3 \\ 1 \end{pmatrix}$, g_{xy}: $\vec{x} = r\begin{pmatrix} 1 \\ 2 \\ 0 \end{pmatrix}$

c) E: $\vec{x} = \begin{pmatrix} 1 \\ 1 \\ 0 \end{pmatrix} + r\begin{pmatrix} 1 \\ 0 \\ 0 \end{pmatrix} + s\begin{pmatrix} 0 \\ 0 \\ 3 \end{pmatrix}$ Der Ansatz $0 = 1 + 0r + 0s$ liefert keine Lösung.

38. a) $-6(1+r) + 4(2+2r-4s) + 3(-3r+3s) = -12$, $s = 2-r$, g: $\vec{x} = \begin{pmatrix} 1 \\ -6 \\ 6 \end{pmatrix} + r\begin{pmatrix} 1 \\ 6 \\ -6 \end{pmatrix}$ 150

b) $3(-r+s) + (1+r+2s) + (2+2r-2s) = 3$, $s = 0$, g: $\vec{x} = \begin{pmatrix} 0 \\ 1 \\ 2 \end{pmatrix} + r\begin{pmatrix} -1 \\ 1 \\ 2 \end{pmatrix}$

c) $3+r-3s + 2(3-3r-s) = 4$, $r = 1-s$, g: $\vec{x} = \begin{pmatrix} 4 \\ 0 \\ 1 \end{pmatrix} + s\begin{pmatrix} -4 \\ 2 \\ 2 \end{pmatrix}$

d) $12s + 3r = 6$, $r = 2-4s$, g: $\vec{x} = \begin{pmatrix} -3 \\ 0 \\ 6 \end{pmatrix} + s\begin{pmatrix} 9 \\ 6 \\ -12 \end{pmatrix}$

39. a) Subtrahiert man beide Geradengleichungen, so erhält man $4y + z = 4$. Mit $z = 4t$ (bel.) folgt $y = 1-t$, $x = 3-3t$ und damit: g: $\vec{x} = \begin{pmatrix} 3 \\ 1 \\ 0 \end{pmatrix} + t\begin{pmatrix} -3 \\ -1 \\ 4 \end{pmatrix}$.

b) Addition: $4x+4z = 8$ $(z = t)$, $x = 2-t$ in E_1: $y = 3 - 1{,}5t$: g: $\vec{x} = \begin{pmatrix} 2 \\ 3 \\ 0 \end{pmatrix} + t\begin{pmatrix} -1 \\ -1{,}5 \\ 1 \end{pmatrix} = \begin{pmatrix} 2 \\ 3 \\ 0 \end{pmatrix} + t'\begin{pmatrix} -2 \\ -3 \\ 2 \end{pmatrix}$

c) E_1 in Koordinatenform: $x + y + z = 5$

$3-2v + 4-u-3v - 3+3v = 5$, $u = -2v-1$, g: $\vec{x} = \begin{pmatrix} 3 \\ 5 \\ -3 \end{pmatrix} + v\begin{pmatrix} -2 \\ -1 \\ 3 \end{pmatrix}$

d) E_1: $3x + 4z = 12$, $12u + 12v = 12$, $v = 1-u$, g: $\vec{x} = \begin{pmatrix} 0 \\ 0 \\ 3 \end{pmatrix} + u\begin{pmatrix} 4 \\ 4 \\ -3 \end{pmatrix}$

40. a) E: $\vec{x} = r\begin{pmatrix} 0 \\ 0 \\ 6 \end{pmatrix} + s\begin{pmatrix} 6 \\ 6 \\ 0 \end{pmatrix}$ bzw. E: $x - y = 0$, F: $\vec{x} = \begin{pmatrix} 6 \\ 2 \\ 6 \end{pmatrix} + r\begin{pmatrix} 0 \\ 4 \\ -4 \end{pmatrix} + s\begin{pmatrix} -3 \\ 4 \\ 0 \end{pmatrix}$

F in E: $6-3s-2-4r-4s = 0$, $r = 1-7/4s$, g: $\vec{x} = \begin{pmatrix} 6 \\ 6 \\ 2 \end{pmatrix} + s\begin{pmatrix} -3 \\ -3 \\ 7 \end{pmatrix}$

b) $\frac{x}{6} + \frac{y}{3} + \frac{z}{3} = 1$ bzw. $x + 2y + 2z = 6$, F: $\vec{x} = \begin{pmatrix} 6 \\ 3 \\ 0 \end{pmatrix} + r\begin{pmatrix} 0 \\ 3 \\ 0 \end{pmatrix} + s\begin{pmatrix} -6 \\ 0 \\ 2 \end{pmatrix}$

$6-6s+2(3+3r)+2(2s) = 6$, $s = 3+3r$, g: $\vec{x} = \begin{pmatrix} -12 \\ 3 \\ 6 \end{pmatrix} + r\begin{pmatrix} -18 \\ 3 \\ 6 \end{pmatrix}$

150 41. a) E_1: $\vec{x} = \begin{pmatrix} 2 \\ 0 \\ 3 \end{pmatrix} + r\begin{pmatrix} 1 \\ -1 \\ 3 \end{pmatrix} + s\begin{pmatrix} -1 \\ 1 \\ 3 \end{pmatrix}$ bzw. $x + y = 2$

E_2: $\vec{x} = \begin{pmatrix} 2 \\ 2 \\ 0 \end{pmatrix} + r\begin{pmatrix} -2 \\ 2 \\ 6 \end{pmatrix} + s\begin{pmatrix} -5 \\ 5 \\ 0 \end{pmatrix}$

E_3: $3x + 3y + 2z = 12$

$E_1 \cap E_2$: $2-2r-5s+2+2r+5s = 2,\ 4 = 2$ Wid.

die Ebenen E_1 und E_2 sind parallel.

(zur Kontrolle E_2 in Koordinatenform: $x + y = 4$)

$E_1 \cap E_3$: $3(2+r-s) + 3(-r+s) + 2(3+3r+3s) = 12$

$r = -s$, Schnittgerade g : $\vec{x} = \begin{pmatrix} 2 \\ 0 \\ 3 \end{pmatrix} + s\begin{pmatrix} -2 \\ 2 \\ 0 \end{pmatrix}$

b)

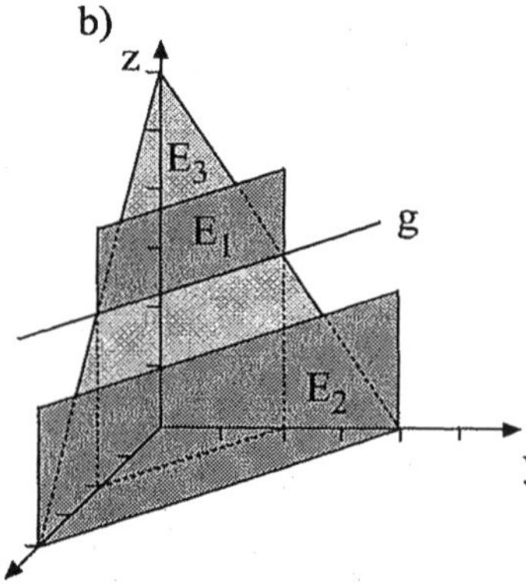

151 42. a) $2(-2+r+2s) - 2+r+3-3s = 6,\ s = 9-3r$, Schnittgerade g: $\vec{x} = \begin{pmatrix} 16 \\ -2 \\ -24 \end{pmatrix} + r\begin{pmatrix} -5 \\ 1 \\ 9 \end{pmatrix}$

b) $7+r+s-1-r-4-s = 2,\ 2 = 2$, die Ebenen sind identisch.

c) $2(5r+5s) - 5(-1+r+2s) - 5(-1+r) = 8,\ 10 = 8$ Wid., die Ebenen verlaufen echt parallel.

d) Subtrahiert man das Doppelte der ersten Gleichung von der zweiten, so erhält man $y = 0{,}4$.

In E_1 eingesetzt folgt $z = 2{,}4$ und mit $x = t$: g: $\vec{x} = \begin{pmatrix} 0 \\ 0{,}4 \\ 2{,}4 \end{pmatrix} + t\begin{pmatrix} 1 \\ 0 \\ 0 \end{pmatrix}$ (Schnittgerade)

e) Subtrahiert man das Doppelte der ersten Gleichung von der zweiten, so erhält man $0 = -8$, also verlaufen die Ebenen echt parallel.

f) Analog zu e) erhält man $0 = 0$, die Ebenen sind identisch.

43. a) g_{xy}: $\vec{x} = \begin{pmatrix} 9 \\ 0 \\ 0 \end{pmatrix} + r\begin{pmatrix} 9 \\ 4 \\ 0 \end{pmatrix}$, g_{xz}: $\vec{x} = \begin{pmatrix} 3 \\ 0 \\ 2 \end{pmatrix} + r\begin{pmatrix} -3 \\ 0 \\ 1 \end{pmatrix}$, g_{yz}: $\vec{x} = \begin{pmatrix} 0 \\ 0 \\ 3 \end{pmatrix} + r\begin{pmatrix} 0 \\ 4 \\ 3 \end{pmatrix}$

b) g_{xy}: $\vec{x} = \begin{pmatrix} 0 \\ 5 \\ 0 \end{pmatrix} + r\begin{pmatrix} -3 \\ 4 \\ 0 \end{pmatrix}$, g_{xz}: $\vec{x} = \begin{pmatrix} 10 \\ 0 \\ 5 \end{pmatrix} + r\begin{pmatrix} 5 \\ 0 \\ 4 \end{pmatrix}$, g_{yz}: $\vec{x} = \begin{pmatrix} 0 \\ -5 \\ -6 \end{pmatrix} + r\begin{pmatrix} 0 \\ -5 \\ -3 \end{pmatrix}$

c) g_{xy}: $\vec{x} = \begin{pmatrix} 0 \\ 3 \\ 0 \end{pmatrix} + r\begin{pmatrix} 1 \\ 0{,}6 \\ 0 \end{pmatrix}$, g_{xz}: $\vec{x} = \begin{pmatrix} 0 \\ 0 \\ -15 \end{pmatrix} + r\begin{pmatrix} 1 \\ 0 \\ -3 \end{pmatrix}$, g_{yz}: $\vec{x} = \begin{pmatrix} 0 \\ 0 \\ -15 \end{pmatrix} + r\begin{pmatrix} 0 \\ 1 \\ 5 \end{pmatrix}$

d) g_{xy}: $\vec{x} = \begin{pmatrix} 0 \\ 4 \\ 0 \end{pmatrix} + r\begin{pmatrix} 1 \\ 0 \\ 0 \end{pmatrix}$, g_{xz}: $\vec{x} = \begin{pmatrix} 0 \\ 0 \\ -6 \end{pmatrix} + r\begin{pmatrix} 1 \\ 0 \\ 0 \end{pmatrix}$

44. Koordinatengleichung: E: $x - 2y - 3z + 1 = 0$

3. Spurgerade: g_3: $\vec{x} = \begin{pmatrix} 0 \\ -1 \\ 1 \end{pmatrix} + r\begin{pmatrix} 0 \\ -3 \\ 2 \end{pmatrix}$

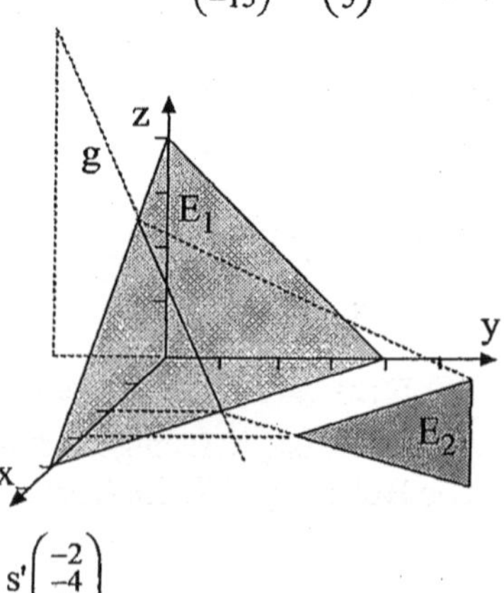

45. E_1: $x + y + z = 4$, E_2: $\vec{x} = \begin{pmatrix} 3 \\ 4 \\ 0 \end{pmatrix} + r\begin{pmatrix} 2 \\ 4 \\ 0 \end{pmatrix} + s\begin{pmatrix} 2 \\ 4 \\ 2 \end{pmatrix}$

$3+2r+2s+4+4r+4s+2s = 4,\ r = -0{,}5-4/3s$, g: $\vec{x} = \begin{pmatrix} 2 \\ 2 \\ 0 \end{pmatrix} + s'\begin{pmatrix} -2 \\ -4 \\ 6 \end{pmatrix}$

46. a) 1. 3 Ebenen können parallel verlaufen. 151
2. 3 Ebenen können sich in einer Geraden schneiden.
3. 2 Ebenen können parallel liegen, die 3. Ebene kann die beiden anderen schneiden.
4. 3 Ebenen können identisch sein.

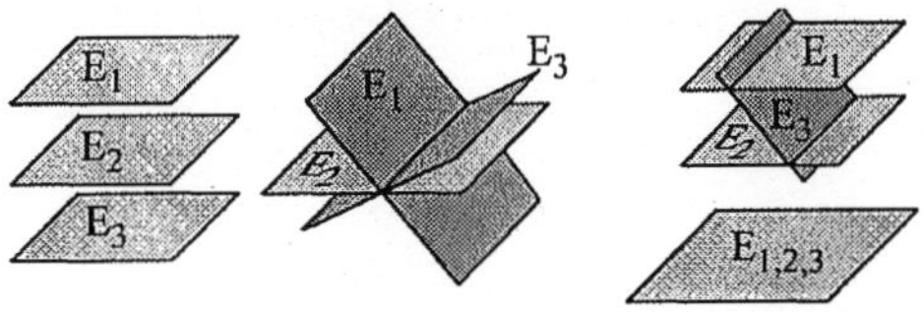

b) 1. E_1, E_3: $3-r-3(1+r-s)=0$, $s=4/3r$

$$g_1:\ \vec{x}=\begin{pmatrix}3\\3\\1\end{pmatrix}+r'\begin{pmatrix}3\\-3\\-1\end{pmatrix},\ E_2, E_3: 6u-3(u-v)=0,\ v=-u,\ g_2:\ \vec{x}=\begin{pmatrix}6\\0\\0\end{pmatrix}+u\begin{pmatrix}-6\\6\\2\end{pmatrix}$$

$g_1 \cap g_2$ liefert eine allgemeingültige Aussage, also sind die Geraden identisch.
Oder: Die Richtungsvektoren beider Geraden sind kollinear. Da $P(6|0|0)$ auf g_1 liegt, sind die Geraden identisch.
Die 3 Ebenen haben also eine gemeinsame Schnittgerade $g = g_1 = g_2$.

2. E_1, E_2: Subtrahiert man das Dreifache der ersten Gleichung von der zweiten, so erhält man $y = 3$. Mit $z = t$ folgt dann aus Gleichung I $x = 1-t$; $g_1:\ \vec{x}=\begin{pmatrix}1\\3\\0\end{pmatrix}+t\begin{pmatrix}-1\\0\\1\end{pmatrix}$

E_1, E_3: $3r+r+s+s=4$, $s=2-2r$, $g_2:\ \vec{x}=\begin{pmatrix}0\\2\\2\end{pmatrix}+r\begin{pmatrix}3\\-1\\-2\end{pmatrix}$

$g_1 \cap g_2$: $S(-3|3|4)$ $(r=-1, t=4)$
Je 2 Ebenen schneiden sich in einer Geraden, die jedoch nicht identisch sind.
Diese beiden Schnittgeraden g_1 und g_2 schneiden sich in dem Schnittpunkt $S(-3|3|4)$.

47. a) $E: \vec{x}=\begin{pmatrix}-20\\30\\-200\end{pmatrix}+r\begin{pmatrix}140\\150\\120\end{pmatrix}+s\begin{pmatrix}100\\90\\80\end{pmatrix}$ bzw. $\left(\vec{x}-\begin{pmatrix}-20\\30\\-200\end{pmatrix}\right)\cdot\begin{pmatrix}3\\2\\-6\end{pmatrix}=0$ bzw $3x+2y-6z=1200$ 152

$E': \vec{x}=\begin{pmatrix}-20\\30\\-236\end{pmatrix}+r\begin{pmatrix}140\\150\\116\end{pmatrix}+s\begin{pmatrix}100\\90\\76\end{pmatrix}$ bzw. $\left(\vec{x}-\begin{pmatrix}-20\\30\\-236\end{pmatrix}\right)\cdot\begin{pmatrix}2\\2\\-5\end{pmatrix}=0$ bzw $2x+2y-5z=1200$

b) Parametergleichung von E' in Koordinatengleichung von E:
$-60+420r+300s+60+300r+180s+1416-696r-456s=1200$, $s=-9-r$

$$g:\ \vec{x}=\begin{pmatrix}-920\\-780\\-920\end{pmatrix}+r\begin{pmatrix}40\\60\\40\end{pmatrix}$$

c) $h:\ \vec{x}=\begin{pmatrix}-200\\200\\0\end{pmatrix}+r\begin{pmatrix}2\\-2\\-1\end{pmatrix}$ in E: $-600+6r+400-4r+6r=1200$, $r=175$, $S(150|-150|-175)$

h in E': $r=240$, $S'(280|-280|-240)$, $d(T;S)=\sqrt{350^2+350^2+175^2}=525$

d) $P(-100|450|z)$ in E eingesetzt liefert $z=-100$, $P'(-100|450|z')$ in E' liefert $z'=-100$
Die Bohrung trifft die Gerade g, in der das Flöz endet.

152 48. a) E_1 steht senkrecht zu E_2 und zu E_3, E_2 steht nicht senkrecht zu E_3.
b) keine Orthogonalitäten

49. a) F: $\left(\vec{x}-\begin{pmatrix}1\\2\\4\end{pmatrix}\right)\cdot\begin{pmatrix}2\\-3\\2\end{pmatrix}=0$ b) F: $\left(\vec{x}-\begin{pmatrix}-2\\6\\-2\end{pmatrix}\right)\cdot\begin{pmatrix}0\\-3\\2\end{pmatrix}=0$

50. E: $\left(\vec{x}-\begin{pmatrix}1\\2\\3\end{pmatrix}\right)\cdot\begin{pmatrix}1\\0\\0\end{pmatrix}=0\ ,\ x=1$

51. E ist orthogonal zu F, d.h., dass der Normalenvektor von E orthogonal zu dem Normalenvektor von F sein muss: $\vec{n}\cdot\begin{pmatrix}2\\0\\-4\end{pmatrix}=0$. Da g in E liegen muss, muss $\vec{n}\cdot\begin{pmatrix}-2\\-2\\1\end{pmatrix}=0$ sein, z.B.: $\vec{n}=\begin{pmatrix}4\\-3\\2\end{pmatrix}$.

Da g in E liegt, kann man den Stützvektor von g als Stützvektor von E verwenden:

E: $\left(\vec{x}-\begin{pmatrix}1\\2\\-1\end{pmatrix}\right)\cdot\begin{pmatrix}4\\-3\\2\end{pmatrix}=0$

52. a) $\begin{pmatrix}2\\-1\\1\end{pmatrix}\cdot\begin{pmatrix}a\\4\\-2\end{pmatrix}=0\Rightarrow a=3$ c) $\begin{pmatrix}1\\1\\-1\end{pmatrix}\cdot\begin{pmatrix}a\\2a\\-6\end{pmatrix}=0\Rightarrow a=-2$

b) $\begin{pmatrix}1\\2\\3\end{pmatrix}\cdot\begin{pmatrix}1\\-a\\1\end{pmatrix}=0\Rightarrow a=2$ und $\begin{pmatrix}3\\1\\-1\end{pmatrix}\cdot\begin{pmatrix}1\\-a\\1\end{pmatrix}=0\Rightarrow a=2$

153 53. a) E_4: $4x+2y+2z=4$ enthält P.
b) E_3: $3x+2y+z=4$ enthält g.
c) parallel zur x-Achse: E_0: $2y-2z=4$, parallel zur z-Achse: E_2: $2x+2y=4$
parallel zur y-Achse: keine
d) E_{-1}: $-x+2y-3z=4$ verläuft parallel zu g.

e) E_0: $\vec{x}=\begin{pmatrix}0\\3\\1\end{pmatrix}+r\begin{pmatrix}1\\0\\0\end{pmatrix}+s\begin{pmatrix}0\\1\\1\end{pmatrix}$ in E_2: $2r+6+2s=4$, $s=-1-r$

Resultat: g: $\vec{x}=\begin{pmatrix}0\\2\\0\end{pmatrix}+r\begin{pmatrix}1\\-1\\-1\end{pmatrix}$ ist Schnittgerade von E_0 und E_2.
g in E_a: $4=4$ gilt für alle a.

154 54. a) $E_{2,5}$: $2x+2y+z=9$ enthält P, $E_{1,5}$: $2x+2y+z=7$ enthält A(1,5|3|-2)
b) z.B. F_1: $x-y=0$ und F_2: $x+y-4z=0$

55. a) $F=E_3$: $2x-2y+z=4$
b) E_{-1}: $-2x+6y+z=0$ enthält den Ursprung.
c) parallel zur x-Achse: E_1: $2y+z=2$, parallel zur y-Achse: E_2: $x+3z=3$
parallel zur z-Achse: keine
d) g ist parallel zu E_4: $3x-4y+z=5$
e) E_3 ist orthogonal zu g.

56. a) Bestimmung der Schnittgeraden von E_0 und E_1: 156
E_0: $4y-2z=6$, $z=2y-3$; E_1: $2x+3y-2z=6$, $x=3-1{,}5y+z$, $y=2r$ (gewählt)

Schnittgerade: g: $\vec{x}=\begin{pmatrix}0\\0\\-3\end{pmatrix}+r\begin{pmatrix}1\\2\\4\end{pmatrix}$

Nachweis, dass g in E_a (für alle a) liegt:

Koordinaten von g in E_a einsetzen: $2ar+(4-a)2r-2(4r-3)=6$, $0=0 \Rightarrow$ g liegt in E_a.
Bestimmung einer Ebene F, die g enthält und nicht zu E_a gehört:

$2ax+4y-ay-2z-6=0 \Leftrightarrow 4y-2z-6+a(2x-y)=0$

Die Ebene F: $2x-y=0$ enthält g, da $2r-2r=0$ gilt. Diese Ebene F gehört aber nicht zu E_a.

b) Schnittgerade von E_0 und E_1: E_0: $x+5z=0$, E_1: $x+y+3z=0$

$z=r$, $x=-5r$, $y=-x-3z=2r$, g: $\vec{x}=r\begin{pmatrix}-5\\2\\1\end{pmatrix}$ (Ursprungsgerade)

Nachweis, dass g in E_a liegt: $-5r+2ar+(5-2a)r=0$, $0=0 \Rightarrow$ g liegt in E_a (für alle a)
Bestimmung von F: $x+ay+(5-2a)z=0$, $x+5z+a(y-2z)=0$
F: $y-2z=0$ ist die gesuchte Ebene. F gehört offensichtlich nicht zu E_a.
F enthält g: $2r-2r=0$

c) Schnittgerade: g: $\vec{x}=\begin{pmatrix}2{,}5\\1\\0\end{pmatrix}+r\begin{pmatrix}1\\-2\\2\end{pmatrix}$

g liegt in E_a: $2a(2{,}5+r)+2(1-2r)+(2-a)2r=5a+2$, $2=2 \Rightarrow$ g liegt in E_a (für alle a)
Bestimmung von F: E_a: $2ax+2y+2z-az-5a-2=0$, $2y+2z-2+a(2x-z-5)=0$
F: $2x-z=5$, $5+2r-2r=5$, g liegt in F, F gehört nicht zu E_a.

d) Schnittgerade: g: $\vec{x}=\begin{pmatrix}0\\-1\\-1\end{pmatrix}+r\begin{pmatrix}1\\0\\0\end{pmatrix}$, g liegt in E_a, F: $-2y+z=1$, g liegt in F, $F \notin E_a$

57. E_a und E_b seien 2 verschiedene Ebenen der Schar, also $a \neq b$ 157
E_a: $(2-a)x+(a-2)y+(4-2a)z=1 \quad |\cdot(2-b)$
E_b: $(2-b)x+(b-2)y+(4-2b)z=1 \quad |\cdot(2-a) \quad \Rightarrow \quad a=b$, Wid. zur Annahme
$\Rightarrow \quad E_a \parallel E_b$ für alle a, b
E_a: $2x-2y+4z-1+a(-x+y-2z)=0$, F: $-x+y-2z=0 \parallel E_a$, $F \notin E_a$

58. z.B.: E_a: $2x-3y+4z+a(2x-3y+4z-6)=0$ bzw. $(2+2a)x-(3+3a)y+(4+4a)z=0$, $E_a \parallel F$
F gehört offensichtlich nicht zu E_a.

59. a) Ansatz: $F=b\cdot E_a$: $bx+bay-b(2a-1)z=4b$, F: $-2x+2y-6z=-8$ 158
Koeffizientenvergleich: $b=-2$, $a=-1$, F gehört zu E_a und ist mit E_{-1} identisch.

b) z.B. H: $-2x+2y-6z=10$

c) $P(-2|1|1)$ in E_a einsetzen und nach a auflösen: $a=-5$, $P\in E_{-5}$: $x-5y+11z=4$

d) Die Ebene ist parallel zur z-Achse, wenn $-(2a-1)=0$ gilt, also für $a=0{,}5$.
$E_{0,5}$: $x+0{,}5y=4$ ist parallel zur z-Achse.

e) $O(0|0|0)$ ist in keiner Ebene der Schar enthalten, da $0+a\cdot 0-(2a-1)\cdot 0=4$ für alle a einen Widerspruch darstellt.

158

f) Schnittgerade von E_0 und E_1: $E_0 \cap E_1$: g: $\vec{x} = \begin{pmatrix} 4 \\ 0 \\ 0 \end{pmatrix} + r\begin{pmatrix} -1 \\ 2 \\ 1 \end{pmatrix}$
g in E_a einsetzen: $4 - r + 2ar - (2a-1)r = 4$ liefert $4 = 4$

g) g in G: $2r - 2r = 0$, G gehört offensichtlich nicht zu E_a (Koeffizientenvergleich).

60. a) Die Ursprungsebene muss O(0|0|0) enthalten: $(a+2)0 + (2-a)0 = a+1$ gilt für $a = -1$
Die Ebene E_{-1}: $x + 3z = 0$ enthält den Ursprung.

b) Z(0|0|5) in E_a einsetzen und nach a auflösen: $a = 1{,}5$, $E_{1,5}$: $3{,}5x + 0{,}5\,z = 2{,}5$ enthält Z.

c) Koordinaten von g in E_a einsetzen und nach a auflösen liefert $a = 0{,}25$.
$E_{0,25}$: $2{,}25x + 1{,}75z = 1{,}25$ enthält g.

d) $E_0 \cap E_1$: g: $\vec{x} = \begin{pmatrix} 0{,}75 \\ 0 \\ -0{,}25 \end{pmatrix} + r\begin{pmatrix} 0 \\ 1 \\ 0 \end{pmatrix}$, g liegt in E_a und ist Trägergerade von E_a.

e) F gehört offensichtlich nicht zu E_a (Koeffizientenvergleich).

61. z.B. g in E_0: E_0: $\vec{x} = \begin{pmatrix} 1 \\ -1 \\ 4 \end{pmatrix} + r\begin{pmatrix} 2 \\ -2 \\ 1 \end{pmatrix} + s\begin{pmatrix} 1 \\ 0 \\ 0 \end{pmatrix}$, g in F: F: $\vec{x} = \begin{pmatrix} 1 \\ -1 \\ 4 \end{pmatrix} + r\begin{pmatrix} 2 \\ -2 \\ 1 \end{pmatrix} + s\begin{pmatrix} 0 \\ 1 \\ 0 \end{pmatrix}$

in Koordinatendarstellung: E_0: $y + 2z = 7$, F: $x - 2z = -7$
E_a: $y + 2z - 7 + a(x-2z+7) = 0$ bzw. $ax + y + (2-2a)z = 7(1-a)$ (Probe: g in E_a einsetzen)

62. Die Gerade g schneidet die x-Achse im Punkt X(−3|0|0). Die Gerade g und die x-Achse spannen daher die Ebene F: $\vec{x} = \begin{pmatrix} 1 \\ -2 \\ 4 \end{pmatrix} + r\begin{pmatrix} 2 \\ -1 \\ 2 \end{pmatrix} + s\begin{pmatrix} 1 \\ 0 \\ 0 \end{pmatrix}$ auf, Koordinatenform: $2y + z = 0$.
Alle Ebenen der Schar E_a müssen echt parallel zu F sein, dürfen also F nicht enthalten.
Die Schar E_a: $2y + z - 1 + a(2y+z) = 0$ bzw. $2(1+a)y + (1+a)z = 1$ erfüllt die gegebenen Bedingungen: $E_a \parallel$ x-Achse, da x nicht vorkommt, $E_a \parallel g$ (g in E_a einsetzen liefert Wid.)
Daher müssen auch alle Ebenen der Schar paarweise zueinander parallel sein.

63. a) $E_{0,1}$: $x + y + z = 2$, $E_{1,0}$: $x - y = 2$, Schnittgerade g : $\vec{x} = \begin{pmatrix} 2 \\ 0 \\ 0 \end{pmatrix} + r\begin{pmatrix} 1 \\ 1 \\ -2 \end{pmatrix}$

b) Alle Ebenen besitzen den Punkt P(2|0|0) (Nachweis: Punktprobe).

c) Koeffizientenvergleich: $a = -0{,}5$, $b = -1{,}5$, F gehört zur Schar.

d) $E_{a,b}$ liegt parallel zur z-Achse, wenn der Koeffizient vor z null ist, also $b = 0$, a bel.

e) $g \cap E_{a,b}$: $b = 1$, $a = 0{,}5$, $E_{0,5;1}$ enthält die Gerade g.

64. a) Koeffizientenvergleich: $a = 4$, $b = \frac{1}{3}$, $F = E_{4,\frac{1}{3}}$

b) $E_{a,b} \cap F$: $(a-4)y = -10 + 2a + 6b$
Für $a \neq 4$ lässt sich die Gleichung nach y auflösen, $E_{a,b}$ und F schneiden sich dann.

c) Für $a = 4$ lautet die Gleichung aus b): $0 = -2 + 6b$. Für $b = \frac{1}{3}$ folgt $0 = 0$. Dann sind die Ebenen identisch. Für $b \neq \frac{1}{3}$ ergibt sich stets ein Widerspruch.
Alle Ebenen $E_{a,b}$ mit $a = 4$ und $b \neq \frac{1}{3}$ sind also parallel zu F.

d) Einsetzen der Koordinaten von g in F: g liegt in F.
Einsetzen der Koordinaten von g in $E_{a,b}$: $b = \frac{a}{3} - 1$
g liegt nur dann in $E_{a,b}$ und F, falls $b = \frac{a}{3} - 1$ gilt.

Zusammengesetzte Aufgaben

159

1. a) E: $\vec{x} = \begin{pmatrix} -2 \\ 5 \\ 2 \end{pmatrix} + r\begin{pmatrix} 4 \\ -2 \\ -2 \end{pmatrix} + s\begin{pmatrix} 4 \\ -6 \\ 0 \end{pmatrix}$ (Dreipunktegleichung)

$\text{I. } x = -2 + 4r + 4s$ $\quad 3\cdot\text{I} + 2\cdot\text{II: IV.: } 3x + 2y = 4 + 8r$

$\text{II. } y = 5 - 2r - 6s$,

$\text{III. } z = 2 - 2r$ $\quad \text{IV} + 4\cdot\text{III: } 3x + 2y + 4z = 12$, E: $3x + 2y + 4z = 12$

b) P auf g: P liegt für $t = 2$ auf g.
P auf E:
Gleichsetzen ergibt einen Widerspruch,
P liegt nicht auf E.

c) $g \cap E: 3(14-8t) + 2(-1+2t) + 4(-1+t) = 12, t = 1{,}5$
Schnittpunkt S(2|2|0,5)

d) $g \cap$ x–y–Ebene: $z = 0, t = 1$
Schnittpunkt Q(6|1|0)
$g \cap$ y–z–Ebene: $x = 0, t = 1{,}75$
Schnittpunkt R(0|2,5|0,75)

e) $S_x(4|0|0)$, $S_y(0|6|0)$, $S_z(0|0|3)$

f)

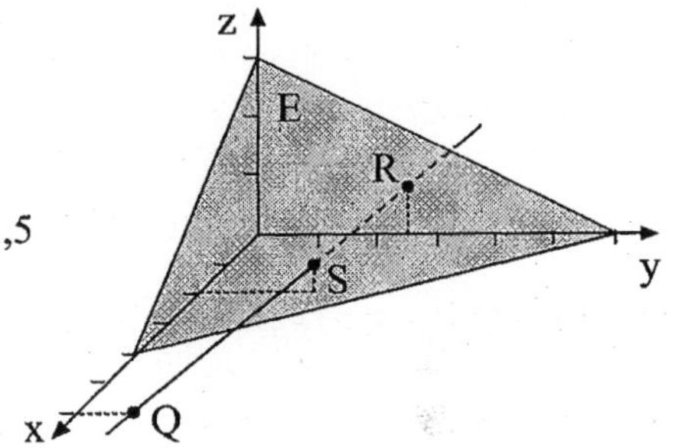

2. b) g: $\vec{x} = \begin{pmatrix} 0 \\ 0 \\ 12 \end{pmatrix} + r\begin{pmatrix} 4 \\ 4 \\ -4 \end{pmatrix}$

$g \cap$ x–y–Ebene: $z = 0, r = 3$, Q(12|12|0)

c) Diese Ebene schneidet die y–Achse bei Y(0|12|0) und die z–Achse bei Z(0|0|4,8). Die Ebene E ist parallel zur x–Achse.

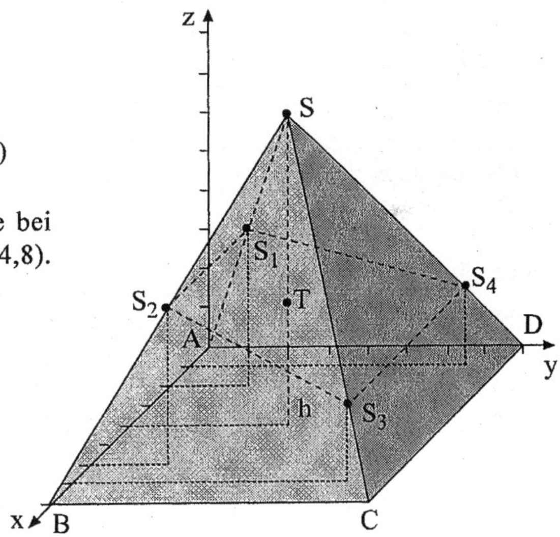

$g_{AS}: \vec{x} = r\begin{pmatrix} 4 \\ 4 \\ 8 \end{pmatrix}$

$g_{BS}: \vec{x} = \begin{pmatrix} 8 \\ 0 \\ 0 \end{pmatrix} + r\begin{pmatrix} -4 \\ 4 \\ 8 \end{pmatrix}$

$g_{CS}: \vec{x} = \begin{pmatrix} 8 \\ 8 \\ 0 \end{pmatrix} + r\begin{pmatrix} -4 \\ -4 \\ 8 \end{pmatrix}$

$g_{DS}: \vec{x} = \begin{pmatrix} 0 \\ 8 \\ 0 \end{pmatrix} + r\begin{pmatrix} 4 \\ -4 \\ 8 \end{pmatrix}$, $g_{AS} \cap E: r = 0{,}5 \Rightarrow S_1(2|2|4)$, $g_{BS} \cap E: r = 0{,}5 \Rightarrow S_2(6|2|4)$

$g_{CS} \cap E: \quad r = 0{,}25 \Rightarrow S_3(7|7|2)$, $g_{DS} \cap E: \quad r = 0{,}25 \Rightarrow S_4(1|7|2)$

$S_1S_2S_3S_4$ ist ein Trapez, da $\overrightarrow{S_3S_4} = \begin{pmatrix} -6 \\ 0 \\ 0 \end{pmatrix}$ und $\overrightarrow{S_1S_2} = \begin{pmatrix} 4 \\ 0 \\ 0 \end{pmatrix}$ parallel sind.

d) h: $\vec{x} = \begin{pmatrix} 4 \\ 4 \\ 0 \end{pmatrix} + r\begin{pmatrix} 0 \\ 0 \\ 1 \end{pmatrix}$, $h \cap E: r = 3{,}2 \Rightarrow T(4|4|3{,}2)$

159 3. a) g_{DF}: $\vec{x} = t\begin{pmatrix}4\\4\\4\end{pmatrix}$, E: $\vec{x} = \begin{pmatrix}4\\2\\4\end{pmatrix} + r\begin{pmatrix}0\\2\\-2\end{pmatrix} + s\begin{pmatrix}-2\\2\\0\end{pmatrix}$ bzw. E: $x + y + z = 10$

$4t + 4t + 4t = 10$, $t = 5/6$, $S(\frac{10}{3}|\frac{10}{3}|\frac{10}{3})$

b) $V = \frac{1}{3}G \cdot h$ mit $h = \overline{FR} = 2$ und $G = A_{\Delta PFQ} = \frac{1}{2}\overline{PF} \cdot \overline{FQ} = \frac{1}{2}2 \cdot 2 = 2$, $V = \frac{1}{3}2 \cdot 2 = \frac{4}{3}$

c) h_{QR}: $\vec{x} = \begin{pmatrix}4\\4\\2\end{pmatrix} + t\begin{pmatrix}-2\\0\\2\end{pmatrix}$, $S_{xy}(6|4|0)$, $S_{yz}(0|4|6)$, S_{xz} gibt es nicht

d) F: $\vec{x} = \begin{pmatrix}4\\4\\0\end{pmatrix} + r\begin{pmatrix}-4\\-4\\0\end{pmatrix} + s\begin{pmatrix}-4\\-4\\4\end{pmatrix}$, $4-4r-4s+4-4r-4s+4s = 10$, $s = -0{,}5-2r$

Schnittgerade k: $\vec{x} = \begin{pmatrix}6\\6\\-2\end{pmatrix} + r\begin{pmatrix}4\\4\\-8\end{pmatrix}$

e) g_{BH}: $\vec{x} = \begin{pmatrix}4\\4\\0\end{pmatrix} + t\begin{pmatrix}-4\\-4\\4\end{pmatrix}$, $t = -0{,}5$, $T(6|6|-2)$

160 4. a) $S(0|2|5)$ $(r = 1, s = 1)$

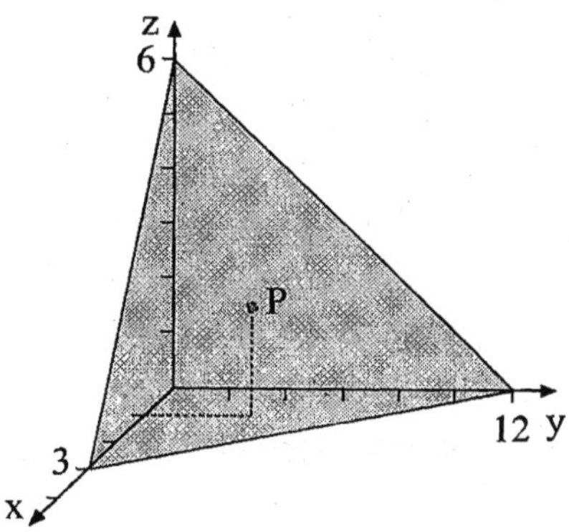

b) E: $\vec{x} = \begin{pmatrix}1\\2\\3\end{pmatrix} + r\begin{pmatrix}-1\\0\\2\end{pmatrix} + s\begin{pmatrix}0\\-2\\1\end{pmatrix}$

c) E: $4x + y + 2z = 12$, $X(3|0|0)$, $Y(0|12|0)$, $Z(0|0|6)$

d) k: $\vec{x} = \begin{pmatrix}4\\0\\3\end{pmatrix} + t\begin{pmatrix}-4\\3\\a-3\end{pmatrix}$

$4(4-4t) + 3t + 2(3+t(a-3)) = 12$, $t(2a-19) = -10$

Für $a = 9{,}5$ ergibt sich der Widerspruch $0 = -10$.

Für $a = 9{,}5$ ist k parallel zu E.

e) $V = \frac{1}{3}G \cdot h = \frac{1}{3} \cdot \frac{6 \cdot 12}{2} \cdot 3 = 36$

f) $x = 1$ und $y = 2$ in E: $4x + y + 2z = 12$ einsetzen liefert $z = 3$. $Q(1|2|3)$ liegt auf E, $P(1|2|2)$ liegt mit $z = 2 > 0$ unterhalb der Ebene E, er liegt also im Innern der Pyramide.

5. a) E: $\vec{x} = \begin{pmatrix}4\\4\\0\end{pmatrix} + r\begin{pmatrix}0\\-4\\4\end{pmatrix} + s\begin{pmatrix}-4\\0\\4\end{pmatrix}$, E: $x + y + z = 8$

b) g: $\vec{x} = t\begin{pmatrix}4\\4\\4\end{pmatrix}$ in E: $t = 2/3$, $S(\frac{8}{3}|\frac{8}{3}|\frac{8}{3})$ Anhand des Parameters $t = 2/3$ kann man erkennen, dass $\overline{DS}$ doppelt so lang ist wie $\overline{SQ}$.

c) F: $\vec{x} = \begin{pmatrix}4\\2\\0\end{pmatrix} + u\begin{pmatrix}-4\\2\\0\end{pmatrix} + v\begin{pmatrix}-4\\2\\4\end{pmatrix}$, $4-4u-4v+2+2u+2v+4v = 8$, $v = 1+u$, h: $\vec{x} = \begin{pmatrix}0\\4\\4\end{pmatrix} + u\begin{pmatrix}-8\\4\\4\end{pmatrix}$

d) k: $\vec{x} = \begin{pmatrix}0\\0\\6\end{pmatrix} + t\begin{pmatrix}1{,}5\\6\\-6\end{pmatrix}$, Schnittpunkt mit der Deckfläche PQRT: E_{PQRT}: $z = 4$, $t = \frac{1}{3}$, $W_1(\frac{1}{2}|2|4)$

Schnittpunkt mit der Seitenfläche BCRQ: E_{BCRQ}: $y = 4$, $t = \frac{2}{3}$, $W_2(1|4|2)$

Der Strahl k trifft den Würfel zuerst in $W_1(\frac{1}{2}|2|4)$ und verlässt ihn in $W_2(1|4|2)$ wieder.

$k \cap E$: $\begin{pmatrix}0\\0\\6\end{pmatrix} + t\begin{pmatrix}1{,}5\\6\\-6\end{pmatrix} = \begin{pmatrix}4\\4\\0\end{pmatrix} + r\begin{pmatrix}0\\-4\\4\end{pmatrix} + s\begin{pmatrix}-4\\0\\4\end{pmatrix}$ liefert $r = -1$, $s = 0{,}5$, $t = 4/3$, $Z(2|8|-2)$

Aber Z liegt wegen $r < 0$ nicht im Dreieck BRP.

6. a) g: $\vec{x} = \begin{pmatrix} 3 \\ 5 \\ 0 \end{pmatrix} + t\begin{pmatrix} 1 \\ 2 \\ 3 \end{pmatrix}$, E: $\vec{x} = \begin{pmatrix} 4 \\ 0 \\ 0 \end{pmatrix} + r\begin{pmatrix} -4 \\ 2 \\ 0 \end{pmatrix} + s\begin{pmatrix} -4 \\ 0 \\ 3 \end{pmatrix}$, E: $3x + 6y + 4z = 12$ 160

b) $3(3+t) + 6(5+2t) + 4(3t) = 12$, $t = -1$, Schnittpunkt S(2|3|−3)

c) Seitenhalbierende der Seite AB: g_1: $\vec{x} = \begin{pmatrix} 0 \\ 0 \\ 3 \end{pmatrix} + r\begin{pmatrix} 2 \\ 1 \\ -3 \end{pmatrix}$

Seitenhalbierende der Seite BC: g_2: $\vec{x} = \begin{pmatrix} 4 \\ 0 \\ 0 \end{pmatrix} + s\begin{pmatrix} -4 \\ 1 \\ 1{,}5 \end{pmatrix}$

$g_1 \cap g_2$: $S'(\frac{4}{3}|\frac{2}{3}|1)$ $(r = s = \frac{2}{3})$

Oder: Für den Schwerpunkt (Schnittpunkt der Seitenhalbierenden) gilt:

$$\overrightarrow{OS} = \frac{1}{3}(\overrightarrow{OA} + \overrightarrow{OB} + \overrightarrow{OC}) = \frac{1}{3}\left(\begin{pmatrix} 4 \\ 0 \\ 0 \end{pmatrix} + \begin{pmatrix} 0 \\ 2 \\ 0 \end{pmatrix} + \begin{pmatrix} 0 \\ 0 \\ 3 \end{pmatrix}\right) = \begin{pmatrix} 4/3 \\ 2/3 \\ 1 \end{pmatrix}$$

d) Schnittpunkt der Geraden g mit der x–y–Ebene: P(3|5|0)
Schnittpunkt der Geraden g mit der x–z–Ebene: Q(0,5|0|−7,5) $(t = -2{,}5)$

$$|\overrightarrow{PQ}| = \sqrt{2{,}5^2 + 25 + 7{,}5^2} \approx 9{,}35$$

e) Gesucht ist der Punkt $D(x_0|y_0|z_0)$ der Geraden h, der dem Ursprung am nächsten ist.

Da D auf h liegt, gilt mit h: $\vec{x} = \begin{pmatrix} 4 \\ 0 \\ 0 \end{pmatrix} + t\begin{pmatrix} -4 \\ 2 \\ 0 \end{pmatrix} = \begin{pmatrix} x_0 \\ y_0 \\ z_0 \end{pmatrix}$: D(4−4t|2t|0).

Die Entfernung zwischen O und D beträgt $\left|\begin{pmatrix} x_0 \\ y_0 \\ z_0 \end{pmatrix}\right| = \sqrt{(4-4t)^2 + (2t)^2} = \sqrt{16-32t+20t^2}$.

Gesucht ist nun, für welches t dieser Abstand am kleinsten ist. Wir definieren diesen Abstand als Funktion von t und bestimmen mithilfe der Differentialrechnung den gesuchten Punkt.

$$d(t) = \sqrt{16 - 32t + 20t^2}, \quad d'(t) = \frac{-32+40t}{2\sqrt{16 - 32t + 20t^2}}, \quad d'(t) = 0 \Leftrightarrow -32 + 40t = 0 \Leftrightarrow t = 0{,}8$$

Die Überprüfung mit d'' erübrigt sich, weil der Abstand kein lokales Maximum besitzen kann. Folglich muss bei $t = 0{,}8$ ein Minimum liegen: D(0,8|1,6|0).
Will man die Differentiation des Wurzelterms vermeiden, so quadriert man die Zielfunktion und bildet $(d^2(t))' = -32 + 40t$.

161 7. a) g_1 und E schneiden sich in S(7|6|5).

b) $g_{-1}: \ \vec{x} = \begin{pmatrix} 1 \\ 3 \\ -1 \end{pmatrix} + r\begin{pmatrix} -2 \\ 1 \\ 0 \end{pmatrix}$ verläuft parallel zur x-y-Ebene.

c) Wenn h zur Schar gehört, dann müssen die Richtungsvektoren kollinear sein.

Für $a = -1$ gilt: $2 \cdot \begin{pmatrix} -2 \\ 1 \\ 0 \end{pmatrix} = \begin{pmatrix} -4 \\ 2 \\ 0 \end{pmatrix}$ Kollinearität, A(−3|5|−1) liegt auf g_{-1}, $g_{-1} = h$.

d) Es ist zu untersuchen, ob für einen Wert von a die Gerade g_a den Ursprung enthält. Ein entsprechender Ansatz liefert einen Widerspruch, es gibt keine solche Gerade.

e) Wir betrachten zunächst die Richtungsvektoren und zeigen, dass diese für kein a

kollinear sind: $b \cdot \begin{pmatrix} 2a \\ 1 \\ a+1 \end{pmatrix} = \begin{pmatrix} 2 \\ 0 \\ 1 \end{pmatrix} \Rightarrow b = 0 \, , \, 0 = 2$ Wid.

g_a und k können also nur windschief sein oder einen Schnittpunkt besitzen.

Der Ansatz $g_a \cap k$ liefert einen Widerspruch, also kein Schnittpunkt, windschief.

f) S liegt in E, S liegt auf g_4. Es bleibt zu zeigen, dass g_4 nicht gänzlich in E liegt.

Der Ansatz $g_4 \cap E$ liefert für $r = -1{,}5$ den Schnittpunkt S.

g) Der Ansatz $g_a \cap E$ liefert $r(a-2) = -3$.

Für $a = 2$ lautet die Gleichung $0 = -3$. Die Gerade g_2 und E verlaufen dann parallel.

Für $a \neq 2$ schneidet g_a die Ebene E in einem Punkt.

8. a) X(1,5|0|0), Y(0|1,5|0), Z(0|0|3)

b) E_2: $3x + 2y - z = 4$ enthält P.

c) Punktprobe mit O(0|0|0) liefert $a = -2$, E_{-2} enthält also den Ursprung.

$E_a \parallel$ z-Achse, dann muss $3-2a = 0$, also $a = 1{,}5$ gelten. $E_{1,5}$ ist parallel zur z-Achse.

d) $E_0 \cap E_1$: g: $\vec{x} = \begin{pmatrix} 1 \\ 0{,}5 \\ 0 \end{pmatrix} + r\begin{pmatrix} 4 \\ -5 \\ 2 \end{pmatrix}$

e) $h \cap E_a$: $(a+1)(3+4r) + 2(-2-5r) + (3-2a)(1+2r) = a+2$, $2 = 2$, h liegt in E_a für alle a.

f) Ein Koeffizientenvergleich liefert $a = -1$. Die Ebene $F = E_{-1}$ gehört zur Schar.

g) E_{-2} ist orthogonal zur Ursprungsgeraden durch Q.

9. a) E_a: $\vec{x} = \begin{pmatrix} 2 \\ 1 \\ 1 \end{pmatrix} + r\begin{pmatrix} 1 \\ -1 \\ 1 \end{pmatrix} + s\begin{pmatrix} a-2 \\ -a-1 \\ 1 \end{pmatrix}$ bzw. E_a: $ax + (a-3)y - 3z = 3a - 6$ 161

b) Ein Koeffizientenvergleich liefert $a = 0{,}5$, F gehört zur Schar.

c) $E_1 \cap E_4$: g: $\vec{x} = \begin{pmatrix} 3 \\ 0 \\ 2 \end{pmatrix} + r\begin{pmatrix} -1 \\ 1 \\ -1 \end{pmatrix}$

d) Der Ansatz $h \cap E_a$ liefert $a = -3$. h liegt also in E_{-3}.

e) $\begin{pmatrix} 2 \\ 1 \\ 1 \end{pmatrix} \cdot \begin{pmatrix} a \\ -a \\ 2 \end{pmatrix} = a + 2 = 0$ gilt für $a = -2$. Für $a = -2$ ist das Dreieck bei O rechtwinklig.

f) Da alle Ebenen die Punkte A und B enthalten, müssen sie sich in der Geraden g durch A und B schneiden: g: $\vec{x} = \begin{pmatrix} 2 \\ 1 \\ 1 \end{pmatrix} + r\begin{pmatrix} 1 \\ -1 \\ 1 \end{pmatrix}$.

g) $X(-3|0|0)$, $Y(0|1{,}5|0)$, $Z(0|0|1)$

g_{xy}: $\vec{x} = \begin{pmatrix} -3 \\ 0 \\ 0 \end{pmatrix} + r\begin{pmatrix} 2 \\ 1 \\ 0 \end{pmatrix}$, g_{yz}: $\vec{x} = \begin{pmatrix} 0 \\ 1{,}5 \\ 0 \end{pmatrix} + r\begin{pmatrix} 0 \\ -3 \\ 2 \end{pmatrix}$ g_{xz}: $\vec{x} = \begin{pmatrix} -3 \\ 0 \\ 0 \end{pmatrix} + r\begin{pmatrix} 3 \\ 0 \\ 1 \end{pmatrix}$

Test

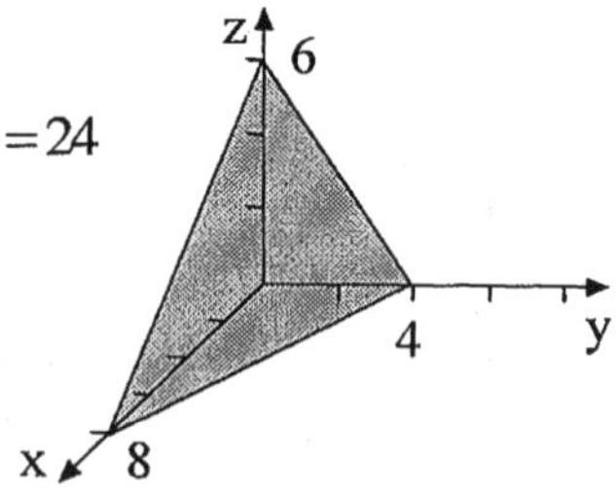

166 1. a) E: $\vec{x}=\begin{pmatrix}0\\2\\3\end{pmatrix}+r\begin{pmatrix}4\\0\\-3\end{pmatrix}+s\begin{pmatrix}2\\1\\-3\end{pmatrix}$, $\left(\vec{x}-\begin{pmatrix}0\\2\\3\end{pmatrix}\right)\cdot\begin{pmatrix}3\\6\\4\end{pmatrix}=0$, $3x+6y+4z=24$

b) $P\notin E$

c) $X(8|0|0)$, $Y(0|4|0)$, $Z(0|0|6)$

2. a) $E_1: 3x+2y+2z=6$

$E_2:\ \vec{x}=\begin{pmatrix}2\\2\\0\end{pmatrix}+r\begin{pmatrix}2\\2\\0\end{pmatrix}+s\begin{pmatrix}0\\0\\1\end{pmatrix}$, g: $\vec{x}=\begin{pmatrix}3\\0\\2\end{pmatrix}+t\begin{pmatrix}-3\\3\\0\end{pmatrix}$

b) Koordinatengleichung von E_2: $x=2+2r$, $y=2+2r$, $z=s$
Subtraktion der ersten beiden Gleichungen liefert $E_2: x-y=0$
g einsetzen: $3-3t-3t=0$, $t=0{,}5$, $S(1{,}5|1{,}5|2)$

c) Schnittgerade h von E_1 und E_2:
$3(2+2r)+2(2+2r)+2s=6$, $s=-2-5r$, h: $\vec{x}=\begin{pmatrix}2\\2\\-2\end{pmatrix}+r\begin{pmatrix}2\\2\\-5\end{pmatrix}$

$h\cap g$: Gleichsetzen der Geradengleichungen liefert einen Widerspruch.
Da die Richtungsvektoren nicht kollinear sind, sind die Geraden windschief.

3. a) Ansatz: $F=b\cdot E_a$ und Koeffizientenvergleich liefert einen Widerspruch, $F\notin E_a$

b) E_a parallel zur x-Achse: $3+a=0$, $a=-3$, $E_{-3}: 2y-3z=14$ ist parallel zur x-Achse
Punktprobe: $a=4$, $E_4: 7x+2y+4z=14$ enthält den Punkt P

c) $\begin{pmatrix}2\\1\\-1\end{pmatrix}\cdot\begin{pmatrix}3+a\\2\\a\end{pmatrix}=8+a=0$, d.h. E_{-8}: $-5x+2y-8z=14$ verläuft parallel zu g.

d) $E_0\cap E_1$: g: $\vec{x}=\begin{pmatrix}0\\7\\0\end{pmatrix}+r\begin{pmatrix}2\\-3\\-2\end{pmatrix}$, $E_a\cap g$: $14=14$, g liegt in E_a für alle a

e) $(3+a)(3+2r-2s)+2(1+3s)+a(r+2s)=14$, $r(a+2)=1-a$
Für $a=-2$ folgt $0=3$, ein Widerspruch, E_{-2} und G verlaufen also parallel.

f) Einsetzen der Koordinaten von h in die Koordinatengleichung von E_a liefert
$t(4a-2)=-19-10a$, für $a=0{,}5$ erhält man $0=-24$, Widerspruch, $h \parallel$ zu $E_{0,5}$
Für $a\neq 0{,}5$ schneidet h die Ebene E_a in genau einem Punkt ($t=\frac{-19-10a}{4a-2}$).

VI. Winkel und Abstände

1. Schnittwinkel

168 1. $g\cap h$: $r=s=1$, $S(1|2|3)$, $\cos\gamma=\dfrac{\left|\begin{pmatrix}1\\2\\2\end{pmatrix}\cdot\begin{pmatrix}-1\\2\\1\end{pmatrix}\right|}{\left|\begin{pmatrix}1\\2\\2\end{pmatrix}\right|\cdot\left|\begin{pmatrix}-1\\2\\1\end{pmatrix}\right|}=\dfrac{5}{3\sqrt{6}}$, $\gamma\approx 47{,}12°$

2. $\cos\gamma=\dfrac{\left|\begin{pmatrix}-2\\2\\2\end{pmatrix}\cdot\begin{pmatrix}0\\4\\-2\end{pmatrix}\right|}{\left|\begin{pmatrix}-2\\2\\2\end{pmatrix}\right|\cdot\left|\begin{pmatrix}0\\4\\-2\end{pmatrix}\right|}=\dfrac{4}{\sqrt{12\cdot 20}}$, $\gamma\approx 75{,}04°$, g: $\vec{x}=\begin{pmatrix}2\\1\\0\end{pmatrix}+r\begin{pmatrix}-2\\2\\2\end{pmatrix}$, h: $\vec{x}=\begin{pmatrix}1\\0\\2\end{pmatrix}+s\begin{pmatrix}0\\4\\-2\end{pmatrix}$

3. a) $\sin\gamma = \dfrac{\left|\begin{pmatrix}-3\\3\\3\end{pmatrix}\cdot\begin{pmatrix}3\\-2\\2\end{pmatrix}\right|}{\left|\begin{pmatrix}-3\\3\\3\end{pmatrix}\right|\cdot\left|\begin{pmatrix}3\\-2\\2\end{pmatrix}\right|} = \dfrac{9}{\sqrt{27\cdot 17}}$, $\gamma \approx 24{,}84°$ b) $\sin\gamma = \dfrac{\left|\begin{pmatrix}-3\\3\\3\end{pmatrix}\cdot\begin{pmatrix}11\\15\\2\end{pmatrix}\right|}{\left|\begin{pmatrix}-3\\3\\3\end{pmatrix}\right|\cdot\left|\begin{pmatrix}11\\15\\2\end{pmatrix}\right|} = \dfrac{18}{\sqrt{27\cdot 350}}$, $\gamma \approx 10{,}67°$ 169

c) $\sin\gamma = \dfrac{\left|\begin{pmatrix}-3\\3\\3\end{pmatrix}\cdot\begin{pmatrix}0\\0\\1\end{pmatrix}\right|}{\left|\begin{pmatrix}-3\\3\\3\end{pmatrix}\right|\cdot\left|\begin{pmatrix}0\\0\\1\end{pmatrix}\right|} = \dfrac{3}{\sqrt{27}}$, $\gamma \approx 35{,}26°$, g: $\vec{x} = \begin{pmatrix}1\\0\\-2\end{pmatrix} + r\begin{pmatrix}-3\\3\\3\end{pmatrix}$

4. E_2: $\vec{x} = \begin{pmatrix}1\\1\\0\end{pmatrix} + r\begin{pmatrix}0\\0\\1\end{pmatrix} + s\begin{pmatrix}1\\1\\0\end{pmatrix} = \begin{pmatrix}1+s\\1+s\\r\end{pmatrix} = \begin{pmatrix}x\\y\\z\end{pmatrix}$ in E_1: $1+s+2(1+s)+2r = 6$, $r = -\frac{3}{2}s + \frac{3}{2}$ 170

g: $\vec{x} = \begin{pmatrix}1\\1\\1{,}5\end{pmatrix} + s\begin{pmatrix}1\\1\\-1{,}5\end{pmatrix}$, $\cos\gamma = \dfrac{\left|\begin{pmatrix}1\\2\\2\end{pmatrix}\cdot\begin{pmatrix}1\\-1\\0\end{pmatrix}\right|}{\left|\begin{pmatrix}1\\2\\2\end{pmatrix}\right|\cdot\left|\begin{pmatrix}1\\-1\\0\end{pmatrix}\right|} = \dfrac{1}{3\sqrt{2}}$, $\gamma \approx 76{,}37°$

5. A(3|1|0), B(4|5|0), C(1|2|0), S(2|2|3), F(2|2|0) 171

a) $\overline{AB}, \overline{AS}$: $\cos\gamma = \dfrac{\begin{pmatrix}1\\4\\0\end{pmatrix}\cdot\begin{pmatrix}-1\\1\\3\end{pmatrix}}{\sqrt{17\cdot 11}} = \dfrac{3}{\sqrt{187}}$, $\gamma \approx 77{,}33°$

$\overline{AS}, \overline{CS}$: $\cos\gamma = \dfrac{\begin{pmatrix}1\\-1\\-3\end{pmatrix}\cdot\begin{pmatrix}-1\\0\\-3\end{pmatrix}}{\sqrt{11\cdot 10}} = \dfrac{8}{\sqrt{110}}$, $\gamma \approx 40{,}29°$

b) $\overline{AS}, \overline{AF}$: $\cos\alpha = \dfrac{\begin{pmatrix}-1\\1\\3\end{pmatrix}\cdot\begin{pmatrix}-1\\1\\0\end{pmatrix}}{\sqrt{11\cdot 2}} = \dfrac{2}{\sqrt{22}}$, $\alpha \approx 64{,}76°$

$\overline{BF}, \overline{BS}$: $\cos\beta = \dfrac{\begin{pmatrix}-2\\-3\\0\end{pmatrix}\cdot\begin{pmatrix}-2\\-3\\3\end{pmatrix}}{\sqrt{13\cdot 22}} = \dfrac{13}{\sqrt{286}}$, $\beta \approx 39{,}76°$

$\overline{CF}, \overline{CS}$: $\cos\gamma = \dfrac{\begin{pmatrix}1\\0\\0\end{pmatrix}\cdot\begin{pmatrix}1\\0\\3\end{pmatrix}}{\sqrt{10}} = \dfrac{1}{\sqrt{10}}$, $\gamma \approx 71{,}57°$ Die Kante CS ist am steilsten.

c) $\cos\delta = \dfrac{\begin{pmatrix}-1\\1\\3\end{pmatrix}\cdot\begin{pmatrix}0\\0\\-3\end{pmatrix}}{3\sqrt{11}} = \dfrac{9}{3\sqrt{11}}$, $\delta \approx 25{,}24°$

6. a) $g \cap h$: $s = r = -1$, S(1|1|3), $\cos\gamma = \dfrac{\left|\begin{pmatrix}1\\1\\-1\end{pmatrix}\cdot\begin{pmatrix}2\\0\\-1\end{pmatrix}\right|}{\sqrt{3\cdot 5}} = \dfrac{3}{\sqrt{15}}$, $\gamma \approx 39{,}23°$

b) $g \cap h$: $s = 1$, $r = 2$, S(4|4|4), $\cos\gamma = \dfrac{\left|\begin{pmatrix}1\\1\\1\end{pmatrix}\cdot\begin{pmatrix}2\\-1\\2\end{pmatrix}\right|}{3\sqrt{3}} = \dfrac{3}{3\sqrt{3}}$, $\gamma \approx 54{,}74°$

c) $g \cap h$: $s = -2$, $r = 1$, S(6|6|0), $\cos\gamma = \dfrac{\left|\begin{pmatrix}2\\2\\-1\end{pmatrix}\cdot\begin{pmatrix}2\\2\\1\end{pmatrix}\right|}{3\cdot 3} = \dfrac{7}{9}$, $\gamma \approx 38{,}94°$

d) $\overline{AB} = g$: $\vec{x} = \begin{pmatrix}0\\6\\0\end{pmatrix} + r\begin{pmatrix}0\\-6\\3\end{pmatrix}$, $\overline{CD} = h$: $\vec{x} = \begin{pmatrix}4\\2\\0\end{pmatrix} + s\begin{pmatrix}-2\\0\\1\end{pmatrix}$

$g \cap h$: $s = 2$, $r = \frac{2}{3}$, S(0|2|2), $\cos\gamma = \dfrac{3}{\sqrt{45}\cdot\sqrt{5}} = \dfrac{3}{15}$, $\gamma \approx 78{,}46°$

171 7. a) $g \cap E$: $r = 1, S(1|1|3)$, $\sin\gamma = \frac{\left|\begin{pmatrix}1\\1\\1\end{pmatrix}\cdot\begin{pmatrix}3\\3\\2\end{pmatrix}\right|}{\sqrt{3}\cdot\sqrt{22}} = \frac{8}{\sqrt{66}}$, $\gamma \approx 79{,}98°$

b) $g \cap E$: $r = -1, S(-1|1|2)$, $\sin\gamma = \frac{\left|\begin{pmatrix}1\\1\\2\end{pmatrix}\cdot\begin{pmatrix}-1\\1\\2\end{pmatrix}\right|}{\sqrt{6}\cdot\sqrt{6}} = \frac{4}{6}$, $\gamma \approx 41{,}81°$

c) $E: 2x + 2y + z = 4$, $g \cap E$: $r = -1, S(1|1|0)$, $\sin\gamma = \frac{\left|\begin{pmatrix}1\\1\\1\end{pmatrix}\cdot\begin{pmatrix}2\\2\\1\end{pmatrix}\right|}{\sqrt{3}\cdot\sqrt{9}} = \frac{5}{\sqrt{27}}$, $\gamma \approx 74{,}21°$

8. a) $E: z = 0$, $g \cap E$: $r = 2, S(4|3|0)$

$\sin\gamma = \frac{\left|\begin{pmatrix}0\\1\\-1\end{pmatrix}\cdot\begin{pmatrix}0\\0\\1\end{pmatrix}\right|}{\sqrt{2}} = \frac{1}{\sqrt{2}}$, $\gamma = 45°$

$F: y = 0$, $g \cap F$: $r = -1, T(4|0|3)$

$\sin\gamma = \frac{\left|\begin{pmatrix}0\\1\\-1\end{pmatrix}\cdot\begin{pmatrix}0\\1\\0\end{pmatrix}\right|}{\sqrt{2}} = \frac{1}{\sqrt{2}}$, $\gamma = 45°$

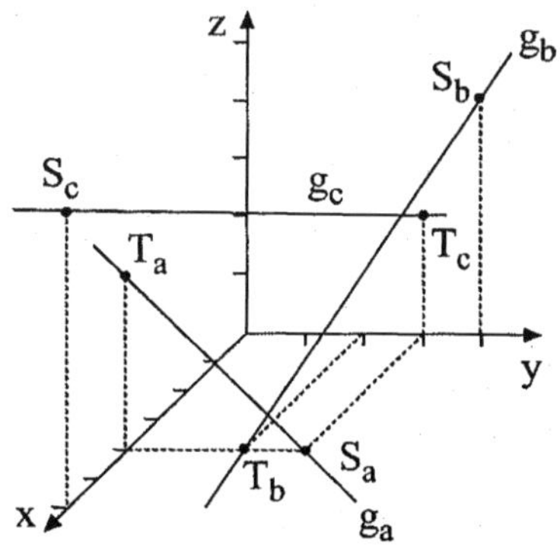

b) $E: z = 0$, $g \cap E$: $r = -1, T(4|2|0)$

$\sin\gamma = \frac{\left|\begin{pmatrix}-2\\1\\2\end{pmatrix}\cdot\begin{pmatrix}0\\0\\1\end{pmatrix}\right|}{3} = \frac{2}{3}$, $\gamma \approx 41{,}81°$

$F: x = 0$, $g \cap F$: $r = 1, S(0|4|4)$, $\sin\gamma = \frac{\left|\begin{pmatrix}-2\\1\\2\end{pmatrix}\cdot\begin{pmatrix}1\\0\\0\end{pmatrix}\right|}{3} = \frac{2}{3}$, $\gamma \approx 41{,}81°$

c) $E: y = 0$, $g \cap E$: $r = -2, S(6\,|\,0\,|\,5)$, $\sin\gamma = \frac{\left|\begin{pmatrix}-2\\1\\-1\end{pmatrix}\cdot\begin{pmatrix}0\\1\\0\end{pmatrix}\right|}{\sqrt{6}} = \frac{1}{\sqrt{6}}$, $\gamma \approx 24{,}09°$

$F: x = 0$, $g \cap F$: $r = 1, T(0\,|\,3\,|\,2)$, $\sin\gamma = \frac{\left|\begin{pmatrix}-2\\1\\-1\end{pmatrix}\cdot\begin{pmatrix}1\\0\\0\end{pmatrix}\right|}{\sqrt{6}} = \frac{2}{\sqrt{6}}$, $\gamma \approx 54{,}74°$

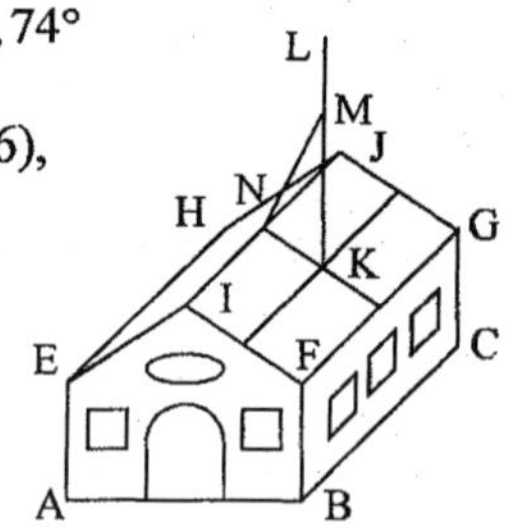

172 9. A(16|0|0), B(16|12|0), C(0|12|0), D(0|0|0), E(16|0|6), F(16|12|6), G(0|12|6), H(0|0|6), I(16|6|10), J(0|6|10), K(8|9|8), L(8|9|20), M(8|9|16), N(8|6|10)

$\overrightarrow{DK} = \overrightarrow{DG} + \frac{1}{2}\overrightarrow{GF} + \frac{1}{2}\overrightarrow{FI} = \begin{pmatrix}0\\12\\6\end{pmatrix} + \frac{1}{2}\begin{pmatrix}16\\0\\0\end{pmatrix} + \frac{1}{2}\begin{pmatrix}0\\-6\\4\end{pmatrix} = \begin{pmatrix}8\\9\\8\end{pmatrix}$

$\overrightarrow{DN} = \overrightarrow{DJ} + \frac{1}{2}\overrightarrow{JI} = \begin{pmatrix}0\\6\\10\end{pmatrix} + \frac{1}{2}\begin{pmatrix}16\\0\\0\end{pmatrix} = \begin{pmatrix}8\\6\\10\end{pmatrix}$

a) g_{KL}: $\vec{x} = \begin{pmatrix}8\\9\\8\end{pmatrix} + r\begin{pmatrix}0\\0\\12\end{pmatrix}$, E_{FGIJ}: $\vec{x} = \begin{pmatrix}16\\12\\6\end{pmatrix} + s\begin{pmatrix}-16\\0\\0\end{pmatrix} + t\begin{pmatrix}0\\-6\\4\end{pmatrix}$ bzw. $\left(\vec{x} - \begin{pmatrix}16\\12\\6\end{pmatrix}\right)\cdot\begin{pmatrix}0\\2\\3\end{pmatrix} = 0$

$\sin\gamma = \frac{\left|\begin{pmatrix}0\\0\\12\end{pmatrix}\cdot\begin{pmatrix}0\\2\\3\end{pmatrix}\right|}{12\sqrt{13}} = \frac{36}{12\sqrt{13}}$, $\gamma \approx 56{,}31°$

b) Winkel zwischen Stab und Antenne:

$\overrightarrow{MN} = \begin{pmatrix}0\\-3\\-6\end{pmatrix}$, $\overrightarrow{MK} = \begin{pmatrix}0\\0\\-8\end{pmatrix}$, $\cos\gamma = \frac{\left|\begin{pmatrix}0\\-3\\-6\end{pmatrix}\cdot\begin{pmatrix}0\\0\\-8\end{pmatrix}\right|}{8\sqrt{45}} = \frac{48}{8\sqrt{45}}$, $\gamma \approx 26{,}57°$

Winkel zwischen Stab und Dachfläche: $\sin\gamma = \frac{\left|\begin{pmatrix}0\\-3\\-6\end{pmatrix}\cdot\begin{pmatrix}0\\2\\3\end{pmatrix}\right|}{\sqrt{45\cdot 13}} = \frac{24}{\sqrt{45\cdot 13}}$, $\gamma \approx 82{,}87°$ 172

10. a) Schnittwinkel mit der x–Achse: $\sin\alpha = \frac{\left|\begin{pmatrix}1\\0\\0\end{pmatrix}\cdot\begin{pmatrix}3\\2\\2\end{pmatrix}\right|}{\sqrt{17}} = \frac{3}{\sqrt{17}}$, $\alpha \approx 46{,}69°$

y–Achse: $\sin\beta = \frac{2}{\sqrt{17}}$, $\beta \approx 29{,}02°$, z–Achse: $\sin\gamma = \frac{2}{\sqrt{17}}$, $\gamma \approx 29{,}02°$

b) $\sin\alpha = \frac{2}{3}$, $\alpha \approx 41{,}81°$, $\sin\beta = \frac{1}{3}$, $\beta \approx 19{,}47°$, $\sin\gamma = \frac{2}{3}$, $\gamma \approx 41{,}81°$

c) $\vec{n} = \begin{pmatrix}0\\4\\3\end{pmatrix}$, $\sin\alpha = 0$ (kein Schnitt), $\sin\beta = \frac{4}{5}$, $\beta \approx 53{,}13°$, $\sin\gamma = \frac{3}{5}$, $\gamma \approx 36{,}87°$
E ist parallel zur x–Achse.

11. a) $\cos\gamma = \frac{\left|\begin{pmatrix}2\\-3\\2\end{pmatrix}\cdot\begin{pmatrix}-2\\1\\0\end{pmatrix}\right|}{\sqrt{17\cdot 5}} = \frac{7}{\sqrt{85}}$, $\gamma \approx 40{,}60°$

b) $\cos\gamma = \frac{\left|\begin{pmatrix}5\\1\\1\end{pmatrix}\cdot\begin{pmatrix}-1\\1\\1\end{pmatrix}\right|}{\sqrt{27\cdot 3}} = \frac{3}{\sqrt{81}}$, $\gamma \approx 70{,}53°$

c) $\cos\gamma = \frac{\left|\begin{pmatrix}2\\-1\\3\end{pmatrix}\cdot\begin{pmatrix}1\\-1\\-1\end{pmatrix}\right|}{\sqrt{14\cdot 3}} = 0$, $\gamma = 90°$

d) $\cos\gamma = \frac{\left|\begin{pmatrix}2\\0\\1\end{pmatrix}\cdot\begin{pmatrix}1\\0\\-1\end{pmatrix}\right|}{\sqrt{5\cdot 2}} = \frac{1}{\sqrt{10}}$, $\gamma \approx 71{,}57°$

e) $\cos\gamma = \frac{\left|\begin{pmatrix}1\\1\\0\end{pmatrix}\cdot\begin{pmatrix}0\\1\\0\end{pmatrix}\right|}{\sqrt{2}} = \frac{1}{\sqrt{2}}$, $\gamma = 45°$

12. a) $\cos\gamma = \frac{\left|\begin{pmatrix}-2\\3\\6\end{pmatrix}\cdot\begin{pmatrix}1\\2\\2\end{pmatrix}\right|}{3\cdot 7} = \frac{16}{21}$, $\gamma \approx 40{,}37°$

b) $\cos\gamma = \frac{\left|\begin{pmatrix}1\\6\\2\end{pmatrix}\cdot\begin{pmatrix}2\\-3\\6\end{pmatrix}\right|}{\sqrt{41\cdot 7}} = \frac{4}{7\sqrt{41}}$, $\gamma \approx 84{,}88°$

c) $\cos\gamma = \frac{\left|\begin{pmatrix}1\\2\\8\end{pmatrix}\cdot\begin{pmatrix}1\\0\\0\end{pmatrix}\right|}{\sqrt{69}} = \frac{1}{\sqrt{69}}$, $\gamma \approx 83{,}09°$

13. a) E_0: $\left(\vec{x} - \begin{pmatrix}-1\\0\\0\end{pmatrix}\right)\cdot\begin{pmatrix}1\\-1\\1\end{pmatrix} = 0$, E_1: $\left(\vec{x} - \begin{pmatrix}1\\0\\0\end{pmatrix}\right)\cdot\begin{pmatrix}1\\0\\2\end{pmatrix} = 0$, E_1 nicht parallel E_2

$E_0 \cap E_1$: E_1: $\vec{x} = \begin{pmatrix}1\\0\\0\end{pmatrix} + r\begin{pmatrix}0\\1\\0\end{pmatrix} + s\begin{pmatrix}-2\\0\\1\end{pmatrix}$, $s = 2 - r$

g: $\vec{x} = \begin{pmatrix}-3\\0\\2\end{pmatrix} + r\begin{pmatrix}2\\1\\-1\end{pmatrix}$, $\cos\gamma = \frac{\left|\begin{pmatrix}1\\-1\\1\end{pmatrix}\cdot\begin{pmatrix}1\\0\\2\end{pmatrix}\right|}{\sqrt{3\cdot 5}} = \frac{3}{\sqrt{15}} \Rightarrow \gamma \approx 39{,}23°$

b) Ansatz: $\sin 45° = \frac{\left|\begin{pmatrix}0\\1\\0\end{pmatrix}\cdot\begin{pmatrix}1\\a-1\\a+1\end{pmatrix}\right|}{\sqrt{2a^2+3}} = \frac{|a-1|}{\sqrt{2a^2+3}} \Leftrightarrow \frac{1}{\sqrt{2}} = \frac{\pm(a-1)}{\sqrt{2a^2+3}} \Rightarrow \frac{1}{2} = \frac{(a-1)^2}{2a^2+3} \Rightarrow a = -\frac{1}{4}$

14. a) hinten lin ks: (0|0|0), (0|0|3), vorne links: (0|10|0), (0|10|3), rechts: (–10|10|0), (–10|10|3) 173
Gaube: (–3|10|3), (–7|10|3), (–5|10|6), (–5|7,5|6), First: (0|5|9), (–10|5|9)
Lüfter: (–2|6|8,8), (–2|6|9,8)

E_1: $\vec{x} = \begin{pmatrix}0\\10\\3\end{pmatrix} + r\begin{pmatrix}-1\\0\\0\end{pmatrix} + s\begin{pmatrix}0\\-5\\6\end{pmatrix}$, $\left(\vec{x} - \begin{pmatrix}0\\10\\3\end{pmatrix}\right)\cdot\begin{pmatrix}0\\6\\5\end{pmatrix} = 0$

173 E_2: $\vec{x} = \begin{pmatrix}0\\0\\3\end{pmatrix} + r\begin{pmatrix}-1\\0\\0\end{pmatrix} + s\begin{pmatrix}0\\5\\6\end{pmatrix}$, $\left(\vec{x} - \begin{pmatrix}0\\0\\3\end{pmatrix}\right)\cdot\begin{pmatrix}0\\-6\\5\end{pmatrix} = 0$

E_3: $\vec{x} = \begin{pmatrix}-3\\10\\3\end{pmatrix} + r\begin{pmatrix}0\\1\\0\end{pmatrix} + s\begin{pmatrix}-2\\0\\3\end{pmatrix}$, $\left(\vec{x} - \begin{pmatrix}-3\\10\\3\end{pmatrix}\right)\cdot\begin{pmatrix}3\\0\\2\end{pmatrix} = 0$

b) $\cos\gamma = \dfrac{\begin{pmatrix}0\\6\\5\end{pmatrix}\cdot\begin{pmatrix}0\\0\\1\end{pmatrix}}{\sqrt{61}}$, $\gamma \approx 50{,}2°$

c) $\cos\gamma = \dfrac{\begin{pmatrix}3\\0\\2\end{pmatrix}\cdot\begin{pmatrix}0\\0\\1\end{pmatrix}}{\sqrt{13}}$, $\gamma \approx 56{,}3°$ ist steiler

d) E_1, E_2: $\gamma = 180° - 50{,}2° - 50{,}2° = 79{,}6°$, E_1, E_3: $\cos\gamma = \dfrac{\begin{pmatrix}0\\6\\5\end{pmatrix}\cdot\begin{pmatrix}3\\0\\2\end{pmatrix}}{\sqrt{61\cdot 13}}$, $\gamma \approx 69{,}2°$

e) g: $\vec{x} = \begin{pmatrix}-3\\10\\3\end{pmatrix} + r\begin{pmatrix}-2\\-2{,}5\\3\end{pmatrix}$, $l = \sqrt{19{,}25} \approx 4{,}39$, $\cos\gamma = \dfrac{\begin{pmatrix}-2\\-2{,}5\\3\end{pmatrix}\cdot\begin{pmatrix}1\\0\\0\end{pmatrix}}{\sqrt{19{,}25}}$, $\gamma \approx 117{,}1°$ (62,9°)

f) $\cos\gamma = \dfrac{\begin{pmatrix}-1{,}25\\1{,}25\\-1{,}5\end{pmatrix}\cdot\begin{pmatrix}0\\0\\1\end{pmatrix}}{\sqrt{5{,}375}}$, $\gamma \approx 130{,}3°$

15. a) E_{ABS}: $\vec{n} = \begin{pmatrix}0\\-2\\0{,}5\end{pmatrix}$, $\overrightarrow{LU} = \begin{pmatrix}0\\12{,}5\\2\end{pmatrix}$, $\sin\alpha = \left|\dfrac{\begin{pmatrix}0\\-2\\0{,}5\end{pmatrix}\cdot\begin{pmatrix}0\\12{,}5\\2\end{pmatrix}}{\sqrt{4{,}25\cdot 160{,}25}}\right| = \dfrac{24}{\sqrt{4{,}25\cdot 160{,}25}}$, $\alpha \approx 66{,}9°$

b) $\overrightarrow{UV}_{\text{grün}} = \begin{pmatrix}0\\5{,}5\\-2\end{pmatrix}$, $\cos\beta = \left|\dfrac{\begin{pmatrix}0\\5{,}5\\-2\end{pmatrix}\cdot\begin{pmatrix}0\\12{,}5\\2\end{pmatrix}}{\sqrt{34{,}25\cdot 160{,}25}}\right| = \dfrac{64{,}75}{\sqrt{34{,}25\cdot 160{,}25}}$, $\beta \approx 29{,}1°$

$\overrightarrow{VW}_{\text{grün}} = \begin{pmatrix}0\\10\\-8\end{pmatrix}$, $\cos\gamma = \left|\dfrac{\begin{pmatrix}0\\5{,}5\\-2\end{pmatrix}\cdot\begin{pmatrix}0\\10\\-8\end{pmatrix}}{\sqrt{34{,}25\cdot 164}}\right| = \dfrac{71}{\sqrt{34{,}25\cdot 164}}$, $\gamma \approx 18{,}7°$

c) $\cos\delta = \left|\dfrac{\begin{pmatrix}0\\5{,}5\\-2\end{pmatrix}\cdot\begin{pmatrix}0\\0\\1\end{pmatrix}}{\sqrt{34{,}25}}\right| = \dfrac{2}{\sqrt{34{,}25}}$, $\delta \approx 70°\ (110°)$ d) $\cos\gamma = \left|\dfrac{\begin{pmatrix}2\\0\\0{,}5\end{pmatrix}\cdot\begin{pmatrix}0\\2\\0{,}5\end{pmatrix}}{4{,}25}\right| = \dfrac{0{,}25}{4{,}25}$, $\gamma \approx 68{,}6°$

16. a) $\sin\gamma = \dfrac{\begin{pmatrix}2\\1\\2\end{pmatrix}\cdot\begin{pmatrix}1\\-1\\2\end{pmatrix}}{3\sqrt{6}} = \dfrac{5}{3\sqrt{6}}$, $\gamma \approx 42{,}9°$

b) $\sin\gamma = \dfrac{\begin{pmatrix}2\\1\\2\end{pmatrix}\cdot\begin{pmatrix}1\\-1\\a\end{pmatrix}}{3\sqrt{a^2+2}} = \dfrac{1+2a}{3\sqrt{a^2+2}} = \sqrt{0{,}5}$, $\dfrac{1+4a+4a^2}{9a^2+18} = 0{,}5$, $a^2 - 8a + 16 = 0$, $a = 4$

c) $\begin{pmatrix}2\\1\\2\end{pmatrix}\cdot\begin{pmatrix}1\\-1\\a\end{pmatrix} = 1 + 2a = 0$, $a = -\frac{1}{2}$, $g_{-0{,}5} \parallel E$

2. Abstandsberechnungen

1. a) 1. Lotgerade g: $\vec{x} = \begin{pmatrix} 5 \\ -5 \\ 6 \end{pmatrix} + r \begin{pmatrix} 4 \\ -4 \\ 2 \end{pmatrix}$ 2. Schnittpunkt von g und E: $F(1|-1|4)$ $(r = -1)$ 174

3. Abstand von P und F: $d = \sqrt{16+16+4} = 6$

b) 1. Lotgerade g: $\vec{x} = \begin{pmatrix} -3 \\ 7 \\ 5 \end{pmatrix} + r \begin{pmatrix} -4 \\ 5 \\ 1 \end{pmatrix}$ 2. Schnittpunkt von g und E: $F(1|2|4)$ $(r = -1)$

3. Abstand von P und F: $d = \sqrt{16+25+1} \approx 6{,}48$

2. a) E: $\left(\vec{x} - \begin{pmatrix} 1 \\ 0 \\ 3 \end{pmatrix}\right) \cdot \begin{pmatrix} 1/3 \\ 2/3 \\ 2/3 \end{pmatrix} = 0$ b) E: $\frac{1}{\sqrt{6}}\left(\vec{x} - \begin{pmatrix} 3 \\ 0 \\ 0 \end{pmatrix}\right) \cdot \begin{pmatrix} 2 \\ 1 \\ -1 \end{pmatrix} = 0$ 175

c) E: $\frac{1}{\sqrt{19}}\left(\vec{x} - \begin{pmatrix} 1 \\ 4 \\ 3 \end{pmatrix}\right) \cdot \begin{pmatrix} 1 \\ -3 \\ 3 \end{pmatrix} = 0$

3. a) A(4|2|4), B(4|4|2), C(0|4|4), S(4|4|4) 177

E: $\vec{x} = \begin{pmatrix} 4 \\ 2 \\ 4 \end{pmatrix} + r \begin{pmatrix} 0 \\ 2 \\ -2 \end{pmatrix} + s \begin{pmatrix} -4 \\ 2 \\ 0 \end{pmatrix}$, E: $\left(\vec{x} - \begin{pmatrix} 4 \\ 2 \\ 4 \end{pmatrix}\right) \cdot \begin{pmatrix} 1/3 \\ 2/3 \\ 2/3 \end{pmatrix} = 0$

$h = d(S,E) = \left| \left(\begin{pmatrix} 4 \\ 4 \\ 4 \end{pmatrix} - \begin{pmatrix} 4 \\ 2 \\ 4 \end{pmatrix} \right) \cdot \begin{pmatrix} 1/3 \\ 2/3 \\ 2/3 \end{pmatrix} \right| = \frac{4}{3}$

b) Restvolumen = $V_{\text{Würfel}} - V_{\text{Pyramide}} = 64 - \frac{1}{3} G \cdot h = 64 - \frac{1}{3} \cdot \frac{1}{2} \sqrt{8 \cdot 20 - 16} \cdot \frac{4}{3} = 61\frac{1}{3}$

c) Gerade durch O und S:

g: $\vec{x} = t \begin{pmatrix} 4 \\ 4 \\ 4 \end{pmatrix}$, $g \cap E$: $\left(\begin{pmatrix} 4t \\ 4t \\ 4t \end{pmatrix} - \begin{pmatrix} 4 \\ 2 \\ 4 \end{pmatrix} \right) \cdot \begin{pmatrix} 1 \\ 2 \\ 2 \end{pmatrix} = 0$, $t = 0{,}8$, F(3,2|3,2|3,2)

F in E: $0 < s = 0{,}2$, $r = 0{,}4 < 1$, $r + s = 0{,}6 < 1$, F liegt im Dreieck ABC.

4. a) P: $d(P,E) = \left| \frac{1}{\sqrt{6}} \left(\begin{pmatrix} 0 \\ 1 \\ 2 \end{pmatrix} - \begin{pmatrix} 0 \\ 0 \\ 4 \end{pmatrix} \right) \cdot \begin{pmatrix} 2 \\ 1 \\ 1 \end{pmatrix} \right| = \left| \frac{-1}{\sqrt{6}} \right| \approx 0{,}41$ 178

Q: $d(Q,E) = \left| \frac{1}{\sqrt{6}} \left(\begin{pmatrix} -1 \\ 2 \\ 5 \end{pmatrix} - \begin{pmatrix} 0 \\ 0 \\ 4 \end{pmatrix} \right) \cdot \begin{pmatrix} 2 \\ 1 \\ 1 \end{pmatrix} \right| = \frac{1}{\sqrt{6}} \approx 0{,}41$

R: $d(R,E) = \left| \frac{1}{\sqrt{6}} \left(\begin{pmatrix} 1 \\ 1 \\ 1 \end{pmatrix} - \begin{pmatrix} 0 \\ 0 \\ 4 \end{pmatrix} \right) \cdot \begin{pmatrix} 2 \\ 1 \\ 1 \end{pmatrix} \right| = 0 \Rightarrow R \in E$

T: $d(T,E) = \left| \frac{1}{\sqrt{6}} \left(\begin{pmatrix} 1 \\ 3 \\ 2 \end{pmatrix} - \begin{pmatrix} 0 \\ 0 \\ 4 \end{pmatrix} \right) \cdot \begin{pmatrix} 2 \\ 1 \\ 1 \end{pmatrix} \right| = \frac{3}{\sqrt{6}} \approx 1{,}22$

Q und T liegen im gleichen Halbraum (positive Vorzeichen).

c) $\frac{1}{\sqrt{6}} \left(\begin{pmatrix} 0 \\ 0 \\ 0 \end{pmatrix} - \begin{pmatrix} 0 \\ 0 \\ 4 \end{pmatrix} \right) \cdot \begin{pmatrix} 2 \\ 1 \\ 1 \end{pmatrix} = \frac{-4}{\sqrt{6}}$, O liegt auf der gleichen Seite wie P (negative Vorzeichen).

179

5. a) Lotgerade g: $\vec{x} = \begin{pmatrix}4\\6\\6\end{pmatrix} + r\begin{pmatrix}1\\2\\2\end{pmatrix}$, $g \cap E$: $r = -2$, $F(2|2|2)$, $d = \sqrt{4+16+16} = 6$

b) Lotgerade g: $\vec{x} = \begin{pmatrix}9\\0\\2\end{pmatrix} + r\begin{pmatrix}3\\4\\0\end{pmatrix}$, $g \cap E$: $r = -1$, $F(6|-4|2)$, $d = \sqrt{9+16} = 5$

c) Lotgerade g: $\vec{x} = \begin{pmatrix}6\\-1\\-5\end{pmatrix} + r\begin{pmatrix}2\\-3\\-6\end{pmatrix}$, $g \cap E$: $r = -1$, $F(4|2|1)$, $d = \sqrt{4+9+36} = 7$

d) $E: (\vec{x} - \begin{pmatrix}0\\6\\6\end{pmatrix}) \cdot \begin{pmatrix}0\\-2\\3\end{pmatrix} = 0$, $g: \vec{x} = \begin{pmatrix}2\\7\\-2\end{pmatrix} + r\begin{pmatrix}0\\-2\\3\end{pmatrix}$, $g \cap E: r = 2$, $F(2|3|4)$, $d = \sqrt{36+16} \approx 7{,}21$

6. a) E: $\vec{x} = \begin{pmatrix}1\\1\\3\end{pmatrix} + r\begin{pmatrix}1\\-2\\2\end{pmatrix} + s\begin{pmatrix}-1\\0\\2\end{pmatrix}$, E: $(\vec{x} - \begin{pmatrix}1\\1\\3\end{pmatrix}) \cdot \begin{pmatrix}2/3\\2/3\\1/3\end{pmatrix} = 0$

b) E: $\vec{x} = \begin{pmatrix}3\\4\\-1\end{pmatrix} + r\begin{pmatrix}3\\-2\\2\end{pmatrix} + s\begin{pmatrix}-3\\1\\0\end{pmatrix}$, E: $(\vec{x} - \begin{pmatrix}3\\4\\-1\end{pmatrix}) \cdot \begin{pmatrix}2/7\\6/7\\3/7\end{pmatrix} = 0$

c) E: $\vec{x} = \begin{pmatrix}7\\3\\2\end{pmatrix} + r\begin{pmatrix}4\\-2\\0\end{pmatrix} + s\begin{pmatrix}2\\-2\\1\end{pmatrix}$, E: $(\vec{x} - \begin{pmatrix}7\\3\\2\end{pmatrix}) \cdot \begin{pmatrix}1/3\\2/3\\2/3\end{pmatrix} = 0$

7. a) E: $(\vec{x} - \begin{pmatrix}3\\0\\2\end{pmatrix}) \cdot \begin{pmatrix}6/7\\3/7\\2/7\end{pmatrix} = 0$, $d(P,E) = 7$, $d(Q,E) = 3$

b) E: $(\vec{x} - \begin{pmatrix}8\\0\\0\end{pmatrix}) \cdot \begin{pmatrix}1/3\\-2/3\\2/3\end{pmatrix} = 0$, $d(P,E) = 3$, $d(Q,E) = 6$

c) E: $(\vec{x} - \begin{pmatrix}6\\0\\0\end{pmatrix}) \cdot \begin{pmatrix}2/7\\3/7\\6/7\end{pmatrix} = 0$, $d(P,E) = 5$, $d(Q,E) = 7$

d) E: $(\vec{x} - \begin{pmatrix}6\\-2\\2\end{pmatrix}) \cdot \begin{pmatrix}3/5\\4/5\\0\end{pmatrix} = 0$, $d(P,E) = 3{,}6$, $d(Q,E) = 0$, $Q \in E$

e) E: $(\vec{x} - \begin{pmatrix}2\\2\\0\end{pmatrix}) \cdot \begin{pmatrix}6/11\\9/11\\2/11\end{pmatrix} = 0$, $d(P,E) = 11$, $d(Q,E) = 11$

f) E: $(\vec{x} - \begin{pmatrix}3\\2\\-2\end{pmatrix}) \cdot \begin{pmatrix}6/19\\-6/19\\17/19\end{pmatrix} = 0$, $d(P,E) = 16$, $d(Q,E) = 20$

8. a) E: $\vec{x} = \begin{pmatrix}7\\1\\0\end{pmatrix} + r\begin{pmatrix}0\\6\\2\end{pmatrix} + s\begin{pmatrix}-6\\6\\4\end{pmatrix}$, E: $\frac{1}{\sqrt{11}}(\vec{x} - \begin{pmatrix}7\\1\\0\end{pmatrix}) \cdot \begin{pmatrix}-1\\1\\-3\end{pmatrix} = 0$, $h = d(S,E) = \frac{11}{\sqrt{11}} \approx 3{,}32$

b) $A = \sqrt{\begin{pmatrix}0\\6\\2\end{pmatrix}^2 \cdot \begin{pmatrix}-6\\0\\2\end{pmatrix}^2 - (\begin{pmatrix}0\\6\\2\end{pmatrix} \cdot \begin{pmatrix}-6\\0\\2\end{pmatrix})^2} = \sqrt{1584} \approx 39{,}8$ (ABCD ist ein Parallelogramm)

$V = \frac{1}{3} A \cdot h = \frac{1}{3} \cdot \sqrt{1584} \cdot \frac{11}{\sqrt{11}} = 44$

c) Lotgerade g: $\vec{x} = \begin{pmatrix}7\\2\\4\end{pmatrix} + r\begin{pmatrix}-1\\1\\-3\end{pmatrix}$, $g \cap E$: $r = 1$, $F(6|3|1)$

9. a) E: $(\vec{x} - \begin{pmatrix}0\\3\\-1\end{pmatrix})\cdot\begin{pmatrix}2/3\\-2/3\\1/3\end{pmatrix} = 0$, $d(P,E) = |-\frac{8}{3}|$, $d(Q,E) = |\frac{10}{3}|$, $d(O,E) = |\frac{7}{3}|$ 179

P und Q liegen in verschiedenen Halbräumen bezüglich E (verschiedene Vorzeichen).
O und Q liegen im gleichen Halbraum bezüglich E.

b) E: $(\vec{x} - \begin{pmatrix}2\\0\\0\end{pmatrix})\cdot\begin{pmatrix}6/7\\-2/7\\3/7\end{pmatrix} = 0$, $d(P,E) = |\frac{4}{7}|$, $d(Q,E) = |\frac{4}{7}|$, $d(O,E) = |\frac{-12}{7}|$

P und Q liegen im gleichen Halbraum bezüglich E.
O liegt im anderen Halbraum als Q und P.

10. a) Parallelität: $\begin{pmatrix}1\\6\\2\end{pmatrix}\cdot\begin{pmatrix}6\\-2\\3\end{pmatrix} = 0$, E: $(\vec{x} - \begin{pmatrix}0\\-2\\1\end{pmatrix})\cdot\begin{pmatrix}6/7\\-2/7\\3/7\end{pmatrix} = 0$, $d(g,E) = 7$ 180

b) Parallelität: $\begin{pmatrix}-4\\3\\2\end{pmatrix}\cdot\begin{pmatrix}2\\2\\1\end{pmatrix} = 0$, E: $(\vec{x} - \begin{pmatrix}0\\0\\5\end{pmatrix})\cdot\begin{pmatrix}2/3\\2/3\\1/3\end{pmatrix} = 0$, $d(g,E) = 3$

c) Parallelität: $\begin{pmatrix}4\\2\\-4\end{pmatrix} = -2\begin{pmatrix}-2\\-1\\2\end{pmatrix}$, $E \parallel F$, $E: (\vec{x} - \begin{pmatrix}4\\0\\0\end{pmatrix})\cdot\begin{pmatrix}2/3\\1/3\\-2/3\end{pmatrix} = 0$, $P(13\,|\,0\,|\,0) \in F$, $d(P,E) = 6$

d) Parallelität: $\begin{pmatrix}12\\-5\\13\end{pmatrix} = 2\begin{pmatrix}6\\-2{,}5\\6{,}5\end{pmatrix}$, $E \parallel F$

E: $\frac{1}{\sqrt{338}}(\vec{x} - \begin{pmatrix}-17\\0\\0\end{pmatrix})\cdot\begin{pmatrix}12\\-5\\13\end{pmatrix} = 0$, $P(9|0|2) \in F$, $d(P,E) = \sqrt{338} \approx 18{,}38$

11. a) 1. Normalengleichung von g: g: $(\vec{x} - \begin{pmatrix}2\\1\end{pmatrix})\cdot\begin{pmatrix}-1\\1\end{pmatrix} = 0$ 182

2. Hesse´sche Normalengleichung von g: g: $\frac{1}{\sqrt{2}}(\vec{x} - \begin{pmatrix}2\\1\end{pmatrix})\cdot\begin{pmatrix}-1\\1\end{pmatrix} = 0$

3. Abstandsberechnung: $d = |\frac{1}{\sqrt{2}}(\begin{pmatrix}6\\-1\end{pmatrix} - \begin{pmatrix}2\\1\end{pmatrix})\cdot\begin{pmatrix}-1\\1\end{pmatrix}| = |\frac{-6}{\sqrt{2}}| \approx 4{,}24$

b) g: $\frac{1}{\sqrt{5}}(\vec{x} - \begin{pmatrix}0\\3\end{pmatrix})\cdot\begin{pmatrix}1\\2\end{pmatrix}| = 0$, $d = \frac{10}{\sqrt{5}} \approx 4{,}47$

c) g: $\frac{1}{\sqrt{10}}(\vec{x} - \begin{pmatrix}3\\4\end{pmatrix})\cdot\begin{pmatrix}1\\3\end{pmatrix}| = 0$, $d = \frac{15}{\sqrt{10}} \approx 4{,}74$

12. a) 1. Hilfsebene H: $(H \perp g, P \in H)$ H: $(\vec{x} - \begin{pmatrix}4\\6\\-2\end{pmatrix})\cdot\begin{pmatrix}-1\\1\\1\end{pmatrix}| = 0$

2. Lotfußpunkt F: $g \cap H$: $(\begin{pmatrix}4-r\\r\\1+r\end{pmatrix} - \begin{pmatrix}4\\6\\-2\end{pmatrix})\cdot\begin{pmatrix}-1\\1\\1\end{pmatrix}| = 0$, $r = 1 \Rightarrow$ F(3|1|2)

3. Abstand von P und F: $g \cap H$: $d = |\begin{pmatrix}3\\1\\2\end{pmatrix} - \begin{pmatrix}4\\6\\-2\end{pmatrix}| = \sqrt{1+25+16} = \sqrt{42} \approx 6{,}48$

b) H: $(\vec{x} - \begin{pmatrix}2\\1\\8\end{pmatrix})\cdot\begin{pmatrix}-4\\4\\2\end{pmatrix}| = 0$, $g \cap H$: $r = \frac{1}{2}$, F(2|4|2), $d = \sqrt{45} \approx 6{,}71$

c) H: $(\vec{x} - \begin{pmatrix}0\\0\\0\end{pmatrix})\cdot\begin{pmatrix}5\\-5\\0\end{pmatrix}| = 0$, $g \cap H$: $r = \frac{2}{5}$, F(6|6|7), $d = \sqrt{121} = 11$

182 13. Geradengleichung von g: A(9|0|0), M(0|9|4,5), g: $\vec{x}=\begin{pmatrix}9\\0\\0\end{pmatrix}+r\begin{pmatrix}-9\\9\\4,5\end{pmatrix}$

Abstand von E zu g: $E_1 \perp g$, $E(9|0|9) \in E_1$: $\left(\vec{x}-\begin{pmatrix}9\\0\\9\end{pmatrix}\right)\cdot\begin{pmatrix}-9\\9\\4,5\end{pmatrix}=0$, $g \cap E_1$: $r=\frac{2}{9}$

$F(7|2|1)$, $d=\left|\begin{pmatrix}7\\2\\1\end{pmatrix}-\begin{pmatrix}9\\0\\9\end{pmatrix}\right|=\sqrt{72}\approx 8,49$

Abstand von H zu g: $E_2 \perp g$, $H(0|0|9) \in E_2$: $\left(\vec{x}-\begin{pmatrix}0\\0\\9\end{pmatrix}\right)\cdot\begin{pmatrix}-9\\9\\4,5\end{pmatrix}=0$, $g \cap E_2$: $r=\frac{6}{9}$

$F(3|6|3)$, $d=\left|\begin{pmatrix}3\\6\\3\end{pmatrix}-\begin{pmatrix}0\\0\\9\end{pmatrix}\right|=\sqrt{81}=9$

Abstand von C zu g: $E_3 \perp g$, $C(0|9|0) \in E_3$: $\left(\vec{x}-\begin{pmatrix}0\\9\\0\end{pmatrix}\right)\cdot\begin{pmatrix}-9\\9\\4,5\end{pmatrix}=0$, $g \cap E_3$: $r=\frac{8}{9}$

$F(1|8|4)$, $d=\left|\begin{pmatrix}1\\8\\4\end{pmatrix}-\begin{pmatrix}0\\9\\0\end{pmatrix}\right|=\sqrt{18}\approx 4,24$

183 14. a) I. $\overrightarrow{AB}=\begin{pmatrix}6\\-8\\0\end{pmatrix}$, $\overrightarrow{CD}=\begin{pmatrix}6\\-8\\0\end{pmatrix}$, II. $\overrightarrow{AB}=\begin{pmatrix}2\\4\\-4\end{pmatrix}$, $\overrightarrow{CD}=\begin{pmatrix}4\\8\\-8\end{pmatrix}$

b) $\overrightarrow{AB}=\begin{pmatrix}4\\6\\1\end{pmatrix}$, $\overrightarrow{DC}=\begin{pmatrix}4\\6\\1\end{pmatrix}$, $\overrightarrow{BC}=\begin{pmatrix}-2\\1\\2\end{pmatrix}$, $\overrightarrow{AD}=\begin{pmatrix}-2\\1\\2\end{pmatrix}$

$$A=\sqrt{\begin{pmatrix}4\\6\\1\end{pmatrix}^2\cdot\begin{pmatrix}-2\\1\\2\end{pmatrix}^2-\left(\begin{pmatrix}4\\6\\1\end{pmatrix}\cdot\begin{pmatrix}-2\\1\\2\end{pmatrix}\right)^2}=\sqrt{477}\approx 21,84$$

184 15. a) F(7|6|4), G(4|5|5), H(5|2|4)

b) 1. Im Drachen sind die Diagonalen orthogonal: $\overrightarrow{AC}\cdot\overrightarrow{BD}=\begin{pmatrix}-6\\3\\3\end{pmatrix}\cdot\begin{pmatrix}-2\\-4\\0\end{pmatrix}=0$

2. Eine Diagonale wird von der anderen halbiert: Mittelpunkt von BD sei M.

$\vec{m}=\begin{pmatrix}5\\5\\2\end{pmatrix}+\frac{1}{2}\begin{pmatrix}-2\\-4\\0\end{pmatrix}=\begin{pmatrix}4\\3\\2\end{pmatrix}$ in g_{AC}: $\vec{x}=\begin{pmatrix}8\\1\\0\end{pmatrix}+r\begin{pmatrix}-6\\3\\3\end{pmatrix}$ mit $r=\frac{2}{3}$ erfüllt

c) T: $\vec{x}=\begin{pmatrix}8\\1\\0\end{pmatrix}+r\begin{pmatrix}-6\\3\\3\end{pmatrix}+s\begin{pmatrix}-3\\1\\4\end{pmatrix}$, $\left(\vec{x}-\begin{pmatrix}8\\1\\0\end{pmatrix}\right)\cdot\begin{pmatrix}3\\5\\1\end{pmatrix}=0$

d) $d(F;T)=\left(\begin{pmatrix}7\\6\\4\end{pmatrix}-\begin{pmatrix}8\\1\\0\end{pmatrix}\right)\cdot\begin{pmatrix}3\\5\\1\end{pmatrix}\cdot\frac{1}{\sqrt{35}}=\frac{26}{\sqrt{35}}\approx 4,39$

e) E_{ABC}: $\vec{x}=\begin{pmatrix}8\\1\\0\end{pmatrix}+r\begin{pmatrix}-3\\4\\2\end{pmatrix}+s\begin{pmatrix}-6\\3\\3\end{pmatrix}$, $\left(\vec{x}-\begin{pmatrix}8\\1\\0\end{pmatrix}\right)\cdot\begin{pmatrix}2\\-1\\5\end{pmatrix}=0$

$d(E;E_{ABC})=\left(\begin{pmatrix}10\\2\\2\end{pmatrix}-\begin{pmatrix}8\\1\\0\end{pmatrix}\right)\cdot\begin{pmatrix}2\\-1\\5\end{pmatrix}\cdot\frac{1}{\sqrt{30}}=\frac{13}{\sqrt{30}}\approx 2,37$

$V=A\cdot h$, $A=\sqrt{\begin{pmatrix}-3\\4\\2\end{pmatrix}^2\cdot\begin{pmatrix}-6\\3\\3\end{pmatrix}^2-\left(\begin{pmatrix}-3\\4\\2\end{pmatrix}\cdot\begin{pmatrix}-6\\3\\3\end{pmatrix}\right)^2}=\sqrt{270}\approx 16,43$, $V=39$

184

16. b) E: $\vec{x}=r\begin{pmatrix}1\\0\\0\end{pmatrix}+s\begin{pmatrix}2\\6\\3\end{pmatrix}$, $\vec{x}\cdot\begin{pmatrix}0\\-1\\2\end{pmatrix}=0$

a)

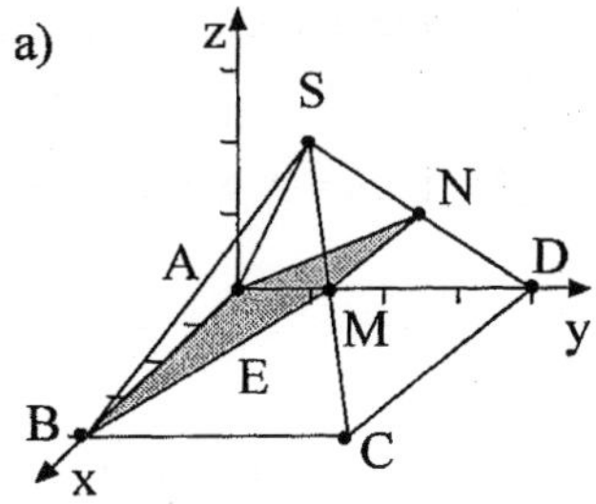

c) $d(C;E)=\left|\begin{pmatrix}8\\8\\0\end{pmatrix}\cdot\begin{pmatrix}0\\-1\\2\end{pmatrix}\cdot\frac{1}{\sqrt{5}}\right|=\frac{8}{\sqrt{5}}\approx 3{,}58$

$d(D;E)=\left|\begin{pmatrix}0\\8\\0\end{pmatrix}\cdot\begin{pmatrix}0\\-1\\2\end{pmatrix}\cdot\frac{1}{\sqrt{5}}\right|=\frac{8}{\sqrt{5}}\approx 3{,}58$

$d(S;E)=\left|\begin{pmatrix}4\\4\\6\end{pmatrix}\cdot\begin{pmatrix}0\\-1\\2\end{pmatrix}\cdot\frac{1}{\sqrt{5}}\right|=\frac{8}{\sqrt{5}}\approx 3{,}58$

d) $M(6|6|3)$, $\overrightarrow{MN}=\begin{pmatrix}-4\\0\\0\end{pmatrix}$, $\overrightarrow{CD}=\begin{pmatrix}-8\\0\\0\end{pmatrix}$, $2\cdot\overrightarrow{MN}=\overrightarrow{CD}$

Ebene T $\perp$ $\overrightarrow{CD}$ durch M: $\left(\vec{x}-\begin{pmatrix}6\\6\\3\end{pmatrix}\right)\cdot\begin{pmatrix}-8\\0\\0\end{pmatrix}=0$, g_{CD}: $\vec{x}=\begin{pmatrix}8\\8\\0\end{pmatrix}+r\begin{pmatrix}-8\\0\\0\end{pmatrix}$

g_{CD} in E: $\begin{pmatrix}2-8r\\2\\-3\end{pmatrix}\cdot\begin{pmatrix}-8\\0\\0\end{pmatrix}=16-64r=0$, $r=\frac{1}{4}$, $F(6|8|0)$, $d(F;M)=\sqrt{13}\approx 3{,}61$

$A=\frac{a+c}{2}\cdot h=\frac{8+4}{2}\cdot\sqrt{13}\approx 21{,}63$

e) $\overrightarrow{CS}=\begin{pmatrix}-4\\-4\\6\end{pmatrix}$, $\sin\gamma=\frac{\begin{pmatrix}-4\\-4\\6\end{pmatrix}\cdot\begin{pmatrix}0\\-1\\2\end{pmatrix}}{\sqrt{68\cdot 5}}$, $\gamma\approx 60{,}2°$

17. b) E: $\vec{x}=\begin{pmatrix}7\\3\\1\end{pmatrix}+r\begin{pmatrix}4\\-2\\3\end{pmatrix}+s\begin{pmatrix}1\\2\\2\end{pmatrix}$, $\left(\vec{x}-\begin{pmatrix}7\\3\\1\end{pmatrix}\right)\cdot\begin{pmatrix}2\\1\\-2\end{pmatrix}=0$

a)

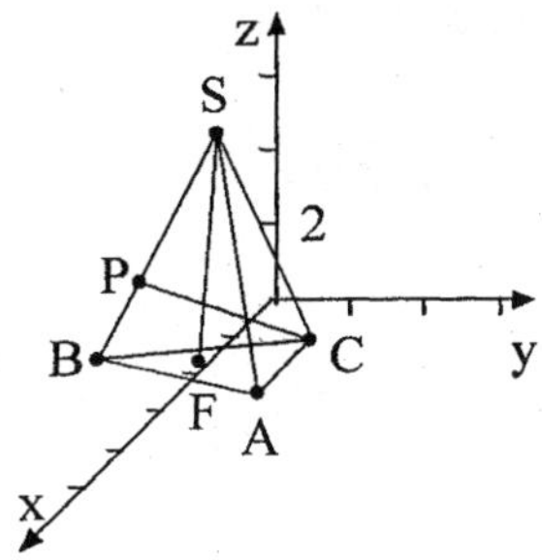

c) $h=d(S;E)=\left|\left(\begin{pmatrix}5\\1\\7\end{pmatrix}-\begin{pmatrix}7\\3\\1\end{pmatrix}\right)\cdot\begin{pmatrix}2\\1\\-2\end{pmatrix}\cdot\frac{1}{3}\right|=\frac{18}{3}=6$

g_S: $\vec{x}=\begin{pmatrix}5\\1\\7\end{pmatrix}+r\begin{pmatrix}2\\1\\-2\end{pmatrix}$ in E: $\begin{pmatrix}-2+2r\\-2+r\\6-2r\end{pmatrix}\cdot\begin{pmatrix}2\\1\\-2\end{pmatrix}=-18+9r=0$, $r=2$

$F(9|3|3)$, $h=\sqrt{16+4+16}=6$

d) E_C: $\left(\vec{x}-\begin{pmatrix}8\\5\\3\end{pmatrix}\right)\cdot\begin{pmatrix}-6\\0\\3\end{pmatrix}=0$, g_{BS}: $\vec{x}=\begin{pmatrix}11\\1\\4\end{pmatrix}+r\begin{pmatrix}-6\\0\\3\end{pmatrix}$ in E_C: $r=\frac{1}{3}$, $P(9|1|5)$, $d(P;C)=\sqrt{21}$

e) $\sin\gamma=\left|\frac{\begin{pmatrix}-6\\0\\3\end{pmatrix}\cdot\begin{pmatrix}2\\1\\-2\end{pmatrix}}{3\sqrt{45}}\right|=\frac{6}{\sqrt{45}}$, $\gamma\approx 63{,}4°$

18. a) $C(11|6|4)$, $F(9|4|12)$, $G(13|2|8)$, $H(9|-2|6)$

b) T: $\vec{x}=\begin{pmatrix}7\\8\\8\end{pmatrix}+r\begin{pmatrix}0\\-6\\-6\end{pmatrix}+s\begin{pmatrix}-2\\-8\\2\end{pmatrix}$, $\left(\vec{x}-\begin{pmatrix}7\\8\\8\end{pmatrix}\right)\cdot\begin{pmatrix}5\\-1\\1\end{pmatrix}=0$, $d(A;T)=\begin{pmatrix}-4\\-4\\-2\end{pmatrix}\cdot\begin{pmatrix}5\\-1\\1\end{pmatrix}\cdot\frac{1}{\sqrt{27}}\approx 3{,}46$

c) g_{DE}: $\vec{x}=\begin{pmatrix}7\\2\\2\end{pmatrix}+r\begin{pmatrix}-2\\-2\\8\end{pmatrix}$, E_B: $\left(\vec{x}-\begin{pmatrix}7\\8\\8\end{pmatrix}\right)\cdot\begin{pmatrix}-2\\-2\\8\end{pmatrix}=0$, $\begin{pmatrix}-2r\\-6-2r\\-6+8r\end{pmatrix}\cdot\begin{pmatrix}-2\\-2\\8\end{pmatrix}=-36+72r$, $S(6|1|6)$

$d(S;B)=\sqrt{54}\approx 7{,}35$

d) $G=\frac{1}{2}\sqrt{\begin{pmatrix}0\\-6\\-6\end{pmatrix}^2\cdot\begin{pmatrix}-2\\-8\\2\end{pmatrix}^2-\left(\begin{pmatrix}0\\-6\\-6\end{pmatrix}\cdot\begin{pmatrix}-2\\-8\\2\end{pmatrix}\right)^2}=\frac{1}{2}\sqrt{3888}\approx 31{,}18$, $V=\frac{31{,}18\cdot 3{,}46}{3}\approx 36$

185 19. a) $d(P;E)=\left|\left(\begin{pmatrix}6{,}2\\6{,}2\\0{,}3\end{pmatrix}-\begin{pmatrix}10\\0\\10\end{pmatrix}\right)\cdot\begin{pmatrix}5\\5\\1\end{pmatrix}\cdot\frac{1}{\sqrt{51}}\right|\approx 0{,}32$ $\Rightarrow$ kein Alarm bis zum Punkt P.

$d(Q;E)=\left|\left(\begin{pmatrix}6{,}1\\6{,}1\\0{,}3\end{pmatrix}-\begin{pmatrix}10\\0\\10\end{pmatrix}\right)\cdot\begin{pmatrix}5\\5\\1\end{pmatrix}\cdot\frac{1}{\sqrt{51}}\right|\approx 0{,}18$ $\Rightarrow$ Alarmauslösung zwischen P und Q.

b) $R(x|x|0{,}3)$: $\begin{pmatrix}x-10\\x\\-9{,}7\end{pmatrix}\cdot\begin{pmatrix}5\\5\\1\end{pmatrix}\cdot\frac{1}{\sqrt{51}}=0{,}30\Rightarrow\quad(10x-59{,}7)\cdot\frac{1}{\sqrt{51}}=0{,}30\Rightarrow\quad x\approx 6{,}18$

Bei $R(6{,}18|6{,}18|0{,}3)$ beträgt der Abstand 0,30 m. Dort wird der Alarm ausgelöst.

20. a) G: $\vec{x}=\begin{pmatrix}0\\0\\-20\end{pmatrix}+r\begin{pmatrix}50\\50\\5\end{pmatrix}+s\begin{pmatrix}0\\50\\5\end{pmatrix},\quad \vec{n}=\begin{pmatrix}0\\-1\\10\end{pmatrix},\quad \left(\vec{x}-\begin{pmatrix}0\\0\\-20\end{pmatrix}\right)\cdot\begin{pmatrix}0\\-1\\10\end{pmatrix}=0$

b) $d(A;G)=\begin{pmatrix}50\\50\\20\end{pmatrix}\cdot\begin{pmatrix}0\\-1\\10\end{pmatrix}\cdot\frac{1}{\sqrt{101}}=14{,}93,\quad d(B;G)=\begin{pmatrix}75\\75\\20\end{pmatrix}\cdot\begin{pmatrix}0\\-1\\10\end{pmatrix}\cdot\frac{1}{\sqrt{101}}=12{,}44$

Wassertiefe: Jeweils Geraden senkrecht zur Wasseroberfläche:

$g_A:\ \vec{x}=\begin{pmatrix}50\\50\\0\end{pmatrix}+r\begin{pmatrix}0\\0\\-1\end{pmatrix}$; in G: $\begin{pmatrix}50\\50\\20-r\end{pmatrix}\cdot\begin{pmatrix}0\\-1\\10\end{pmatrix}=150-10r=0,\quad r=15$

$F_A(50|50|-15)$, Wassertiefe bei A: 15m

$g_B:\ \vec{x}=\begin{pmatrix}75\\75\\0\end{pmatrix}+r\begin{pmatrix}0\\0\\-1\end{pmatrix}$; in G: $\begin{pmatrix}75\\75\\20-r\end{pmatrix}\cdot\begin{pmatrix}0\\-1\\10\end{pmatrix}=125-10r=0,\quad r=12{,}5$

$F_B(75|75|-12{,}5)$, Wassertiefe bei B: 12,5m

c) $C(x|x|0)$: $\left|\begin{pmatrix}x\\x\\20\end{pmatrix}\cdot\begin{pmatrix}0\\-1\\10\end{pmatrix}\cdot\frac{1}{\sqrt{101}}\right|=2\Rightarrow\quad\frac{-x+200}{\sqrt{101}}=2\Rightarrow\quad x\approx 179{,}9\Rightarrow\quad C(179{,}9|179{,}9|0)$

21. a) $E_{Berg}:\ \vec{x}=\begin{pmatrix}0\\5\\0\end{pmatrix}+r\begin{pmatrix}5\\5\\2\end{pmatrix}+s\begin{pmatrix}10\\5\\2\end{pmatrix};\quad \vec{n}=\begin{pmatrix}0\\-2\\5\end{pmatrix},\quad E:\left(\vec{x}-\begin{pmatrix}0\\5\\0\end{pmatrix}\right)\cdot\begin{pmatrix}0\\-2\\5\end{pmatrix}=0$

b) $d(A;E)=\left[\begin{pmatrix}1\\6\\1\end{pmatrix}-\begin{pmatrix}0\\5\\0\end{pmatrix}\right]\cdot\begin{pmatrix}0\\-2\\5\end{pmatrix}\cdot\frac{1}{\sqrt{29}}\approx 0{,}56\text{km},\quad d(B;E)=\left[\begin{pmatrix}2\\7\\1\end{pmatrix}-\begin{pmatrix}0\\5\\0\end{pmatrix}\right]\cdot\begin{pmatrix}0\\-2\\5\end{pmatrix}\cdot\frac{1}{\sqrt{29}}\approx 0{,}19\text{km}$

c) 1. Der Helikopter fliegt auf der Geraden $g:\ \vec{x}=\begin{pmatrix}2\\7\\1\end{pmatrix}+r\begin{pmatrix}1\\1\\0\end{pmatrix}$. Er durchfliegt also die Punkte $C(2+r|7+r|1)$. Ansatz:

$d(C,E)=0{,}1\Rightarrow\quad\begin{pmatrix}2+r\\2+r\\1\end{pmatrix}\cdot\begin{pmatrix}0\\-2\\5\end{pmatrix}\cdot\frac{1}{\sqrt{29}}=0{,}1\Rightarrow\quad r=0{,}23\Rightarrow\quad C(2{,}23|7{,}23|1)$

ist der Punkt des Kurswechsels.

2. Der neus Kurs muss parallel zur Bergebene verlaufen. Sein Richtungsvektor $\vec{m}=\begin{pmatrix}1\\1\\x\end{pmatrix}$ muss daher zum Normalenvektor $\vec{n}=\begin{pmatrix}0\\-2\\5\end{pmatrix}$ der Bergebene orthogonal sein. Daher $\vec{m}=\begin{pmatrix}1\\1\\0{,}4\end{pmatrix}$. Der Kurs lautet dann: $h:\ \vec{x}=\begin{pmatrix}2\\7\\1\end{pmatrix}+s\begin{pmatrix}1\\1\\0{,}4\end{pmatrix}$.

22. a) Abstand der Fronten: $d(E_A;E_B) = D(A;E_B) = \left| \left(\begin{pmatrix} 250 \\ -230 \\ 3 \end{pmatrix} - \begin{pmatrix} -95 \\ 410 \\ 4 \end{pmatrix} \right) \cdot \begin{pmatrix} -1 \\ 2 \\ 0 \end{pmatrix} \cdot \frac{1}{\sqrt{5}} \right| \approx 727$ km 186

b) 1. Geschwindigkeit der Fronten: $d(A;A') = \sqrt{20^2 + 40^2} \approx 44{,}72$, $v_A = 44{,}72\,\frac{\text{km}}{\text{h}}$

$d(B;B') = \sqrt{30^2 + 60^2} \approx 67{,}08$, $v_B = 67{,}08\,\frac{\text{km}}{\text{h}}$

2. Abstand der Fronten: $d(E_{A'};E_{B'}) = D(A';E_{B'}) = \left| \left(\begin{pmatrix} 230 \\ -190 \\ 3 \end{pmatrix} - \begin{pmatrix} -65 \\ 350 \\ 4 \end{pmatrix} \right) \cdot \begin{pmatrix} -1 \\ 2 \\ 0 \end{pmatrix} \cdot \frac{1}{\sqrt{5}} \right| \approx 615$ km

3. Zeit bis zum Aufeinandertreffen der Fronten:
$v_{gesamt} = 44{,}72 + 67{,}08 = 111{,}8$ km/h, $t = \frac{615}{111{,}8} \approx 5{,}5$ Stunden
Nach ca. 5,5 weiteren Stunden treffen die Fronten aufeinander.

23. Anflugroute g: $\vec{x} = \begin{pmatrix} 2 \\ 0 \\ 2 \end{pmatrix} + r \begin{pmatrix} 4 \\ 10 \\ -2 \end{pmatrix}$; Ebene $\perp$ zu g durch S: E_S: $\left(\vec{x} - \begin{pmatrix} 0 \\ 3{,}5 \\ 0{,}5 \end{pmatrix}\right) \cdot \begin{pmatrix} 4 \\ 10 \\ -2 \end{pmatrix} = 0$

g in E_S: $\begin{pmatrix} 2+4r \\ -3{,}5+10r \\ 1{,}5-2r \end{pmatrix} \cdot \begin{pmatrix} 4 \\ 10 \\ -2 \end{pmatrix} = -30 + 120r = 0 \Rightarrow \quad r = \frac{1}{4} \Rightarrow$ $F(3\,|\,2{,}5\,|\,1{,}5)$ ist Schnittpunkt

$d(F;S) = \sqrt{3^2 + 1^1 + 1^2} = \sqrt{11} \approx 3{,}32$km

Der Abstand von S zur Anflugroute beträgt etwa 3,32 km.

24. a) $\overrightarrow{AA'} = \begin{pmatrix} 400 \\ 600 \\ -50 \end{pmatrix}$, $\overrightarrow{BB'} = \begin{pmatrix} 200 \\ 300 \\ -25 \end{pmatrix} \Rightarrow \overrightarrow{AA'} \parallel \overrightarrow{BB'}$

b) g: $\vec{x} = \begin{pmatrix} 1220 \\ 2450 \\ 150 \end{pmatrix} + r \begin{pmatrix} 400 \\ 600 \\ -50 \end{pmatrix}$ ist die Gerade durch A und A'.

E_B: $\left(\vec{x} - \begin{pmatrix} 1405 \\ 2760 \\ 125 \end{pmatrix}\right) \cdot \begin{pmatrix} 400 \\ 600 \\ -50 \end{pmatrix} = 0$ ist eine zu g orthogonale Ebene, die B enthält.

g in E_B: $\begin{pmatrix} -185+400r \\ -310+600r \\ 25-50r \end{pmatrix} \cdot \begin{pmatrix} 400 \\ 600 \\ -50 \end{pmatrix} = 0 \Rightarrow -261250 + 522500r = 0 \Rightarrow r = 0{,}5 \Rightarrow$, $F(1420|2750|125)$

$d(F;B) = \sqrt{15^2 + 10^2} = \sqrt{325} \approx 18{,}03 \Rightarrow$ Der Abstand der Flugbahnen beträgt 18,03m.

c) 18,03m – 14m = 4,03m beträgt der Abstand der Flügelspitzen.

d) Ebene $E_S \perp$ zu g durch S, E_S: $\left(\vec{x} - \begin{pmatrix} 3 \\ 638 \\ 20 \end{pmatrix}\right) \cdot \begin{pmatrix} 400 \\ 600 \\ -50 \end{pmatrix} = 0$

g in E_S: $\left(\begin{pmatrix} 1217+400r \\ 1812+600r \\ 130-50r \end{pmatrix}\right) \cdot \begin{pmatrix} 400 \\ 600 \\ -50 \end{pmatrix} = 0 \Rightarrow 1567500 + 522500r = 0 \Rightarrow r = -3$, $T(20\,|\,650\,|\,300)$

$d(T;S) = \sqrt{17^2 + 12^2 + 280^2} \approx 280{,}77$m

Die kürzeste Entfernung des Flugzeuges vom Kontrollturm beträgt 280,77m.

188 25. Die Richtungsvektoren von g und h sind nicht kollinear, g und h sind nicht parallel. Gleichsetzen der Terme von g und h ergibt einen Widerspruch, also sind g und h windschief.
Normaleneinheitsvektor:

$$\vec{n}\cdot\begin{pmatrix}-6\\2\\1\end{pmatrix}=-6x+2y+z=0,\quad \vec{n}\cdot\begin{pmatrix}4\\1\\-3\end{pmatrix}=4x+y-3z=0,\quad \vec{n}\cdot\begin{pmatrix}1\\2\\2\end{pmatrix},\quad \vec{n}_0\cdot\begin{pmatrix}1/3\\2/3\\2/3\end{pmatrix}$$

Abstand: $d=|(\vec{p}-\vec{q})\cdot\vec{n}_0|=\left|\left(\begin{pmatrix}9\\3\\8\end{pmatrix}-\begin{pmatrix}4\\2\\1\end{pmatrix}\right)\cdot\begin{pmatrix}1/3\\2/3\\2/3\end{pmatrix}\right|=\begin{pmatrix}5\\1\\7\end{pmatrix}\cdot\begin{pmatrix}1\\2\\2\end{pmatrix}\cdot\frac{1}{3}=7$

26. a) Die Richtungsvektoren von g und h sind nicht kollinear, g und h sind nicht parallel. Gleichsetzen der Terme von g und h liefert einen Widerspruch, g und h sind windschief.

$$\vec{n}=\begin{pmatrix}1\\2\\9\end{pmatrix},\quad \vec{n}_0=\frac{1}{\sqrt{86}}\begin{pmatrix}1\\2\\9\end{pmatrix},\quad d=|(\vec{p}-\vec{q})\cdot\vec{n}_0|=\left|\left(\begin{pmatrix}0\\6\\0\end{pmatrix}-\begin{pmatrix}0\\3\\4\end{pmatrix}\right)\cdot\begin{pmatrix}1\\2\\9\end{pmatrix}\cdot\frac{1}{\sqrt{86}}\right|=\frac{30}{\sqrt{86}}\approx 3{,}23$$

b) Eine Überprüfung wie oben zeigt, dass g und h windschief sind.

$$\vec{n}=\begin{pmatrix}2\\-3\\-6\end{pmatrix},\quad \vec{n}_0=\frac{1}{7}\begin{pmatrix}2\\-3\\-6\end{pmatrix},\quad d=|(\vec{p}-\vec{q})\cdot\vec{n}_0|=\left|\left(\begin{pmatrix}0\\3\\1\end{pmatrix}-\begin{pmatrix}4\\6\\9\end{pmatrix}\right)\cdot\begin{pmatrix}2\\-3\\-6\end{pmatrix}\cdot\frac{1}{7}\right|=\frac{49}{7}=7$$

27. $\overline{AB}=g\colon\ \vec{x}=\begin{pmatrix}-2\\8\\-2\end{pmatrix}+r\begin{pmatrix}4\\-16\\4\end{pmatrix},\quad \overline{CD}=h\colon\ \vec{x}=\begin{pmatrix}0\\-2\\10\end{pmatrix}+s\begin{pmatrix}6\\6\\-9\end{pmatrix}$

$$\vec{n}=\begin{pmatrix}2\\1\\2\end{pmatrix},\quad \vec{n}_0=\frac{1}{3}\begin{pmatrix}2\\1\\2\end{pmatrix},\quad d=|(\vec{p}-\vec{q})\cdot\vec{n}_0|=\left|\left(\begin{pmatrix}-2\\8\\-2\end{pmatrix}-\begin{pmatrix}0\\-2\\10\end{pmatrix}\right)\cdot\begin{pmatrix}2\\1\\2\end{pmatrix}\cdot\frac{1}{3}\right|=\frac{18}{3}=6$$

Der Abstand beträgt 6 cm. Es passen also maximal zwei Isolationsrohre von jeweils 3 cm Radius. Da die Rohre einen Durchmesser von 8 cm besitzen, passen sie nicht.

28. a) h ist der Abstand von S zur Geraden durch B und C.

$$g_{BC}\colon\ \vec{x}=\begin{pmatrix}6\\8\\2\end{pmatrix}+r\begin{pmatrix}-6\\4\\-2\end{pmatrix},\quad H\perp g,\quad S\in H\colon\ \left(\vec{x}-\begin{pmatrix}1\\6\\6\end{pmatrix}\right)\cdot\begin{pmatrix}-6\\4\\-2\end{pmatrix}=0,\quad g\cap H\colon\ r=\frac{1}{4}$$

$$F(4{,}5|9|1{,}5),\quad d=\left|\begin{pmatrix}4{,}5\\9\\1{,}5\end{pmatrix}-\begin{pmatrix}1\\6\\6\end{pmatrix}\right|=\sqrt{41{,}5}\approx 6{,}44$$

b) g_{AC} und h_{BS} sind offensichtlich windschief.

$$g_{AC}\colon\ \vec{x}=\begin{pmatrix}4\\4\\0\end{pmatrix}+r\begin{pmatrix}-4\\8\\0\end{pmatrix},\quad h_{BS}\colon\ \vec{x}=\begin{pmatrix}6\\8\\2\end{pmatrix}+s\begin{pmatrix}-5\\-2\\4\end{pmatrix}$$

$$\vec{n}=\begin{pmatrix}2\\1\\3\end{pmatrix},\quad \vec{n}_0=\frac{1}{\sqrt{14}}\begin{pmatrix}2\\1\\3\end{pmatrix},\quad d=|(\vec{p}-\vec{q})\cdot\vec{n}_0|=\left|\left(\begin{pmatrix}4\\4\\0\end{pmatrix}-\begin{pmatrix}6\\8\\2\end{pmatrix}\right)\cdot\begin{pmatrix}2\\1\\3\end{pmatrix}\cdot\frac{1}{\sqrt{14}}\right|=\sqrt{14}\approx 3{,}74$$

29. a) $\begin{pmatrix}2\\2\\1\end{pmatrix}\cdot\begin{pmatrix}1\\-2\\2\end{pmatrix}=0$, d.h. g verläuft parallel zu E. 189

E: $(\vec{x}-\begin{pmatrix}3\\0\\0\end{pmatrix})\cdot\begin{pmatrix}2\\2\\1\end{pmatrix}=0,\quad d=|(\begin{pmatrix}3\\1\\1\end{pmatrix}-\begin{pmatrix}3\\0\\0\end{pmatrix})\cdot\frac{1}{3}\begin{pmatrix}2\\2\\1\end{pmatrix}|=1$

Das Flugzeug fliegt im Abstand von 1 km parallel zur Wetterfront.

b) h: $\vec{x}=\begin{pmatrix}5\\5\\4\end{pmatrix}+r\begin{pmatrix}2\\2\\1\end{pmatrix}$ in E: $2(5+2r)+2(5+2r)+4+r=6$, $r=-2$, A(1|1|2)

c) hintere Begrenzungsebene: B: $\vec{x}=\begin{pmatrix}1\\1\\2\end{pmatrix}-1{,}5\begin{pmatrix}2\\2\\1\end{pmatrix}=\begin{pmatrix}-2\\-2\\0{,}5\end{pmatrix}$, B(−2 | −2 | 0,5)

F: $(\vec{x}-\begin{pmatrix}-2\\-2\\0{,}5\end{pmatrix})\cdot\begin{pmatrix}2\\2\\1\end{pmatrix}=0$ bzw. $2x+2y+z=-7{,}5$

d) g = h liefert einen Widerspruch, also sind sie windschief.

Normalenvektor zu g und h: $\vec{n}=\begin{pmatrix}2\\-1\\-2\end{pmatrix}$, $d=|(\begin{pmatrix}2\\4\\3\end{pmatrix}\cdot\begin{pmatrix}2\\-1\\-2\end{pmatrix}\cdot\frac{1}{3}|=2$

Der Abstand beträgt 2 km.

30. a) Schnittpunkt von E mit g: $\vec{x}=\begin{pmatrix}5\\7\\26\end{pmatrix}+r\begin{pmatrix}0\\0\\-1\end{pmatrix}$, $r=\frac{76}{3}\approx 25{,}33$, $S(5\,|\,7\,|\,\frac{2}{3})$

Die Tanne ist ca. 25,33 m hoch.

b) $\sin\alpha=\dfrac{\left|\begin{pmatrix}2\\3\\6\end{pmatrix}\cdot\begin{pmatrix}0\\0\\-1\end{pmatrix}\right|}{7}=\frac{6}{7}$, $\alpha\approx 59°$

c) Schnittpunkt von h: $\vec{x}=\begin{pmatrix}5\\7\\17\end{pmatrix}+r\begin{pmatrix}2\\3\\6\end{pmatrix}$, r = -2, Q(1|1|5)

d) Ein in 30 mHöhe verlaufender Richtungsvektor, der in E liegt, ist z.B. $\begin{pmatrix}-3\\2\\0\end{pmatrix}$, wie man der Ebenengleichung entnimmt.
Ein in 30 m Höhe liegender Punkt A(a|b|30) ist z.B. A(-2|-47|30).

Wanderweg: $\vec{x}=\begin{pmatrix}-2\\-47\\30\end{pmatrix}+r\begin{pmatrix}-3\\2\\0\end{pmatrix}$

e) B(5|7|h) ist die Bruchstelle. Dann gilt: $\sqrt{16+64+(h-6)^2}=26-h$, $h=14$

$d(B,S)=14-\frac{2}{3}=13\frac{1}{3}\approx 13{,}33$

Die Tanne ist in ca. 13,33m Höhe abgeknickt.

190 31. a) E: $\vec{x} = \begin{pmatrix} 8 \\ 0 \\ 0 \end{pmatrix} + r\begin{pmatrix} -8 \\ 0 \\ 2 \end{pmatrix} + s\begin{pmatrix} 0 \\ 1 \\ 0 \end{pmatrix}$ bzw. $(\vec{x} - \begin{pmatrix} 8 \\ 0 \\ 0 \end{pmatrix}) \cdot \begin{pmatrix} 1 \\ 0 \\ 4 \end{pmatrix} = 0$

b) Gerade durch S, senkrecht zu E: g: $\vec{x} = \begin{pmatrix} 0 \\ 10 \\ 8{,}5 \end{pmatrix} + r\begin{pmatrix} 1 \\ 0 \\ 4 \end{pmatrix}$

g in E: $\begin{pmatrix} r \\ 10 \\ 8{,}5+4r \end{pmatrix} \cdot \begin{pmatrix} 1 \\ 0 \\ 4 \end{pmatrix} = 17r + 34 = 0$, $r = -2$, Bühnenpunkt P(6|10|0,5)

c) T(0|10|5): $\vec{TA} = \begin{pmatrix} 8 \\ -10 \\ -5 \end{pmatrix}$, $\vec{TA}' = \begin{pmatrix} 8 \\ 10 \\ -5 \end{pmatrix}$, $\cos\alpha = \frac{-11}{189}$, $\alpha \approx 93{,}3°$

d) $\overrightarrow{AB} = \begin{pmatrix} -8 \\ 20 \\ 10 \end{pmatrix}$, $\overrightarrow{TA}' = \begin{pmatrix} 8 \\ 0 \\ 0 \end{pmatrix} + \frac{3}{4}\begin{pmatrix} -8 \\ 20 \\ 10 \end{pmatrix} = \begin{pmatrix} 2 \\ 15 \\ 7{,}5 \end{pmatrix}$

h: $\vec{x} = \begin{pmatrix} 2 \\ 15 \\ 7{,}5 \end{pmatrix} + r\begin{pmatrix} 0 \\ 0 \\ -1 \end{pmatrix}$ in Ė liefert r = 6, Fallhöhe also 6 m

Abstand zur Bühne: $d = \left| \begin{pmatrix} 2-8 \\ 15 \\ 7{,}5 \end{pmatrix} \cdot \begin{pmatrix} 1 \\ 0 \\ 4 \end{pmatrix} \cdot \frac{1}{\sqrt{17}} \right| = \frac{24}{\sqrt{17}} \approx 5{,}82$ m

32. a) E: $\vec{x} = \begin{pmatrix} 0 \\ 0 \\ 7 \end{pmatrix} + r\begin{pmatrix} 1 \\ 0 \\ 0 \end{pmatrix} + s\begin{pmatrix} 0 \\ 8 \\ -3 \end{pmatrix}$ bzw. $(\vec{x} - \begin{pmatrix} 0 \\ 0 \\ 7 \end{pmatrix}) \cdot \begin{pmatrix} 0 \\ 3 \\ 8 \end{pmatrix} = 0$, $3y + 8z = 56$

b) $\tan\gamma = \frac{3}{8}$, $\gamma \approx 20{,}6°$

c) g: $\vec{x} = \begin{pmatrix} 4 \\ 6 \\ 0 \end{pmatrix} + r\begin{pmatrix} 0 \\ 0 \\ 1 \end{pmatrix}$ in E liefert $r = 4{,}75$, Höhe des Schornsteigs also 5,75 m

d) h: $\vec{x} = \begin{pmatrix} 4 \\ 6 \\ 6 \end{pmatrix} + r\begin{pmatrix} 1 \\ -4 \\ -1 \end{pmatrix}$ in E liefert $r = 0{,}5$

Die Schattenlänge ist gleich dem Abstand der Punkte (4,5|4|5,5) und (4|6|4,75).

Das sind 2.19 m.

e) k: $\vec{x} = \begin{pmatrix} 4 \\ 6 \\ 6 \end{pmatrix} + r\begin{pmatrix} 0 \\ 3 \\ 8 \end{pmatrix}$ in E liefert $r \approx -0{,}137$, $d \approx 0{,}137 \cdot \sqrt{73} \approx 1{,}17$ m

Test

1. a) E: $\vec{x} = \begin{pmatrix} 2 \\ 2 \\ -1 \end{pmatrix} + r\begin{pmatrix} -2 \\ 1 \\ 2 \end{pmatrix} + s\begin{pmatrix} 2 \\ -1 \\ 2 \end{pmatrix}$, E: $\frac{1}{\sqrt{5}}\left(\vec{x} - \begin{pmatrix} 2 \\ 2 \\ -1 \end{pmatrix}\right) \cdot \begin{pmatrix} 1 \\ 2 \\ 0 \end{pmatrix} = 0$ 194

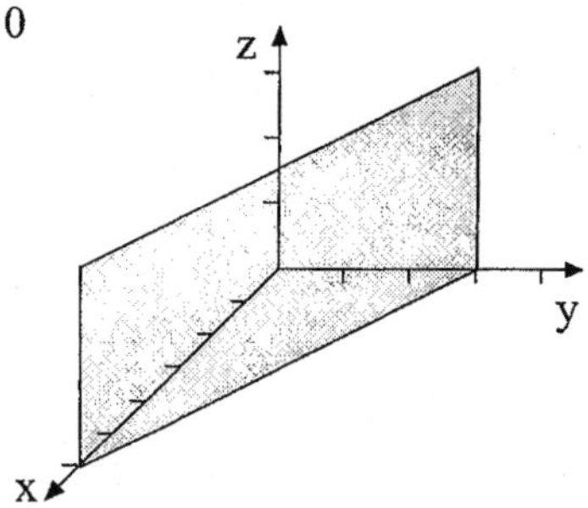

b) P in E einsetzen liefert $a = 2$.

c) E: $x + 2y = 6$
$X(6|0|0)$, $Y(0|3|0)$
kein Schnittpunkt mit der z-Achse
E ist parallel zur z-Achse.

d) g: $\vec{x} = \begin{pmatrix} 4 \\ 6 \\ 3 \end{pmatrix} + r\begin{pmatrix} 1 \\ 2 \\ 0 \end{pmatrix}$, $g \cap E$: $r = -2$, $F(2|2|3)$

2. a) $E_1 \cap E_2$: $(1-4r+4s) - 2(1+r+2s) + (2+3r-3s) = 4$, $s = -1-r$

Schnittgerade g: $\vec{x} = \begin{pmatrix} -3 \\ -1 \\ 5 \end{pmatrix} + r\begin{pmatrix} -8 \\ -1 \\ 6 \end{pmatrix}$

Schnittwinkel: $\vec{n}_1 = \begin{pmatrix} 3 \\ 0 \\ 4 \end{pmatrix}$, $\vec{n}_2 = \begin{pmatrix} 1 \\ -2 \\ 1 \end{pmatrix}$, $\cos\gamma = \frac{\left|\begin{pmatrix} 3 \\ 0 \\ 4 \end{pmatrix} \cdot \begin{pmatrix} 1 \\ -2 \\ 1 \end{pmatrix}\right|}{\sqrt{25 \cdot 6}} = \frac{7}{\sqrt{150}}$, $\gamma \approx 55{,}14°$

b) E_1: $\left(\vec{x} - \begin{pmatrix} 1 \\ 1 \\ 2 \end{pmatrix}\right) \cdot \begin{pmatrix} 3/5 \\ 0 \\ 4/5 \end{pmatrix} = 0$, $d = \left|\left(\begin{pmatrix} 6 \\ 3 \\ 7 \end{pmatrix} - \begin{pmatrix} 1 \\ 1 \\ 2 \end{pmatrix}\right) \cdot \begin{pmatrix} 3/5 \\ 0 \\ 4/5 \end{pmatrix}\right| = 7$

c) F: $\left(\vec{x} - \begin{pmatrix} 6 \\ 3 \\ 7 \end{pmatrix}\right) \cdot \begin{pmatrix} 3 \\ 0 \\ 4 \end{pmatrix} = 0$, $3x + 4z = 46$

3. a) $g \cap E$: $r = -4$, $S(0|-18|-6)$, $\sin\gamma = \frac{\left|\begin{pmatrix} 2 \\ 3 \\ 2 \end{pmatrix} \cdot \begin{pmatrix} 3 \\ -4 \\ 6 \end{pmatrix}\right|}{\sqrt{17 \cdot 61}} = \frac{6}{\sqrt{17 \cdot 61}}$, $\gamma \approx 10{,}74°$

b) $H \perp g$, $P \in H$: $\left(\vec{x} - \begin{pmatrix} 9 \\ 6 \\ 0 \end{pmatrix}\right) \cdot \begin{pmatrix} 2 \\ 3 \\ 2 \end{pmatrix} = 0$, $H \cap g$: $r = 2$

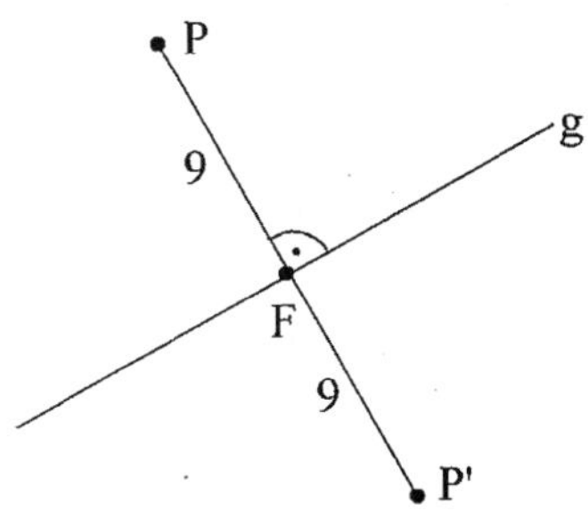

$F(12|0|6)$, $d = \left|\begin{pmatrix} 12 \\ 0 \\ 6 \end{pmatrix} - \begin{pmatrix} 9 \\ 6 \\ 0 \end{pmatrix}\right| = \sqrt{81} = 9$

c) P ' liegt auf der Lotgeraden durch P und F und hat zum Punkt F ebenfalls den Abstand 9 (vgl. b). Daher gilt:

$\overrightarrow{OP'} = \overrightarrow{OP} + 2 \cdot \overrightarrow{PF} = \begin{pmatrix} 9 \\ 6 \\ 0 \end{pmatrix} + 2 \cdot \begin{pmatrix} 3 \\ -6 \\ 6 \end{pmatrix} = \begin{pmatrix} 15 \\ -6 \\ 12 \end{pmatrix}$

Spiegelpunkt $P'(15|-6|12)$

d) Gleichsetzen der Terme von g und h liefert einen Widerspruch, die Richtungsvektoren sind nicht kollinear, also sind g und h windschief.

$\vec{n} = \begin{pmatrix} 3 \\ 2 \\ -6 \end{pmatrix}$, $\vec{n}_0 = \frac{1}{7}\begin{pmatrix} 3 \\ 2 \\ -6 \end{pmatrix}$, $d = |(\vec{p} - \vec{q}) \cdot \vec{n}_0| = \left|\left(\begin{pmatrix} 8 \\ -6 \\ 2 \end{pmatrix} - \begin{pmatrix} 3 \\ -5 \\ 8 \end{pmatrix}\right) \cdot \begin{pmatrix} 3 \\ 2 \\ -6 \end{pmatrix} \cdot \frac{1}{7}\right| = 7$

VII. Kreise und Kugeln

197 1. Kreise in der Ebene

1. a) $(x-1)^2+(y+4)^2=25$ b) $x^2+y^2=34$
   c) $(x+2)^2+(y+3)^2=65$ d) $(x-3)^2+(y+2)^2=13$

2. a) K: $(x-2)^2+(y+1)^2=16$; $M(2|-1)$, $r=4$
   b) K: $(x-4)^2+y^2=9$; $M(4|0)$, $r=3$
   c) K: $x^2+(y-6)^2=36$; $M(0|6)$, $r=6$

3. a) $(x-2)^2+(y-4)^2=25$; Kreis mit $M(2|4)$, $r=5$
   b) $(x+1)^2+(y-2)^2+15=0$; keine Kreisgleichung
   c) $(x-2)^2+(y+3)^2=-7$; keine Kreisgleichung
   d) $(x-3)^2+(y+5)^2=16$; Kreis mit $M(3|-5)$, $r=4$

4. K_1: $(x-2)^2+(y+1)^2=4$; $M(2|-1)$, $r=2$: roter Kreis
   K_2: $(x+2)^2+(y-2)^2=25$; $M(-2|2)$, $r=5$: grüner Kreis
   K_3: $(x+3)^2+(y+1)^2=4$; $M(-3|-1)$, $r=2$: lila Kreis
   K_4: $(x-2)^2+(y-1)^2=4$; $M(2|1)$, $r=2$: blauer Kreis

198

5. a) A liegt auf dem Kreis. B liegt außerhalb des Kreises.
   b) A liegt innerhalb des Kreises, B liegt auf dem Kreis.
   c) A liegt außerhalb des Kreises, B liegt innerhalb und C liegt auf dem Kreis.
   d) A liegt innerhalb des Kreises, B liegt auf dem Kreis.

6. Der Pilot darf nur Punkte anfliegen, die maximal 325 km entfernt vom Startpunkt Omega sind.

   Abstand OA: $d=\sqrt{180^2+240^2}=\sqrt{90000}=300$

   Abstand OB: $d=\sqrt{260^2+230^2}=\sqrt{120500}\approx 347$

   Abstand OG: $d=\sqrt{280^2+100^2}=\sqrt{88400}\approx 297$
   Die Farm Beta sollte nicht angeflogen werden.

199

7. a) 1. Gleichung der Mittelsenkrechten: g_{BC}: $\vec{x}=\begin{pmatrix}-1{,}5\\-4{,}5\end{pmatrix}+r\begin{pmatrix}7\\1\end{pmatrix}$, g_{AC}: $\vec{x}=\begin{pmatrix}1{,}5\\-0{,}5\end{pmatrix}+s\begin{pmatrix}1\\-7\end{pmatrix}$

   2. Schnittpunkt: $M(2|-4)$ $(r=s=0{,}5)$

   3. Radius: $r=|\overrightarrow{MB}|=\left|\begin{pmatrix}-3\\-4\end{pmatrix}\right|=5$, K: $\left(\vec{x}-\begin{pmatrix}2\\-4\end{pmatrix}\right)^2=5^2$

   b) g_{BC}: $\vec{x}=\begin{pmatrix}6\\6\end{pmatrix}+r\begin{pmatrix}1\\1\end{pmatrix}$, g_{AC}: $\vec{x}=\begin{pmatrix}0\\9\end{pmatrix}+s\begin{pmatrix}1\\0\end{pmatrix}$

   $g_{AC}\cap g_{BC}$: $r=3$, $s=9$, $M(9|9)$ $r=\left|\begin{pmatrix}3\\9\end{pmatrix}\right|=\sqrt{90}$, K: $\left(\vec{x}-\begin{pmatrix}9\\9\end{pmatrix}\right)^2=90$

   c) g_{BC}: $\vec{x}=\begin{pmatrix}-1\\5\end{pmatrix}+r\begin{pmatrix}2\\-4\end{pmatrix}$, g_{AC}: $\vec{x}=\begin{pmatrix}2{,}5\\5{,}5\end{pmatrix}+s\begin{pmatrix}1\\3\end{pmatrix}$

   $g_{AC}\cap g_{BC}$: $r=1$, $s=-1{,}5$, $M(1|1)$ $r=\left|\begin{pmatrix}-4\\3\end{pmatrix}\right|=5$, K: $\left(\vec{x}-\begin{pmatrix}1\\1\end{pmatrix}\right)^2=25$

d) $g_{BC}: \ \vec{x} = \binom{7}{-3} + r\binom{2}{-1}$, $g_{AC}: \ \vec{x} = \binom{6}{-2} + s\binom{3}{-1}$ 199

$g_{AC} \cap g_{BC}: r = -2, s = -1, M(3 \mid -1)$

$r = \left|\binom{8}{6}\right| = 10$, K: $(\vec{x} - \binom{3}{-1})^2 = 100$

8. a) k: $(x-2)^2 + (y-1)^2 = 6{,}25$ Koordinatengleichung, k: $[\vec{x} - \binom{2}{1}]^2 = 6{,}25$ Vektorgleichung 200

b) k: $(x-4)^2 + (y-3)^2 = 40$ Koordinatengleichung, k: $[\vec{x} - \binom{4}{3}]^2 = 40$ Vektorgleichung

9. a) k: $(x-3)^2 + (y-3)^2 = 25$ bzw. k: $[\vec{x} - \binom{3}{3}]^2 = 25$

b) $(3-3)^2 + (-2-3)^2 = 25$ C ist Kreispunkt, k ist ein Umkreis.

10. a) $\overrightarrow{AB} = \overrightarrow{DC} = \binom{6}{2}$, $\overrightarrow{AD} = \overrightarrow{BC} = \binom{-1}{3}$, $\binom{6}{2} \cdot \binom{-1}{3} = 0$

b) k: $(x-4{,}5)^2 + (y-4{,}5)^2 = 12{,}5$ bzw. k: $[\vec{x} - \binom{4{,}5}{4{,}5}]^2 = 12{,}5$

11. a) $(x-2)^2 + (y-5)^2 = 16$ b) $(x-1)^2 + (y+3)^2 = 25$ 201

c) Da der Kreis die x–Achse im Punkt P berührt, liegt der Mittelpunkt M des Kreises auf der Parallelen zur y–Achse durch $x = 3$: $M(3|y_M)$.
Der Punkt M ist von den Punkten P und Q gleich weit entfernt.
Hieraus ergibt sich die Bestimmungsgleichung für y_M:
$y_M{}^2 = 3^2 + (y_M-1)^2$, d.h. $y_M = 5$, $M(3|5)$
Kreisgleichung: $(x-3)^2 + (y-5)^2 = 25$

12. a)

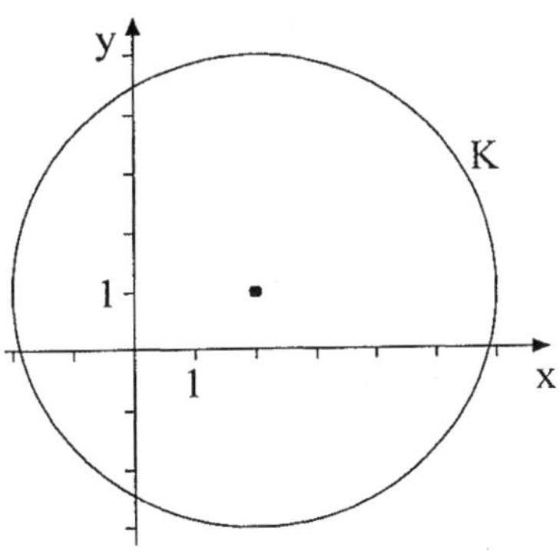

b) $(x-2)^2 + (y-4)^2 = 16$
$(x-2)^2 + (y+4)^2 = 16$

c) $(x-4)^2 + (y-1)^2 = 16$
$(x+4)^2 + (y-1)^2 = 16$

13. a) $a = -1$: $x^2 + (y+1)^2 = 1$
$a = -0{,}5$: $x^2 + (y+0{,}5)^2 = 2{,}25$
$a = 0$: $x^2 + y^2 = 4$
$a = 2$: $x^2 + (y-2)^2 = 16$
Alle Kreise gehen durch $P(0|-2)$.

b) Mögliche Lösung: $x^2 + (y+a)^2 = a^2$

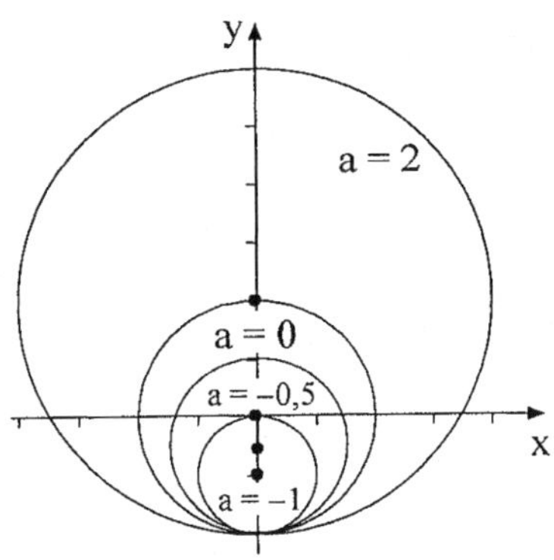

201 14. a) K: $(x-6)^2+(y+1)^2=37$ b) K: $(x+1{,}5)^2+y^2=2{,}25$

15. a) Mittelpunkt von K_1: $M_1(-1|1)$, Mittelpunkt von K_2: $M_2(3|-4)$, Abstand: $d=\sqrt{41}$
b) Mittelpunkt von K_1: $M_1(-6|0)$, Mittelpunkt von K_2: $M_2(-5|-1{,}5)$, Abstand: $d=\sqrt{3{,}25}$

16. a) A liegt innerhalb des Kreises K
B liegt außerhalb des Kreises K
C liegt außerhalb des Kreises K.
b) A liegt innerhalb des Kreises K
B liegt außerhalb des Kreises K
C liegt innerhalb des Kreises K.

17. a) $3^2+(a-5)^2=25$, $(a-5)^2=16$, $a=9$ oder $a=1$
b) $(a-4)^2+7{,}5^2=72{,}25$, $(a-4)^2=16$, $a=0$ oder $a=8$
c) $6^2+2{,}5^2=a^2$, $a^2=42{,}25$, $a=6{,}5$

18. a) Zu berechnen sind die Schnittpunkte des Kreises mit der x–Achse ($y=0$):
$(x-2)^2+3^2=25$, $(x-2)^2=16$, Schnittpunkte: $S_1(-2|0)$, $S_2(6|0)$; Abstand: $d=8$
b) $(6-2)^2+(y+3)^2=25$: $(y+3)^2=9$
Schnittpunkte der Geraden $x=6$ und K: $S_1(6|0)$, $S_2(6|-6)$; Abstand: $d=6$

19. A, B und C erfüllen die Kreisgleichung k: $[\vec{x}-\binom{4}{4}]=25$.

202 20. a) k: $[\vec{x}-\binom{6}{5}]=25$ b) k: $[\vec{x}-\binom{3}{3}]=225$
c) k: $(x+1)^2+(y-2)^2=169$ d) k: $(x+5)^2+(y-1)^2=169$

21. $A=2005000=\pi r^2$, $r=798{,}88$
Kreisgleichung für den Rand des Areals: $x^2+y^2=638209$

22. Kreisgleichung zur halbkreisförmigen Brücke: K: $x^2+y^2=100$
a) Da der Punkt $P(4|6)$ innerhalb des Kreises K liegt, passt der Kahn mittig durch die Brücke.
b) Da der Kahn 6 m hoch beladen ist ($y=6$), ist ein Punkt $P(x|6)$ zu bestimmen, der auf dem Kreis liegt: $x^2+6^2=100$, $x=\pm 8$.
Da der Lastkahn 4 m breit ist, sind höchstens 4 m Abweichung von der Ideallinie möglich.
c) Für $x=4$ gilt: $4^2+y^2\ 100$: $y^2=84$, $y=\pm 9{,}165$
Da der Lastkahn 6 m hoch beladen ist, ist die Durchfahrt bei einem Wasserstand ab 3,165 m über Normal unmöglich.

23. Gesucht ist der Mittelpunkt Z eines Kreises, der von den Punkten A, B und C gleich weit entfernt ist. K: $(x-x_M)^2+(y-y_M)^2=r^2$
A einsetzen: I. $x_M^2+y_M^2=r^2$
B einsetzen: II. $(7-x_M)^2+(17-y_M)^2=r^2$
C einsetzen: III. $(7-x_M)^2+(-17-y_M)^2=r^2$, III.–II.: $y_M=0$
II.–I.: $49-14x_M+289=0$: $x_M=\frac{169}{7}$, Resultat: $Z(\frac{169}{7}|0)$

2. Kreise und Geraden

1. Kreisgleichung: K: $(x-2)^2+(y-1)^2=25$ 203
   a) $g(x)=-0{,}5x-3$
   g in K eingesetzt ergibt: $(x-2)^2+(-0{,}5x-4)^2=25$
   $x^2-4x+4+0{,}25x^2+4x+16=25$, $1{,}25x^2=5$, $x=\pm 2$
   g schneidet K in $S_1(-2|-2)$ und $S_2(2|-4)$: g ist eine Sekante.
   b) $g(x)=-2x-10$
   g in K eingesetzt ergibt: $(x-2)^2+(-2x-11)^2=25$
   $5x^2+40x+100=0$, $x^2+8x+20=0$
   Die Gleichung hat keine Lösungen: g ist eine Passante.
   c) $g(x)=-\frac{4}{3}x+12$
   g in K eingesetzt ergibt: $(x-2)^2+(-\frac{4}{3}x+11)^2=25$
   $x^2-4x+4+\frac{16}{9}x^2-\frac{88}{3}x+121=25$, $x^2-12x+36=0$, $x=6$
   g berührt K in $S(6|4)$: g ist eine Tangente.

2. a) g ist Sekante von K. b) g ist Tangente in $B(8|11)$. c) g ist Sekante von K. 204

3. a) g ist Passante für $r<5$. b) g ist Tangente für $r=5$. c) g ist Sekante für $r>5$.

4. K: $x^2+y^2=100$, g_{BC}: $\vec{x}=\binom{17}{-6}+r\binom{-3}{4}$ in K:
   $(17-3r)^2+(4r-6)^2=100$; $r=3$
   Genau eine Lösung, g_{BC} berührt den Kreis in $P(8|6)$.

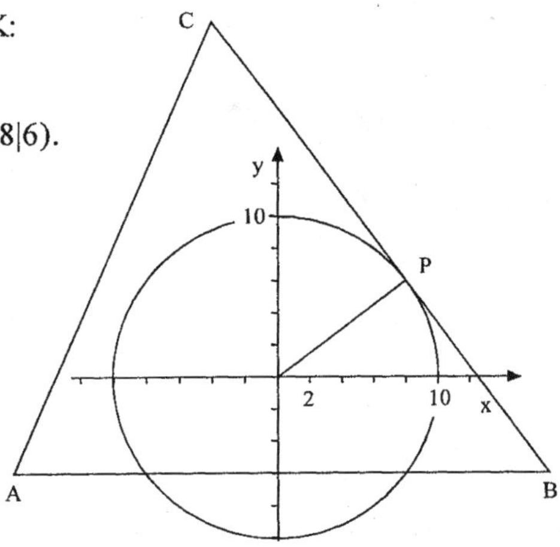

   g_{AB}: $\vec{x}=\binom{-16}{-6}+s\binom{1}{0}$ in K:
   $(-16+s)^2+36=100$
   $s_{1/2}=16\pm\sqrt{256-192}=16\pm 8$
   $s_1=24$, $s_2=8$
   g_{AB} ist eine Sekante, sie schneidet den Kreis in $S_1(8|-6)$ und $S_2(-8|-6)$.

   g_{AC}: $\vec{x}=\binom{-16}{-6}+t\binom{-3}{7}$ in K:
   $(-16-3t)^2+(-6+7t)^2=100$, $t_{1/2}=-\frac{3}{29}\pm\sqrt{\underbrace{\frac{9}{841}-\frac{96}{29}}_{\approx -3{,}3<0}}$, g_{AC} ist eine Passante.

5. Kreisgleichung: $(x-3)^2+(y+1)^2=10$; $M(3|-1)$, $r=\sqrt{10}$ 205
   Steigung der Geraden MP: $m_1=3$, Tangentensteigung in P: $m_2=-\frac{1}{3}$
   Tangentengleichung: $t(x)=-\frac{1}{3}(x-4)+2=-\frac{1}{3}x+\frac{10}{3}$

206 6. Ansatz: g: $\vec{x} = \begin{pmatrix} 6 \\ -3 \end{pmatrix} + r \cdot \vec{n}$, $\vec{n} = \begin{pmatrix} x \\ y \end{pmatrix}$

Richtungsvektor: $\vec{n} \cdot \overrightarrow{MB} = 0 \Rightarrow \begin{pmatrix} x \\ y \end{pmatrix} \cdot \begin{pmatrix} 6-3 \\ -3-1 \end{pmatrix} = 0 \Rightarrow 3x - 4y = 0$, z.B. $\vec{n} = \begin{pmatrix} 4 \\ 3 \end{pmatrix}$

$$g: \vec{x} = \begin{pmatrix} 6 \\ -3 \end{pmatrix} + r\begin{pmatrix} 4 \\ 3 \end{pmatrix}$$

7. g: $\vec{x} = \begin{pmatrix} -15 \\ 5 \end{pmatrix} + r\begin{pmatrix} 5 \\ 12 \end{pmatrix}$ bzw. g: $\vec{x} = \begin{pmatrix} 9 \\ -5 \end{pmatrix} + r\begin{pmatrix} 5 \\ 12 \end{pmatrix}$

208 8. a) $t_1: \vec{x} = \begin{pmatrix} -5 \\ 3 \end{pmatrix} + r\begin{pmatrix} 4 \\ 3 \end{pmatrix}$, $t_2: \vec{x} = \begin{pmatrix} -5 \\ 3 \end{pmatrix} + r\begin{pmatrix} 3 \\ -4 \end{pmatrix}$

b) $t_1: \vec{x} = \begin{pmatrix} 1 \\ 4 \end{pmatrix} + r\begin{pmatrix} 2 \\ 1 \end{pmatrix}$, $t_2: \vec{x} = \begin{pmatrix} 1 \\ 4 \end{pmatrix} + r\begin{pmatrix} 1 \\ -2 \end{pmatrix}$

c) $t_1: \vec{x} = \begin{pmatrix} -2 \\ -2 \end{pmatrix} + r\begin{pmatrix} 1 \\ -1 \end{pmatrix}$, $t_2: \vec{x} = \begin{pmatrix} -2 \\ -2 \end{pmatrix} + r\begin{pmatrix} 51 \\ 21 \end{pmatrix}$

d) $t_1: \vec{x} = \begin{pmatrix} -3 \\ 0 \end{pmatrix} + r\begin{pmatrix} 2 \\ 3 \end{pmatrix}$, $t_2: \vec{x} = \begin{pmatrix} -3 \\ 0 \end{pmatrix} + r\begin{pmatrix} 3 \\ -2 \end{pmatrix}$

9. 1. Lösung: (geometrisch)

Geometrisch wurde dieses Problem schon in der Mittelstufe gelöst, wenn man den kreisförmigen Querschnitt des kugelförmigen Wasserbehälters betrachtet und annimmt, dass die Halteseile an diesem Querschnitt genau gegenüberliegend (diametral) angebracht werden.

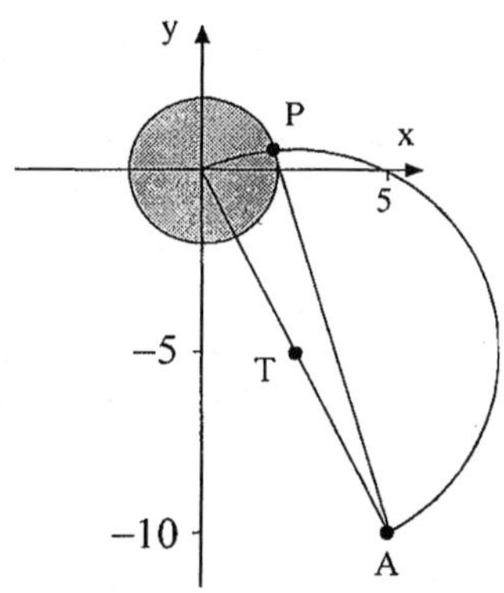

Zur geometrischen Lösung bildet man den Thaleskreis über MA. Dieser schneidet den Kreis k im gesuchten Punkt P, da im Thaleskreis der Winkel APM ein rechter Winkel ist und somit die Gerade AP eine Tangente an den Kreis ist. Die Länge des Halteseils, die Länge von AP, lässt sich durch Abmessen bestimmen.

2. Lösung: (rechnerisch)

Thaleskreis über MA: $(x-2{,}5)^2 + (y+5)^2 = 31{,}25$

(Mittelpunkt ist T(2,5|-5), Radius ist Abstand zum Ursprung: $r = \sqrt{2{,}5^2 + 5^2} = \sqrt{31{,}25}$)

führt auf die Gleichung (I) $x^2 - 5x + y^2 + 10y = 0$

Der Querschnitt des Wasserbehälters liefert Gleichung (II) $x^2 + y^2 = 4$

(I) - (II) liefert: $y = \frac{1}{2}x - \frac{2}{5}$ eingesetzt in (II): $x^2 + (\frac{1}{2}x - \frac{2}{5})^2 = 4$

liefert $x^2 - \frac{8}{25}x - \frac{384}{125} = 0$ mit den Lösungen $x_1 = -\frac{8}{5}$, $x_2 = \frac{48}{25}$, $y_1 = -\frac{6}{5}$, $y_2 = \frac{14}{25}$

Der Punkt $P(\frac{48}{25} \mid \frac{14}{25})$ ist damit ein Halterungspunkt (der rechnerisch 2. Punkt wird nicht benötigt). Der 2. Halterungspunkt ist aus Symmetriegründen $Q(-\frac{48}{25} \mid \frac{14}{25})$.

Länge des Seils: $d(P,A) = \sqrt{(\frac{77}{25})^2 + (\frac{264}{25})^2} = \sqrt{121} = 11$

10. Kreisgleichung: K: $x^2 + y^2 = 9$ 208
Von P(0,5|−5) ist die Tangente an den Kreis K zu legen.
Thaleskreis über OP:
$(x-0{,}25)^2 + (y+2{,}5)^2 = 6{,}3125$
Schnitt der Kreise:
I. $x^2 + y^2 = 9$
II. $x^2 - 0{,}5x + 0{,}0625 + y^2 + 5y + 6{,}25 = 6{,}3125$
II.–I.: $-0{,}5x + 5y = -9$
$y = \frac{1}{10}x - \frac{9}{5}$ (Chordale)

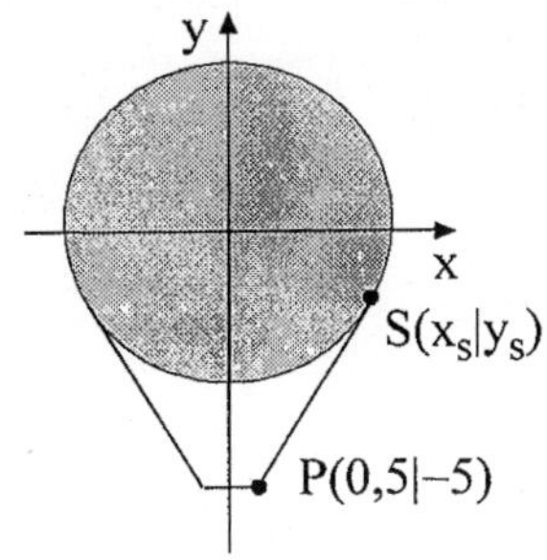

Schnitt Chordale und Kreisgleichung: $x^2 + (0{,}1x-1{,}8)^2 = 9$
$x^2 - \frac{36}{101}x - \frac{576}{101} = 0$, $x_s \approx 2{,}573$, $y_s \approx -1{,}543$
Steigung der Geraden PS: $m \approx 1{,}668$
Winkel zwischen der Geraden PS und der y–Achse: $\beta \approx 30{,}9°$
Gesuchte Winkelgröße: $\alpha = 2\beta \approx 61{,}8°$

11. a) g in K eingesetzt ergibt: $x^2 + (0{,}5x+1)^2 = 8$ 209
Die Gleichung hat die Lösungen: $x_1 = -\frac{14}{5}$, $x_2 = 2$.
g und K schn eiden sich in $S_1(-\frac{14}{5} \mid -\frac{2}{5})$ und $S_2(2 \mid 2)$. g ist eine Sekante.
b) g in K eingesetzt ergibt: $(x-3)^2 + (x-7)^2 = 4$
Die Gleichung hat keine Lösung: g ist eine Passante.
c) g in K eingesetzt ergibt: $(x-1)^2 + (\frac{1}{3}x - \frac{4}{3})^2 = 9$
g und K schneiden sich in $S_1(-\frac{7}{5} \mid \frac{1}{5})$ und $S_2(4 \mid 2)$. g ist eine Sekante.
d) Schnittpunkte: $S_1(7|4)$, $S_2(9|2)$, g ist Sekante
e) g ist Passante f) g ist Passante

12. a) Ansatz: g: $\vec{x} = \vec{b} + r\cdot\vec{n}$, $\vec{b} = \begin{pmatrix}-9\\0\end{pmatrix}$, $\vec{n}\cdot\overrightarrow{MB} = \begin{pmatrix}x\\y\end{pmatrix}\cdot\begin{pmatrix}-12\\-5\end{pmatrix} = 0$, $x = -5, y = 12$
Tangentengleichung: g: $\vec{x} = \begin{pmatrix}-9\\0\end{pmatrix} + r\begin{pmatrix}-5\\12\end{pmatrix}$
b) g: $\vec{x} = \vec{b} + r\cdot\vec{n}$, $\vec{b} = \begin{pmatrix}1\\6\end{pmatrix}$, $\vec{n}\cdot\overrightarrow{MB} = \begin{pmatrix}x\\y\end{pmatrix}\cdot\begin{pmatrix}3\\4\end{pmatrix} = 0$, $x = 4, y = -3$
g: $\vec{x} = \begin{pmatrix}1\\6\end{pmatrix} + r\begin{pmatrix}4\\-3\end{pmatrix}$
c) g: $\vec{x} = \vec{b} + r\cdot\vec{n}$, $\vec{b} = \begin{pmatrix}-7\\12\end{pmatrix}$, $\vec{n}\cdot\overrightarrow{MB} = \begin{pmatrix}x\\y\end{pmatrix}\cdot\begin{pmatrix}-8\\6\end{pmatrix} = 0$, $x = 3, y = 4$
g: $\vec{x} = \begin{pmatrix}-7\\12\end{pmatrix} + r\begin{pmatrix}3\\4\end{pmatrix}$
d) g: $\vec{x} = \vec{b} + r\cdot\vec{n}$, $\vec{b} = \begin{pmatrix}7\\1\end{pmatrix}$, $\vec{n}\cdot\overrightarrow{MB} = \begin{pmatrix}x\\y\end{pmatrix}\cdot\begin{pmatrix}3\\-3\end{pmatrix} = 0$, $x = 1, y = 1$, g: $\vec{x} = \begin{pmatrix}7\\1\end{pmatrix} + r\begin{pmatrix}1\\1\end{pmatrix}$

13. a) Hilfsgerade h durch M, senkrecht zu g: $\vec{x} = \begin{pmatrix}0\\0\end{pmatrix} + r\begin{pmatrix}1\\1\end{pmatrix}$ (Winkelh.):
h: $\vec{x} = \begin{pmatrix}2\\-3\end{pmatrix} + s\begin{pmatrix}1\\-1\end{pmatrix}$, $h \cap K$: $s_{1/2} = \pm 2$
$s_1 = 2$: $B_1(4|-5)$, t_1: $\vec{x} = \begin{pmatrix}4\\-5\end{pmatrix} + r\begin{pmatrix}1\\1\end{pmatrix}$, $s_2 = -2$: $B_2(0|-1)$, t_2: $\vec{x} = \begin{pmatrix}0\\-1\end{pmatrix} + r\begin{pmatrix}1\\1\end{pmatrix}$

209 b) Hilfsgerade h durch M, parallel zu g: $\vec{x} = \binom{0}{0} + r\binom{-3}{4}$:

h: $\vec{x} = \binom{2}{4} + s\binom{-3}{4}$, $h \cap K$: $s_{1/2} = \pm 3$

$s_1 = 3$: $B_1(-7|16)$, t_1: $\vec{x} = \binom{-7}{16} + s\binom{4}{3}$, $s_2 = -3$: $B_2(11|-8)$, t_2: $\vec{x} = \binom{11}{-8} + s\binom{4}{3}$

Schnitt der Tangente t_1 mit g: $-7+4s = -3r$, $16+3s = 4r$, $r = 3{,}4$, $S_1(-10{,}2|13{,}6)$
Schnitt der Tangente t_2 mit g: $11+4s = -3r$, $-8+3s = 4r$, $s = -0{,}8$, $S_2(7{,}8|-10{,}4)$

14. a) y wird in die Kreisgleichung eingesetzt: $x^2 + (mx+5)^2 = 5$

$x^2 + m^2x^2 + 10mx + 25 - 5 = 0$, $(1+m^2)x^2 + 10mx + 20 = 0$, $x_{1/2} = -\frac{5m}{1+m^2} \pm \sqrt{\frac{5m^2-20}{(1+m^2)^2}}$

y ist Tangente, wenn nur ein gemeinsamer Punkt mit dem Kreis existiert, der Radikant also null wird, d.h. für $m = 2$ und $m = -2$.

b) Sekanten erhält man für $m > 2$ oder $m < -2$.

15. a) Ansatz: K: $x^2 + y^2 = r^2$
Hilfsgerade h durch O, senkrecht zu g:

h: $\vec{x} = \binom{0}{0} + t\binom{1}{-1}$, $h \cap g$: $s = -2$, $t = 2$

$B(2|-2) \Rightarrow r = |\overrightarrow{MB}| = \left|\binom{2}{-2}\right| = \sqrt{8}$, K: $x^2 + y^2 = 8$

b) h: $\vec{x} = \binom{0}{0} + t\binom{2}{1}$, $h \cap g$: $s = -2$, $t = 1$

$B(2|1) \Rightarrow r = |\overrightarrow{MB}| = \left|\binom{2}{1}\right| = \sqrt{5}$, K: $x^2 + y^2 = 5$

c) g: $\vec{x} = \binom{5}{3} + s\binom{2}{8}$, h: $\vec{x} = \binom{0}{0} + t\binom{-4}{1}$, $h \cap g$: $s = -\frac{1}{2}$, $t = -1$

$B(4|-1) \Rightarrow r = |\overrightarrow{MB}| = \left|\binom{4}{-1}\right| = \sqrt{17}$, K: $x^2 + y^2 = 17$

d) g: $\vec{x} = \binom{5}{0} + s\binom{5}{10}$

h: $\vec{x} = \binom{0}{0} + t\binom{2}{-1}$

$h \cap g$: $s = -\frac{1}{5}$, $t = 2$

$B(4|-2) \Rightarrow r = \sqrt{20}$

K: $x^2 + y^2 = 20$

16. a) K: $x^2 + y^2 = 25$, $P(7|-1)$ Der Berührpunkt $B(x_B|y_B)$ einer vom Punkt P an den Kreis gehenden Tangente muss zwei Bedingungen erfüllen:
(1) B muss die Kreisgleichung erfüllen.
(2) $\overrightarrow{MB}$ muss orthogonal zu $\overrightarrow{PB}$ sein.
Diese Bedingungen führen auf 2 Bestimmungsgleichungen:

(1) $x_B^2 + y_B^2 = 25$, (2) $\binom{x_B}{y_B} \cdot \binom{x_B-7}{y_B+1} = 0 \Rightarrow x_B^2 + y_B^2 - 7x_B + y_B = 0$

(1) in (2): $y_B = 7x_B - 25$*

Wir erhalten einen Zusammenhang zwischen x_B und y_B, den wir in (1) rückeinsetzen, wodurch wir eine quadratische Gleichung für x_B erhalten:
$x_B^2 + (7x_B - 25)^2 = 25$, $x_B^2 - 7x_B + 12 = 0$, $x_1 = 4$, $x_2 = 3$ in *: $y_1 = 3$, $y_2 = -4$
Wir erhalten die Berührpunkte $B_1(4|3)$, $B_2(3|-4)$. Die Tangenten haben die Berührpunkte als Stützpunkte und $\overrightarrow{PB_1}$ bzw. $\overrightarrow{PB_2}$ als Richtungsvektoren.

Tangentengleichungen: t_1: $\vec{x} = \binom{4}{3} + s\binom{3}{-4}$, t_2: $\vec{x} = \binom{3}{-4} + s\binom{4}{3}$

b) $B(x_B|y_B)$ sei der Berührpunkt einer von $P(3|-1)$ an den Kreis K: $x^2 + y^2 = 5$ gehenden 209
Tangente. Dann muss gelten:

(1) $x_B^2 + y_B^2 = 5$, (2) $\begin{pmatrix} x_B \\ y_B \end{pmatrix} \cdot \begin{pmatrix} x_B - 3 \\ y_B + 1 \end{pmatrix} = 0 \Rightarrow x_B^2 + y_B^2 - 3x_B + y_B = 0$

(1) in (2): $y_B = 3x_B - 5$*

in (1) rückeingesetzt:

$x_B^2 + (3x_B - 5)^2 = 5$, $x_B^2 - 3x_B + 2 = 0$, $x_1 = 2$, $x_2 = 1$ in *: $y_1 = 1$, $y_2 = -2$

$B_1(2|1)$, $B_2(1|-2)$, t_1: $\vec{x} = \binom{2}{1} + s\binom{1}{-2}$, t_2: $\vec{x} = \binom{1}{-2} + s\binom{2}{1}$

c) (1) $x_B^2 + y_B^2 = 13$, (2) $\begin{pmatrix} x_B \\ y_B \end{pmatrix} \cdot \begin{pmatrix} x_B - 5 \\ y_B - 1 \end{pmatrix} = 0 \Rightarrow x_B^2 + y_B^2 - 5x_B - y_B = 0$

(1) in (2): $y_B = -5x_B + 13$*

in (1) rückeingesetzt:

$x_B^2 + (13 - 5x_B)^2 = 13$, $x_B^2 - 5x_B + 6 = 0$, $x_1 = 3$, $x_2 = 2$ in *: $y_1 = -2$, $y_2 = 3$

$B_1(3|-2)$, $B_2(2|3)$, t_1: $\vec{x} = \binom{3}{-2} + s\binom{2}{3}$, t_2: $\vec{x} = \binom{2}{3} + s\binom{3}{-2}$

17. Kreisgleichung (Querschnitt des Wasserbehälters): $x^2 + y^2 = 25$

$\alpha = 36{,}87° \Rightarrow$ Steigung der Geraden durch F: $m = -\frac{3}{4}$

$\Rightarrow$ Geradengleichung OF: $y = \frac{4}{3}x$

Schnittpunkt Kreis–Gerade: $x^2 + \frac{16}{9}x^2 = 25 \Rightarrow x = 3$, $y = 4 \Rightarrow F(3|4)$

3. Kugelgleichungen

210 1. a) $K: \left|\vec{x} - \begin{pmatrix} 4 \\ 2 \\ -1 \end{pmatrix}\right| = 5$, $(x-4)^2 + (y-2)^2 + (z+1)^2 = 25$, $x^2 - 8x + y^2 - 4y + z^2 + 2z = 4$

b) $K: \left|\vec{x} - \begin{pmatrix} 2 \\ 1 \\ 4 \end{pmatrix}\right| = \sqrt{3}$, $(x-2)^2 + (y-1)^2 + (z-4)^2 = 3$, $x^2 - 4x + y^2 - 2y + z^2 - 8z = -18$

c) $K: \left|\vec{x} - \begin{pmatrix} 0 \\ -4 \\ 0 \end{pmatrix}\right| = 16$, $x^2 + (y+4)^2 + z^2 = 16^2$, $x^2 + y^2 + 8y + z^2 = 240$

211 2. a) $K:\ (x-2)^2 + (y+1)^2 + (z-4)^2 = 9$, A erfüllt die Kugelgleichung, A liegt auf K. B liegt außerhalb der Kugel.

b) $K:\ (x-1)^2 + (y-1)^2 + (z-5)^2 = 25$, A liegt auf K, B liegt innerhalb.

c) $K:\ (x+2)^2 + (y-4)^2 + (z-3)^2 = 36$, A liegt innerhalb, B liegt außerhalb von K.

3. a) $K:\ (x-1)^2 + (y-3)^2 + (z-2)^2 = 15^2$, $(t-1)^2 + (-2-3)^2 + (12-2)^2 = 15^2$
$(t-1)^2 = 100$, $t_1 = -9$, $t_2 = 11$

b) $K:\ (x-2)^2 + (y-1)^2 + (z-5)^2 = r^2$, $(-6-2)^2 + (5-1)^2 + (4-3)^2 = r^2$, $r = 9$

4. a) $x^2 + 4x + 4 + y^2 - 6y + 9 + z^2 + 10z + 25 = 62 + 38$
$(x+2)^2 + (y-3)^2 + (z+5)^2 = 10^2$, $M(-2\,|\,3\,|\,-5)$, $r = 10$

b) $x^2 - 2x + 1 + y^2 + 4y + 4 + z^2 = 11 + 5$
$(x-1)^2 + (y+2)^2 + z^2 = 4^2$, $M(1|-2|0)$, $r = 4$

212 5. a) $K:\ \left(\vec{x} - \begin{pmatrix} 2 \\ -1 \\ 2 \end{pmatrix}\right)^2 = 4^2$

b) $K:\ \left(\vec{x} - \begin{pmatrix} 1 \\ 4 \\ 0 \end{pmatrix}\right)^2 = 3^2$

c) $K:\ x^2 + (y-1)^2 + (z-1)^2 = 5$

d) $K:\ (x-2)^2 + (y-1)^2 + (z+1)^2 = 1$

e) $K:\ \vec{x}^2 = 4^2$, $x^2 + y^2 + z^2 = 16$

f) $K:\ \left(\vec{x} - \begin{pmatrix} 1 \\ 1 \\ 1 \end{pmatrix}\right)^2 = 2^2$, $(x-1)^2 + (y-1)^2 + (z-1)^2 = 4$

6. a) $\left(\begin{pmatrix} 5 \\ 12 \\ 0 \end{pmatrix} - \begin{pmatrix} 0 \\ 0 \\ 0 \end{pmatrix}\right)^2 = 169$, $\left(\begin{pmatrix} 10 \\ 8 \\ 2 \end{pmatrix} - \begin{pmatrix} 0 \\ 0 \\ 0 \end{pmatrix}\right)^2 = 168 < 169 \Rightarrow$ A liegt auf, B liegt innerhalb von K.

b) A liegt auf K, B liegt außerhalb.

c) A liegt auf K, B liegt innerhalb.

d) A und B liegen beide auf K.

e) A liegt auf K, B liegt außerhalb.

f) A liegt außerhalb, B liegt auf K.

7. a) $K: x^2 + y^2 - 2y + 1 + z^2 + 2z + 1 = 2+2$, $x^2 + (y-1)^2 + (z+1)^2 = 4$, $M(0|1|-1)$, $r = 2$

b) $K: (x-4)^2 + (y+2)^2 + (z+5)^2 = 49$, $M(4|-2|-5)$, $r = 7$

c) $K: (x-2)^2 + (y+1)^2 + (z-0)^2 = 15$, $M(2|-1|0)$, $r = \sqrt{15}$

d) $K: (x-1)^2 + (y-1)^2 + (z-1)^2 = 1$, $M(1|1|1)$, $r = 1$

e) $K: (x-4)^2 + (y-0)^2 + (z+2)^2 = 20$, $M(4|0|-2)$, $r = \sqrt{20}$

f) $K: (x-a)^2 + (y-0)^2 + (z+a)^2 = 9a^2$, $M(a|0|-a)$, $r = 3a$

8. a) K: $(x+1)^2 + (y-2)^2 + (z+4)^2 = 81$, $r = |\overrightarrow{MA}| = \sqrt{16+16+49} = 9$ 212

b) K: $x^2 + y^2 + z^2 = 25$ c) K: $x^2 + y^2 + z^2 = 19^2$

9. a) $\overrightarrow{OM} = \frac{1}{2}(\overrightarrow{OA} + \overrightarrow{OB}) = \frac{1}{2}\left(\begin{pmatrix} 3 \\ 7 \\ 10 \end{pmatrix} + \begin{pmatrix} -1 \\ -5 \\ -8 \end{pmatrix}\right) = \begin{pmatrix} 1 \\ 1 \\ 1 \end{pmatrix} \Rightarrow M(1|1|1)$, $r = |\overrightarrow{AM}| = \left|\begin{pmatrix} -2 \\ -6 \\ -9 \end{pmatrix}\right| = 11$

b) $\overrightarrow{OM} = \frac{1}{2}(\overrightarrow{OA} + \overrightarrow{OB}) = \frac{1}{2}\begin{pmatrix} 0 \\ -2 \\ 4 \end{pmatrix} = \begin{pmatrix} 0 \\ -1 \\ 2 \end{pmatrix} \Rightarrow M(0|-1|2)$, $r = |\overrightarrow{AM}| = \left|\begin{pmatrix} -4 \\ -4 \\ -7 \end{pmatrix}\right| = 9$

c) $\overrightarrow{OM} = \frac{1}{2}(\overrightarrow{OA} + \overrightarrow{OB}) = \frac{1}{2}\begin{pmatrix} -2 \\ 6 \\ 4 \end{pmatrix} = \begin{pmatrix} -1 \\ 3 \\ 2 \end{pmatrix} \Rightarrow M(-1|3|2)$, $r = |\overrightarrow{AM}| = \left|\begin{pmatrix} -5 \\ -10 \\ -10 \end{pmatrix}\right| = 15$

10. a) $\overrightarrow{OB} = \overrightarrow{OA} + 2\cdot\overrightarrow{AM} = \begin{pmatrix} 8 \\ 4 \\ 9 \end{pmatrix} + 2\begin{pmatrix} -2 \\ -6 \\ -9 \end{pmatrix} = \begin{pmatrix} 4 \\ -8 \\ -9 \end{pmatrix} \Rightarrow B(4|-8|-9)$

b) $\overrightarrow{OB} = \overrightarrow{OA} + 2\cdot\overrightarrow{AM} = \begin{pmatrix} 6 \\ 21 \\ 6 \end{pmatrix} + 2\begin{pmatrix} -6 \\ -17 \\ -6 \end{pmatrix} = \begin{pmatrix} -6 \\ -13 \\ -6 \end{pmatrix} \Rightarrow B(-6|-13|-6)$

11. a) $d = |\overrightarrow{M_1M_2}| = \left|\begin{pmatrix} 6-0 \\ 12-0 \\ 12-0 \end{pmatrix}\right| = 18$

$\overrightarrow{OA} = \frac{9}{18}\overrightarrow{M_1M_2} = \begin{pmatrix} 3 \\ 6 \\ 6 \end{pmatrix} \Rightarrow A(3|6|6)$, $\overrightarrow{OB} = \frac{12}{18}\overrightarrow{M_1M_2} = \begin{pmatrix} 4 \\ 8 \\ 8 \end{pmatrix} \Rightarrow B(4|8|8)$

b) $d = |\overrightarrow{M_1M_2}| = \left|\begin{pmatrix} 9-1 \\ 13-1 \\ 25-1 \end{pmatrix}\right| = 28$

$\overrightarrow{OA} = \overrightarrow{OM_1} + \frac{7}{28}\overrightarrow{M_1M_2} = \begin{pmatrix} 1 \\ 1 \\ 1 \end{pmatrix} + \frac{1}{4}\begin{pmatrix} 8 \\ 12 \\ 24 \end{pmatrix} = \begin{pmatrix} 3 \\ 4 \\ 7 \end{pmatrix} \Rightarrow A(3|4|7)$

$\overrightarrow{OB} = \overrightarrow{OM_1} + \frac{14}{28}\overrightarrow{M_1M_2} = \begin{pmatrix} 1 \\ 1 \\ 1 \end{pmatrix} + \frac{1}{2}\begin{pmatrix} 8 \\ 12 \\ 24 \end{pmatrix} = \begin{pmatrix} 5 \\ 7 \\ 13 \end{pmatrix} \Rightarrow B(5|7|13)$

12. a) Hesse´sche Normalengleichung von E: $\frac{1}{9}\left(\vec{x} - \begin{pmatrix} 20 \\ 5 \\ 3 \end{pmatrix}\right)\cdot\begin{pmatrix} 4 \\ -4 \\ 7 \end{pmatrix} = 0$

Abstand von M zu E: $d = \left|\frac{1}{9}\left(\begin{pmatrix} 0 \\ 0 \\ 0 \end{pmatrix} - \begin{pmatrix} 20 \\ 5 \\ 3 \end{pmatrix}\right)\cdot\begin{pmatrix} 4 \\ -4 \\ 7 \end{pmatrix}\right| = 9 = r$

Lotfußpunkt: g: $\vec{x} = s\begin{pmatrix} 4 \\ -4 \\ 7 \end{pmatrix} \cap E$: $16s + 16s + 49s = 81$, $s = 1$, $B(4|-4|7)$

12. b) Hesse´sche Normalengleichung von E: $\frac{1}{7}\left(\vec{x} - \begin{pmatrix} 21 \\ 0 \\ 0 \end{pmatrix}\right)\cdot\begin{pmatrix} 2 \\ 3 \\ 6 \end{pmatrix} = 0$

Abstand von M zu E: $d = \left|\frac{1}{7}\left(\begin{pmatrix} 2 \\ -4 \\ -8 \end{pmatrix} - \begin{pmatrix} 21 \\ 0 \\ 0 \end{pmatrix}\right)\cdot\begin{pmatrix} 2 \\ 3 \\ 6 \end{pmatrix}\right| = 14 = r$

Lotfußpunkt: g: $\vec{x} = \begin{pmatrix} 2 \\ -4 \\ -8 \end{pmatrix} + s\begin{pmatrix} 2 \\ 3 \\ 6 \end{pmatrix} \cap E$: $49s = 98$, $s = 2$, $B(6|2|4)$

13. Der Mittelpunkt liegt aus Symmetriegründen auf der z-Achse, da die Kugel die x-y-Ebene im Ursprung berührt. Ansatz: K: $x^2 + y^2 + (z-m_3)^2 = r^2$
Einsetzen von A(0|0|0): $m_3^2 = r^2$, Einsetzen von P(12|4|16): $144 + 16 + (16-m_3)^2 = r^2$
bzw. $416 - 32m_3 = 0$, $m_3 = 13 = r$, K: $x^2 + y^2 + (z-13)^2 = 13^2$

4. Kugeln, Geraden und Ebenen

213 1. Kugelgleichung: K: $(x+2)^2+(y-1)^2+(z-3)^2=6$

a) g: $\vec{x}=\begin{pmatrix}-3\\-7\\8\end{pmatrix}+s\begin{pmatrix}1\\3\\-2\end{pmatrix}$, $g\cap K$: $s^2-5s+6=0$, $s_1=3$, $s_2=2$

g schneidet K in den Punkten $S_1(-1|-1|4)$, $S_2(0|2|2)$, g ist Sekante von K.

b) g: $\vec{x}=\begin{pmatrix}-1\\4\\4\end{pmatrix}+s\begin{pmatrix}2\\1\\0\end{pmatrix}$, $g\cap K$: $s^2+2s+1=0$, $s=-1$

g berührt K im Punkt $B(-3|3|4)$, g ist Tangente von K.

c) g: $\vec{x}=\begin{pmatrix}2\\2\\2\end{pmatrix}+s\begin{pmatrix}-5\\0\\5\end{pmatrix}$, $g\cap K$: $s^2-s+\frac{12}{50}=0$, $s_1=\frac{3}{5}$, $s_2=\frac{2}{5}$

g schneidet K in den Punkten $S_1(-1|2|5)$, $S_2(0|2|4)$, g ist Sekante von K.

214 2. a) Hesse'sche Normalenform von E: E: $\left(\vec{x}-\begin{pmatrix}4\\2\\5\end{pmatrix}\right)\cdot\begin{pmatrix}1/3\\2/3\\2/3\end{pmatrix}=0$, $d(O,E)=\left|\frac{-18}{3}\right|=6>5$

E verfehlt die Kugel.

b) E: $\left(\vec{x}-\begin{pmatrix}19\\0\\0\end{pmatrix}\right)\cdot\begin{pmatrix}2/6\\-4/6\\4/6\end{pmatrix}=0$, $d(M,E)=\left|\frac{-36}{6}\right|=6=r$

E berührt die Kugel und ist daher Tangentialebene von K.

215 3. a) $d(M,E)=\left|\left(\begin{pmatrix}3\\2\\1\end{pmatrix}-\begin{pmatrix}-1\\0\\-2\end{pmatrix}\right)\cdot\begin{pmatrix}2/3\\-1/3\\2/3\end{pmatrix}\right|=4<5$, E schneidet die Kugel.

$r'=\sqrt{r^2-d^2}=\sqrt{25-16}=3$, $\left(\begin{pmatrix}3\\2\\1\end{pmatrix}+s\begin{pmatrix}2\\-1\\2\end{pmatrix}-\begin{pmatrix}-1\\0\\-2\end{pmatrix}\right)\cdot\begin{pmatrix}2\\-1\\2\end{pmatrix}=0\Rightarrow s=-\frac{4}{3}\Rightarrow M'(\frac{1}{3}|\frac{10}{3}|-\frac{5}{3})$

b) $d(M,E)=\left|\left(\begin{pmatrix}-1\\2\\4\end{pmatrix}-\begin{pmatrix}0\\-7\\0\end{pmatrix}\right)\cdot\begin{pmatrix}2/7\\3/7\\6/7\end{pmatrix}\right|=7<10$, E schneidet die Kugel.

$r'=\sqrt{100-49}=\sqrt{51}$, $\left(\begin{pmatrix}-1\\2\\4\end{pmatrix}+s\begin{pmatrix}2\\3\\6\end{pmatrix}-\begin{pmatrix}0\\-7\\0\end{pmatrix}\right)\cdot\begin{pmatrix}2\\3\\6\end{pmatrix}=0\Rightarrow s=-1\Rightarrow M'(-3|-1|-2)$

217 4. a) K: $\left(\vec{x}-\begin{pmatrix}-1\\-2\\1\end{pmatrix}\right)^2=6$, $\left(\begin{pmatrix}0\\0\\2\end{pmatrix}-\begin{pmatrix}-1\\-2\\1\end{pmatrix}\right)^2=6$ B erfüllt die Kugelgleichung.

Tangentialebene E: $\left(\vec{x}-\begin{pmatrix}0\\0\\2\end{pmatrix}\right)\cdot\begin{pmatrix}1\\2\\1\end{pmatrix}=0$

b) K: $\left(\vec{x}-\begin{pmatrix}5\\1\\-2\end{pmatrix}\right)^2=36$, $\left(\begin{pmatrix}7\\5\\2\end{pmatrix}-\begin{pmatrix}5\\1\\-2\end{pmatrix}\right)^2=36$, Tangentialebene E: $\left(\vec{x}-\begin{pmatrix}7\\5\\2\end{pmatrix}\right)\cdot\begin{pmatrix}2\\4\\4\end{pmatrix}=0$

5. a) E: $\left(\vec{x}-\begin{pmatrix}0\\-27\\0\end{pmatrix}\right)\cdot\begin{pmatrix}2/7\\3/7\\-6/7\end{pmatrix}=0$, Lotgerade g von M auf E: g: $\vec{x}=\begin{pmatrix}1\\1\\-2\end{pmatrix}+s\begin{pmatrix}2\\3\\-6\end{pmatrix}$

$g\cap E$: $s=-2$, $B(-3|-5|10)$

b) E: $\frac{1}{\sqrt{6}}\left(\vec{x}-\begin{pmatrix}0\\0\\13\end{pmatrix}\right)\cdot\begin{pmatrix}2\\-1\\1\end{pmatrix}=0$, Lotgerade g von M auf E: g: $\vec{x}=\begin{pmatrix}-1\\-1\\2\end{pmatrix}+s\begin{pmatrix}2\\-1\\1\end{pmatrix}$

$g\cap E$: $s=2$, $B(3|-3|4)$

218

6. a) K: $(x-6)^2+(y-1)^2+(z-4)^2=17$, $g \cap K$: $s_1=2$, $s_2=-1$, $S_1(6|-3|5)$, $S_2(3|3|2)$
Die Gerade g ist eine Kugelsekante und schneidet die Kugel in diesen beiden Punkten.

b) K: $(x-8)^2+(y-2)^2+(z-2)^2=50$, $g \cap K$: $s_{1/2}=-3$, $S(3|7|2)$
Die Gerade g ist eine Kugeltangente und berührt die Kugel in diesem Punkt.

c) K: $(x-8)^2+(y-2)^2+(z-4)^2=9$, $g \cap K$: $s_1=2$, $s_2=1$, $S_1(10|0|3)$, $S_2(6|4|5)$
Die Gerade g ist eine Kugelsekante.

d) K: $(x-2)^2+(y-1)^2+(z-6)^2=5$, $g \cap K$: $s_{1/2}=-4$, $S(2|2|8)$
Die Gerade g ist eine Kugeltangente und berührt die Kugel in diesem Punkt.

7. a) E: $\frac{1}{3}\left(\vec{x}-\begin{pmatrix}0\\0\\-9\end{pmatrix}\right)\cdot\begin{pmatrix}2\\2\\-1\end{pmatrix}=0$, $d(M,E)=3<6$, $M'(2|2|-1)$, $r'=\sqrt{27}$

b) E: $\frac{1}{3}\left(\vec{x}-\begin{pmatrix}0\\0\\-35\end{pmatrix}\right)\cdot\begin{pmatrix}2\\-2\\-1\end{pmatrix}=0$, $d(M,E)=6>5$, E und K schneiden sich nicht.

c) E: $\frac{1}{7}\left(\vec{x}-\begin{pmatrix}0\\0\\2\end{pmatrix}\right)\cdot\begin{pmatrix}2\\3\\6\end{pmatrix}=0$, $d(M,E)=7<25$, $M'(3|2|0)$, $r'=24$

d) E: $\frac{1}{3}\left(\vec{x}-\begin{pmatrix}7\\6\\12\end{pmatrix}\right)\cdot\begin{pmatrix}1\\2\\2\end{pmatrix}=0$, $d(M,E)=12<13$, $M'(5|9|10)$, $r'=5$

e) E: $\frac{1}{6}\left(\vec{x}-\begin{pmatrix}19\\0\\0\end{pmatrix}\right)\cdot\begin{pmatrix}2\\-4\\4\end{pmatrix}=0$, $M(3|3|2)$, $d(M,E)=6=r$, Berührpunkt $B(5|-1|6)$

f) E: $\frac{1}{9}\left(\vec{x}-\begin{pmatrix}10\\6\\2\end{pmatrix}\right)\cdot\begin{pmatrix}8\\4\\1\end{pmatrix}=0$, $d(M,E)=9<r=12$, $M'(9|7|6)$, $r'=\sqrt{63}$

8. a) Gerade g durch M, senkrecht zu E: g: $\vec{x}=\begin{pmatrix}1\\3\\5\end{pmatrix}+s\begin{pmatrix}8\\4\\1\end{pmatrix}$

Schnittpunkt von g und E: s = 1, $M'(9|7|6)$, $r'=\sqrt{r^2-|\overrightarrow{MM'}|}=\sqrt{12^2-9^2}=\sqrt{63}$

b) g: $\vec{x}=\begin{pmatrix}0\\0\\0\end{pmatrix}+s\begin{pmatrix}1\\-4\\-4\end{pmatrix}$, $g \cap E$: $s=1$, $M'(1|-4|-4)$, $r'=4$

c) g: $\vec{x}=\begin{pmatrix}3\\3\\2\end{pmatrix}+s\begin{pmatrix}1\\-2\\2\end{pmatrix}$, $g \cap E$: $s=2$, $M'(5|-1|6)$, $r'=0$
Sonderfall: Die Ebene E berührt die Kugel K im Berührpunkt B = M'. Der Schnittkreis besteht also nur aus seinem Mittelpunkt und hat den Radius 0.

9. a) 1. Abstand von M zu M': $d=\sqrt{r^2-r'^2}=\sqrt{15^2-12^2}=9$

2. Normalenvektor von E: $\vec{n}=\begin{pmatrix}1\\-2\\2\end{pmatrix}$, $|\vec{n}|=3$

3. Mittelpunkte M_1 und M_2: Man kommt von M' zu M_1 bzw. M_2 durch Abtragen von

$3\vec{n}$ bzw. $-3\vec{n}$: $\overrightarrow{OM}_{1/2}=\overrightarrow{OM'}\pm3\vec{n}=\begin{pmatrix}3\\2\\2\end{pmatrix}\pm3\begin{pmatrix}1\\-2\\2\end{pmatrix}\Rightarrow M_1(6|-4|8)$, $M_2(0|8|-4)$

218 b) $d=\sqrt{50^2-48^2}=14$, $\vec{n}=\begin{pmatrix}2\\3\\6\end{pmatrix}$, $|\vec{n}|=7$

$\overrightarrow{OM}_{1/2}=\overrightarrow{OM}'\pm 2\vec{n}=\begin{pmatrix}5\\2\\6\end{pmatrix}\pm 2\begin{pmatrix}2\\3\\6\end{pmatrix}\Rightarrow M_1(9|8|18)$, $M_2(1|-4|-6)$

c) $d=\sqrt{41-4^2}=5$, $\vec{n}=\begin{pmatrix}3\\4\\0\end{pmatrix}$, $|\vec{n}|=5$, $\overrightarrow{OM}_{1/2}=\overrightarrow{OM}'\pm 1\vec{n}=\begin{pmatrix}3\\4\\0\end{pmatrix}\pm 1\begin{pmatrix}3\\4\\0\end{pmatrix}$

$\Rightarrow M_1(6|8|0)$, $M_2(0|0|0)$

10. a) Der Spurkreismittelpunkt M ' ist der Fußpunkt des Lotes vom Mittelpunkt M(7|20|15) auf die y-z-Ebene, also der Punkt M '(0|20|15).
Der Abstand d des Mittelpunktes M von der y-z-Ebene ist der Abstand von M und M', also d = 7.
Für den Radius r' des Spurkreises gilt: $r'=\sqrt{r^2-d^2}=\sqrt{25^2-7^2}=24$

b) analoge Rechnung zu a): M '(4|4|0), d = 12, r' = 5

c) M '(8|0|7), d = 6, r' = 8

219 11. a) Kugelgleichung: K: $(x-2)^2+(y-5)^2+(z-6)^2=196$, Punktprobe: B liegt auf K

Tangentialebene: E: $\left(\vec{x}-\begin{pmatrix}6\\-1\\-6\end{pmatrix}\right)\cdot\begin{pmatrix}4\\-6\\-12\end{pmatrix}=0$ bzw. $4x-6y-12z=102$

b) analoge Rechnung zu a): E: $2x+3y+6z=77$

c) E: $x+4y+8z=113$

d) E: $x+2y+z=3$

12. a) Gerade g durch M, senkrecht zu E: g: $\vec{x}=\begin{pmatrix}2\\1\\3\end{pmatrix}+s\begin{pmatrix}2\\2\\1\end{pmatrix}$
Schnittpunkt von g und E: s = 1, B(4|3|4)

b) g: $\vec{x}=\begin{pmatrix}3\\5\\7\end{pmatrix}+s\begin{pmatrix}12\\3\\-4\end{pmatrix}$, $g\cap E$: $s=1$, B(15|8|3)

c) g: $\vec{x}=\begin{pmatrix}4\\8\\2\end{pmatrix}+s\begin{pmatrix}8\\1\\4\end{pmatrix}$, $g\cap E$: $s=2$, B(20|10|10)

d) E: $3x+6y-2z=0$, g: $\vec{x}=\begin{pmatrix}6\\12\\-4\end{pmatrix}+s\begin{pmatrix}3\\6\\-2\end{pmatrix}$, $g\cap E$: $s=-2$, B(0|0|0)

13. a) Kugelgleichung: K: $(x-1)^2+(y-1)^2+(z-4)^2=36$

Gerade durch M, senkrecht zu E: g: $\vec{x}=\begin{pmatrix}1\\1\\4\end{pmatrix}+s\begin{pmatrix}1\\2\\2\end{pmatrix}$, $g\cap K$: $s_{1/2}=\pm 2$

$B_1(3|5|8)$, $E_1: x+2y+2z=29$, $B_2(-1|-3|0)$, $E_2: x+2y+2z=-7$

b) Kugelgleichung: K: $(x-2)^2+y^2+(z-1)^2=196$

Gerade durch M, senkrecht zu E: g: $\vec{x}=\begin{pmatrix}2\\0\\1\end{pmatrix}+s\begin{pmatrix}2\\3\\6\end{pmatrix}$, $g\cap K$: $s_{1/2}=\pm 2$

$B_1(6|6|13)$, $E_1: 2x+3y+6z=108$, $B_2(-2|-6|-11)$, $E_2: 2x+3y+6z=-88$

14. a) $(x+6)^2+(y-5)^2+(z-5)^2=25$ 219

b) E: $\vec{x}=\begin{pmatrix}0\\16{,}25\\0\end{pmatrix}+r\begin{pmatrix}-12\\0\\0\end{pmatrix}+s\begin{pmatrix}0\\-11{,}25\\15\end{pmatrix}$

c) E: $\left(\vec{x}-\begin{pmatrix}0\\16{,}25\\0\end{pmatrix}\right)\cdot\begin{pmatrix}0\\4\\3\end{pmatrix}=0,\quad d(M,E)=\left|\left(\begin{pmatrix}-6\\5\\5\end{pmatrix}-\begin{pmatrix}0\\16{,}25\\0\end{pmatrix}\right)\cdot\begin{pmatrix}0\\4\\3\end{pmatrix}\cdot\frac{1}{5}\right|=6$

Der Abstand beträgt also 6 – 5 = 1m.

d) $\overrightarrow{OF}=\vec{m}+\begin{pmatrix}0\\4\\3\end{pmatrix}=\begin{pmatrix}-6\\9\\8\end{pmatrix}$, $F(-6|9|8)$, $H:\ \left(\vec{x}-\begin{pmatrix}-6\\9\\8\end{pmatrix}\right)\cdot\begin{pmatrix}0\\4\\3\end{pmatrix}=0\ bzw\quad 4y+3z=60$

A'(0|y|0) in H: A'(0|15|0), analog $C'(0|5|\frac{40}{3})$, B'(–12|15|0), $D'(-12|5|\frac{40}{3})$

Neue Länge der Stützstreben: $\frac{40}{3}\text{m}\approx 13{,}3\text{m}$.

15. $\overrightarrow{MM'}=\begin{pmatrix}s\\s\\2s\end{pmatrix}$, $|\overrightarrow{MM'}|=3=\sqrt{6s^2}\Rightarrow s=\pm\sqrt{\frac{3}{2}}$

$\overrightarrow{OM}=\overrightarrow{OM'}+\overrightarrow{MM'}=\begin{pmatrix}1\\1\\1\end{pmatrix}+\begin{pmatrix}\sqrt{1{,}5}\\\sqrt{1{,}5}\\2\sqrt{1{,}5}\end{pmatrix}$, $M(1+\sqrt{1{,}5}|1+\sqrt{1{,}5}|1+2\sqrt{1{,}5})$

zweite Lösung (von unten hineinlegen): $M(1-\sqrt{1{,}5}|1-\sqrt{1{,}5}|1-2\sqrt{1{,}5})$

E. Zusammengesetzte Aufgaben

1. a) K: $(x-2)^2+(y-2)^2+(z-2)^2=25$ b) $d=\left|\left(\begin{pmatrix}2\\2\\2\end{pmatrix}-\begin{pmatrix}0\\-11\\0\end{pmatrix}\right)\cdot\begin{pmatrix}2\\-1\\2\end{pmatrix}\cdot\frac{1}{3}\right|=\frac{5}{3}$ 220

c) Der Abstand vonn M zur Ebene E ist kleiner als der Radius r der Kugel.

d) Gerade durch M, senkrecht zu E: g: $\vec{x}=\begin{pmatrix}2\\2\\2\end{pmatrix}+s\begin{pmatrix}2\\-1\\2\end{pmatrix}$, $g\cap E:\ s=\frac{5}{9}$, $M'(\frac{28}{9}|\frac{13}{9}|\frac{28}{9})$

e) $r'=\sqrt{r^2-d^2}=\sqrt{25-\frac{25}{9}}\approx 4{,}71$

2. a) P erfüllt die Kugelgleichung: K: $(x-2)^2+(y-2)^2+z^2=25$, P liegt auf K.

b) F: $\left(\vec{x}-\begin{pmatrix}2\\6\\3\end{pmatrix}\right)\cdot\begin{pmatrix}0\\4\\3\end{pmatrix}=0$ bzw. F: $4y+3z=33$

c) $\overrightarrow{OP'}=\overrightarrow{OP}+2\overrightarrow{MP}=\begin{pmatrix}2\\6\\3\end{pmatrix}+2\begin{pmatrix}0\\-4\\-3\end{pmatrix}=\begin{pmatrix}2\\-2\\-3\end{pmatrix}$, F': $\left(\vec{x}-\begin{pmatrix}2\\-2\\-3\end{pmatrix}\right)\cdot\begin{pmatrix}0\\4\\3\end{pmatrix}=0$ bzw. $4y+3z=-17$

Berührpunkt ist P'(2|-2|-3).

d) Der Radius r* der gespiegelten Kugel ist ebenso groß wie der Radius von K, d.h. r* = 5. Den Mittelpunkt M* errechnet man folgendermaßen, ausgehend vom Mittelpunkt M:

$\overrightarrow{MM^*}=2\overrightarrow{MP}=2\begin{pmatrix}0\\4\\3\end{pmatrix}=\begin{pmatrix}0\\8\\6\end{pmatrix}$, $\overrightarrow{OM^*}=\overrightarrow{OM}+2\overrightarrow{MP}=\begin{pmatrix}2\\2\\0\end{pmatrix}+\begin{pmatrix}0\\8\\6\end{pmatrix}=\begin{pmatrix}2\\10\\6\end{pmatrix}$, $M^*(2|10|6)$

K*: $(x-2)^2+(y-10)^2+(z-6)^2=25$

220 3. a) K: $x^2+y^2+(z-12)^2=25$

Stützen: $g_{x1}: \vec{x}=\begin{pmatrix}9\\0\\0\end{pmatrix}+r\begin{pmatrix}-9\\0\\12\end{pmatrix}$, $g_{x2}: \vec{x}=\begin{pmatrix}-9\\0\\0\end{pmatrix}+r\begin{pmatrix}9\\0\\12\end{pmatrix}$

$g_{y1}: \vec{x}=\begin{pmatrix}0\\9\\0\end{pmatrix}+r\begin{pmatrix}0\\-9\\12\end{pmatrix}$, $g_{y2}: \vec{x}=\begin{pmatrix}0\\-9\\0\end{pmatrix}+r\begin{pmatrix}0\\9\\12\end{pmatrix}$

g_{x1} in K: $(9-9r)^2+(-12+12r)^2=25$ führt auf $r^2-2r+\frac{8}{9}=0$, $r=\frac{2}{3}$ $(\frac{4}{3})$

$X_1(3|0|8)$ mit analoger Rechnung oder aus Symmetrieüberlegungen:
$X_2(-3|0|8)$, $Y1(0|3|8)$, $Y2(0|-3|8)$

b) Gesucht ist der Radius des Schnittkreises in h = 16m:
Pythagoras: $r' = 5^2-4^2=3\text{m}$

$G=\pi\cdot 3^2 \approx 28{,}27\text{m}^2$

221 4. a) E: $\frac{1}{7}(\vec{x}-\begin{pmatrix}1\\1\\4\end{pmatrix})\cdot\begin{pmatrix}2\\3\\6\end{pmatrix}=0$, $d=|(\begin{pmatrix}-2\\5\\3\end{pmatrix}-\begin{pmatrix}1\\1\\4\end{pmatrix})\cdot\begin{pmatrix}2\\3\\6\end{pmatrix}\cdot\frac{1}{7}|=0$, $M\in E$

E und K schneiden sich in einem Schnittkreis K', der die Kugel halbiert.

b) $M'=M(-2|5|3)$ ist der Mittelpunkt des Schnittkreises K', $r'=r=14$.

c) Gerade durch M, senkrecht zu E:

g: $\vec{x}=\begin{pmatrix}-2\\5\\3\end{pmatrix}+s\begin{pmatrix}2\\3\\6\end{pmatrix}$, $g\cap K$: $s_{1/2}=\pm 2$, $S_1(2|11|15)$, $S_2(-6|-1|-9)$

$E_1: 2x+3y+6z=127$, $E_2: 2x+3y+6z=-69$

d) h: $\vec{x}=\begin{pmatrix}-2\\7\\23\end{pmatrix}+s\begin{pmatrix}6\\2\\-8\end{pmatrix}$, $h\cap K$: $s_1=2$, $s_2=1$, $A(10|11|7)$, $B(4|9|15)$, $d=\sqrt{104}\approx 10{,}2$

e) P sei der Schnittpunkt einer durch M verlaufenden senkrechten Geraden mit der gesuchten Ebene F_1. $d=\sqrt{14^2-183{,}75}=3{,}5$

$\overrightarrow{MP}$ ist parallel zum Normalenvektor $\vec{n}=\begin{pmatrix}2\\3\\6\end{pmatrix}$ der Ebene E.

Da $|\vec{n}|=\sqrt{49}=7$ gilt, folgt

$\overrightarrow{MP}=\frac{1}{2}\begin{pmatrix}2\\3\\6\end{pmatrix}=\begin{pmatrix}1\\1{,}5\\3\end{pmatrix}$. Daher gilt:

$\overrightarrow{OP}=\overrightarrow{OM}+\overrightarrow{MP}=\begin{pmatrix}-2\\5\\3\end{pmatrix}+\begin{pmatrix}1\\1{,}5\\3\end{pmatrix}=\begin{pmatrix}-1\\6{,}5\\6\end{pmatrix}$,

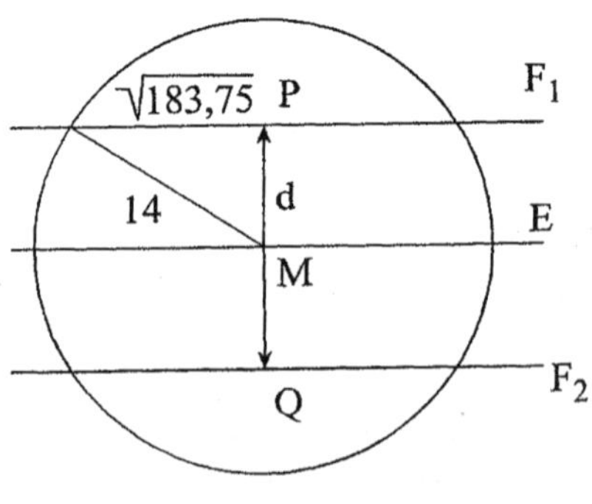

d.h. $P(-1|6{,}5|6)$.

Hieraus folgt: $F_1: 2x+3y+6z=53{,}5$.

Analog folgt: $\overrightarrow{OQ}=\overrightarrow{OM}+\overrightarrow{MQ}=\begin{pmatrix}-2\\5\\3\end{pmatrix}+\begin{pmatrix}-1\\-1{,}5\\-3\end{pmatrix}=\begin{pmatrix}-3\\3{,}5\\0\end{pmatrix}$, d.h. $Q(-3|3{,}5|0)$.

Hieraus folgt: $F_2: 2x+3y+6z=4{,}5$

5. a) $A(10|0|0), B(0|5|0), C(0|0|5)$ 221

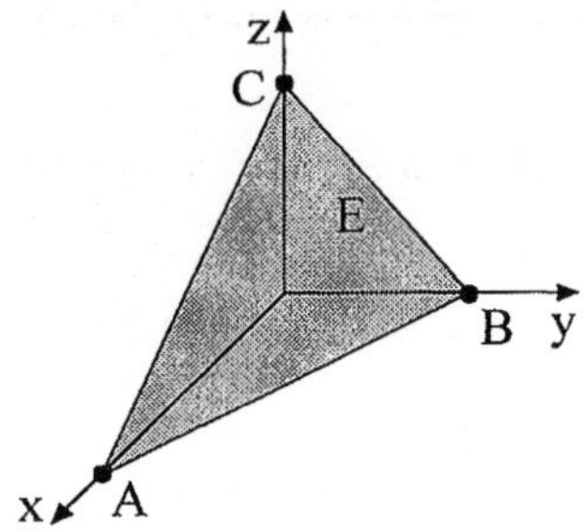

b) XY: $\vec{x} = \begin{pmatrix} 10 \\ 0 \\ 0 \end{pmatrix} + r\begin{pmatrix} -2 \\ 1 \\ 0 \end{pmatrix}$, $r = 4$: $\vec{x} = \begin{pmatrix} 2 \\ 4 \\ 0 \end{pmatrix}$

1. $(2|4|0) \in XY$, 2. $\begin{pmatrix} -2 \\ 1 \\ 0 \end{pmatrix} \cdot \begin{pmatrix} 2 \\ 4 \\ -5 \end{pmatrix} = 0$

c) $\vec{m} = \begin{pmatrix} 0 \\ 0 \\ 5 \end{pmatrix} + r\begin{pmatrix} 1 \\ 2 \\ 2 \end{pmatrix} = \begin{pmatrix} 1 \\ 2 \\ 7 \end{pmatrix}$, $M(1|2|7)$

d) g_M: $\vec{x} = \begin{pmatrix} 1 \\ 2 \\ 7 \end{pmatrix} + r\begin{pmatrix} 2 \\ 4 \\ -5 \end{pmatrix}$

e) $z = 3$ für $r = \frac{4}{5}$, $M(2{,}6|5{,}2|3)$, erster Berührpunkt: $P(2{,}6|5{,}2|0)$

6. a) Abstand Kugelmittelpunkt zur Ebene E: $d = |(\begin{pmatrix} 2 \\ 0 \\ 2 \end{pmatrix} - \begin{pmatrix} 0 \\ 0 \\ 15 \end{pmatrix}) \cdot \begin{pmatrix} 2 \\ -2 \\ 1 \end{pmatrix} \cdot \frac{1}{3}| = 3 < r = 5$, also schneidet E die Kugel.

b) Gerade durch M, senkrecht zu E:

g: $\vec{x} = \begin{pmatrix} 2 \\ 0 \\ 2 \end{pmatrix} + s\begin{pmatrix} 2 \\ -2 \\ 1 \end{pmatrix}$, $g \cap E$: $s = 1$, $M'(4|-2|3)$, $r' = \sqrt{r^2 - d^2} = \sqrt{25 - 9} = 4$

c) Den Mittelpunkt M* von K* erhält man durch Spiegelung von M an der Ebene E. Laut Skizze gilt:

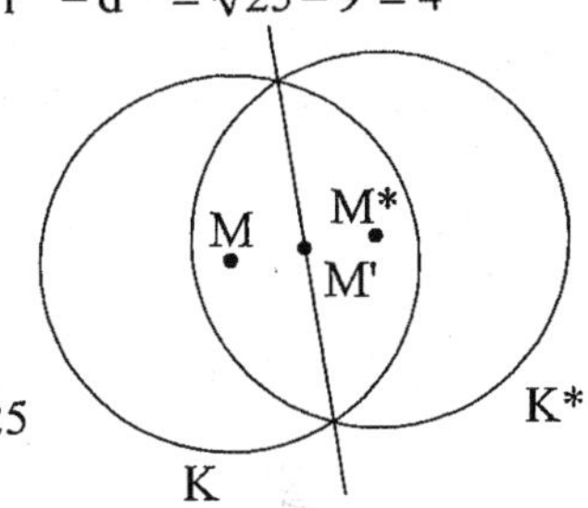

$\overrightarrow{OM^*} = \overrightarrow{OM} + 2\overrightarrow{MM'} = \begin{pmatrix} 2 \\ 0 \\ 2 \end{pmatrix} + 2\begin{pmatrix} 2 \\ -2 \\ 1 \end{pmatrix} = \begin{pmatrix} 6 \\ -4 \\ 4 \end{pmatrix}$

$\Rightarrow M^*(6|-4|4)$, K*: $(x-6)^2 + (y+4)^2 + (z-4)^2 = 25$

d) Abstand Ursprung O Mittelpunkte M, M*:

$d(O, M) = \sqrt{8} < r = 5$, O liegt in K.

$d(O, M^*) = \sqrt{68} > r^* = 5$, O liegt nicht innerhalb von K*.

e) Einsetzen von P in die Kugelgleichung liefert $(z-2)^2 = 16$

$z_1 = 6$, $P_1(2|3|6)$, $z_2 = -2$, $P_2(2|3|-2)$

f) Der Punkt A ist einer der beiden Schnittpunkte einer Geraden h, die durch M geht und senkrecht zu F ist, mit der Kugel K.

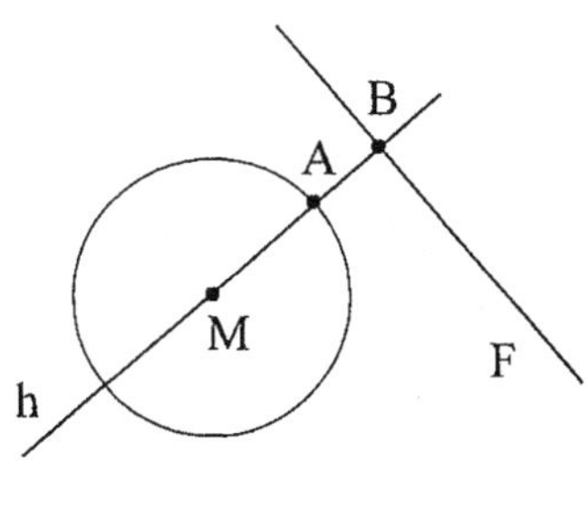

h: $\vec{x} = \begin{pmatrix} 2 \\ 0 \\ 2 \end{pmatrix} + s\begin{pmatrix} 4 \\ 0 \\ 3 \end{pmatrix}$, $h \cap K$: $s_{1/2} = \pm 1$

$S_1(6|0|5)$, $S_2(-2|0|-1)$

Da die Ebene F offensichtlich "rechts" der Kugel verläuft, ist $A(6|0|5)$ der gesuchte Punkt.

Der Punkt B ist der Schnittpunkt von h mit F: $s = 1{,}5$, $B(8|0|6{,}5)$.

Der kürzeste Abstand zwischen Kugel und Ebene F ist also die Strecke AB, deren Länge $|\overrightarrow{AB}| = |\begin{pmatrix} 8 \\ 0 \\ 6{,}5 \end{pmatrix} - \begin{pmatrix} 6 \\ 0 \\ 5 \end{pmatrix}| = |\begin{pmatrix} 2 \\ 0 \\ 1{,}5 \end{pmatrix}| = \sqrt{6{,}25} = 2{,}5$ beträgt.

222 7. a) $(x-22)^2+(y+8)^2+(z-8)^2=-563+22^2+8^2+8^2=49$, $M(22|-8|8)$, $r=7$
tiefster Punkt $M_{unten}(22|-8|1)$, $h=1\,m$; höchster Punkt $M_{oben}(22|-8|15)$, $h=15\,m$

b) $g_{PM}: \vec{x}=\begin{pmatrix}-2\\4\\0\end{pmatrix}+r\begin{pmatrix}24\\-12\\8\end{pmatrix}$

g_{PM} in K: $(-24+24r)^2+(12-12r)^2+(-8+8r)^2=49$ führt auf $r^2-2r+\frac{735}{784}=0$
$r=0{,}75\ (1{,}25)$ in g_{PM} liefert $Q(16|-5|6)$

Die Pipeline trifft den Speicher im Punkt $Q(16|-5|6)$. Länge: $\sqrt{18^2+9^2+6^2}=21\,m$

Neigung: $\sin\alpha=\frac{\begin{pmatrix}6\\-3\\2\end{pmatrix}\cdot\begin{pmatrix}0\\0\\1\end{pmatrix}}{7\cdot 1}=\frac{2}{7}$, $\alpha\approx 16{,}6°$

c) $E: \vec{x}=\begin{pmatrix}6\\-10\\0\end{pmatrix}+r\begin{pmatrix}8\\16\\0\end{pmatrix}+s\begin{pmatrix}0\\0\\1\end{pmatrix}$ bzw. $\left(\vec{x}-\begin{pmatrix}6\\-10\\0\end{pmatrix}\right)\cdot\begin{pmatrix}2\\-1\\0\end{pmatrix}=0$

Entfernung Mauer–Mittelpunkt: HNF von E: $\left(\vec{x}-\begin{pmatrix}6\\-10\\0\end{pmatrix}\right)\cdot\begin{pmatrix}2\\-1\\0\end{pmatrix}\cdot\frac{1}{\sqrt{5}}=0$

$d=\left(\begin{pmatrix}22\\-8\\8\end{pmatrix}-\begin{pmatrix}6\\-10\\0\end{pmatrix}\right)\cdot\begin{pmatrix}2\\-1\\0\end{pmatrix}\cdot\frac{1}{\sqrt{5}}=\frac{30}{\sqrt{5}}\approx 13{,}42$ m ist die Mauer vom Mittelpunkt entfernt.
Schnittpunkt Mauer–Pipeline:

$\left(\begin{pmatrix}-2+24r\\4-12r\\8r\end{pmatrix}-\begin{pmatrix}6\\-10\\0\end{pmatrix}\right)\cdot\begin{pmatrix}2\\-1\\0\end{pmatrix}=\left(\begin{pmatrix}-8+24r\\14-12r\\8r\end{pmatrix}\right)\cdot\begin{pmatrix}2\\-1\\0\end{pmatrix}=-30+60r$, $r=0{,}5$, $S(10|-2|4)$

Im Punkt $S(10|-2|4)$ durchdringt die Pipeline die Mauer.

d) Kugeloberfläche: $A=4\pi r^2$, $r=70\,dm$, $A\approx 61575{,}22\,dm^2$
$V=A\cdot 0{,}01\approx 616$ Liter kosten 6160 Euro, der Etat reicht nicht aus.

8. a) Fluggerade: $g: \vec{x}=\begin{pmatrix}18\\-13\\12\end{pmatrix}+r\begin{pmatrix}-8\\5\\-3\end{pmatrix}$
Kugel: $x^2+y^2+z^2=49$
Schnitt von Kugel und Gerade: $(18-8r)^2+(-13+5r)^2+(12-3r)^2=49$
führt auf $r^2-5r+6=0$, $r=3$ bzw. $r=2$
d.h. Eindringen bei $P(2|-3|6)$, Verlassen bei $Q(-6|2|3)$
Länge der Strecke: $|PQ|=\sqrt{98}\approx 9{,}9\,km$, $t=\frac{9{,}9\cdot 3600}{595}\approx 60\,s=1\,min$
Der Durchflug dauert ca. 60 Sekunden.

b) Aufsetzen für $z=0$, das gilt für $r=4$: $L(-14|7|0)$

c) senkrechte Ebene durch C und D:

$E: \vec{x}=\begin{pmatrix}-7\\13{,}5\\0\end{pmatrix}+r\begin{pmatrix}6\\18\\0\end{pmatrix}+s\begin{pmatrix}0\\0\\1\end{pmatrix}$ bzw. $\left(\vec{x}-\begin{pmatrix}-7\\13{,}5\\0\end{pmatrix}\right)\cdot\begin{pmatrix}-3\\1\\0\end{pmatrix}=0$

g in E: $\left(\begin{pmatrix}25-8r\\-26{,}5+5r\\12-3r\end{pmatrix}\right)\cdot\begin{pmatrix}-3\\1\\0\end{pmatrix}=-101{,}5+29r=0$, $r=3{,}5$, $z=12-3\cdot 3{,}5=1{,}5\,km$
Die Staatsgrenze wird in 1500 m Höhe überflogen.

Test

1. a) g: $\vec{x} = \begin{pmatrix} 4 \\ -6 \end{pmatrix} + s\begin{pmatrix} -3 \\ -2 \end{pmatrix}$ in k_1: 226

   $(2-3s)^2 + (-3-2s)^2 = 65$, $s = \pm 2$, $S_1(-2|-10)$, $S_2(10|-2)$

   b) C in k_1: $(27-2)^2 + (-8+3)^2 = 65$ ist mit $650 > 65$ erfüllt, C liegt außerhalb von k_1.

   c) Mittelpunkt von M_1C: $M(\frac{29}{2}|-\frac{11}{2})$

   Thaleskreis k_T über M_1C: $(x-14{,}5)^2 + (y+5{,}5)^2 = 162{,}5$

   Schnittpunkte von k_T mit k_1: $S_1(3|-11)$, $\overrightarrow{S_1M_1} = \begin{pmatrix} -1 \\ 8 \end{pmatrix}$, t_1: $\vec{x} = \begin{pmatrix} 27 \\ -8 \end{pmatrix} + r\begin{pmatrix} 8 \\ 1 \end{pmatrix}$

   $S_2(6|4)$, $\overrightarrow{S_2M_1} = \begin{pmatrix} -4 \\ -7 \end{pmatrix}$, t_2: $\vec{x} = \begin{pmatrix} 27 \\ -8 \end{pmatrix} + r\begin{pmatrix} 7 \\ -4 \end{pmatrix}$

   Schnittwinkel vo t_1, t_2: Steigungswinkel von t_1: $\alpha = 7{,}13°$
   Steigungswinkel von t_2: $\beta = 150{,}26°$, $\gamma = 36{,}87°$

   d) $d(M_1;M_2) = \sqrt{5{,}5^2 + 1{,}5^2} = \sqrt{32{,}5} = r_2 \Rightarrow M_1$ liegt auf k_2, es gibt 2 gem. Punkte.

   Schnittpunkte von k_1, k_2: $S_1(9|1)$, $S_2(6|-10)$

2. K: $(x-1)^2 + (y-4)^2 + (z-2)^2 = 81$, $(3-1)^2 + (1-4)^2 + (8-2)^2 = 49 < 81$
   $(2-1)^2 + (-4-4)^2 + (6-2)^2 = 81$, A liegt innerhalb, B liegt auf der Kugel K.

3. Einsetzen der Koordinaten der Geraden g in die Kugelgleichung liefert $s_1 = -1$, $S_1(2|9|7)$ sowie $s_2 = -2$, $S_2(-6|12|0)$. g schneidet K als Sekante.

4. Abstand des Mittelpunktes $M(-4|4|1)$ von der Ebene E:

   $$d = \left|\left(\begin{pmatrix} -4 \\ 4 \\ 1 \end{pmatrix} - \begin{pmatrix} 49 \\ 0 \\ 0 \end{pmatrix}\right) \cdot \begin{pmatrix} 2 \\ -6 \\ 9 \end{pmatrix} \cdot \frac{1}{11}\right| = 11 < r = 22$$, E und K schneiden sich.

5. Gerade g durch M, senkrecht zu E: g: $\vec{x} = \begin{pmatrix} 2 \\ 2 \\ 1 \end{pmatrix} + s\begin{pmatrix} -4 \\ 7 \\ 4 \end{pmatrix}$, $g \cap E$: $s = 1$, $M'(-2|9|5)$

   Abstand von M zu E: $d(M,E) = d(M,M') = \left|\begin{pmatrix} -2 \\ 9 \\ 5 \end{pmatrix} - \begin{pmatrix} 2 \\ 2 \\ 1 \end{pmatrix}\right| = 9$, $r' = \sqrt{324 - 81} \approx 15{,}59$

6. Abstand des Kugelmittelpunktes M von der Ebene E_1: $d = \left|\left(\begin{pmatrix} 6 \\ 0 \\ 8 \end{pmatrix} - \begin{pmatrix} -1 \\ 1 \\ -4 \end{pmatrix}\right) \cdot \frac{1}{13}\begin{pmatrix} -3 \\ 4 \\ -12 \end{pmatrix}\right| = 13$

   d=13 = r = 13, E ist Tangentialebene von K.
   Gerade g durch M, senkrecht zu E_1:

   g: $\vec{x} = \begin{pmatrix} 6 \\ 0 \\ 8 \end{pmatrix} + s\begin{pmatrix} -3 \\ 4 \\ -12 \end{pmatrix}$, $g \cap K$: $s_{1/2} = \pm 1$, $B_1(3|4|-4)$, $B_2(9|-4|20)$, B_1 liegt auf E_1.

   Die Ebene E_2 enthält den Punkt B_2 und ist parallel zu E_1: E_2: $-3x + 4y - 12z = -283$

7. Der Mittelpunkt M der Kugel muss die gleiche y-Koordinate und die gleiche z-Koordinate besitzen wie der Berührpunkt $B(0|4|4)$.
   Also gilt $M(x_0|4|4)$. Dabei ist x_0 der Kugelradius, d.h. $M(r|4|4)$.
   Kugelgleichung K: $(x-r)^2 + (y-4)^2 + (z-4)^2 = r^2$
   $A(1|5|8)$ einsetzen: $(1-r)^2 + (5-4)^2 + (8-4)^2 = r^2$, $r = 9$, $M(9|4|4)$, $(x-9)^2 + (y-4)^2 + (z-4)^2 = 9^2$

VIII. Der Vektorraum
1. Vektorräume

231 1. a) $V_3 = \left\{ \begin{pmatrix} a_1 \\ a_2 \\ a_3 \end{pmatrix} \middle| a_1, a_2, a_3 \in \mathbb{R} \right\}$

(1) $\vec{a}, \vec{b} \in V_3: \quad \vec{a} + \vec{b} = \begin{pmatrix} a_1 \\ a_2 \\ a_3 \end{pmatrix} + \begin{pmatrix} b_1 \\ b_2 \\ b_3 \end{pmatrix} = \begin{pmatrix} a_1+b_1 \\ a_2+b_2 \\ a_3+b_3 \end{pmatrix} \in V_3$

(2) $\vec{a}, \vec{b} \in V_3: \quad \vec{a} + \vec{b} = \begin{pmatrix} a_1+b_1 \\ a_2+b_2 \\ a_3+b_3 \end{pmatrix} = \begin{pmatrix} b_1+a_1 \\ b_2+a_2 \\ b_3+a_3 \end{pmatrix} = \begin{pmatrix} b_1 \\ b_2 \\ b_3 \end{pmatrix} + \begin{pmatrix} a_1 \\ a_2 \\ a_3 \end{pmatrix} = \vec{b} + \vec{a}$

(3) $\vec{a}, \vec{b}, \vec{c} \in V_3: \quad (\vec{a} + \vec{b}) + \vec{c} = \begin{pmatrix} a_1+b_1 \\ a_2+b_2 \\ a_3+b_3 \end{pmatrix} + \begin{pmatrix} c_1 \\ c_2 \\ c_3 \end{pmatrix} = \begin{pmatrix} a_1+b_1+c_1 \\ a_2+b_2+c_2 \\ a_3+b_3+c_3 \end{pmatrix} = \ldots = \vec{a} + (\vec{b} + \vec{c})$

(4) $\vec{0} = \begin{pmatrix} 0 \\ 0 \\ 0 \end{pmatrix} \in V_3: \quad \vec{a} + \vec{0} = \begin{pmatrix} a_1 \\ a_2 \\ a_3 \end{pmatrix} + \begin{pmatrix} 0 \\ 0 \\ 0 \end{pmatrix} = \begin{pmatrix} a_1+0 \\ a_2+0 \\ a_3+0 \end{pmatrix} = \begin{pmatrix} a_1 \\ a_2 \\ a_3 \end{pmatrix} = \vec{a} \quad \text{f.a. } \vec{a} \in V_3$

(5) $\vec{a} = \begin{pmatrix} a_1 \\ a_2 \\ a_3 \end{pmatrix} \in V_3, \; -\vec{a} = \begin{pmatrix} -a_1 \\ -a_2 \\ -a_3 \end{pmatrix} \in V_3: \quad \vec{a} + (-\vec{a}) = \begin{pmatrix} a_1 \\ a_2 \\ a_3 \end{pmatrix} + \begin{pmatrix} -a_1 \\ -a_2 \\ -a_3 \end{pmatrix} = \begin{pmatrix} a_1-a_1 \\ a_2-a_2 \\ a_3-a_3 \end{pmatrix} = \begin{pmatrix} 0 \\ 0 \\ 0 \end{pmatrix} = \vec{0}$

(6) $r \cdot \vec{a} \in V_3: \quad r \cdot \vec{a} = r \begin{pmatrix} a_1 \\ a_2 \\ a_3 \end{pmatrix} = \begin{pmatrix} ra_1 \\ ra_2 \\ ra_3 \end{pmatrix} \in V_3 \quad \text{f.a. } \vec{a} \in V_3$

(7) $(r \cdot s) \cdot \vec{a} = \begin{pmatrix} (rs)a_1 \\ (rs)a_2 \\ (rs)a_3 \end{pmatrix} = \begin{pmatrix} rsa_1 \\ rsa_2 \\ rsa_3 \end{pmatrix} = \begin{pmatrix} r(sa_1) \\ r(sa_2) \\ r(sa_3) \end{pmatrix} = r \begin{pmatrix} sa_1 \\ sa_2 \\ sa_3 \end{pmatrix} = r\left(s \begin{pmatrix} a_1 \\ a_2 \\ a_3 \end{pmatrix}\right) = r(s \cdot \vec{a})$

(8) $(r+s) \cdot \vec{a} = \begin{pmatrix} (r+s)a_1 \\ (r+s)a_2 \\ (r+s)a_3 \end{pmatrix} = \ldots = \begin{pmatrix} ra_1 \\ ra_2 \\ ra_3 \end{pmatrix} + \begin{pmatrix} sa_1 \\ sa_2 \\ sa_3 \end{pmatrix} = r \begin{pmatrix} a_1 \\ a_2 \\ a_3 \end{pmatrix} + s \begin{pmatrix} a_1 \\ a_2 \\ a_3 \end{pmatrix} = r \cdot \vec{a} + s \cdot \vec{a}$

(9) $r \cdot (\vec{a} + \vec{b}) = r \begin{pmatrix} a_1+b_1 \\ a_2+b_2 \\ a_3+b_3 \end{pmatrix} = \begin{pmatrix} r(a_1+b_1) \\ r(a_2+b_2) \\ r(a_3+b_3) \end{pmatrix} = \begin{pmatrix} ra_1+rb_1 \\ ra_2+rb_2 \\ ra_3+rb_3 \end{pmatrix} = \begin{pmatrix} ra_1 \\ ra_2 \\ ra_3 \end{pmatrix} + \begin{pmatrix} rb_1 \\ rb_2 \\ rb_3 \end{pmatrix} = r \cdot \vec{a} + r \cdot \vec{b}$

(10) $1 \cdot \vec{a} = 1 \cdot \begin{pmatrix} a_1 \\ a_2 \\ a_3 \end{pmatrix} = \begin{pmatrix} 1 \cdot a_1 \\ 1 \cdot a_2 \\ 1 \cdot a_3 \end{pmatrix} = \begin{pmatrix} a_1 \\ a_2 \\ a_3 \end{pmatrix} = \vec{a} \quad \text{f.a. } \vec{a} \in V_3$

b) $V_n = \left\{ \begin{pmatrix} a_1 \\ \vdots \\ a_n \end{pmatrix} \middle| a_1, \ldots, a_n \in \mathbb{R} \right\}$ analog

232 2. (3) $f_1, f_2, f_3 \in V = \{ f \mid f(x) = ax + b \text{ mit } a, b \in \mathbb{R} \}$

$((f_1+f_2) + f_3)(x) = (f_1+f_2)(x) + f_3(x) = a_1x+b_1 + a_2x+b_2 + a_3x+b_3 = f_1(x)+f_2(x) + f_3(x)$
$= (f_1+(f_2+f_3))(x)$

(5) $f \in V$, d.h. $f(x) = ax + b; \quad a, b \in \mathbb{R}$
$(-f) \in V$, d.h. $(-f)(x) = -(ax + b) = -ax + (-b) \in V$
$(f+(-f))(x) = f(x) + (-f(x)) = ax+b - ax+(-b) = 0x+0 = f_0(x)$

2. (7) $((r\cdot s)\cdot f)(x) = (r\cdot s)\cdot f(x) = (r\cdot s)\cdot(ax+b) = r\cdot s\cdot ax + r\cdot s\cdot b$ 232
$= r\cdot(s\cdot ax + s\cdot b) = r\cdot(s\cdot(ax+b)) = r\cdot(s\cdot f(x)) = (r\cdot(s\cdot f))(x)$
(8) $((r+s)\cdot f)(x) = (r+s)\cdot f(x) = (r+s)\cdot(ax+b) = r\cdot ax + r\cdot b + s\cdot ax + s\cdot b$
$= (r\cdot f)(x) + (s\cdot f)(x)$
(9) $(r\cdot(f_1+f_2))(x) = r\cdot(f_1+f_2)(x) = r\cdot(f_1(x)+f_2(x)) = r\cdot(a_1x+b_1+a_2x+b_2)$
$= r\cdot a_1x + r\cdot b_1 + r\cdot a_2x + r\cdot b_2 = r\cdot(a_1x+b_1) + r\cdot(a_2x+b_2)$
$= r\cdot f_1(x) + r\cdot f_2(x) = (r\cdot f_1)(x) + (r\cdot f_2)(x)$
(10) $(1\cdot f)(x) = 1\cdot f(x) = 1\cdot(ax+b) = 1\cdot ax + 1\cdot b = ax+b = f(x)$

3. a) (1) $f_1, f_2 \in V$: $(f_1+f_2)(x) = f_1(x) + f_2(x)$
$= a_1x^3 + b_1x^2 + c_1x + d_1 + a_2x^3 + b_2x^2 + c_2x + d_2$
$= (a_1+a_2)x^3 + (b_1+b_2)x^2 + (c_1+c_2)x + (d_1+d_2) \in V$
(2) $f_1, f_2 \in V$: $(f_1+f_2)(x) = f_1(x) + f_2(x)$
$= a_1x^3 + b_1x^2 + c_1x + d_1 + a_2x^3 + b_2x^2 + c_2x + d_2$
$= a_2x^3 + b_2x^2 + c_2x + d_2 + a_1x^3 + b_1x^2 + c_1x + d_1 = f_2(x) + f_1(x) = (f_2+f_1)(x)$
(3) $f_1, f_2, f_3 \in V$: $(f_1(x)+f_2(x)) + f_3(x)$
$= (a_1x^3 + b_1x^2 + c_1x + d_1 + a_2x^3 + b_2x^2 + c_2x + d_2) + (a_3x^3 + b_3x^2 + c_3x + d_3)$
$= a_1x^3 + b_1x^2 + c_1x + d_1 + a_2x^3 + b_2x^2 + c_2x + d_2 + a_3x^3 + b_3x^2 + c_3x + d_3$
$= (a_1x^3 + b_1x^2 + c_1x + d_1) + (a_2x^3 + b_2x^2 + c_2x + d_2 + a_3x^3 + b_3x^2 + c_3x + d_3)$
$= f_1(x) + (f_2(x) + f_3(x))$
(4) $f_0(x) = 0\cdot x^3 + 0\cdot x^2 + 0\cdot x + 0 = 0 \in V$: $f_0(x) + f_1(x) = 0 + a_1x^3 + b_1x^2 + c_1x + d_1$
$= a_1x^3 + b_1x^2 + c_1x + d_1 = f_1(x)$ f.a. $f_1 \in V$
(5) Zu $f(x) = ax^3+bx^2+cx+d \in V$ ist $-f(x) = (-a)x^3+(-b)x^2+(-c)x+(-d) \in V$ das inverse Element, denn es gilt:
$f(x) + (-f(x)) = ax^3+bx^2+cx+d + (-a)x^3+(-b)x^2+(-c)x+(-d)$
$= ax^3+bx^2+cx+d - ax^3 - bx^2 - cx - d = 0 = f_0(x)$
(6) $r\cdot f(x) = r\cdot(ax^3+bx^2+cx+d) = r\cdot ax^3 + r\cdot bx^2 + r\cdot cx + r\cdot d$
$= (r\cdot a)x^3 + (r\cdot b)x^2 + (r\cdot c)x + (r\cdot d) \in V$
(7) $(r\cdot s)\cdot f(x) = (r\cdot s)\cdot(ax^3+bx^2+cx+d) = r\cdot s\cdot ax^3 + r\cdot s\cdot bx^2 + r\cdot s\cdot cx + r\cdot s\cdot d$
$= r\cdot(s\cdot ax^3 + s\cdot bx^2 + s\cdot cx + s\cdot d) = r\cdot(s\cdot(ax^3+bx^2+cx+d) = r\cdot(s\cdot f(x))$
(8) $(r+s)\cdot f(x) = (r+s)\cdot(ax^3+bx^2+cx+d)$
$= (r+s)\cdot ax^3 + (r+s)\cdot bx^2 + (r+s)\cdot cx + (r+s)\cdot d$
$= r\cdot ax^3 + s\cdot ax^3 + r\cdot bx^2 + s\cdot bx^2 + r\cdot cx + s\cdot cx + r\cdot d + s\cdot d$
$= r\cdot ax^3 + r\cdot bx^2 + r\cdot cx + r\cdot d + s\cdot ax^3 + s\cdot bx^2 + s\cdot cx + s\cdot d$
$= r\cdot(ax^3+bx^2+cx+d) + s\cdot(ax^3+bx^2+cx+d) = r\cdot f(x) + s\cdot f(x)$
(9) $r\cdot(f_1(x)+f_2(x)) = r\cdot(a_1x^3 + b_1x^2 + c_1x + d_1 + a_2x^3 + b_2x^2 + c_2x + d_2)$
$= ra_1x^3 + rb_1x^2 + rc_1x + rd_1 + ra_2x^3 + rb_2x^2 + rc_2x + rd_2$
$= r\cdot(a_1x^3 + b_1x^2 + c_1x + d_1) + r\cdot(a_2x^3 + b_2x^2 + c_2x + d_2) = r\cdot f_1(x) + r\cdot f_2(x)$
(10) $1\cdot f(x) = 1\cdot(ax^3+bx^2+cx+d) = 1\cdot ax^3 + 1\cdot bx^2 + 1\cdot cx + 1\cdot d$
$= ax^3+bx^2+cx+d = f(x)$

232 3. b) $V=\left\{f(x)=\frac{a}{x} \mid a \in \mathbb{R}, x \neq 0\right\}$

(1) $f_1(x)+f_2(x)=\frac{a_1}{x}+\frac{a_2}{x}=\frac{a_1+a_2}{x} \in V$

(2) $f_1(x)+f_2(x)=\frac{a_1}{x}+\frac{a_2}{x}=\frac{a_2}{x}+\frac{a_1}{x}=f_2(x)+f_1(x)$

(3) $(f_1(x)+f_2(x))+f_3(x)=(\frac{a_1}{x}+\frac{a_2}{x})+\frac{a_3}{x}=\frac{a_1}{x}+\frac{a_2}{x}+\frac{a_3}{x}=\frac{a_1}{x}+(\frac{a_2}{x}+\frac{a_3}{x})$
$=f_1(x)+(f_2(x)+f_3(x))$

(4) $f_0(x)=\frac{0}{x}=0 \in V$; $f_0(x)+f(x)=\frac{0}{x}+\frac{a}{x}=\frac{a}{x}=f(x)$ f.a. $f(x) \in V$

(5) zu $f(x)=\frac{a}{x}$ ist $-f(x)=\frac{-a}{x} \in V$ das inverse Element:
$f(x)+(-f(x))=\frac{a}{x}+(\frac{-a}{x})=\frac{0}{x}=0=f_0(x)$

(6) $r\cdot f(x)=r\cdot\frac{a}{x}=\frac{ra}{x} \in V$

(7) $(r\cdot s)\cdot f(x)=(r\cdot s)\cdot\frac{a}{x}=\frac{rsa}{x}=r\cdot\frac{sa}{x}=r\cdot(s\cdot f(x))$

(8) $(r+s)\cdot f(x)=(r+s)\cdot\frac{a}{x}=\frac{ra+sa}{x}=r\cdot\frac{a}{x}+s\cdot\frac{a}{x}=r\cdot f(x)+s\cdot f(x)$

(9) $r\cdot(f_1(x)+f_2(x))=r\cdot(\frac{a_1}{x}+\frac{a_2}{x})=r\cdot\frac{a_1+a_2}{x}=\frac{ra_1+ra_2}{x}=r\cdot\frac{a_1}{x}+r\cdot\frac{a_2}{x}$
$=r\cdot f_1(x)+r\cdot f_2(x)$

(10) $1\cdot f(x)=1\cdot(\frac{a}{x})=\frac{1\cdot a}{x}=\frac{a}{x}=f(x)$

4. analog zu Übung 3a)

5. (1) f, g in $\mathbb{R}$ differenzierbare Funktionen $\Rightarrow$ $(f')+(g')=(f+g)' \in V$

(2) $(f+g)'(x)=f'(x)+g'(x)=g'(x)+f'(x)=(g+f)'(x)$

(3) $[(f+g)+h]'(x)=(f+g)'(x)+h'(x)=f'(x)+g'(x)+h'(x)=f'(x)+(g+h)'(x)=[f+(g+h)]'(x)$

(4) $f(x)=0$ ist differenzierbar ($f'(0)=0$), also $f(x)=0 \in V$

(5) mit f ist auch $(-f)$ differenzierbar, also $-f \in V$

(6) $(r\cdot f)$ ist differenzierbar, also $(r\cdot f) \in V$

(7) $((r\cdot s)\cdot f)'(x)=(r\cdot s)\cdot f'(x)=r\cdot(s\cdot f'(x))=[r\cdot(s\cdot f)]'(x)$ (Faktorregel)

(8) $((r+s)\cdot f)'(x)=(r+s)\cdot f'(x)=r\cdot f'(x)+s\cdot f'(x)=(r\cdot f+s\cdot f)'(x)$

(9) $[r\cdot(f+g)]'(x)=r\cdot(f+g)'(x)=r\cdot(f'(x)+g'(x))=r\cdot f'(x)+r\cdot g'(x)=(r\cdot f+r\cdot g)'(x)$

(10) $(1\cdot f)'(x)=f'(x)$

6. a) (1) f_1 und f_2 seien Lösungen von $f'+f=0$: $f_1'+f_1=0$ und $f_2'+f_2=0$.
Dann gilt: $(f_1+f_2)'+(f_1+f_2)=f_1'+f_1+f_2'+f_2=0+0=0$ (Summenregel) $\Rightarrow (f_1+f_2) \in V$

(4) $f(x)=0 \in V$, denn $f'(x)+f(x)=0+0=0$

(5) zu $f \in V$ existiert $(-f)$ in V, denn $(-f)'+(-f)=-f'-f=-(f'+f)=-0=0$

(6) $(r\cdot f)'+(r\cdot f)=r\cdot f'+r\cdot f=r\cdot 0=0$ (Faktorregel)

Die Regeln (2), (3), (7) - (10) gelten, da die Lösungen der Differentialgleichung differenzierbare Funktionen sein müssen und für diese die Rechengesetze gemäß Übung 5 gelten.

b) $y'(x)=-y(x)$

$\frac{y'}{y}=-1$, $\int\frac{y'}{y}dx=\int(-1)dx$, $\ln|y|=-x+C$, $|y|=e^{-x+C}$, $y(x)=D\cdot e^{-x}$, $D \in \mathbb{R}$

233 7. a) V ist kein Vektorraum. Gegenbeispiel: $f(x)=\sin x \in V$, aber $2\cdot\sin x \notin V \Rightarrow$ nicht abgeschlossen bzgl. der Skalarmultiplikation

b) V ist ein Vektorraum. (Nachweis der Axiome ist notwendig)

c) V ist ein Vektorraum. (Nachweis der Axiome ist notwendig)

d) kein Vektorraum. 233

Gegenbeispiel: $f(x) = x^2$, $g(x) = x+1 \in V$, aber $(f+g)(x) = x^2 + x + 1 \notin V$

e) V ist kein Vektorraum. Gegenbeispiel:

$$f(x) = ax^2 + (a-2)x,\ g(x) = bx^2 + (b-2)x \Rightarrow (f+g) = (a+b)x^2 + ((a+b)-4)x \notin V$$

f) V ist ein Vektorraum. (Nachweis der Axiome ist notwendig)

8\. a) (1) $(a_n) + (b_n) = (a_n + b_n) \in V$

(2) $(a_n) + (b_n) = (a_n+b_n) = (b_n+a_n) = (b_n) + (a_n)$

(3) $[(a_n) + (b_n)] + c_n = [(a_n+b_n)] + c_n = (a_n + (b_n+c_n)) = (a_n) + [(b_n+c_n)] = (a_n) + [(b_n)+(c_n)]$

(4) Neutrales Element (0) ($a_n = 0$ f.a. $n \in \mathbb{N}$)

(5) Inverses Element zu (a_n): $(-a_n)$ (mit $(-a_i)$, $i \in \mathbb{N}$)

(6) $r \cdot (a_n) = (r \cdot a_n) \in V$

(7) $(r \cdot s) \cdot (a_n) = ((r \cdot s) \cdot a_n) = (r \cdot (s \cdot a_n)) = r \cdot (s \cdot a_n) = r \cdot (s \cdot (a_n))$

(8) $(r+s) \cdot (a_n) = ((r+s) \cdot a_n) = (r \cdot a_n + s \cdot a_n) = (r \cdot a_n) + (s \cdot a_n) = r \cdot (a_n) + s \cdot (a_n)$

(9) $r \cdot [(a_n)+(b_n)] = r \cdot (a_n+b_n) = (r \cdot (a_n+b_n)) = (r \cdot a_n + r \cdot b_n) = (r \cdot a_n) + (r \cdot b_n)$

(10) $1 \cdot (a_n) = (1 \cdot a_n) = (a_n)$

b) Mit zwei konvergenten Zahlenfolgen (a_n) und (b_n) ist auch (a_n+b_n) eine konvergente Zahlenfolge (1. Grenzwertsatz für Folgen), ebenso wie $r \cdot (a_n)$ (3. Grenzwertsatz für Folgen).
Nicht leer: Beispiel: $(\frac{1}{n})$, $n \in \mathbb{N}$, konvergiert gegen 0.
Die übrigen Gesetze gelten, da die konvergenten Folgen in dem Vektorraum der reellen Zahlenfolgen aus a) enthalten sind.

c) Die Menge der divergenten Zahlenfolgen enthält nicht das neutrale Element $(a_n) = (0)$ und ist daher kein Vektorraum.

9\. a) V ist kein Vektorraum. Gegenbeispiel: $\binom{2}{a} \in V, \binom{2}{b} \in V \Rightarrow \binom{2+2}{a+b} = \binom{4}{a+b} \notin V$

b) V ist ein Vektorraum. (Nachweis der Axiome ist notwendig)

c) V ist kein Vektorraum. Gegenbeispiel: $\binom{0{,}5}{0{,}5} \in V, \binom{1}{0} \in V \Rightarrow \binom{0{,}5+1}{0{,}5} = \binom{1{,}5}{0{,}5} \notin V$

d) V ist ein Vektorraum. (Nachweis der Axiome ist notwendig)

e) V ist kein Vektorraum. Gegenbeispiel: $\begin{pmatrix}1\\0\\1\end{pmatrix} + \begin{pmatrix}2\\0\\4\end{pmatrix} = \begin{pmatrix}3\\0\\5\end{pmatrix} \notin V$

f) V ist kein Vektorraum. Gegenbeispiel: $\begin{pmatrix}1\\0\\0\end{pmatrix} + \begin{pmatrix}0\\3\\1\end{pmatrix} = \begin{pmatrix}1\\3\\1\end{pmatrix} \notin V$

10\. a) V ist kein Vektorraum, da das Axiom (8) nicht erfüllt ist für alle $\binom{a}{b} \in V$.

$$(r+s) \cdot \vec{a} = (r+s) \cdot \binom{a}{b} = \binom{(r+s)a}{b} = \binom{ra+sa}{b}$$

$$r \cdot \vec{a} + s \cdot \vec{a} = r \cdot \binom{a}{b} + s \cdot \binom{a}{b} = \binom{ra}{b} + \binom{sa}{b} = \binom{ra+sa}{2b} \neq \binom{ra+sa}{b}, \text{ für } b \neq 0$$

b) V ist kein Vektorraum, da das Axiom (2) nicht erfüllt ist für alle $\binom{a}{b}, \binom{c}{d} \in V$ gilt.

$$\binom{a}{b} + \binom{c}{d} = \binom{a+c}{b}, \quad \binom{c}{d} + \binom{a}{b} = \binom{c+a}{d} \neq \binom{a+c}{b} \text{ für } b \neq d$$

c) V ist kein Vektorraum, da z.B. das Axiom (10) nicht für alle $\binom{a}{b} \in V$ gilt.

$$1 \cdot \binom{a}{b} = \binom{0}{1 \cdot b} = \binom{0}{b} \neq \binom{a}{b} \text{ für } a \neq 0$$

234 11.(2)

$$\begin{aligned} r\cdot\vec{0} &= r\cdot(\vec{0}+\vec{0}) && (4)\,(\text{Def. VIII.1})\\ &= r\cdot\vec{0}+r\cdot\vec{0} && (9)\,|+(-r\cdot\vec{0})\in V\\ r\cdot\vec{0}+(-r)\cdot\vec{0} &= (r\cdot\vec{0}+r\cdot\vec{0})+(-r)\cdot\vec{0}\\ (r+(-r))\cdot\vec{0} &= r\cdot\vec{0}+(r\cdot\vec{0}+(-r)\cdot\vec{0}) && (3),(8)\\ 0\cdot\vec{0} &= r\cdot\vec{0}+0\cdot\vec{0} && (\text{Satz VII.1(1)})\\ \vec{0} &= r\cdot\vec{0}+\vec{0}\,. && (4)\\ \vec{0} &= r\cdot\vec{0} \end{aligned}$$

(3) Sei $r\cdot\vec{a}=\vec{0}$. Falls $r=0$ ist, gilt $0\cdot\vec{a}=\vec{0}$ nach Satz VIII.1 (1).
Falls $r\neq 0$ ist, folgt $\vec{a} \underbrace{=}_{(10)} 1\cdot\vec{a} = (\frac{1}{r}\cdot r)\cdot\vec{a} \underbrace{=}_{(7)} \frac{1}{r}\cdot(r\cdot\vec{a}) \underbrace{=}_{\text{Vorr.}} \frac{1}{r}\cdot\vec{0} \underbrace{=}_{\text{Satz VII.1(2)}} \vec{0}$.

12.a) Es gilt nach Satz VIII.1(2) für alle
$r\in\mathbb{R}$: $r\cdot\vec{0}=\vec{0}$, $r\cdot(\vec{a}+(-\vec{a}))=\vec{0}$ (5), $r\cdot\vec{a}+r\cdot(-\vec{a})=\vec{0}$ (9).
Addiert man auf beiden Seiten das zu $r\cdot\vec{a}$ inverse Element $-(r\cdot\vec{a})$, so ergibt sich:

$$\begin{aligned} (r\cdot\vec{a}+r\cdot(-\vec{a}))+(-(r\cdot\vec{a})) &= \vec{0}+(-(r\cdot\vec{a}))\\ (r\cdot(-\vec{a})+r\cdot\vec{a})+(-(r\cdot\vec{a})) &= \vec{0}+(-(r\cdot\vec{a})) && (2)\\ r\cdot(-\vec{a})+(r\cdot\vec{a}+(-(r\cdot\vec{a})) &= \vec{0}+(-(r\cdot\vec{a})) && (3)\\ r\cdot(-\vec{a})+\vec{0} &= -(r\cdot\vec{a}) && (5),(4)\\ r\cdot(-\vec{a}) &= -(r\cdot\vec{a}) && (4) \end{aligned}$$

b) $(-1)\cdot\vec{a}+\vec{a} \underbrace{=}_{(10)} (-1)\cdot\vec{a}+1\cdot\vec{a} \underbrace{=}_{(8)} ((-1)+1)\cdot\vec{a} = 0\cdot\vec{a} = \vec{0}$ (Satz VIII.1 (1))

Wir addieren auf beiden Seiten das Inverse Element $(-\vec{a})$.

$$\begin{aligned} ((-1)\cdot\vec{a}+\vec{a})+(-\vec{a}) &= \vec{0}+(-\vec{a})\\ (-1)\cdot\vec{a}+(\vec{a}+(-\vec{a})) &= -\vec{a} && (3),(4)\\ (-1)\cdot\vec{a}+\vec{0} &= -\vec{a} && (5)\\ (-1)\cdot\vec{a} &= -\vec{a} \end{aligned}$$

13. a) Es sei $r\cdot\vec{a}=r\cdot\vec{b}$ mit $r\neq 0$. Wir multiplizieren auf beiden Seiten mit $\frac{1}{r}\in\mathbb{R}$.
$\frac{1}{r}\cdot(r\cdot\vec{a})=\frac{1}{r}\cdot(r\cdot\vec{b})$, $(\frac{1}{r}\cdot r)\cdot\vec{a}=(\frac{1}{r}\cdot r)\cdot\vec{b}$, $1\cdot\vec{a}=1\cdot\vec{b}$, $\vec{a}=\vec{b}$

b) Es sei $r\cdot\vec{a}=s\cdot\vec{a}$ mit $\vec{a}\neq\vec{0}$. Wir addieren auf beiden Seiten das inverse Element $-(r\cdot\vec{a})$.

$$\begin{aligned} r\cdot\vec{a}+-(r\cdot\vec{a}) &= s\cdot\vec{a}-(r\cdot\vec{a})\\ \vec{0} &= s\cdot\vec{a}+(-r\cdot\vec{a}) && (5)\\ \vec{0} &= (s+(-r))\cdot\vec{a} && (8) \end{aligned}$$

Nach Satz VIII.1 (3) folgt hieraus wegen $\vec{a}\neq\vec{0}$, dass $s+(-r)=0$ gelten muss. Nach den Rechenregeln in $\mathbb{R}$ muss also $s=r$ sein.

236 14. a) V ist ein Vektorraum. Die Nachweise der Vektorraumaxiome:
(1), (6) f, g seien reelle Funktionen $\Rightarrow$ $f+g$, $r\cdot g$ sind reelle Funktionen
(2) $(f+g)(x)=f(x)+g(x)=g(x)+f(x)=(g+f)(x)$
(3) $[(f+g)+h](x)=(f+g)(x)+h(x)=(f(x)+g(x))+h(x)=f(x)+(g(x)+h(x))=\ldots=(f+(g+h))(x)$
(4) Neutrales Element: $f(x)=0$ f.a. $x\in V$
(5) Inverses Element zu f: $(-f)(x)=-f(x)\in V$

14. (7) $[(r\cdot s)\cdot f](x) = (r\cdot s)\cdot f(x) = r\cdot(s\cdot f(x)) = r\cdot(s\cdot f)(x)$ 236

(8) $[(r+s)\cdot f](x) = (r+s)\cdot f(x) = r\cdot f(x) + s\cdot f(x) = (r\cdot f + s\cdot f)(x)$

(9) $[(r\cdot(f+g)](x) = r\cdot(f+g)(x) = r\cdot(f(x)+g(x)) = r\cdot f(x) + r\cdot g(x) = (r\cdot f + r\cdot g)(x)$

(10) $(1\cdot f)(x) = 1\cdot f(x) = f(x)$

b) V ist ein Vektorraum. Die Summe und das Vielfache einer stetigen Funktion ist wieder eine stetige Funktion.
(Lehrbuch 11 S. 139 Satz IV.8)
Das neutrale Element $f(x) = 0$ ist stetig. Zur stetigen Funktion f ist auch die inverse Funktion $(-f) = (-1)\cdot f$ stetig.
Die übrigen Rechengesetze gelten ohnehin, da stetige Funktionen im Vektorraum der reellen Funktionen enthalten sind und hierfür der Nachweis unter a) bereits geführt ist.

c) V ist kein Vektorraum. Gegenbeispiel: f(x) mit $f(0) = 1 \in V$, g(x) mit $g(0) = 1 \in V$, aber $(f+g)(0) = f(0) + g(0) = 1 + 1 = 2 \Rightarrow f + g \notin V$.

15. (1) $\vec{a} + \vec{a} = 1\cdot\vec{a} + 1\cdot\vec{a} \underbrace{=}_{(10)} (1+1)\cdot\vec{a} \underbrace{=}_{(8)} = 2\cdot\vec{a}$

(2) Es sei $\vec{a} + \vec{b} = \vec{a} + \vec{c}$.
Wir addieren auf beiden Seiten das inverse Element $(-\vec{a})$.

$$(\vec{a} + \vec{b}) + (-\vec{a}) = (\vec{a} + \vec{c}) + (-\vec{a})$$
$$(\vec{b} + \vec{a}) + (-\vec{a}) = (\vec{c} + \vec{a}) + (-\vec{a}) \quad (2)$$
$$\vec{b} + (\vec{a} + (-\vec{a})) = \vec{c} + (\vec{a} + (-\vec{a})) \quad (3)$$
$$\vec{b} + \vec{0} = \vec{c} + \vec{0} \quad (5)$$
$$\vec{b} = \vec{c} \quad (4)$$

(3) Für alle $\vec{a} \in V, r \in \mathbb{R}$ gilt:

$$r\cdot\vec{a} + \vec{0} = r\cdot\vec{a} \quad (4)$$
$$r\cdot\vec{a} + (0\cdot(-\vec{a})) = r\cdot\vec{a} \quad (\text{Satz VIII.1(1)})$$
$$r\cdot\vec{a} + ((r+(-r))\cdot(-\vec{a})) = r\cdot\vec{a}$$
$$r\cdot\vec{a} + (r\cdot(-\vec{a}) + (-r)\cdot(-\vec{a})) = r\cdot\vec{a} \quad (8)$$
$$(r\cdot\vec{a} + r\cdot(-\vec{a})) + (-r)\cdot(-\vec{a}) = r\cdot\vec{a} \quad (3)$$
$$(r\cdot(\vec{a} + (-\vec{a})) + (-r)\cdot(-\vec{a}) = r\cdot\vec{a} \quad (9)$$
$$(r\cdot\vec{0}) + (-r)\cdot(-\vec{a}) = r\cdot\vec{a} \quad (5)$$
$$\vec{0} + (-r)\cdot(-\vec{a}) = r\cdot\vec{a} \quad (\text{Satz VIII.1(2)})$$
$$(-r)\cdot(-\vec{a}) = r\cdot\vec{a} \quad (4)$$

16. a) Für alle $\vec{a} = \begin{pmatrix} a \\ 3a \end{pmatrix} \in U, \vec{b} = \begin{pmatrix} b \\ 3b \end{pmatrix} \in U, r \in \mathbb{R}$ gilt:

(I) $\vec{a} + \vec{b} = \begin{pmatrix} a \\ 3a \end{pmatrix} + \begin{pmatrix} b \\ 3b \end{pmatrix} = \begin{pmatrix} a+b \\ 3a+3b \end{pmatrix} = \begin{pmatrix} a+b \\ 3(a+b) \end{pmatrix} \in U$

(II) $r\cdot\vec{a} = r\cdot\begin{pmatrix} a \\ 3a \end{pmatrix} = \begin{pmatrix} ra \\ r\cdot 3a \end{pmatrix} = \begin{pmatrix} ra \\ 3\cdot(ra) \end{pmatrix} \in U$, $U \neq \varnothing$ z.B. $\begin{pmatrix} 1 \\ 3 \end{pmatrix} \in U$

Nach dem Untervektorraumkriterium ist U ein Untervektorraum von V_2.

b) U ist kein Untervektorraum. Gegenbeispiel:
Sei $\vec{a} = \begin{pmatrix} a \\ a+1 \end{pmatrix} \in U, r \in \mathbb{R}\setminus\{1\}$. Dann gilt: $r\cdot\vec{a} = r\cdot\begin{pmatrix} a \\ a+1 \end{pmatrix} = \begin{pmatrix} ra \\ ra+r \end{pmatrix} \notin U$ (für $r \neq 1$)

c) U ist kein Untervektorraum. Gegenbeispiel:
$\vec{a} = \begin{pmatrix} 1 \\ 1 \end{pmatrix} \in U, \vec{b} = \begin{pmatrix} 1 \\ -1 \end{pmatrix} \in U$, aber $\vec{a} + \vec{b} = \begin{pmatrix} 2 \\ 0 \end{pmatrix} \notin U$

236 17.a) Für alle $\vec{a}_1 = \begin{pmatrix} a_1 \\ a_1-b_1 \\ b_1 \end{pmatrix} \in U$ und $\vec{a}_2 = \begin{pmatrix} a_2 \\ a_2-b_2 \\ b_2 \end{pmatrix} \in U, r \in \mathbb{R}$ gilt:

$$\vec{a}_1 + \vec{a}_2 = \begin{pmatrix} a_1 \\ a_1-b_1 \\ b_1 \end{pmatrix} + \begin{pmatrix} a_2 \\ a_2-b_2 \\ b_2 \end{pmatrix} = \begin{pmatrix} a_1+a_2 \\ a_1-b_1+a_2-b_2 \\ b_1+b_2 \end{pmatrix} = \begin{pmatrix} a_1+a_2 \\ a_1+a_2-(b_1+b_2) \\ b_1+b_2 \end{pmatrix} \in U$$

$$r \cdot \vec{a}_1 = r \cdot \begin{pmatrix} a_1 \\ a_1-b_1 \\ b_1 \end{pmatrix} = \begin{pmatrix} ra_1 \\ r(a_1-b_1) \\ rb_1 \end{pmatrix} = \begin{pmatrix} ra_1 \\ ra_1-rb_1 \\ rb_1 \end{pmatrix} \in U,\ U \neq \varnothing, \text{ z.B.} \begin{pmatrix} 1 \\ 0 \\ 1 \end{pmatrix} \in U$$

Nach dem Kriterium für Untervektorräume ist U ein Untervektorraum von V_3.

b) U ist kein Untervektorraum. Gegenbeispiel: $\vec{a} = \begin{pmatrix} 1 \\ 0 \\ 2 \end{pmatrix} \in U, \vec{b} = \begin{pmatrix} 0 \\ 1 \\ 2 \end{pmatrix} \in U$, aber $\vec{a} + \vec{b} = \begin{pmatrix} 1 \\ 1 \\ 4 \end{pmatrix} \notin U$

c) U ist kein Untervektorraum. Gegenbeispiel: $\vec{a} = \begin{pmatrix} 1 \\ 0 \\ 0 \end{pmatrix} \in U, \vec{b} = \begin{pmatrix} 2 \\ 1 \\ 0 \end{pmatrix} \in U$, aber $\vec{a} + \vec{b} = \begin{pmatrix} 3 \\ 1 \\ 0 \end{pmatrix} \notin U$

d) Für alle $\vec{a}_1 = r \cdot \begin{pmatrix} a_1 \\ b_1 \\ c_1 \end{pmatrix} \in U$ und $\vec{a}_2 = r \cdot \begin{pmatrix} a_2 \\ b_2 \\ c_2 \end{pmatrix} \in U, r \in \mathbb{R}$ gilt:

$a_1-2b_1+3c_1 = 0$ und $a_2-2b_2+3c_2 = 0$, $\vec{a}_1 + \vec{a}_2 = \begin{pmatrix} a_1 \\ b_1 \\ c_1 \end{pmatrix} + \begin{pmatrix} a_2 \\ b_2 \\ c_2 \end{pmatrix} = \begin{pmatrix} a_1+a_2 \\ b_1+b_2 \\ c_1+c_2 \end{pmatrix}$ mit

$(a_1+a_2)-2(b_1+b_2)+3(c_1+c_2) = a_1+a_2-2b_1-2b_2+3c_1+3c_2 = (a_1-2b_1+3c_1) + (a_2-2b_2+3c_2) = 0$

$\Rightarrow (\vec{a}_1 + \vec{a}_2) \in U, r \cdot \vec{a}_1 = r \cdot \begin{pmatrix} a_1 \\ b_1 \\ c_1 \end{pmatrix} = \begin{pmatrix} ra_1 \\ rb_1 \\ rc_1 \end{pmatrix}$ mit $ra_1-2(rb_1)+3(rc_1) = r(a_1-2b_1+3c_1) = 0$

$\Rightarrow r \cdot \vec{a}_1 \in U, U \neq \varnothing$, z.B. $\begin{pmatrix} 2 \\ 1 \\ 0 \end{pmatrix} \in U \Rightarrow$ U ist ein Untervektorraum von V_3.

18. arithmetische Folgen: $\vec{a} = (a_1 + (n-1) \cdot d_1)$, $\vec{b} = (a_2 + (n-1) \cdot d_2)$

$\Rightarrow \quad \vec{a} + \vec{b} = (a_1 + (n-1) \cdot d_1) + (a_2 + (n-1) \cdot d_2) = ((a_1 + a_2) + (n-1) \cdot (d_1 + d_2)) \in U$

$\Rightarrow \quad r \cdot \vec{a} = r \cdot (a_1 + (n-1) \cdot d_1) = (ra_1 + (n-1) \cdot (rd_1)) \in U$

Die arithmetischen Zahlenfolgen bilden einen Untervektorraum der reellen Zahlenfolgen. $U \neq \varnothing$, z.B. $a_n = 2 + 3n$. Die geometrischen Folgen bilden keinen Untervektorraum.

Gegenbeispiel: $\vec{a} = (2^n)$, $\vec{b} = (3^n)$, $\vec{a} + \vec{b} = 2 + 3 + 2^2 + \ldots + 3^n = 5 + 13 + 35 + \ldots \notin U$

19. Die Aussage ist falsch. Gegenbeispiel: $U = \left\{ \begin{pmatrix} x \\ y \\ z \end{pmatrix} \middle| \, |x| = |y| = |z| \right\} \subset V_3$, $U \neq \varnothing$, z.B. $\begin{pmatrix} 1 \\ 1 \\ 1 \end{pmatrix} \in U$

Für alle $r \in \mathbb{R}$ und $\vec{x} \in U$ gilt:

$r \cdot \vec{x} = r \cdot \begin{pmatrix} x \\ y \\ z \end{pmatrix} = \begin{pmatrix} rx \\ ry \\ rz \end{pmatrix}$ mit $|rx| = |r| \cdot |x| = |r| \cdot |y| = |r| \cdot |z| = |ry| = |rz| \Rightarrow r \cdot \vec{x} \in U$

Aber für die Summe der Vektoren $\begin{pmatrix} 2 \\ -2 \\ 2 \end{pmatrix} \in U$ und $\begin{pmatrix} -3 \\ 3 \\ 3 \end{pmatrix} \in U$ gilt: $\begin{pmatrix} 2 \\ -2 \\ 2 \end{pmatrix} + \begin{pmatrix} -3 \\ 3 \\ 3 \end{pmatrix} = \begin{pmatrix} -1 \\ 1 \\ 5 \end{pmatrix} \notin U$

20. a) $s_1 = 15$, $s_2 = 6$

b) $\begin{matrix} 6 & 7 & 2 \\ 1 & 5 & 9 \\ 8 & 3 & 4 \end{matrix} + \begin{matrix} 4 & 0 & 2 \\ 0 & 2 & 4 \\ 2 & 4 & 0 \end{matrix} = \begin{matrix} 10 & 7 & 4 \\ 1 & 7 & 13 \\ 10 & 7 & 4 \end{matrix}$ magisches Quadrat mit $s_3 = 21 = s_1 + s_2$

c) (1) $\begin{matrix} a_1 & b_1 & c_1 \\ d_1 & e_1 & f_1 \\ g_1 & h_1 & i_1 \end{matrix} + \begin{matrix} a_2 & b_2 & c_2 \\ d_2 & e_2 & f_2 \\ g_2 & h_2 & i_2 \end{matrix} = \begin{matrix} a_1+a_2 & b_1+b_2 & c_1+c_2 \\ d_1+d_2 & e_1+e_2 & f_1+f_2 \\ g_1+g_2 & h_1+h_2 & i_1+i_2 \end{matrix}$

20\. c) mit $a_1+a_2+b_1+b_2+c_1+c_2 = a_1+a_2+b_1+b_2+c_1+c_2 = s_1 + s_2$ 236
Die übrigen Zeilensummen, Spaltensummen und Diagonalensummen überprüft man analog. Es ergibt sich ein magisches Quadrat mit $s = s_1 + s_2$.

(6) $r \cdot \begin{matrix} a & b & c \\ d & e & f \\ g & h & i \end{matrix} = \begin{matrix} ra & rb & rc \\ rd & re & rf \\ rg & rh & ri \end{matrix}$ mit $ra + rb + rc = r(a+b+c) = rs_1$, magisches Quadrat mit $s = rs_1$

(4) Neutrales Element: $\begin{matrix} 0 & 0 & 0 \\ 0 & 0 & 0 \\ 0 & 0 & 0 \end{matrix}$, $s = 0$

(5) Zu $\begin{matrix} a & b & c \\ d & e & f \\ g & h & i \end{matrix}$ ist $\begin{matrix} -a & -b & -c \\ -d & -e & -f \\ -g & -h & -i \end{matrix}$ das inverse Element.

Beim Nachweis der übrigen Axiome lassen sich die Rechengesetze von $\mathbb{R}$ ausnutzen.

(2) $\begin{matrix} a_1 & b_1 & c_1 \\ d_1 & e_1 & f_1 \\ g_1 & h_1 & i_1 \end{matrix} + \begin{matrix} a_2 & b_2 & c_2 \\ d_2 & e_2 & f_2 \\ g_2 & h_2 & i_2 \end{matrix} = \begin{matrix} a_1+a_2 & \cdot & \cdot \\ \cdot & & \\ \cdot & & \end{matrix} = \begin{matrix} a_2+a_1 & \cdot & \cdot \\ \cdot & & \\ \cdot & & \end{matrix} = \begin{matrix} a_2 & \cdot & \cdot \\ \cdot & & \\ \cdot & & \end{matrix} + \begin{matrix} a_1 & \cdot & \cdot \\ \cdot & & \\ \cdot & & \end{matrix}$

(3) $\left(\begin{matrix} a_1 & b_1 & c_1 \\ d_1 & e_1 & f_1 \\ g_1 & h_1 & i_1 \end{matrix} + \begin{matrix} a_2 & b_2 & c_2 \\ d_2 & e_2 & f_2 \\ g_2 & h_2 & i_2 \end{matrix}\right) + \begin{matrix} a_3 & b_3 & c_3 \\ d_3 & e_3 & f_3 \\ g_3 & h_3 & i_3 \end{matrix} = \begin{matrix} a_1+a_2 & \cdot & \cdot \\ \cdot & & \\ \cdot & & \end{matrix} + \begin{matrix} a_3 & \cdot & \cdot \\ \cdot & & \\ \cdot & & \end{matrix} = \begin{matrix} a_1+a_2+a_3 & \cdot & \cdot \\ \cdot & & \\ \cdot & & \end{matrix}$

$= \begin{matrix} a_1 & \cdot & \cdot \\ \cdot & & \\ \cdot & & \end{matrix} + \begin{matrix} a_2+a_3 & \cdot & \cdot \\ \cdot & & \\ \cdot & & \end{matrix} = \begin{matrix} a_1 & b_1 & c_1 \\ d_1 & e_1 & f_1 \\ g_1 & h_1 & i_1 \end{matrix} + \left(\begin{matrix} a_2 & b_2 & c_2 \\ d_2 & e_2 & f_2 \\ g_2 & h_2 & i_2 \end{matrix} + \begin{matrix} a_3 & b_3 & c_3 \\ d_3 & e_3 & f_3 \\ g_3 & h_3 & i_3 \end{matrix}\right)$

(7) $(r \cdot s) \cdot \begin{matrix} a_1 & b_1 & c_1 \\ d_1 & e_1 & f_1 \\ g_1 & h_1 & i_1 \end{matrix} = \begin{matrix} (r \cdot s)a_1 & (r \cdot s)b_1 & (r \cdot s)c_1 \\ (r \cdot s)d_1 & (r \cdot s)e_1 & (r \cdot s)f_1 \\ (r \cdot s)g_1 & (r \cdot s)h_1 & (r \cdot s)i_1 \end{matrix} = \begin{matrix} r(sa_1) & \cdot & \cdot \\ \cdot & & \\ \cdot & & \end{matrix} = r \cdot \begin{matrix} sa_1 & \cdot & \cdot \\ \cdot & & \\ \cdot & & \end{matrix} = r \cdot \left(s \cdot \begin{matrix} a_1 & \cdot & \cdot \\ \cdot & & \\ \cdot & & \end{matrix} \right)$

(8) $(r+s) \cdot \begin{matrix} a_1 & b_1 & c_1 \\ d_1 & e_1 & f_1 \\ g_1 & h_1 & i_1 \end{matrix} = \begin{matrix} (r+s)a_1 & (r+s)b_1 & (r+s)c_1 \\ (r+s)d_1 & (r+s)e_1 & (r+s)f_1 \\ (r+s)g_1 & (r+s)h_1 & (r+s)i_1 \end{matrix} = \begin{matrix} ra_1+sa_1 & \cdot & \cdot \\ \cdot & & \\ \cdot & & \end{matrix} = \begin{matrix} ra_1 & \cdot & \cdot \\ \cdot & & \\ \cdot & & \end{matrix} + \begin{matrix} sa_1 & \cdot & \cdot \\ \cdot & & \\ \cdot & & \end{matrix}$

$= r \cdot \begin{matrix} a_1 & \cdot & \cdot \\ \cdot & & \\ \cdot & & \end{matrix} + s \cdot \begin{matrix} a_1 & \cdot & \cdot \\ \cdot & & \\ \cdot & & \end{matrix}$

(9) $r \cdot \left(\begin{matrix} a_1 & \cdot & \cdot \\ d_1 & \cdot & \cdot \\ g_1 & \cdot & \cdot \end{matrix} + \begin{matrix} a_2 & \cdot & \cdot \\ \cdot & & \\ \cdot & & \end{matrix}\right) = r \cdot \begin{matrix} a_1+a_2 & \cdot & \cdot \\ \cdot & & \\ \cdot & & \end{matrix} =..= \begin{matrix} ra_1+ra_1 & \cdot & \cdot \\ \cdot & & \\ \cdot & & \end{matrix} =..= r \cdot \begin{matrix} a_1 & \cdot & \cdot \\ \cdot & & \\ \cdot & & \end{matrix} + r \cdot \begin{matrix} a_2 & \cdot & \cdot \\ \cdot & & \\ \cdot & & \end{matrix}$

(10) $1 \cdot \begin{matrix} a_1 & \cdot & \cdot \\ \cdot & & \\ \cdot & & \end{matrix} = \begin{matrix} 1a_1 & \cdot & \cdot \\ \cdot & & \\ \cdot & & \end{matrix} = \begin{matrix} a_1 & \cdot & \cdot \\ \cdot & & \\ \cdot & & \end{matrix}$

d) Nein, da die Menge das neutrale Element nicht enthält.

2. Erzeugendensystem, Basis und Dimension

237 1. $U=\left\{r\cdot\begin{pmatrix}2\\1\\0\end{pmatrix}+s\begin{pmatrix}3\\0\\-1\end{pmatrix} \mid r,s\in\mathbb{R}\right\}$

a) $\begin{pmatrix}4\\5\\2\end{pmatrix}=5\begin{pmatrix}2\\1\\0\end{pmatrix}-2\begin{pmatrix}3\\0\\-1\end{pmatrix}\in U$

Der Ansatz $\begin{pmatrix}-1\\2\\1\end{pmatrix}=r\begin{pmatrix}2\\1\\0\end{pmatrix}+s\begin{pmatrix}3\\0\\-1\end{pmatrix}$ führt zum Widerspruch, der Vektor gehört nicht zu U.

b) Die Vektoren $\begin{pmatrix}2\\1\\0\end{pmatrix},\begin{pmatrix}3\\0\\-1\end{pmatrix}$ spannen mit ihren Linearkombinationen eine Ebene im Raum auf, da sie nicht kollinear sind. Sie bilden die Richtungsvektoren einer Ebene, die durch den Ursprung geht, da U ein Untervektorraum ist. U lässt sich also als Ursprungsebene mit den Richtungsvektoren $\begin{pmatrix}2\\1\\0\end{pmatrix},\begin{pmatrix}3\\0\\-1\end{pmatrix}$ interpretieren.

c) 1. Lösung: Die Vielfachen eines Vektors $\vec{b}\in V_3$ bilden eine Ursprungsgerade. Es lassen sich nicht alle Vektoren aus U als Vielfaches eines Vektors $\vec{b}$ ausdrücken.

2. Lösung: $U=\left\{x\begin{pmatrix}2\\1\\0\end{pmatrix}+y\begin{pmatrix}3\\0\\-1\end{pmatrix} \mid x,y\in\mathbb{R}\right\}=\left\{\begin{pmatrix}2x+3y\\x\\-y\end{pmatrix} \mid x,y\in\mathbb{R}\right\}$

Da $x,y\in\mathbb{R}$ beliebig wählbar sind, lassen sich die Elemente aus U nicht als Vielfaches eines Vektors $\vec{b}$ ausdrücken.

238 2. a) Sei $\vec{x}\in V_2$ beliebig. Ansatz: $\begin{pmatrix}x_1\\x_2\end{pmatrix}=r\begin{pmatrix}1\\0\end{pmatrix}+s\begin{pmatrix}1\\1\end{pmatrix}+t\begin{pmatrix}2\\3\end{pmatrix}$, $\begin{matrix}x_1 &= r+s+2t\\ x_2 &= s+3t\end{matrix}$

mehrdeutig lösbar, z.B. $t=0$, $s=x_2$, $r=x_1-x_2$: $\vec{x}=(x_1-x_2)\begin{pmatrix}1\\0\end{pmatrix}+x_2\begin{pmatrix}1\\1\end{pmatrix}+0\begin{pmatrix}2\\3\end{pmatrix}$

b) $\begin{pmatrix}7\\-9\end{pmatrix}=16\begin{pmatrix}1\\0\end{pmatrix}-9\begin{pmatrix}1\\1\end{pmatrix}+0\begin{pmatrix}2\\3\end{pmatrix}$ bzw. $\begin{pmatrix}7\\-9\end{pmatrix}=14\begin{pmatrix}1\\0\end{pmatrix}-3\begin{pmatrix}1\\1\end{pmatrix}-2\begin{pmatrix}2\\3\end{pmatrix}$ bzw. ... (nicht eindeutig)

3. a) Sei $\vec{x}\in V_3$ beliebig. Vektorgleichung: $\begin{pmatrix}x_1\\x_2\\x_3\end{pmatrix}=r\begin{pmatrix}1\\0\\0\end{pmatrix}+s\begin{pmatrix}1\\1\\0\end{pmatrix}+t\begin{pmatrix}1\\1\\1\end{pmatrix}$, $\begin{matrix}x_1 &= r+s+t\\ x_2 &= s+t\\ x_3 &= t\end{matrix}$

$\vec{x}=(x_1-x_2)\begin{pmatrix}1\\0\\0\end{pmatrix}+(x_2-x_3)\begin{pmatrix}1\\1\\0\end{pmatrix}+x_3\begin{pmatrix}1\\1\\1\end{pmatrix}$

b) $\begin{pmatrix}6\\5\\-4\end{pmatrix}=1\begin{pmatrix}1\\0\\0\end{pmatrix}+9\begin{pmatrix}1\\1\\0\end{pmatrix}-4\begin{pmatrix}1\\1\\1\end{pmatrix}$ eindeutige Darstellung

4. a) Sei $p(x)=ax^2+bx+c\in V$ beliebig, wobei V der Vektorraum der Polynome höchstens 2. Grades sei. Ansatz: $p(x)=r\cdot f(x)+s\cdot g(x)+t\cdot h(x)$

$ax^2+bx+c=r\cdot(x-1)+s\cdot(5)+t\cdot(3x^2)$

$ax^2+bx+c=rx-r+5s+3tx^2$,Koeffizientenvergleich: $t=\frac{a}{3}$, $r=b$, $s=\frac{c+b}{5}$

$p(x)=b\cdot f(x)+\frac{c+b}{5}\cdot g(x)+\frac{a}{3}\cdot h(x)$

b) $k(x)=4\cdot f(x)+1\cdot g(x)+\frac{1}{3}\cdot h(x)$

5. a) $B=\left\{\begin{pmatrix}1\\-1\end{pmatrix},\begin{pmatrix}3\\1\end{pmatrix}\right\}$, $\vec{x}=\begin{pmatrix}x_1\\x_2\end{pmatrix}=r\begin{pmatrix}1\\-1\end{pmatrix}+s\begin{pmatrix}3\\1\end{pmatrix}$, $\vec{x}=(\frac{x_1}{4}-\frac{3}{4}x_2)\begin{pmatrix}1\\-1\end{pmatrix}+(\frac{x_1}{4}+\frac{x_2}{4})\begin{pmatrix}3\\1\end{pmatrix}$ 239

$\begin{pmatrix}0\\0\end{pmatrix}=r\begin{pmatrix}1\\-1\end{pmatrix}+s\begin{pmatrix}3\\1\end{pmatrix}$, $r=s=0$, $\begin{pmatrix}5\\3\end{pmatrix}=(-1)\begin{pmatrix}1\\-1\end{pmatrix}+2\begin{pmatrix}3\\1\end{pmatrix}$

b) $\vec{x}=\begin{pmatrix}x_1\\x_2\\x_3\end{pmatrix}=r\begin{pmatrix}1\\2\\2\end{pmatrix}+s\begin{pmatrix}3\\1\\1\end{pmatrix}+t\begin{pmatrix}-2\\0\\1\end{pmatrix}$

$\vec{x}=(-\frac{x_1}{5}+x_2-\frac{2}{5}x_3)\begin{pmatrix}1\\2\\2\end{pmatrix}+(\frac{2}{5}x_1-x_2+\frac{4}{5}x_3)\begin{pmatrix}3\\1\\1\end{pmatrix}+(x_3-x_2)\begin{pmatrix}-2\\0\\1\end{pmatrix}$

$\begin{pmatrix}0\\0\\0\end{pmatrix}=r\begin{pmatrix}1\\2\\2\end{pmatrix}+s\begin{pmatrix}3\\1\\1\end{pmatrix}+t\begin{pmatrix}-2\\0\\1\end{pmatrix}$, $r=s=t=0$, $\begin{pmatrix}-1\\5\\8\end{pmatrix}=2\begin{pmatrix}1\\2\\2\end{pmatrix}+1\begin{pmatrix}3\\1\\1\end{pmatrix}+3\begin{pmatrix}-2\\0\\1\end{pmatrix}$

6. $B=\{f,g\}$ mit $f(x)=x$ und $g(x)=1$ bilden eine Basis von V. 240
Nachweis: Erzeugendensystem: $p(x)=ax+b=rf(x)+sg(x) \Rightarrow a=r, b=s, p(x)=af(x)+bg(x)$
Unabhängigkeit: $rf(x)+sg(x)=0$, $rx+1s=0x+0 \Rightarrow r=s=0$

7. kanonische Basis: $\left\{\begin{pmatrix}1\\0\\0\\0\end{pmatrix},\begin{pmatrix}0\\1\\0\\0\end{pmatrix},\begin{pmatrix}0\\0\\1\\0\end{pmatrix},\begin{pmatrix}0\\0\\0\\1\end{pmatrix}\right\}$

8. a) Für alle $\vec{x}\in V_3$ gilt: $\vec{x}=\begin{pmatrix}x\\y\\z\end{pmatrix}=x\begin{pmatrix}1\\2\\3\end{pmatrix}+(y-2x)\begin{pmatrix}0\\1\\1\end{pmatrix}+(z-x-y)\begin{pmatrix}0\\0\\1\end{pmatrix}+0\begin{pmatrix}1\\2\\1\end{pmatrix}$ 242

z.B. $\begin{pmatrix}4\\7\\-2\end{pmatrix}=4\begin{pmatrix}1\\2\\3\end{pmatrix}+(-1)\begin{pmatrix}0\\1\\1\end{pmatrix}+(-13)\begin{pmatrix}0\\0\\1\end{pmatrix}+0\begin{pmatrix}1\\2\\1\end{pmatrix}$, $\begin{pmatrix}4\\7\\-2\end{pmatrix}=0\begin{pmatrix}1\\2\\3\end{pmatrix}+(-1)\begin{pmatrix}0\\1\\1\end{pmatrix}+(-5)\begin{pmatrix}0\\0\\1\end{pmatrix}+4\begin{pmatrix}1\\2\\1\end{pmatrix}$

b) Die Menge B ist kein Erzeugendensystem von V_3, denn es gilt:

$\begin{pmatrix}x\\y\\z\end{pmatrix}=r_1\begin{pmatrix}1\\-1\\2\end{pmatrix}+r_2\begin{pmatrix}1\\2\\-1\end{pmatrix}+r_3\begin{pmatrix}2\\1\\1\end{pmatrix}+r_4\begin{pmatrix}1\\0\\1\end{pmatrix}+r_5\begin{pmatrix}2\\-1\\3\end{pmatrix}\Rightarrow x=y+z$

Vektoren mit $x\neq y+z$ werden nicht erfasst. z.B. ist $\begin{pmatrix}1\\0\\2\end{pmatrix}$ nicht darstellbar, ein Ansatz wie ober ergibt einen Widerspruch.

Die Menge C ist ein Erzeugendensystem von V_3, denn es gilt:

$\begin{pmatrix}x\\y\\z\end{pmatrix}=(-\frac{1}{10}x+\frac{3}{20}y+\frac{3}{20}z)\begin{pmatrix}-1\\3\\3\end{pmatrix}+(\frac{3}{20}x+\frac{3}{20}y-\frac{1}{10}z)\begin{pmatrix}3\\3\\-1\end{pmatrix}+(\frac{3}{20}x-\frac{1}{10}y+\frac{3}{20}z)\begin{pmatrix}3\\-1\\3\end{pmatrix}$

9. Es sei $\vec{a}=\begin{pmatrix}3\\5\\4\end{pmatrix}$, $\vec{b}=\begin{pmatrix}-1\\3\\-2\end{pmatrix}$. Es gilt: $\begin{pmatrix}1\\4\\1\end{pmatrix}=\frac{1}{2}\vec{a}+\frac{1}{2}\vec{b}$, $\begin{pmatrix}2\\1\\3\end{pmatrix}=\frac{1}{2}\vec{a}-\frac{1}{2}\vec{b}$, $\begin{pmatrix}1\\11\\0\end{pmatrix}=\vec{a}+2\vec{b}$

Es sei $\vec{x}\in U$, dann ist $\vec{x}=r\begin{pmatrix}1\\4\\1\end{pmatrix}+s\begin{pmatrix}2\\1\\3\end{pmatrix}+t\begin{pmatrix}1\\11\\0\end{pmatrix}=(\frac{r}{2}+\frac{s}{2}+t)\vec{a}+(\frac{r}{2}-\frac{s}{2}+2t)\vec{b}$

$\{\vec{a},\vec{b}\}$ ist also ein Erzeugendensystem von U. $r\begin{pmatrix}3\\5\\4\end{pmatrix}+s\begin{pmatrix}-1\\3\\-2\end{pmatrix}=\begin{pmatrix}0\\0\\0\end{pmatrix}\Rightarrow r=s=0\Rightarrow$ l.u.

Da $\vec{a},\vec{b}$ l.u. sind, liegt eine Basis vor.

10. $r_1\begin{pmatrix}1\\0\\0\\1\end{pmatrix}+r_2\begin{pmatrix}2\\1\\1\\2\end{pmatrix}+r_3\begin{pmatrix}-2\\1\\2\\0\end{pmatrix}+r_4\begin{pmatrix}1\\1\\3\\0\end{pmatrix}=\begin{pmatrix}0\\0\\0\\0\end{pmatrix}\Rightarrow r_1=r_2=r_3=r_4=0\Rightarrow$ l.u.

Da V_4 die Dimension 4 hat und wir 4 linear unabhängige Vektoren aus V_4 haben, müssen diese eine Basis bilden.

$\begin{pmatrix}-2\\0\\1\\0\end{pmatrix}=2\begin{pmatrix}1\\0\\0\\1\end{pmatrix}-1\begin{pmatrix}2\\1\\1\\2\end{pmatrix}+1\begin{pmatrix}-2\\1\\2\\0\end{pmatrix}+0\begin{pmatrix}1\\1\\3\\0\end{pmatrix}$

242 11. a) Zu U gehören die Vektoren $\vec{a}_1 = 2\begin{pmatrix}1\\3\\1\end{pmatrix} - \begin{pmatrix}2\\-1\\1\end{pmatrix}$, $\vec{a}_3 = 2\begin{pmatrix}1\\3\\1\end{pmatrix} + 2\begin{pmatrix}2\\-1\\1\end{pmatrix}$, $\vec{a}_6 = 3\begin{pmatrix}1\\3\\1\end{pmatrix} - \begin{pmatrix}2\\-1\\1\end{pmatrix}$.

b) Zu untersuchen sind nur die Vektoren $\vec{a}_1$, $\vec{a}_3$, $\vec{a}_6$, da die anderen Vektoren nicht in U liegen. Die Dimension von U ist 2, da $\begin{pmatrix}1\\3\\1\end{pmatrix}, \begin{pmatrix}2\\-1\\1\end{pmatrix}$ l.u. sind. Zwei linear unabhängige Vektoren aus U bilden also stets eine Basis. Somit bildet jede Kombination $\{\vec{a}_1, \vec{a}_3\}$, $\{\vec{a}_1, \vec{a}_6\}$, $\{\vec{a}_3, \vec{a}_6\}$ von zweien der drei Vektoren eine Basis, da die Vektorenpaare stets l.u. sind.

12. a) 1. Lösung: Da die Dimension von V_3 ist, müssen die 4 gegebenen Vektoren l.a. sein und bilden damit keine Basis.
2. Lösung: Die gegebenen Vektoren sind l.a. Daher bilden sie keine Basis.

Nachweis: $r_1\begin{pmatrix}1\\1\\1\end{pmatrix} + r_2\begin{pmatrix}1\\2\\3\end{pmatrix} + r_3\begin{pmatrix}2\\1\\4\end{pmatrix} + r_4\begin{pmatrix}1\\0\\1\end{pmatrix} = \begin{pmatrix}0\\0\\0\end{pmatrix}$, z.B. $r_1 = -1, r_2 = 1, r_3 = -1, r_4 = 2$.

b) Da die Dimension von V_3 3 ist, benötigt man 3 linear unabhängige Vektoren. Man muss also von den vier gegebenen Vektoren 3 Vektoren, die linear unabhängig sind, auswählen, z.B. $\begin{pmatrix}1\\1\\1\end{pmatrix}, \begin{pmatrix}1\\2\\3\end{pmatrix}, \begin{pmatrix}2\\1\\4\end{pmatrix}$. $r\begin{pmatrix}1\\1\\1\end{pmatrix} + s\begin{pmatrix}1\\2\\3\end{pmatrix} + t\begin{pmatrix}2\\1\\4\end{pmatrix} = \begin{pmatrix}0\\0\\0\end{pmatrix} \Rightarrow r = s = t = 0 \Rightarrow$ l.u.

243 13. a) $U = \left\{ b\begin{pmatrix}-1\\1\\1\end{pmatrix} \mid b \in \mathbb{R} \right\}$ ist ein eindimensionaler Untervektorraum von V_3. $\begin{pmatrix}-1\\1\\1\end{pmatrix}$ bildet eine Basis. UVR-Kriterium: $U \neq \varnothing$, $\begin{pmatrix}0\\0\\0\end{pmatrix} \in U$, $b_1\begin{pmatrix}-1\\1\\1\end{pmatrix} + b_2\begin{pmatrix}-1\\1\\1\end{pmatrix} = (b_1 + b_2)\begin{pmatrix}-1\\1\\1\end{pmatrix} \in U$

b) U ist kein Untervektorraum von V_3.

Gegenbeispiel: $\begin{pmatrix}-2\\1\\0\end{pmatrix} \in U$, $\begin{pmatrix}-6\\3\\1\end{pmatrix} \in U$, aber $\begin{pmatrix}-2\\1\\0\end{pmatrix} + \begin{pmatrix}-6\\3\\1\end{pmatrix} = \begin{pmatrix}-8\\4\\1\end{pmatrix} \notin U$ $(4 - 2 \neq 1)$

14. a) $U = \left\{ a\begin{pmatrix}1\\0\\0\end{pmatrix} + b\begin{pmatrix}0\\1\\0\end{pmatrix} \mid a, b \in \mathbb{R} \right\}$ hat die Dimension 2.

b) Zwei linear unabhängige Vektoren aus U bilden wegen dim U = 2 eine Basis, z.B. $\left\{\begin{pmatrix}1\\0\\0\end{pmatrix}, \begin{pmatrix}0\\1\\0\end{pmatrix}\right\}$ und $\left\{\begin{pmatrix}1\\1\\0\end{pmatrix}, \begin{pmatrix}2\\1\\0\end{pmatrix}\right\}$

$\begin{pmatrix}1\\0\\0\end{pmatrix} = -1\begin{pmatrix}1\\1\\0\end{pmatrix} + 1\begin{pmatrix}2\\1\\0\end{pmatrix}$, $\begin{pmatrix}0\\1\\0\end{pmatrix} = 2\begin{pmatrix}1\\1\\0\end{pmatrix} - 1\begin{pmatrix}2\\1\\0\end{pmatrix}$, $\begin{pmatrix}1\\1\\0\end{pmatrix} = 1\begin{pmatrix}1\\0\\0\end{pmatrix} + 1\begin{pmatrix}0\\1\\0\end{pmatrix}$, $\begin{pmatrix}2\\1\\0\end{pmatrix} = 2\begin{pmatrix}1\\0\\0\end{pmatrix} + 1\begin{pmatrix}0\\1\\0\end{pmatrix}$.

c) U lässt sich als x-y-Ebene deuten.

15. a) $U = \left\{ a\begin{pmatrix}1\\2\\-1\end{pmatrix} + b\begin{pmatrix}0\\-1\\1\end{pmatrix} \mid a, b \in \mathbb{R} \right\}$ hat die Dimension 2.

b) U kann als Ursprungsebene gedeutet werden, die die Winkelhalbierende der y-z-Ebene enthält.

16. a) U hat die Dimension 1, da $\left\{\begin{pmatrix}1\\-2\\1\end{pmatrix}\right\}$ eine Basis von U ist.

16.b) U lässt sich als Ursprungsgerade durch den Punkt P(1|–2|1) deuten. 243

17. a) Die $f_1(x) = 1$, $f_2(x) = x$, $f_3(x) = x^2$, $f_4(x) = x^3$ bilden eine Basis von V. Daher hat V die Dimension 4.

b) Die Vektoren bilden keine Basis, da sie linear abhängig sind, z.B.

$0 \cdot x^3 + (x+1)^2 - (x-1)^2 - 4x = 0$

c) Es seien

$f_1(x) = a_1 x^3 + b_1 x^2 + c_1 x + d_1 \in U$ und $f_2(x) = a_2 x^3 + b_2 x^2 + c_2 x + d_2 \in U$.

Dann gilt: $a_1+b_1+c_1+d_1=a_2+b_2+c_2+d_2= 0$.

Für $(f_1+f_2)(x) = f_1(x) + f_2(x) = (a_1 + a_2)x^3 + (b_1 + b_2)x^2 + (c_1 + c_2)x + (d_1 + d_2)$ gilt

ebenfalls $a_1 + a_2 + b_1 + b_2 + c_1 + c_2 + d_1 + d_2 = 0$ und somit $(f_1 + f_2) \in U$.

Ebenso gilt: $(r \cdot f_1(x)) = ... = ra_1x^3 + rb_1x^2 + rc_1x + rd_1$ mit

$ra_1 + rb_1 + rc_1 + rd_1 = r(a_1 + b_1 + c_1 + d_1) = 0$ und somit $(r \cdot f_1) \in U$

Nach dem Untervektorraumkriterium also ein Unterraum $(U \neq \varnothing, f(x) = x^3 - x^2 + x - 1 \in U)$.

Basisnachweis:

1. $r(1-x^3) + s(x-x^3) + t(x^2-x^3) = 0,\ x^3(-r-s-t) + tx^2 + sx + r = 0 \Rightarrow r = s = t = 0$

$\Rightarrow f_1, f_2, f_3$ sind linear unabhängig.

2. $f(x) = ax^3 + bx^2 + cx + d$ mit $a+b+c+d = 0$ sei ein beliebiger Vektor aus U. Dann gilt:

$$f(x) = d(1-x^3) + c(x-x^3) + b(x^2-x^3) = (-b-c-d)x^3 + bx^2 + cx + d$$
$$= ax^3 + bx^2 + cx + d \quad (\text{wegen } a = -b-c-d)$$

$\{(1-x^3), (x-x^3), (x^2-x^3)\}$ ist also ein Erzeugendensystem und mit 1. eine Basis.

Die Dimension von U ist 3.

18. a) $V = \{a_n x^n + ... + a_a \mid a_0, ..., a_n \in \mathbb{R}\}$ $(n \in \mathbb{N})$ hat die Dimension (n+1).

b) Es gehören nur Polynome höchstens n. Grades zum Vektorraum für alle $n \in \mathbb{N}$. Da n beliebig groß wird, ist die Dimension dieses Vektorraumes nicht mehr endlich. Es lässt sich keine endliche Basis angeben.

Die Menge aller Potenzfunktionen $\{1, x, x^2, ...\}$ ist eine Basis des Vektorraumes, die aus unendlich vielen Elementen besteht, wenn man die im Lehrbuch nur für eine endliche Anzahl von Elementen definierten Begriffe "lineare Unabhängigkeit" und "Basis" auch für unendliche Räume erweitert.

19. a) Alle Funktionen, die zu V gehören, sind differenzierbar. Daher ist zu prüfen, ob V ein Untervektorraum des Vektorraums der differenzierbaren Funktionen ist.

Seien f und g aus V. Dann gilt $2f' = f$ und $2g' = g$. Für die Summe folgt:

$2(f+g)'(x) = 2(f'(x)+g'(x)) = 2f'(x) + 2g'(x) = f(x) + g(x) = (f+g)(x) \Rightarrow (f+g) \in V$

Ebenso folgt: $2(rf)' = 2(rf'(x)) = 2rf'(x) = r(2f'(x)) = rf(x) = (rf)(x) \Rightarrow (rf) \in V$

Daher erfüllt V das Untervektorraumkriterium $(V \neq \varnothing, e^{0,5x} \in V)$.

b) Wir lösen die Differentialgleichung mit den Mitteln der Analysis und erhalten

$V = \{f(x) = c \cdot e^{0,5x} \mid c \in \mathbb{R}\}$. Folglich ist $\{e^{0,5x}\}$ eine Basis von V. V hat die Dimension 1.

244 20. Da $B=\{\vec{b}_1,\vec{b}_2,\vec{b}_3\}$ eine Basis von V ist, hat V die Dimension 3. Da $\vec{v}\in V$ gilt, ist B* eine Basis, falls die 3 Vektoren linear unabhängig sind. Man muss also lediglich zeigen, dass die Vektoren $\vec{v},\vec{b}_2,\vec{b}_3$ linear unabhängig sind.

Ansatz: $r\vec{v}+s\vec{b}_2+t\vec{b}_3=\vec{0}$

$$\Rightarrow\quad r\cdot(r_1\vec{b}_1+r_2\vec{b}_2+r_3\vec{b}_3)+s\vec{b}_2+t\vec{b}_3=\vec{0}$$

$$\Rightarrow\quad (r\cdot r_1)\vec{b}_1+(r\cdot r_2+s)\vec{b}_2+(r\cdot r_3+t)\vec{b}_3=\vec{0}$$

Da die Vektoren $\vec{b}_1,\vec{b}_2,\vec{b}_3$ linear unabhängig sind, folgt $rr_1=0$, $rr_2+s=0$, $rr_3+t=0$. Wegen $r_1\neq 0$ folgt $r=0$ und somit $s=0=t$. B* ist also eine Basis von V.

21. a) (1) $\begin{pmatrix}a_1 & -b_1\\ b_1 & a_1\end{pmatrix}+\begin{pmatrix}a_2 & -b_2\\ b_2 & a_2\end{pmatrix}=\begin{pmatrix}a_1+a_2 & -(b_1+b_2)\\ b_1+b_2 & a_1+a_2\end{pmatrix}\in M$

(2) $\begin{pmatrix}a_1 & -b_1\\ b_1 & a_1\end{pmatrix}+\begin{pmatrix}a_2 & -b_2\\ b_2 & a_2\end{pmatrix}=\begin{pmatrix}a_1+a_2 & -b_1-b_2\\ b_1+b_2 & a_1+a_2\end{pmatrix}=\begin{pmatrix}a_2+a_1 & -b_2-b_1\\ b_2+b_1 & a_2+a_1\end{pmatrix}=\begin{pmatrix}a_2 & -b_2\\ b_2 & a_2\end{pmatrix}+\begin{pmatrix}a_1 & -b_1\\ b_1 & a_1\end{pmatrix}$

(3) $[\begin{pmatrix}a_1 & -b_1\\ b_1 & a_1\end{pmatrix}+\begin{pmatrix}a_2 & -b_2\\ b_2 & a_2\end{pmatrix}]+\begin{pmatrix}a_3 & -b_3\\ b_3 & a_3\end{pmatrix}=\begin{pmatrix}a_1+a_2 & -b_1-b_2\\ b_1+b_2 & a_1+a_2\end{pmatrix}+\begin{pmatrix}a_3 & -b_3\\ b_3 & a_3\end{pmatrix}$

$=\begin{pmatrix}(a_1+a_2)+b_3 & (-b_1-b_2)-b_3\\ (b_1+b_2)+b_3 & (a_1+a_2)+a_3\end{pmatrix}=\begin{pmatrix}a_1+(a_2+b_3) & -b_1+(-b_2-b_3)\\ b_1+(b_2+b_3) & a_1+(a_2+a_3)\end{pmatrix}$

$=\begin{pmatrix}a_1 & -b_1\\ b_1 & a_1\end{pmatrix}+[\begin{pmatrix}a_2 & -b_2\\ b_2 & a_2\end{pmatrix}+\begin{pmatrix}a_3 & -b_3\\ b_3 & a_3\end{pmatrix}]$

(4) Neutrales Element: $\begin{pmatrix}0 & 0\\ 0 & 0\end{pmatrix}$ $(a,b=0)$

(5) Inverses Element zu $\begin{pmatrix}a & -b\\ b & a\end{pmatrix}$ ist $\begin{pmatrix}-a & b\\ -b & -a\end{pmatrix}$, da $\begin{pmatrix}a & -b\\ b & a\end{pmatrix}+\begin{pmatrix}-a & b\\ -b & -a\end{pmatrix}=\begin{pmatrix}0 & 0\\ 0 & 0\end{pmatrix}$ gilt.

(6) $r\cdot\begin{pmatrix}a & -b\\ b & a\end{pmatrix}=\begin{pmatrix}ra & -rb\\ rb & ra\end{pmatrix}\in M$

(7) $(r\cdot s)\cdot\begin{pmatrix}a & -b\\ b & a\end{pmatrix}=\begin{pmatrix}r\cdot sa & -r\cdot sb\\ r\cdot sb & r\cdot sa\end{pmatrix}=r\cdot\begin{pmatrix}sa & -sb\\ sb & sa\end{pmatrix}=r\cdot(s\cdot\begin{pmatrix}a & -b\\ b & a\end{pmatrix})$

(8) $(r+s)\cdot\begin{pmatrix}a & -b\\ b & a\end{pmatrix}=\begin{pmatrix}(r+s)a & -(r+s)b\\ (r+s)b & (r+s)a\end{pmatrix}=\begin{pmatrix}ra+sa & -rb-sb\\ rb+sa & ra+sa\end{pmatrix}$

$=\begin{pmatrix}ra & -rb\\ rb & ra\end{pmatrix}+\begin{pmatrix}sa & -sb\\ sb & sa\end{pmatrix}=r\cdot\begin{pmatrix}a & -b\\ b & a\end{pmatrix}+s\cdot\begin{pmatrix}a & -b\\ b & a\end{pmatrix}$

(9) $r\cdot(\begin{pmatrix}a_1 & -b_1\\ b_1 & a_1\end{pmatrix}+\begin{pmatrix}a_2 & -b_2\\ b_2 & a_2\end{pmatrix})=r\cdot\begin{pmatrix}a_1+a_2 & -b_1-b_2\\ b_1+b_2 & a_1+a_2\end{pmatrix}=\begin{pmatrix}r(a_1+a_2) & r(-b_1-b_2)\\ r(b_1+b_2) & r(a_1+a_2)\end{pmatrix}$

$=\begin{pmatrix}ra_1+ra_2 & -rb_1-rb_2\\ rb_1+rb_2 & ra_1+ra_2\end{pmatrix}=\begin{pmatrix}ra_1 & -rb_1\\ rb_1 & ra_1\end{pmatrix}+\begin{pmatrix}ra_2 & -rb_2\\ rb_2 & ra_2\end{pmatrix}=r\cdot\begin{pmatrix}a_1 & -b_1\\ b_1 & a_1\end{pmatrix}+r\cdot\begin{pmatrix}a_2 & -b_2\\ b_2 & a_2\end{pmatrix}$

(10) $1\cdot\begin{pmatrix}a & -b\\ b & a\end{pmatrix}=\begin{pmatrix}1a & 1(-b)\\ 1b & 1a\end{pmatrix}=\begin{pmatrix}a & -b\\ b & a\end{pmatrix}$

b) $\vec{a}=\begin{pmatrix}1 & 0\\ 0 & 1\end{pmatrix}$, $\vec{b}=\begin{pmatrix}0 & -1\\ 1 & 0\end{pmatrix}$ sind ein Erzeugendensystem von M:

$\begin{pmatrix}a & -b\\ b & a\end{pmatrix}=a\cdot\begin{pmatrix}1 & 0\\ 0 & 1\end{pmatrix}+b\cdot\begin{pmatrix}0 & -1\\ 1 & 0\end{pmatrix}$

$r\cdot\vec{a}+s\cdot\vec{b}=r\cdot\begin{pmatrix}1 & 0\\ 0 & 1\end{pmatrix}+s\cdot\begin{pmatrix}0 & -1\\ 1 & 0\end{pmatrix}=\begin{pmatrix}r & -s\\ s & r\end{pmatrix}=\begin{pmatrix}0 & 0\\ 0 & 0\end{pmatrix}\Rightarrow r=0=s\Rightarrow\vec{a},\vec{b}$ l.u.

Die Dimension von M ist 2, da $\left\{\begin{pmatrix}1 & 0\\ 0 & 1\end{pmatrix},\begin{pmatrix}0 & -1\\ 1 & 0\end{pmatrix}\right\}$ eine Basis von M ist.

22. Der Vektorraum V_2 hat die Dimension 2. Daher ist B eine Basis von V_3, wenn die Vektoren linear unabhängig sind.

22.a) $r\binom{1}{-4}+s\binom{t}{0}=\binom{0}{0}$ Vektorgleichung 244

Gleichungssystem: I $r + st = 0$

II $-4r = 0$, $r = 0$ in I: $st = 0$

1. Fall: $t \neq 0$: Aus $st = 0$ folgt $s = 0$.Die Vektoren sind dann linear unabhängig.

1. Fall: $t = 0$:Die Vektoren $\binom{1}{-4}, \binom{0}{0}$ sind linear abhängig.

Resultat: Die Vektoren $\binom{1}{-4}, \binom{t}{0}$ bilden für $t \neq 0$ eine Basis von V_2.

b) Vektorgleichung: $r\binom{2}{-3}+s\binom{t}{1-t}=\binom{0}{0}$, $\begin{array}{r|l} 2r+st=0 & \cdot 3 \\ -3r+s(1-t)=0 & \cdot 2 \end{array}$, $s(3t+2-2t)=0$, $s(t+2)=0$ *

1. Fall: $t \neq -2$: Aus (*) folgt $s = 0$, in I eingesetzt folgt $r = 0$. Die Vektoren sind dann l.u.

2. Fall: $t = -2$: Die Vektoren $\binom{2}{-3}$ und $\binom{-2}{3}$ sind l.a.

Resultat: Die Vektoren $\binom{2}{-3}$ und $\binom{t}{1-t}$ bilden für $t \neq -2$ eine Basis.

c) Vektorgleichung: $r\binom{18}{t}+s\binom{2t}{1}=\binom{0}{0}$, $\begin{array}{l} 18r+2st=0 \\ tr+s=0 \quad |\cdot 2t \end{array}$

1. Fall: $t \neq 0, t \neq \pm 3$: $18r + 2rt^2 = 0$, $r(18-2t^2) = 0$, $r = 0$ in I: $s = 0 \Rightarrow$ l.u.

2. Fall: $t = \pm 3$: l.a.

3. Fall: $t = 0$: $\binom{18}{0}, \binom{0}{1}$ sind l.u.

Resultat: Die Vektoren $\binom{18}{t}, \binom{2t}{1}$ bilden für $t \neq \pm 3$ eine Basis von V_2.

23. V_3 hat die Dimension 3. Daher bildet B eine Basis, wenn die Vektoren linear unabhängig sind.

a) Vektorgleichung: $r_1\begin{pmatrix}1\\1\\1\end{pmatrix}+r_2\begin{pmatrix}1\\t\\0\end{pmatrix}+r_3\begin{pmatrix}t\\1\\1\end{pmatrix}=\begin{pmatrix}0\\0\\0\end{pmatrix}$ $\begin{array}{c} -r_3+r_2+tr_3=0\ (*) \\ tr_2=0 \\ r_1=-r_3 \end{array}$

1. Fall: $t \neq 0$, $t \neq 1$: Aus $tr_2 = 0$ folgt dann $r_2 = 0$. In (*) eingesetzt folgt $r_3 = 0$.
Aus III folgt dann $r_1 = 0$. Die Vektoren sind dann linear unabhängig.

2. Fall: $t = 1$:Die Vektoren $\begin{pmatrix}1\\1\\1\end{pmatrix}, \begin{pmatrix}1\\1\\0\end{pmatrix}, \begin{pmatrix}1\\1\\1\end{pmatrix}$ sind linear abhängig.

3. Fall: $t = 0$:Die Vektoren $\begin{pmatrix}1\\1\\1\end{pmatrix}, \begin{pmatrix}1\\0\\0\end{pmatrix}, \begin{pmatrix}0\\1\\1\end{pmatrix}$ sind linear abhängig.

Resultat: Die Vektoren $\begin{pmatrix}1\\1\\1\end{pmatrix}, \begin{pmatrix}1\\t\\0\end{pmatrix}, \begin{pmatrix}t\\1\\1\end{pmatrix}$ bilden eine Basis für $t \neq 0, t \neq 1$, also für $t \in \mathbb{R} \setminus \{0; 1\}$.

b) $r_1\begin{pmatrix}1\\t\\2\end{pmatrix}+r_2\begin{pmatrix}0\\1\\t\end{pmatrix}+r_3\begin{pmatrix}0\\t\\1\end{pmatrix}=\begin{pmatrix}0\\0\\0\end{pmatrix}$ $\begin{array}{c} r_1=0 \\ r_2+tr_3=0 \\ tr_2+r_3=0 \end{array}$

1. Fall: $t \neq 0, t \neq \pm 1$: $-t^2r_3 + r_3 = 0 \Rightarrow r_3 = 0$, in II eingesetzt folgt $r_2 = 0$. Die Vektoren sind l.u.

2. Fall: $t = 1$:Die Vektoren $\begin{pmatrix}1\\1\\2\end{pmatrix}, \begin{pmatrix}0\\1\\1\end{pmatrix}, \begin{pmatrix}0\\1\\1\end{pmatrix}$ sind linear abhängig.

3. Fall: $t = -1$: Die Vektoren sind linear abhängig.

4. Fall: $t = 0$: Die Vektoren sind linear unabhängig.

Resultat: Die Vektoren $\begin{pmatrix}1\\t\\2\end{pmatrix}, \begin{pmatrix}0\\1\\t\end{pmatrix}, \begin{pmatrix}0\\t\\1\end{pmatrix}$ bilden für $t \in \mathbb{R} \setminus \{-1; 1\}$ eine Basis von V_3.

244 23. c) $r_1 \begin{pmatrix} 1 \\ 0 \\ 0 \end{pmatrix} + r_2 \begin{pmatrix} t \\ t \\ 1 \end{pmatrix} + r_3 \begin{pmatrix} 1 \\ 3-2t \\ t \end{pmatrix} = \begin{pmatrix} 0 \\ 0 \\ 0 \end{pmatrix} \Rightarrow \begin{matrix} r_1 + tr_2 + r_3 = 0 \\ tr_2 + (3-2t)r_3 = 0 \\ r_2 + tr_3 = 0 \end{matrix}$

1. Fall: $t \neq 0, t \neq 1, t \neq -3$: $(3-2t)r_3 - t^2 r_3 = 0$, $r_3 = 0$, $r_2 = 0$, $r_1 = 0$, linear unabhängig
2. Fall: $t = 1$: Die Vektoren sind linear abhängig.
3. Fall: $t = -3$: Die Vektoren sind linear abhängig.
4. Fall: $t = 0$: Die Vektoren sind linear unabhängig.

Resultat: Die Vektoren $\begin{pmatrix} 1 \\ 0 \\ 0 \end{pmatrix}, \begin{pmatrix} t \\ t \\ 1 \end{pmatrix}, \begin{pmatrix} 1 \\ 3-2t \\ t \end{pmatrix}$ bilden für $t \in \mathbb{R} \setminus \{1; -3\}$ eine Basis von V_3.

24. a) $r_1 \begin{pmatrix} t-4 \\ 2 \\ 1 \\ 1 \end{pmatrix} + r_2 \begin{pmatrix} 0 \\ 4 \\ 2 \\ 2 \end{pmatrix} + r_3 \begin{pmatrix} 2 \\ 1 \\ t \\ 4 \end{pmatrix} = \begin{pmatrix} 0 \\ 0 \\ 0 \\ 0 \end{pmatrix}$ $(t-4)r_3 = 0\ (*)$

1. Fall: $t \neq 4$: Aus (*) folgt $r_3 = 0$. Weiter $(t-4)r_1 = 0$, $r_1 = 0$, $r_2 = 0$.
   Die Vektoren sind linear unabhängig.
2. Fall: $t = 4$: Die Vektoren sind linear abhängig ($r_1 = 2$, $r_2 = -1$, $r_3 = 0$).

b) $r_1 \begin{pmatrix} t-4 \\ 2 \\ 1 \\ 1 \end{pmatrix} + r_2 \begin{pmatrix} 2 \\ 1 \\ t \\ 4 \end{pmatrix} = \begin{pmatrix} 0 \\ 0 \\ 0 \\ 0 \end{pmatrix}$, die Vektoren sind für alle $t \in \mathbb{R}$ linear unabhängig.

c) Da die Vektoren, wie unter a) gezeigt, linear abhängig sind, muss die Dimension von U kleiner als 3 sein. Nach b) sind aber $\vec{a}_4$ und $\vec{c}_4$ linear unabhängig. Folglich ist die Dimension von U gleich 2 und $\vec{a}_4$ und $\vec{c}_4$ bilden eine Basis von U.

d) $\vec{d}$ gehört zu U, wenn sich $\vec{d}$ sich als Linearkombination von $\vec{a}_4$, b, $\vec{c}_4$ darstellen lässt. $\vec{d}$ gehört zu U: $\begin{pmatrix} 4 \\ -4 \\ 5 \\ 5 \end{pmatrix} = -3 \begin{pmatrix} 0 \\ 2 \\ 1 \\ 1 \end{pmatrix} + 2 \begin{pmatrix} 2 \\ 1 \\ 4 \\ 4 \end{pmatrix}$

Test

1. a) U ist kein Untervektorraum von V_3, da U bezüglich der Addition nicht abgeschlossen 246
ist, wie das folgende Beispiel zeigt: $\begin{pmatrix}2\\-1\\4\end{pmatrix} \in U, \begin{pmatrix}4\\-2\\7\end{pmatrix} \in U$, aber $\begin{pmatrix}2\\-1\\4\end{pmatrix} + \begin{pmatrix}4\\-2\\7\end{pmatrix} = \begin{pmatrix}6\\-3\\11\end{pmatrix} \notin U$

b) U ist Untervektorraum von V_3 und erfüllt das Untervektorraumkriterium, wie sich leicht nachweisen lässt: i) U ist nicht leer: $\begin{pmatrix}1\\-1\\1\end{pmatrix} \in U$

ii) $\begin{pmatrix}a_1\\b_1\\c_1\end{pmatrix}, \begin{pmatrix}a_2\\b_2\\c_2\end{pmatrix} \in U \Rightarrow \begin{pmatrix}a_1+a_2\\b_1+b_2\\c_1+c_2\end{pmatrix} \in U$ da $a_1+a_2+b_1+b_2=0$ und $b_1+b_2+c_1+c_2=0$ ist

iii) $\begin{pmatrix}a\\b\\c\end{pmatrix} \in U \Rightarrow \begin{pmatrix}ra\\rb\\rc\end{pmatrix} \in U$ da $ra+rb = r(a+b) = 0$ und $rb+rc = r(b+c) = 0$ ist

c) U ist kein Untervektorraum von V_3, da U keine Teilmenge von V_3 ist.

d) U ist kein Untervektorraum von V_3, da U bezüglich der Addition nicht abgeschlossen ist, wie das folgende Beispiel zeigt: $\begin{pmatrix}1\\1\\1\end{pmatrix}, \begin{pmatrix}-1\\1\\1\end{pmatrix} \in U$ aber $\begin{pmatrix}1\\1\\1\end{pmatrix} + \begin{pmatrix}-1\\1\\1\end{pmatrix} = \begin{pmatrix}0\\2\\2\end{pmatrix} \notin U$

2. U erfüllt das Untervektorraumkriterium: i) $\begin{pmatrix}6\\1\\3\end{pmatrix} \in U\ (a = 1, b = 0) \Rightarrow U \neq \varnothing$

ii) $\begin{pmatrix}6a_1\\a_1+b_1\\0\end{pmatrix}, \begin{pmatrix}6a_2\\a_2+b_2\\0\end{pmatrix} \in U \Rightarrow \begin{pmatrix}6(a_1+a_2)\\(a_1+a_2)+(b_1+b_2)\\0\end{pmatrix} \in U$ iii) $\begin{pmatrix}6a\\a+b\\0\end{pmatrix} \in U \Rightarrow \begin{pmatrix}r\cdot 6a\\ra+rb\\0\end{pmatrix} \in U$

Es gilt: $U = \left\{ a\begin{pmatrix}6\\1\\0\end{pmatrix} + b\begin{pmatrix}0\\1\\0\end{pmatrix} \mid a, b \in \mathbb{R} \right\}$. Die Vektoren $\begin{pmatrix}6\\1\\0\end{pmatrix}, \begin{pmatrix}0\\1\\0\end{pmatrix}$ bilden offensichtlich ein Erzeugendensystem von U. Die Parameter a und b geben die Koeffizienten in der Linearkombination an. Da die Vektoren $\begin{pmatrix}6\\1\\0\end{pmatrix}, \begin{pmatrix}0\\1\\0\end{pmatrix}$ auch linear unabhängig sind, bilden sie eine Basis von U. U hat die Dimension 2. U lässt sich geometrisch als Ursprungsebene im V_3 mit den Richtungsvektoren $\begin{pmatrix}6\\1\\0\end{pmatrix}, \begin{pmatrix}0\\1\\0\end{pmatrix}$ interpretieren. Die Ebene verläuft parallel zur y-Achse. Die Vektoren

$\begin{pmatrix}1\\0\\0\end{pmatrix} = \frac{1}{6}\begin{pmatrix}6\\1\\0\end{pmatrix} + \frac{5}{6}\begin{pmatrix}0\\1\\0\end{pmatrix}$ und $\begin{pmatrix}0\\1\\0\end{pmatrix}$ bilden ebenfalls eine Basis von U. U ist also die x-y-Koordinatenebene.

246 3. a) Es gilt: $V=\{ax^2+bx+c \mid a,b,c \in \mathbb{R}\}$.

Um zu zeigen, dass $\{f_1,f_2,f_3\}$ ein Erzeugendensystem ist, muss man jedes beliebige Polynom aus V als Linearkombination von f_1, f_2, f_3 darstellen.

Mit $(ax^2+bx+c) \in V$ gilt:

$$\begin{aligned}
ax^2+bx+c &= r_1(x^2-1)+r_2(2x^2+x)+r_3(x+1)\\
&= (r_1+2r_2)x^2+(r_2+r_3)x+r_3-r_1\\
a &= r_1+2r_2 \quad (\text{Koeffizientenvergleich})\\
b &= r_2+r_3\\
c &= r_3-r_1 \quad , \quad r_1=-a+2b-2c,\ r_2=a-b+c,\ r_3=-a+2b-c
\end{aligned}$$

Die Koeffizienten $r_1=-a+2b-2c$, $r_2=a-b+c$, $r_3=-a+2b-c$ erfüllen die obige Gleichung. Jedes Polynom lässt sich also als Linearkombination von f_1, f_2, f_3 darstellen.

b) $\{f_1,f_2,f_3\}$ ist eine Basis von V, wenn f_1, f_2, f_3 linear unabhängig sind.

$$\begin{aligned}
r_1f_1(x)+r_2f_2(x)+r_3f_3(x)&=0 \quad (\text{Nullpolynom})\\
r_1(x^2-1)+r_2(2x^2+x)+r_3(x+1)&=0\\
(r_1+2r_2)x^2+(r_2+r_3)x+r_3-r_1&=0
\end{aligned}$$

$$\begin{aligned}
\text{Koeffizientenvergleich:}\quad 0&=r_1+2r_2\\
0&=r_2+r_3\\
0&=r_3-r_1 \quad \Rightarrow r_1=r_2=r_3=0 \Rightarrow \text{l.u.} \Rightarrow \text{Basis}
\end{aligned}$$

c) $g(x)=3f_1+0f_2+1f_3$

4. a) Der Ansatz $r_1\begin{pmatrix}1\\2\\-1\end{pmatrix}+r_2\begin{pmatrix}2\\3\\0\end{pmatrix}+r_3\begin{pmatrix}1\\t\\t-6\end{pmatrix}=\begin{pmatrix}0\\0\\0\end{pmatrix}$ liefert nur für $t=3$ lineare Abhängigkeit.

b) $\begin{pmatrix}3\\5\\8\end{pmatrix}=4\begin{pmatrix}1\\2\\-1\end{pmatrix}+1\begin{pmatrix}2\\3\\0\end{pmatrix}-3\begin{pmatrix}1\\2\\-4\end{pmatrix}$

1. Rechnen mit Matrizen

1. a) I: $X=\begin{pmatrix}0 & 14 & 4\\ 32 & 10 & 12\end{pmatrix}$, II: $X=\begin{pmatrix}8 & 8 & 0\\ -4 & 17 & 0\\ 7 & 10 & 7\end{pmatrix}$ 249

b) I: $X=2A-B=\begin{pmatrix}-10 & 6 & 6\\ 8 & 0 & 8\end{pmatrix}$, II: $X=\begin{pmatrix}12 & 2 & 0\\ -6 & 13 & 0\\ 3 & 10 & 3\end{pmatrix}$

c) I: $X=\frac{1}{4}B-\frac{1}{8}A=\begin{pmatrix}7/4 & 0 & -3/4\\ 1 & 3/4 & -1/2\end{pmatrix}$, II: $X=\begin{pmatrix}-3/2 & 1/4 & 0\\ 3/4 & -1 & 0\\ 0 & -1 & 0\end{pmatrix}$

d) I: $X=1{,}5B-0{,}5A=\begin{pmatrix}10 & 1 & -4\\ 8 & 5 & -2\end{pmatrix}$, II. $X=\begin{pmatrix}-8 & 2 & 0\\ 4 & -4{,}5 & 0\\ 0{,}5 & -5 & 0{,}5\end{pmatrix}$

2. a) I: $C=\begin{pmatrix}-3 & 13 & -12 & 5\\ 8 & 2 & -8 & 13\end{pmatrix}$, II: $C=\begin{pmatrix}1 & 0 & 0\\ 0 & 1 & 0\\ 0 & 0 & 1\end{pmatrix}$ 251

b) 2. Zeile von A mal 3. Spalte von B

c) I nicht möglich, da Spaltenzahl von B ungleich Zeilenzahl von A. $D=\begin{pmatrix}1 & 0 & 0\\ 0 & 1 & 0\\ 0 & 0 & 1\end{pmatrix}$

3. a) I: $A=\begin{pmatrix}1 & 1\\ 1 & 1\end{pmatrix}$, $B=\begin{pmatrix}1 & 1 & 1\\ 1 & 1 & 1\end{pmatrix}$; $A\cdot B$ ist möglich aber $B\cdot A$ aber nicht 252

II: $A=\begin{pmatrix}1 & 0\\ 2 & 1\end{pmatrix}$, $B=\begin{pmatrix}1 & 1\\ 1 & 0\end{pmatrix}$, $A\cdot B=\begin{pmatrix}1 & 1\\ 3 & 2\end{pmatrix}$, $B\cdot A=\begin{pmatrix}3 & 1\\ 1 & 0\end{pmatrix}$

III: $A=\begin{pmatrix}1 & 0\\ 0 & 0\\ 0 & 0\end{pmatrix}$, $B=\begin{pmatrix}1 & 0 & 0\\ 0 & 0 & 0\end{pmatrix}$, $A\cdot B=\begin{pmatrix}1 & 0 & 0\\ 0 & 0 & 0\\ 0 & 0 & 0\end{pmatrix}$, $B\cdot A=\begin{pmatrix}1 & 0\\ 0 & 0\end{pmatrix}$

b) $A^2=\begin{pmatrix}3 & -4\\ 4 & 3\end{pmatrix}$, $B^3=\begin{pmatrix}7 & 10\\ 5 & 7\end{pmatrix}$, $B^2\cdot A=\begin{pmatrix}10 & 5\\ 7 & 4\end{pmatrix}$

c) $C^2=\begin{pmatrix}a^2 & 2a\\ 0 & a^2\end{pmatrix}$, $C^3=\begin{pmatrix}a^3 & 3a^2\\ 0 & a^3\end{pmatrix}$, $C^n=\begin{pmatrix}a^n & na^{n-1}\\ 0 & a^n\end{pmatrix}$

4. a) $A+B=\begin{pmatrix}1 & -15 & 10\\ 15 & -1 & 5\\ 2 & 12 & 5\end{pmatrix}$ b) $A-B=\begin{pmatrix}3 & 3 & -2\\ -3 & -3 & -1\\ 6 & 4 & -1\end{pmatrix}$ c) $A-2C=\begin{pmatrix}2 & 0 & 0\\ 0 & -2 & 0\\ 8 & 0 & 0\end{pmatrix}$ 253

d) $\frac{1}{2}A+B-4C=\begin{pmatrix}0 & 0 & 0\\ 0 & 0 & 0\\ 8 & -8 & 0\end{pmatrix}$

e) $2A-4(C-B)=\begin{pmatrix}4 & -12 & 8\\ 12 & -4 & 4\\ 8 & 16 & 4\end{pmatrix}-\begin{pmatrix}4 & 24 & -16\\ -24 & -4 & -8\\ 0 & 0 & -8\end{pmatrix}=\begin{pmatrix}0 & -36 & 24\\ 36 & 0 & 12\\ 8 & 16 & 12\end{pmatrix}$

5. a) $A\cdot B=\begin{pmatrix}-8 & 26\\ 32 & 8\end{pmatrix}$ b) $B\cdot A=\begin{pmatrix}10 & 10 & 8\\ 2 & -26 & 10\\ 20 & 20 & 16\end{pmatrix}$ c) $A\cdot C=\begin{pmatrix}-6 & 4 & -2\\ 22 & 16 & 24\end{pmatrix}$

d) $C\cdot E=\begin{pmatrix}1 & 1 & 1\\ 2 & 1 & 2\\ 1 & 2 & 2\end{pmatrix}$ e) $D\cdot E=\begin{pmatrix}2 & 0 & -1\\ 2 & -1 & 0\\ -3 & 1 & 1\end{pmatrix}$ f) $C\cdot D=\begin{pmatrix}1 & 0 & 0\\ 0 & 1 & 0\\ 0 & 0 & 1\end{pmatrix}$

g) geht nicht h) $E^2=\begin{pmatrix}1 & 0 & 0\\ 0 & 1 & 0\\ 0 & 0 & 1\end{pmatrix}=E$ i) $C^3=\begin{pmatrix}17 & 18 & 22\\ 28 & 29 & 36\\ 30 & 32 & 39\end{pmatrix}$

j) $F^6=F$

253 6. $C \cdot A$ geht nicht; $A \cdot C = C$

$C \cdot B$ geht nicht; $B \cdot C = \begin{pmatrix} 2 & 6 & 3 & 5 \\ 4 & 9 & 2 & 6 \\ 1 & 3 & 4 & 1 \end{pmatrix}$

A bewirkt nichts, d.h. die Matrix C bleibt unverändert.
B verschiebt die Zeilen von C jeweils um eine Zeile nach oben.

7. Gewinnmatrix: $G = \begin{pmatrix} 3 \\ 5 \\ 4 \\ 3 \end{pmatrix}$

Gewinn von Filiale 1: $(100 \quad 150 \quad 80 \quad 40) \cdot \begin{pmatrix} 3 \\ 5 \\ 4 \\ 3 \end{pmatrix} = (1490)$, d.h. 1490 Euro Gewinn

Analog, Filiale 2: 1520 Euro, Filiale 3 480 Euro und Filiale 4 2010 Euro Gewinn

8. a) Nein b) Nein c)Nein d) Nein

255 9. a) $A^{-1} = \begin{pmatrix} 3 & -8 \\ -1 & 3 \end{pmatrix}$ b) $A^{-1} = \begin{pmatrix} -21 & -12 & -2 \\ -11 & -6 & -1 \\ 9 & 5 & 1 \end{pmatrix}$ c) $A^{-1} = \frac{1}{4}\begin{pmatrix} 12 & -16 & 8 \\ -2 & 2 & 0 \\ -1 & 2 & -1 \end{pmatrix}$

d) $A^{-1} = \begin{pmatrix} 0 & 1 & -1 \\ 0 & 0 & 1 \\ 1 & -1 & 1 \end{pmatrix}$

256 10. a) $A = \begin{pmatrix} 1 & -2 \\ -1 & 3 \end{pmatrix}$, $A^{-1} = \begin{pmatrix} 3 & 2 \\ 1 & 1 \end{pmatrix}$, $\begin{pmatrix} x \\ y \end{pmatrix} = \begin{pmatrix} 3 & 2 \\ 1 & 1 \end{pmatrix} \cdot \begin{pmatrix} 0 \\ -1 \end{pmatrix} = \begin{pmatrix} -2 \\ -1 \end{pmatrix}$, $x = -2$, $y = -1$

b) $A = \begin{pmatrix} 2 & 1 & 1 \\ 1 & 1 & 2 \\ 3 & 2 & 2 \end{pmatrix}$, $A^{-1} = \begin{pmatrix} 2 & 0 & -1 \\ -4 & -1 & 3 \\ 1 & 1 & -1 \end{pmatrix}$, $\begin{pmatrix} x \\ y \\ z \end{pmatrix} = \begin{pmatrix} 2 & 0 & -1 \\ -4 & -1 & 3 \\ 1 & 1 & -1 \end{pmatrix} \cdot \begin{pmatrix} 12 \\ 13 \\ 21 \end{pmatrix} = \begin{pmatrix} 3 \\ 2 \\ 4 \end{pmatrix}$, $x = 3, y = 2, z = 4$

c) $A^{-1} = \begin{pmatrix} 1 & -2 & 0 \\ -4 & 3 & -3 \\ 1 & 0 & 1 \end{pmatrix}$, $\begin{pmatrix} x \\ y \\ z \end{pmatrix} = \begin{pmatrix} 1 & -2 & 0 \\ -4 & 3 & -3 \\ 1 & 0 & 1 \end{pmatrix} \cdot \begin{pmatrix} 1 \\ -1 \\ -3 \end{pmatrix} = \begin{pmatrix} 3 \\ 2 \\ -2 \end{pmatrix}$, $x = 3, y = 2, z = -2$

257 11. a) A und B nicht invers, A und C invers, B und C nicht invers
b) A und B invers

12. a) $A^{-1} \cdot A = \begin{pmatrix} a & b \\ c & d \end{pmatrix} \cdot \begin{pmatrix} 1 & 1 \\ 3 & 4 \end{pmatrix} = \begin{pmatrix} a+3b & a+4b \\ c+3d & c+4d \end{pmatrix} = \begin{pmatrix} 1 & 0 \\ 0 & 1 \end{pmatrix}$

$\Rightarrow \begin{matrix} a+3b=1 \\ a+4b=0 \end{matrix} \Rightarrow \begin{matrix} a=4 \\ b=-1 \end{matrix}$ und $\begin{matrix} c+3d=0 \\ c+4d=1 \end{matrix} \Rightarrow \begin{matrix} c=-3 \\ d=1 \end{matrix}$, $A^{-1} = \begin{pmatrix} 4 & -1 \\ -3 & 1 \end{pmatrix}$

b) $A^{-1} \cdot A = \begin{pmatrix} a & b \\ c & d \end{pmatrix} \cdot \begin{pmatrix} 0 & 1 \\ 1 & 0 \end{pmatrix} = \begin{pmatrix} b & a \\ d & c \end{pmatrix} = \begin{pmatrix} 1 & 0 \\ 0 & 1 \end{pmatrix}$

$\Rightarrow \begin{matrix} b=1 \\ a=0 \end{matrix} \Rightarrow$ und $\begin{matrix} c=0 \\ d=1 \end{matrix} \Rightarrow A^{-1} = \begin{pmatrix} 0 & 1 \\ 1 & 0 \end{pmatrix} = A$

c) $A^{-1} \cdot A = \begin{pmatrix} a & b \\ c & d \end{pmatrix} \cdot \begin{pmatrix} 1 & 1 \\ 1 & 1 \end{pmatrix} = \begin{pmatrix} a+b & a+b \\ c+d & c+d \end{pmatrix} = \begin{pmatrix} 1 & 0 \\ 0 & 1 \end{pmatrix}$

$\Rightarrow \begin{matrix} a+b=1 \\ a+b=0 \end{matrix}$ Wid., A^{-1} existiert nicht

13. a) $A^{-1} = \begin{pmatrix} -1 & 3 \\ 1 & -2 \end{pmatrix}$ b) $A^{-1} = \frac{1}{10}\begin{pmatrix} 21 & 6 & 1 \\ 11 & 6 & 1 \\ -9 & -4 & 1 \end{pmatrix}$

14. a) Richtig b) Falsch c) Richtig
d) Richtig e) Falsch 257

15. a) $(A \cdot B) \cdot (A \cdot B)^{-1} = (A \cdot B) \cdot B^{-1} \cdot A^{-1}$
$= A \cdot (B \cdot B^{-1}) \cdot A^{-1} = A \cdot E \cdot A^{-1} = A \cdot A^{-1} = E$

b) $A^{-1} \cdot (A^{-1})^{-1} = A^{-1} \cdot A = E$

16. a) $A = \begin{pmatrix} 1 & 0 & 1 \\ -2 & 5 & -4 \\ 5 & 8 & 2 \end{pmatrix}$, $A^{-1} = \begin{pmatrix} 42 & 8 & -5 \\ -16 & -3 & 2 \\ -41 & -8 & 5 \end{pmatrix}$, $\begin{pmatrix} x \\ y \\ z \end{pmatrix} = \begin{pmatrix} 42 & 8 & -5 \\ -16 & -3 & 2 \\ -41 & -8 & 5 \end{pmatrix} \cdot \begin{pmatrix} 1 \\ 1 \\ 12 \end{pmatrix} = \begin{pmatrix} -10 \\ 5 \\ 11 \end{pmatrix}$
$x = -10$, $y = 5$, $z = 11$

b) $A = \begin{pmatrix} 2 & 1 & 1 \\ 0 & 3 & -1 \\ 5 & 5 & 2 \end{pmatrix}$, $A^{-1} = \frac{1}{6}\begin{pmatrix} 33 & 9 & -12 \\ -15 & -3 & 6 \\ -45 & -15 & 18 \end{pmatrix}$, $\begin{pmatrix} x \\ y \\ z \end{pmatrix} = \frac{1}{6}\begin{pmatrix} 33 & 9 & -12 \\ -15 & -3 & 6 \\ -45 & -15 & 18 \end{pmatrix} \cdot \begin{pmatrix} 1 \\ 2 \\ 3 \end{pmatrix} = \begin{pmatrix} 2{,}5 \\ -0{,}5 \\ -3{,}5 \end{pmatrix}$
$x = 2{,}5$, $y = -0{,}5$, $z = -3{,}5$

17. $\left.\begin{aligned} x + \tfrac{2}{3}y &= 29 \\ \tfrac{3}{4}x + y &= 29 \end{aligned}\right\}$ $A = \begin{pmatrix} 1 & 2/3 \\ 3/4 & 1 \end{pmatrix}$, $A^{-1} = \begin{pmatrix} 2 & -4/3 \\ -3/2 & 2 \end{pmatrix}$, $\begin{pmatrix} x \\ y \end{pmatrix} = \begin{pmatrix} 2 & -4/3 \\ -3/2 & 2 \end{pmatrix} \cdot \begin{pmatrix} 29 \\ 29 \end{pmatrix} = \begin{pmatrix} 58/3 \\ 29/2 \end{pmatrix}$

$x = \frac{58}{3}$, $y = \frac{29}{2}$

2. Teilebedarfsrechnung

1. $A = \begin{pmatrix} 2 & 3 & 1 \\ 2 & 2 & 1 \end{pmatrix}$, $B = \begin{pmatrix} 2 & 2 & 0 \\ 4 & 5 & 1 \\ 3 & 4 & 2 \end{pmatrix}$, $\vec{b} = \begin{pmatrix} 180 \\ 300 \\ 0 \end{pmatrix}$, $A \cdot B = \begin{pmatrix} 2 & 3 & 1 \\ 2 & 2 & 1 \end{pmatrix} \cdot \begin{pmatrix} 2 & 2 & 0 \\ 4 & 5 & 1 \\ 3 & 4 & 2 \end{pmatrix} = \begin{pmatrix} 19 & 23 & 5 \\ 15 & 18 & 4 \end{pmatrix} = C$ 261

$\vec{r} = C \cdot \vec{b} = \begin{pmatrix} 19 & 23 & 5 \\ 15 & 18 & 4 \end{pmatrix} \cdot \begin{pmatrix} 180 \\ 300 \\ 0 \end{pmatrix} = \begin{pmatrix} 10320 \\ 8100 \end{pmatrix}$

Es werden 10320 Teile R_1 und 8100 Teile R_2 benötigt.

2. a) Direktbedarfsmatrix: 263

Von \ Nach	E_1	E_2	E_3	Z_1	Z_2	Z_3	R_1	R_2
E_1	0	0	0	0	0	0	0	0
E_2	0	0	0	0	0	0	0	0
E_3	0	0	0	0	0	0	0	0
Z_1	2	1	0	0	1	0	0	0
Z_2	0	3	1	0	0	2	0	0
Z_3	0	0	2	0	0	0	0	0
R_1	1	0	0	1	2	0	0	0
R_2	0	0	2	0	4	1	0	0

b)
$Z_1 = R_1$
$Z_2 = 2R_1 + Z_1 + 4R_2 = 3R_1 + 4R_2$
$Z_3 = R_2 + 2Z_2 = 6R_1 + 9R_2$
$E_1 = R_1 + 2Z_1 = 3R_1$
$E_2 = Z_1 + 3Z_2 = 10R_1 + 12R_2$
$E_3 = Z_2 + 2Z_3 + 2R_2 = 15R_1 + 24R_2$

c) Rohstoffbedarf:
$60R_1$
$+ 150R_1 + 180R_2$
also
$210R_1$ und $180R_2$

d)
$\vec{p} = (E - D)^{-1} \cdot \begin{pmatrix} 20 \\ 15 \\ 0 \\ 0 \\ 0 \\ 0 \\ 0 \\ 0 \end{pmatrix} = \begin{pmatrix} 20 \\ 15 \\ 0 \\ 100 \\ 45 \\ 0 \\ 210 \\ 180 \end{pmatrix}$

264 3. a) $A=\begin{pmatrix}2&3&0\\0&3&1\\0&0&3\end{pmatrix}$, $B=\begin{pmatrix}2&0\\4&3\\0&2\end{pmatrix}$, $C=A\cdot B=\begin{pmatrix}16&9\\12&11\\0&6\end{pmatrix}$

Für E_1 werden 16 R_1, 15 R_2 und 0 R_3 benötigt. Für E_2 sind es 9 R1, 11 R_2 und 6 R_3.

b) $\vec{r}=C\cdot\vec{b}=\begin{pmatrix}16&9\\12&11\\0&6\end{pmatrix}\cdot\begin{pmatrix}20\\30\end{pmatrix}=\begin{pmatrix}590\\570\\180\end{pmatrix}$ Es werden 590 R_1, 570 R_2 und 180 R_3 benötigt.

c) Direktbedarfsmatrix:

Von \ Nach	E_1	E_2	Z_1	Z_2	Z_3	R_1	R_2	R_3
E_1	0	0	0	0	0	0	0	0
E_2	0	0	0	0	0	0	0	0
Z_1	2	0	0	0	0	0	0	0
Z_2	4	3	0	0	3	0	0	0
Z_3	0	2	0	0	0	0	0	0
R_1	2	0	2	3	0	0	0	0
R_2	0	0	0	3	1	0	0	0
R_3	0	2	0	0	3	0	0	0

$\vec{p}=(E-D)^{-1}\cdot\begin{pmatrix}20\\30\\0\\0\\0\\0\\0\\0\end{pmatrix}=\begin{pmatrix}\\ \\ \\ \end{pmatrix}$

4. a)

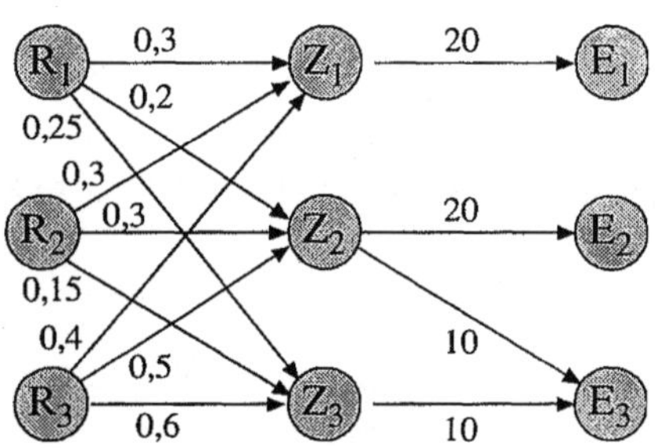

b) $A=\begin{pmatrix}0{,}3&0{,}2&0{,}25\\0{,}3&0{,}3&0{,}15\\0{,}4&0{,}5&0{,}6\end{pmatrix}$, $B=\begin{pmatrix}20&0&0\\0&20&10\\0&0&10\end{pmatrix}$

$C=A\cdot B=\begin{pmatrix}6&4&4{,}5\\6&6&4{,}5\\8&10&11\end{pmatrix}$

$\vec{r}=C\cdot\vec{b}=\begin{pmatrix}6&4&4{,}5\\6&6&4{,}5\\8&10&11\end{pmatrix}\cdot\begin{pmatrix}40\\20\\20\end{pmatrix}=\begin{pmatrix}410\\450\\740\end{pmatrix}$

Es werden 410 kg Maxima, 450 kg Borneo und 740 kg Greystone benötigt.

c) Rohstoffkosten: $2\cdot 410+3\cdot 450+4\cdot 740=5130$ Euro

d) Bestellliste: $4\cdot \mathrm{I}+2\cdot \mathrm{II}+2\cdot \mathrm{III}$

265 5. a) $A=\begin{pmatrix}3&7&2&5&9\\2&6&0&4&0\\5&0&8&0&0\\2&3&1&0&4\end{pmatrix}$, $B=\begin{pmatrix}2&5\\5&2\\0&3\\0&6\\3&4\end{pmatrix}$, $C=A\cdot B=\begin{pmatrix}68&101\\34&46\\10&49\\31&35\end{pmatrix}$

Strauß A: $68R_1+34R_2+10R_3+31R_4$, Strauß B: $101R_1+46R_2+49R_3+35R_4$

b) $C\cdot\begin{pmatrix}400&600&200\\300&800&550\end{pmatrix}=\begin{pmatrix}68&101\\34&46\\10&49\\31&35\end{pmatrix}\cdot\begin{pmatrix}400&600&200\\300&800&550\end{pmatrix}=\begin{pmatrix}57500&121600&69150\\27400&57200&32100\\18700&45200&28950\\22900&46600&25450\end{pmatrix}$

Kunde 1: $60500R_1+27400R_2+18700R_3+22900R_4$
Kunde 2: $12960R_1+57200R_2+45200R_3+46600R_4$
Kunde 3: $74650R_1+32100R_2+28950\,R_3+2545R_4$

c) $C\cdot\begin{pmatrix}60&30\\40&70\end{pmatrix}=\begin{pmatrix}68&111\\34&46\\10&49\\31&35\end{pmatrix}\cdot\begin{pmatrix}60&30\\40&70\end{pmatrix}=\begin{pmatrix}8520&5370\\3880&4240\\2560&3730\\3260&3380\end{pmatrix}$, $\begin{pmatrix}8520&5370\\3880&4240\\2560&3730\\3260&3380\end{pmatrix}\cdot\begin{pmatrix}50\\80\end{pmatrix}=\cdot\begin{pmatrix}855600\\533200\\426400\\596450\end{pmatrix}$

Es müssen 1134,8kg R_1, 533,2 kg R_2, 426,4 kg R_3 und 433,4 kg R_4 bereitgestellt werden.

6. a)

von/nach	E_1	E_2	Z_1	Z_2	R_1	R_2	R_3
E_1	0	0	0	0	0	0	0
E_2	0	0	0	0	0	0	0
Z_1	1	2	0	0	0	0	0
Z_2	2	3	0	0	0	0	0
R_1	0	0	2	0	0	0	0
R_2	0	0	5	2	0	0	0
R_3	0	4	0	3	0	0	0

Regenbogenfisch:
$E_1: 1Z_1 + 2Z_2$ 265
Stachelfisch:
$E_2: 2Z_1 + 3Z_2 + 4R_3$
$Z_1: 2R_1 + 5R_2$
$Z_2: 2R_2 + 3R_3$
$E_1: 2R_1 + 9R_2 + 6R_3$
$E_2: 4R_1 + 16R_2 + 13R_3$

$100E_1 + 50\,E_2$: $400R_1 + 1700R_2 + 1250R_3$

b) $2000Z_1 + 3000Z_2$: $4000R_1 + 16000R_2 + 9000R_3$, also 2900 Euro Kosten

c) $E_1 + E_2 = 3Z_1 + 5Z_2 + 4R_3$, also $Z_2 : Z_1 = 5 : 3$

d) $1000R_1 + 4000R_2 + 2500R_3 = n(5Z_1 + 3Z_2) = n(10R_1 + 31R_2 + 9R_3)$; $n = 100$
Es können $500Z_1$ und $300\,Z_2$ gebaut werden.
Es verbleiben $900\,R_2$ und $1600R_3$. Davon können weitere 450 Einheiten Z_2 hergestellt werden. Dann verbleiben 250 Einheiten R3.

3. Zustandsänderungen 267

1. a) $M = \begin{pmatrix} 0,3 & 0,4 & 0,2 \\ 0,4 & 0,2 & 0,5 \\ 0,3 & 0,4 & 0,3 \end{pmatrix}$, $\begin{pmatrix} 0,3 & 0,4 & 0,2 \\ 0,4 & 0,2 & 0,5 \\ 0,3 & 0,4 & 0,3 \end{pmatrix} \cdot \begin{pmatrix} 50 \\ 20 \\ 30 \end{pmatrix} = \begin{pmatrix} 29 \\ 39 \\ 29 \end{pmatrix}$, $M^4 \cdot \begin{pmatrix} 50 \\ 20 \\ 30 \end{pmatrix} = \begin{pmatrix} 30,28 \\ 36,09 \\ 33,63 \end{pmatrix}$ nach 4 Monaten

b) $M \cdot \vec{x} = \vec{x}$: $\quad -7x + 4y + 2z = 0$

$$4x - 8y + 5z = 0$$

$$x + y + z = 1, \quad x = \tfrac{36}{119}, \quad y = \tfrac{43}{119}, \quad z = \tfrac{40}{119}$$

Langfristig ca. M: 30,25 , L: 36,13 , B: 33,62

2. a) 269

von/nach	A	B	C
A	0,8	0	0,4
B	0,2	0,5	0
C	0	0,5	0,6

$$M = \begin{pmatrix} 0,8 & 0 & 0,4 \\ 0,2 & 0,5 & 0 \\ 0 & 0,5 & 0,6 \end{pmatrix}$$

b) $M \cdot \vec{x} = \vec{x}$: $\quad -2x + 4z = 0$

$$2x - 5y = 0$$

$$x + y + z = 1, \quad x = \tfrac{10}{19}, \quad y = \tfrac{4}{19}, \quad z = \tfrac{5}{19}, \quad \vec{x} = \tfrac{1}{119}\begin{pmatrix} 10 \\ 4 \\ 5 \end{pmatrix}$$

c) $M^2 = \begin{pmatrix} 0,64 & 0,2 & 0,56 \\ 0,26 & 0,25 & 0,08 \\ 0,1 & 0,55 & 0,36 \end{pmatrix}$, $M^3 = \begin{pmatrix} 0,552 & 0,38 & 0,529 \\ 0,258 & 0,165 & 0,152 \\ 0,19 & 0,455 & 0,256 \end{pmatrix}$, $M^4 = \begin{pmatrix} 0,5176 & 0,486 & 0,576 \\ 0,2394 & 0,1585 & 0,1944 \\ 0,243 & 0,3555 & 0,2296 \end{pmatrix}$

d) $M^{\infty} = \frac{1}{19}\begin{pmatrix} 10 & 10 & 10 \\ 4 & 4 & 4 \\ 5 & 5 & 5 \end{pmatrix}$

270 3. a) Die Spaltensumme ist jeweils 1.

b) $M\cdot\begin{pmatrix}60\\30\\10\end{pmatrix}=\begin{pmatrix}0{,}7&0{,}2&0{,}2\\0{,}2&0{,}8&0\\0{,}1&0&0{,}8\end{pmatrix}\cdot\begin{pmatrix}60\\30\\10\end{pmatrix}=\begin{pmatrix}50\\36\\14\end{pmatrix}$ Nach einem Jahr.

$M^2\cdot\begin{pmatrix}60\\30\\10\end{pmatrix}=\begin{pmatrix}45\\38{,}8\\16{,}2\end{pmatrix}$ Nach zwei Jahren.

$M^5\cdot\begin{pmatrix}60\\30\\10\end{pmatrix}=\begin{pmatrix}40{,}625\\40{,}676\\18{,}700\end{pmatrix}$ Nach fünf Jahren.

c) $M\cdot\vec{x}=\vec{x}:\quad -3x+2y+2z=0$

$2x-2y=0$

$x+y+z=1,\quad x=0{,}4,\quad y=0{,}2,\quad z=0{,}4$

Langfristig ist mit 40% Wiese, 40% Gestrüpp und 20% Sumpf zu rechnen.

d) $M=\begin{pmatrix}0{,}8&0{,}2&0{,}1\\0{,}1&0{,}8&0\\0{,}1&0&0{,}9\end{pmatrix},\quad M^5\cdot\begin{pmatrix}60\\30\\10\end{pmatrix}=\begin{pmatrix}45{,}81\\27{,}04\\27{,}15\end{pmatrix},\quad M^{10}\cdot\begin{pmatrix}60\\30\\10\end{pmatrix}=\begin{pmatrix}42{,}37\\23{,}59\\34{,}04\end{pmatrix}$

Langfristig: $M\cdot\vec{x}=\vec{x}:\quad -2x+2y+z=0$

$x-2y=0$

$x+y+z=1,\quad x=0{,}4,\quad y=0{,}2,\quad z=0{,}4$

Die Änderungen wirken sich auf den Wiesenanteil nicht aus. Das Gestrüpp nimmt ab, der Sumpf nimmt zu.

4. a)

nach/von	DD	DB	BE
DD	0,7	0,3	0,4
DB	0,1	0,5	0,1
BE	0,2	0,2	0,5

$M=\begin{pmatrix}0{,}7&0{,}3&0{,}4\\0{,}1&0{,}5&0{,}1\\0{,}2&0{,}2&0{,}5\end{pmatrix}$

b) $M\cdot\begin{pmatrix}43\\22\\35\end{pmatrix}=\begin{pmatrix}0{,}7&0{,}3&0{,}4\\0{,}1&0{,}5&0{,}1\\0{,}2&0{,}2&0{,}5\end{pmatrix}\cdot\begin{pmatrix}43\\22\\35\end{pmatrix}=\begin{pmatrix}50{,}7\\18{,}8\\30{,}5\end{pmatrix},\quad M^3\cdot\begin{pmatrix}43\\22\\35\end{pmatrix}=\begin{pmatrix}\ \end{pmatrix},\quad M^5\cdot\begin{pmatrix}43\\22\\35\end{pmatrix}=\begin{pmatrix}\ \end{pmatrix}$

Nach einem Jahr lauten die Anteile: DD: 50,7% , DB: 18,8% , BE: 30,5%
Nach drei Jahren lauten die Anteile: DD: 54,2% , DB: 17,0 % BE:28,7%
Nach fünf Jahren lauten die Anteile: DD: 54,7% , DB: 16,7 % , BE: 28,6%
Vermutung:DD: 54,7%, DB: 16,7%, BE: 28,6%.

c) $M\cdot\vec{x}=\vec{x},\quad -3x+3y+4z=0$

$x-5y+z=0$

$x+y+z=1,\quad x=\frac{23}{42},\quad y=\frac{7}{42},\quad z=\frac{12}{42}$

stabile Anteile: DD: 54,7% , DB: 16,7% , BE: 28,6%

d) $M=\begin{pmatrix}0{,}7&0{,}3&0{,}2\\0{,}1&0{,}5&0{,}05\\0{,}2&0{,}2&0{,}75\end{pmatrix},\quad M\cdot\vec{x}=\vec{x},\quad -3x+3y+2z=0$

$x-5y+0{,}5z=0$

$x+y+z=1,\quad x=\frac{23}{54},\quad y=\frac{7}{54},\quad z=\frac{24}{54}$

stabile Anteile: DD: 42,6% , DB: 13% , BE: 44,4%

e) $M\cdot\begin{pmatrix}x\\y\\z\end{pmatrix}=\begin{pmatrix}43\\22\\35\end{pmatrix},\quad \begin{pmatrix}x\\y\\z\end{pmatrix}=M^{-1}\cdot\begin{pmatrix}43\\22\\35\end{pmatrix}=\begin{pmatrix}20\\30\\50\end{pmatrix}$

f) $M\cdot\begin{pmatrix}60\\40\end{pmatrix}=\begin{pmatrix}0{,}7&0{,}5\\0{,}3&0{,}5\end{pmatrix}\cdot\begin{pmatrix}60\\40\end{pmatrix}=\begin{pmatrix}62\\38\end{pmatrix},\quad M^3\cdot\begin{pmatrix}60\\40\end{pmatrix}=\begin{pmatrix}62{,}48\\37{,}52\end{pmatrix},\quad M^5\cdot\begin{pmatrix}60\\40\end{pmatrix}=\begin{pmatrix}62{,}5\\37{,}5\end{pmatrix}$ 270

Nach einem Jahr lauten die Anteile: DD: 62% , DB: 38%
Nach drei Jahren lauten die Anteile: DD: 62,48% , DB: 37,52%
Nach fünf Jahren lauten die Anteile: DD: 62,5% , DB: 37,5%
Vermutung: DD: 62,5% , DB: 37,5%

stabile Anteile: $-3x+5y=0$

$$x+y=1,\quad x=\tfrac{5}{8},\quad y=\tfrac{3}{8}$$

5. a) 271

nach/von	LF	MH
LF	0,7	0,2
MH	0,3	0,8

$$M\cdot\begin{pmatrix}60\\40\end{pmatrix}=\begin{pmatrix}0{,}7&0{,}2\\0{,}3&0{,}8\end{pmatrix}\cdot\begin{pmatrix}60\\40\end{pmatrix}=\begin{pmatrix}50\\50\end{pmatrix}$$

Nach einem Monat haben beide Lokale jeweils 50 Stammgäste.
langfristig: $-3x+2y=0$

$$x+y=1,\quad x=\tfrac{2}{5},\quad y=\tfrac{3}{5}$$

LaFille wird langfristig mit 40, McHunger mit 60 Stammgästen rechnen können.

b) $M=\begin{pmatrix}0{,}6&0{,}2&0{,}1\\0{,}3&0{,}7&0{,}3\\0{,}1&0{,}1&0{,}6\end{pmatrix}$ langfristig: $-4x+2y+z=0$

$$3x-3y+3z=0$$
$$x+y+z=1,\quad x=0{,}3,\quad y=0{,}5,\quad z=0{,}2$$

LaFille wird langfristig mit 30, McHunger mit 50 Stammgästen rechnen können, während PizAria mit 20 Stammgästen rechnen kann.
Hierbei hat McHunger prozentual am wenigsten verloren.

6. a) Von den roten Blumen bleiben 50% auch in der nächsten Generation rot während 20% zu gelb und 30% zu Blau wechseln.
Bei den gelben Blumen bleiben 60% gelb, je 20% wechseln zu Rot und Blau.
Bei den blauen Blumen bleiben 40% blau, je 30% wechseln zu Rot und Gelb.

$M=\begin{pmatrix}0{,}5&0{,}2&0{,}3\\0{,}2&0{,}6&0{,}3\\0{,}3&0{,}2&0{,}4\end{pmatrix}$ Bei einer stochastischen Matrix ist jede Spaltensumm gleich 1.
Dies ist mit 0,5+0,2+0,3 = 0,2+0,6+0,2 = 0,3+0,3+0,4 = 1 der Fall.

b) $M\cdot\begin{pmatrix}50\\30\\20\end{pmatrix}=\begin{pmatrix}0{,}5&0{,}2&0{,}3\\0{,}2&0{,}6&0{,}3\\0{,}3&0{,}2&0{,}4\end{pmatrix}\cdot\begin{pmatrix}50\\30\\20\end{pmatrix}=\begin{pmatrix}37\\34\\29\end{pmatrix},\quad M^2\cdot\begin{pmatrix}50\\30\\20\end{pmatrix}=\begin{pmatrix}34\\36{,}5\\29{,}5\end{pmatrix}$

Nach einem Monat: R: 37%, G: 34%,B: 29% , 2 Monaten: R: 34%, G: 36,5%, B: 29,5%

c) $M\cdot\vec{x}=\vec{x}:\quad -5x+2y+3z=0$

$$2x-4y+3z=0$$
$$x+y+z=1,\quad x=\tfrac{18}{55},\quad y=\tfrac{21}{55},\quad z=\tfrac{16}{55}$$

Langfristig wird Rot mit 32,7%, Gelb mit 38,2% und Blau mit 29,1% vertreten sein.

d) $\begin{pmatrix}x\\y\\z\end{pmatrix}=M^{-1}\cdot\begin{pmatrix}35\\35\\30\end{pmatrix}=\begin{pmatrix}40\\30\\30\end{pmatrix}$ beschreibt die vorige Generation.

e) $M=\begin{pmatrix}0{,}5&0&0{,}3\\0{,}2&0{,}2&0{,}3\\0{,}3&0{,}8&0{,}4\end{pmatrix}$

$$-5x+3z=0$$
$$2x-8y+3z=0$$
$$x+y+z=1,\quad x=\tfrac{4{,}8}{17},\quad y=\tfrac{4{,}2}{17},\quad z=\tfrac{8}{17}$$

Die Befürchtung ist nicht gerechtfertigt.

272 7. a)

nach/von	C	E
C	0,7	0,5
E	0,3	0,5

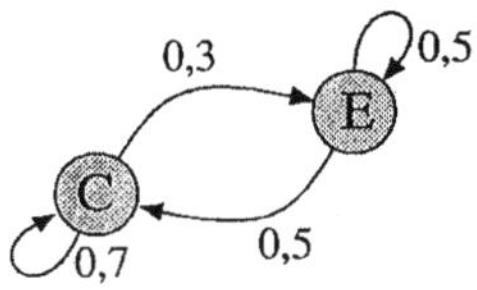

b) $A = \begin{pmatrix} 0{,}7 & 0{,}5 \\ 0{,}3 & 0{,}5 \end{pmatrix}$ Verteilung wird beschrieben durch:

$A \cdot \begin{pmatrix} 50 \\ 50 \end{pmatrix} = \begin{pmatrix} 60 \\ 40 \end{pmatrix}, \quad A^2 \cdot \begin{pmatrix} 50 \\ 50 \end{pmatrix} = \begin{pmatrix} 62 \\ 38 \end{pmatrix}, \quad A^3 \cdot \begin{pmatrix} 50 \\ 50 \end{pmatrix} = \begin{pmatrix} 62{,}4 \\ 37{,}6 \end{pmatrix}$

Es handelt sich um Prozentangeben von zusammen 2 Liter.
Nach einer Umfüllung: 1,2 in C und 0,8 in E, dann 1,24 + 0,76, dann 1,248 + 0,752

c) langfristig: $A \cdot \begin{pmatrix} x \\ y \end{pmatrix} = \begin{pmatrix} x \\ y \end{pmatrix}$: $-3x + 5y = 0$
$x + y = 1, \quad x = \frac{5}{8}, \quad y = \frac{3}{8}$

Die Füllmengen werden sich auf 1,25 Liter in C und 0,75 Liter in E einpendeln.

d) Nach der ersten Umfüllaktion: In C sind 0,7 Cola und 0,5 Eiswasser.

Nach der 2. Aktion: $0{,}7^2 + 0{,}3 \cdot 0{,}5 = 64\%$ der ursprünglichen Colamenge, 0,64 Liter

Im stabilen Zusatnd gilt: $x \cdot 0{,}7 + (1-x) \cdot 0{,}5 = x$, also 0,5 = 0,8x bzw. x = 0,625

Langfristig wird in C 62,5% der ursprünglichen Colamenge, also 0,625 Liter sein.

8. a) $A = \begin{pmatrix} 0{,}7 & 0{,}4 \\ 0{,}3 & 0{,}6 \end{pmatrix}$

A ist stochastisch, da
die Spaltensummen jeweils 1 ergeben.

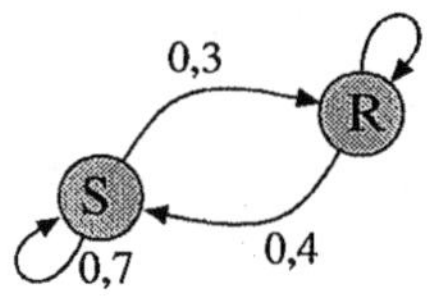

b) $A^2 \cdot \begin{pmatrix} 100 \\ 0 \end{pmatrix} = \begin{pmatrix} 0{,}61 & 0{,}52 \\ 0{,}39 & 0{,}48 \end{pmatrix} \cdot \begin{pmatrix} 100 \\ 0 \end{pmatrix} = \begin{pmatrix} 61 \\ 39 \end{pmatrix}$ Mit 61% Sicherheit scheint übermorgen die Sonne.

$A^7 \cdot \begin{pmatrix} 100 \\ 0 \end{pmatrix} = \begin{pmatrix} 0{,}7 & 0{,}4 \\ 0{,}3 & 0{,}6 \end{pmatrix}^7 \cdot \begin{pmatrix} 100 \\ 0 \end{pmatrix} = \begin{pmatrix} 57{,}1 \\ 42{,}9 \end{pmatrix}$ Sonnenwahrscheinlichkeit in einer Woche: 57%

c) $A \cdot \vec{x} = \vec{x}$: $-3x + 4y = 0$
$x + y = 1, \quad x = \frac{4}{7}, \quad y = \frac{3}{7}$

Langfristig scheint an 4 Wochentagen die Sonne, an 3 Tagen regnet es.

d) Grenzmatrix: $\begin{pmatrix} 4/7 & 4/7 \\ 3/7 & 3/7 \end{pmatrix}$.

e)

nach/von	S	R
S	x	1−x
R	1−x	x

$\begin{pmatrix} x & 1-x \\ 1-x & x \end{pmatrix} \cdot \begin{pmatrix} 100 \\ 0 \end{pmatrix} = \begin{pmatrix} 100x \\ 100-100x \end{pmatrix}, \quad \begin{pmatrix} x & 1-x \\ 1-x & x \end{pmatrix} \cdot \begin{pmatrix} 100x \\ 100-100x \end{pmatrix} = \begin{pmatrix} 100x^2 + 100(1-2x+x^2) \\ 200x - 200x^2 \end{pmatrix} = \begin{pmatrix} 68 \\ 32 \end{pmatrix}$

Also gilt: $100x^2 + 100 - 200x + 100x^2 = 68$ bzw. $x^2 - x + 0{,}16 = 0$
Lösung: x = 0,8 bzw. x = 0,2
Übergangswahrscheinlichkeiten:
Mit 80% bleibt das Wetter wie es ist, mit 20% ändert es sich.

4. Populationswachstum

1. a) $M^2 = E$, $M^3 = M$, stabiler zyklischer Prozess der Länge 2. 276

b) $M = \begin{pmatrix} 0 & 0{,}1 & 0 \\ 0 & 0 & 0 \\ 5 & 0 & 2 \end{pmatrix}$, $M^2 = \begin{pmatrix} 0 & 0 & 0 \\ 0 & 0 & 0 \\ 10 & 0{,}5 & 4 \end{pmatrix}$, $M^3 = \begin{pmatrix} 0 & 0 & 0 \\ 0 & 0 & 0 \\ 20 & 1 & 8 \end{pmatrix}$, nicht zyklisch, wachsend

c) zyklischer Prozess der Länge 3 für $c = \pm 1$ (bzw. $c = 0$)

d) kein zyklischer Prozess

2. a) $M^3 = \begin{pmatrix} 0 & a^2b & 0 \\ ab^2 & 0 & 0 \\ 0 & 0 & c^3 \end{pmatrix}$, für $ab = 1$ und $c^2 = 1$ liegt ein zyklischer Prozess der Länge 2 vor.

b) $M^3 = \begin{pmatrix} abc & 0 & 0 \\ 0 & abc & 0 \\ 0 & 0 & abc \end{pmatrix}$, $M^4 = abcM$, für $abc = 1$ liegt ein zyklischer Prozess der Länge 3 vor.

c) $M^3 = \begin{pmatrix} a^3 & 0 & 0 & 0 \\ 0 & 0 & b^2c & 0 \\ 0 & bc^2 & 0 & 0 \\ 0 & 0 & 0 & d^3 \end{pmatrix}$, für $a^2 = 1$ und $bc = 1$ und $d^2 = 1$ liegt ein zyklischer Prozess der Länge 2 vor.

d) $M^3 = \begin{pmatrix} 0 & a^2b & 0 & 0 \\ ab^2 & 0 & 0 & 0 \\ 0 & 0 & 0 & c^2d \\ 0 & 0 & cd^2 & 0 \end{pmatrix}$, für $ab = 1$ und $cd = 1$ liegt ein zyklischer Prozess der Länge 2 vor.

3. a) $M = \begin{pmatrix} 0 & 0 & 60 \\ 0{,}1 & 0 & 0 \\ 0 & 0{,}25 & 0 \end{pmatrix}$

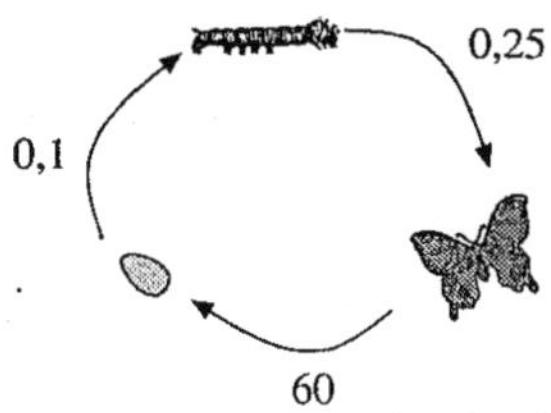

b) $\begin{pmatrix} 0 & 0 & 60 \\ 0{,}1 & 0 & 0 \\ 0 & 0{,}25 & 0 \end{pmatrix} \cdot \begin{pmatrix} 160 \\ 80 \\ 10 \end{pmatrix} = \begin{pmatrix} 600 \\ 16 \\ 20 \end{pmatrix}$, $\begin{pmatrix} 0 & 0 & 60 \\ 0{,}1 & 0 & 0 \\ 0 & 0{,}25 & 0 \end{pmatrix} \cdot \begin{pmatrix} 600 \\ 16 \\ 20 \end{pmatrix} = \begin{pmatrix} 1200 \\ 60 \\ 4 \end{pmatrix}$, $\begin{pmatrix} 240 \\ 120 \\ 15 \end{pmatrix}$, $\begin{pmatrix} 900 \\ 24 \\ 30 \end{pmatrix}$

nach 1 Monat 2 Monaten 3 4 Monaten

c) $M^2 = \begin{pmatrix} 0 & 0 & n \\ 0{,}1 & 0 & 0 \\ 0 & 0{,}25 & 0 \end{pmatrix}^2 = \begin{pmatrix} 0 & 0{,}25n & 0 \\ 0 & 0 & 0{,}1n \\ 0{,}025 & 0 & 0 \end{pmatrix}$, $M^3 = \begin{pmatrix} 0{,}025n & 0 & 0 \\ 0 & 0{,}025n & 0 \\ 0 & 0 & 0{,}025n \end{pmatrix}$

$M^4 = \begin{pmatrix} 0 & 0 & 0{,}025n^2 \\ 0{,}0025n & 0 & 0 \\ 0 & 0{,}00625n & 0 \end{pmatrix}$, $\left.\begin{matrix} n = 0{,}025n^2 \\ 0{,}1 = 0{,}0025n \\ 0{,}25 = 0{,}00625n \end{matrix}\right\} \Rightarrow n = 40$

Zyklus der Länge 3.

4. a) E = Ei, K_1 = Kaulquappe 1. Art, K_2 = Kaulquappe 2. Art, W = Weibchen

Übergangstabelle/Matrix:

	E	K_1	K_2	W
E	0	0	0	2500
K_1	0,02	0	0	0
K_2	0	0,20	0	0
W	0	0	0,10	0

b) $\vec{a} = \begin{pmatrix} E \\ K_1 \\ K_2 \\ W \end{pmatrix} = \begin{pmatrix} 5000 \\ 1000 \\ 250 \\ 20 \end{pmatrix}$, $M \cdot \vec{a} = \begin{pmatrix} 0 & 0 & 0 & 2500 \\ 0{,}02 & 0 & 0 & 0 \\ 0 & 0{,}20 & 0 & 0 \\ 0 & 0 & 0{,}10 & 0 \end{pmatrix} \cdot \begin{pmatrix} 5000 \\ 1000 \\ 250 \\ 20 \end{pmatrix} = \begin{pmatrix} 50000 \\ 100 \\ 200 \\ 25 \end{pmatrix}$, $M^2 \cdot \vec{a} = \begin{pmatrix} 62500 \\ 1000 \\ 20 \\ 20 \end{pmatrix}$

276 c) $M = \begin{pmatrix} 0 & 0 & 0 & 2500 \\ 0{,}02 & 0 & 0 & 0 \\ 0 & 0{,}20 & 0 & 0 \\ 0 & 0 & 0{,}10 & 0 \end{pmatrix}$, $M^2 = \begin{pmatrix} 0 & 0 & 250 & 0 \\ 0 & 0 & 0 & 50 \\ 0{,}004 & 0 & 0 & 0 \\ 0 & 0{,}02 & 0 & 0 \end{pmatrix}$, $M^3 = \begin{pmatrix} 0 & 50 & 0 & 0 \\ 0 & 0 & 5 & 0 \\ 0 & 0 & 0 & 10 \\ 0{,}0004 & 0 & 0 & 0 \end{pmatrix}$

$M^4 = \begin{pmatrix} 1 & 0 & 0 & 0 \\ 0 & 1 & 0 & 0 \\ 0 & 0 & 1 & 0 \\ 0 & 0 & 0 & 1 \end{pmatrix}$, $M^5 = \begin{pmatrix} 0 & 0 & 0 & 2500 \\ 0{,}02 & 0 & 0 & 0 \\ 0 & 0{,}20 & 0 & 0 \\ 0 & 0 & 0{,}10 & 0 \end{pmatrix}$

d) Die Aufgabenteile d) und e) sind manuell relativ zeitaufwendig, aber machbar. Schneller ist die Durchführung mittels CAS.

$M = \begin{pmatrix} 0 & 0 & 0 & 2000 \\ 0{,}02 & 0 & 0 & 0 \\ 0 & 0{,}20 & 0 & 0 \\ 0 & 0 & 0{,}10 & 0 \end{pmatrix}$, $M^5 = \begin{pmatrix} 0 & 0 & 0 & 1600 \\ 0{,}016 & 0 & 0 & 0 \\ 0 & 0{,}16 & 0 & 0 \\ 0 & 0 & 0{,}08 & 0 \end{pmatrix}$

Es ist kein zyklischer Prozess. Die Population schrumpft mit einem Zyklus der Länge 4.

e) $N = \begin{pmatrix} 0 & 0 & 0 & a \\ b & 0 & 0 & 0 \\ 0 & c & 0 & 0 \\ 0 & 0 & d & 0 \end{pmatrix}, N^5 = \begin{pmatrix} 0 & 0 & 0 & a^2bcd \\ ab^2cd & 0 & 0 & 0 \\ 0 & abc^2d & 0 & 0 \\ 0 & 0 & abcd^2 & 0 \end{pmatrix} = \begin{pmatrix} 0 & 0 & 0 & a \\ b & 0 & 0 & 0 \\ 0 & c & 0 & 0 \\ 0 & 0 & d & 0 \end{pmatrix} \Rightarrow \begin{matrix} a=a^2bcd \\ b=ab^2cd \\ c=abc^2d \\ d=abcd^2 \end{matrix} \Rightarrow abcd = 1$

279 1. $\begin{pmatrix} 5 & 2 \\ 3 & 1 \end{pmatrix} \cdot \begin{pmatrix} 13 & 9 & 3 & 8 & 1 & 5 & 12 & 10 & 1 \\ 3 & 11 & 19 & 15 & 14 & 12 & 5 & 2 & 20 \end{pmatrix} = \begin{pmatrix} 71 & 67 & 53 & 70 & 33 & 49 & 70 & 54 & 45 \\ 42 & 38 & 28 & 39 & 17 & 27 & 41 & 32 & 23 \end{pmatrix}$

$\begin{pmatrix} -1 & 2 \\ 3 & -5 \end{pmatrix} \cdot \begin{pmatrix} 71 & 67 & 53 & 70 & 33 & 49 & 70 & 54 & 45 \\ 42 & 38 & 28 & 39 & 17 & 27 & 41 & 32 & 23 \end{pmatrix} = \begin{pmatrix} 13 & 9 & 3 & 8 & 1 & 5 & 12 & 10 & 1 \\ 3 & 11 & 19 & 15 & 14 & 12 & 5 & 2 & 20 \end{pmatrix}$

2. a) $\begin{pmatrix} 4 & 3 \\ 1 & 1 \end{pmatrix} \cdot \begin{pmatrix} 1 & 21 & 7 & 5 & 14 \\ 2 & 12 & 9 & 3 & 11 \end{pmatrix} = \begin{pmatrix} 10 & 120 & 55 & 29 & 89 \\ 3 & 33 & 16 & 8 & 25 \end{pmatrix}$

b) $C^{-1} = \begin{pmatrix} 1 & -3 \\ -1 & 4 \end{pmatrix}$

c) $\begin{pmatrix} 1 & -3 \\ -1 & 4 \end{pmatrix} \cdot \begin{pmatrix} 92 & 98 & 99 & 98 & 74 & 47 & 63 \\ 28 & 31 & 26 & 26 & 23 & 13 & 18 \end{pmatrix} = \begin{pmatrix} 8 & 5 & 21 & 20 & 5 & 8 & 9 \\ 20 & 26 & 5 & 6 & 18 & 5 & 9 \end{pmatrix}$: HEUTEHITZEFREI

d) D hat keine Inverse, ist also ungeeignet.

E hat zwar die Inverse $E^{-1} = \begin{pmatrix} 0{,}5 & 0{,}5 \\ 0{,}5 & -0{,}5 \end{pmatrix}$, die allerdings keine ganzzahligen Elemente besitzt. E ist also auch ungeeignet.

3. D hat keine Inverse, also wurde C verwendet, $C^{-1} = \begin{pmatrix} 5 & -3 \\ -3 & 2 \end{pmatrix}$.

$\begin{pmatrix} 5 & -3 \\ -3 & 2 \end{pmatrix} \cdot \begin{pmatrix} 44 & 27 & 11 & 61 & 100 & 57 & 78 & 45 & 49 & 53 & 25 \\ 73 & 41 & 18 & 97 & 160 & 88 & 124 & 72 & 77 & 86 & 38 \end{pmatrix} = \begin{pmatrix} 1 & 12 & 1 & 14 & 20 & 21 & 18 & 9 & 14 & 7 & 11 \\ 14 & 1 & 3 & 11 & 20 & 5 & 14 & 9 & 7 & 13 & 1 \end{pmatrix}$

ALAN TURING KNACKTE ENIGMA

Alan Turing (1912-1954) war ein englischer Mathematiker, der wichtige Beiträge zur Entwicklung der Grundlagen der Informatik leistete.

Im zweiten Weltkrieg war er wesentlich an der Entschlüsselung der deutschen Funksprüche beteiligt, welche von der deutschen Wehrmacht und den U-Booten mit der legendären Chiffiermaschine ENIGMA verschlüsselt wurden.

http://de.wikipedia.org/wiki/Enigma.(Maschine); http://wikipedia.org/wiki/Alan.Turing

Test

1. a) $A+C=\begin{pmatrix} 3 & -1 & 6 \\ 4 & -2 & 7 \end{pmatrix}$ b) $A+2(C-A)=\begin{pmatrix} 0 & -5 & 3 \\ 5 & 8 & 8 \end{pmatrix}$ c) $A \cdot B=\begin{pmatrix} 11 & 15 \\ -7 & 14 \end{pmatrix}$ 282

   d) $X=C-3A=\begin{pmatrix} -5 & -5 & -6 \\ 0 & 14 & -1 \end{pmatrix}$

2. a) Spaltenzahl von A gleich Zeilenzahl von B
   b) $A^{-1} \cdot A = A \cdot A^{-1} = E$
   c) Die Spaltensummen müssen jeweils 1 ergeben.
   d) $\vec{x}$ heißt Fixvektor von A, wenn $A \cdot \vec{x} = \vec{x}$ gilt.
   e) Richtig
   f) Falsch

3. a) $A^{-1}=\begin{pmatrix} 5 & -2 \\ -2 & 1 \end{pmatrix}$ b) $A^{-1}=\begin{pmatrix} 0 & -2 & 1 \\ 0 & 3 & -1 \\ 1 & -1 & -1 \end{pmatrix}$

4. a)

nach/von	D	F	I
D	0,8	0,2	0,2
F	0,1	0,6	0,2
I	0,1	0,2	0,6

$$M=\begin{pmatrix} 0{,}8 & 0{,}2 & 0{,}2 \\ 0{,}1 & 0{,}6 & 0{,}2 \\ 0{,}1 & 0{,}2 & 0{,}6 \end{pmatrix}$$

b) $M \cdot \begin{pmatrix} 40 \\ 40 \\ 20 \end{pmatrix} = \begin{pmatrix} 44 \\ 32 \\ 24 \end{pmatrix}$ beschreibt die Veränderung nach einem Jahr.

$M \cdot \begin{pmatrix} 44 \\ 32 \\ 24 \end{pmatrix} = \begin{pmatrix} 46{,}4 \\ 28{,}4 \\ 25{,}2 \end{pmatrix}$ beschreibt die Veränderung nach zwei Jahren.

$$M \cdot \vec{x} = \vec{x}: \quad \begin{aligned} -2x+2y+2z&=0 \\ x-4y+2z&=0 \\ x+y+z&=1, \quad x=\tfrac{1}{2}, \quad y=z=\tfrac{1}{4} \end{aligned}$$

Der Personalbestand stabilisiert sich zu 50% der Beschäftigten in Deutschland und je 25% in Frankreich und Italien.

c) $M^{-1} \cdot M = \begin{pmatrix} 1 & 0 & 0 \\ 0 & 1 & 0 \\ 0 & 0 & 1 \end{pmatrix}, \quad M^{-1} \cdot \begin{pmatrix} 2392 \\ 1336 \\ 1272 \end{pmatrix} = \begin{pmatrix} 2320 \\ 1420 \\ 1260 \end{pmatrix}$

Im Vorjahr waren in Deutschland 2320, in Frankreich 1420 und in Italien 1260 Personen beschäftigt.

d) $M \cdot \begin{pmatrix} 2000 \\ 0 \\ 0 \end{pmatrix} = \begin{pmatrix} 1600 \\ 200 \\ 200 \end{pmatrix}, \quad M^2 \cdot \begin{pmatrix} 2000 \\ 0 \\ 0 \end{pmatrix} = \begin{pmatrix} 1360 \\ 320 \\ 320 \end{pmatrix}, \quad M^{30} \cdot \begin{pmatrix} 2000 \\ 0 \\ 0 \end{pmatrix} \approx \begin{pmatrix} 1000 \\ 500 \\ 500 \end{pmatrix}$

Von 2000 Deutschen arbeiten nach 1 Jahr 200 in Italien, nach 2 Jahren sind es 320, langfristig arbeiten 500 in Italien.

X. Komplexe Aufgaben

286 1. a) E: $\vec{n}=\begin{pmatrix}x\\y\\z\end{pmatrix}$, $\begin{matrix}-2x+y+2z=0\\x-y=0\end{matrix}$, z.B. $\vec{n}=\begin{pmatrix}2\\2\\1\end{pmatrix}$, $E:(\vec{x}-\begin{pmatrix}4\\-1\\6\end{pmatrix})\cdot\begin{pmatrix}2\\2\\1\end{pmatrix}=0$

b) Punktprobe mit P: $(\begin{pmatrix}3\\0\\2\end{pmatrix}-\begin{pmatrix}4\\-1\\6\end{pmatrix})\cdot\begin{pmatrix}2\\2\\1\end{pmatrix}=-4\neq0$, $P\notin E$

Punktprobe mit Q: $(\begin{pmatrix}5\\-1\\4\end{pmatrix}-\begin{pmatrix}4\\-1\\6\end{pmatrix})\cdot\begin{pmatrix}2\\2\\1\end{pmatrix}=0$, $Q\in E$

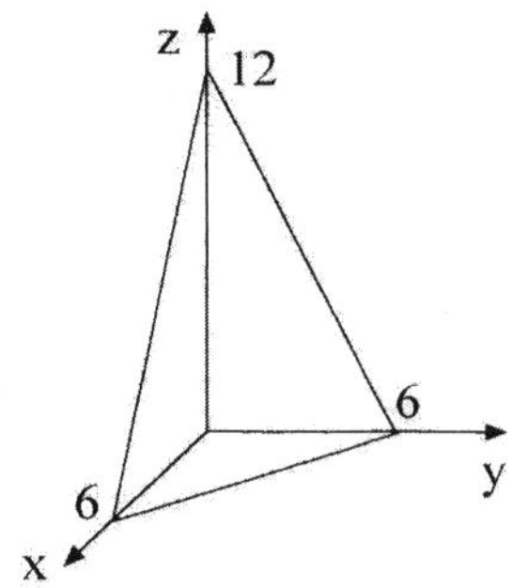

c) $\cos\gamma=\frac{\begin{pmatrix}-2\\1\\2\end{pmatrix}\cdot\begin{pmatrix}1\\-1\\0\end{pmatrix}}{\sqrt{18}}$, $\gamma=135°$

d) E: $2x+2y+z=12$, X(6|0|0), Y(0|6|0), Z(0|0|12)

$V=\frac{1}{3}G\cdot h=\frac{1}{3}\cdot\frac{6\cdot6}{2}\cdot12=72$

e) $g\cap E$: $2(5+7t)+2(-4{,}5)+2+4t=12$, $t=0{,}5$

S(8,5|−4,5|4)

Für die x–Koordinate der Dreieckpunkte muss $0\le x\le6$ gelten.
Wegen $8{,}5>6$ liegt S nicht im Dreieck XYZ.

Schnittwinkel g, E: $\sin\gamma=\frac{\begin{pmatrix}7\\0\\4\end{pmatrix}\cdot\begin{pmatrix}2\\2\\1\end{pmatrix}}{\sqrt{65\cdot3}}$, $\gamma\approx48{,}09°$

f) In der Koordinatengleichung von E muss $z=0$ sein: $0=6+2r$, $r=-3$

g_{xy}: $\vec{x}=\begin{pmatrix}10\\-4\\0\end{pmatrix}+s\begin{pmatrix}1\\-1\\0\end{pmatrix}$ oder dem Schrägbild aus d) entnehmen: $\vec{x}=\begin{pmatrix}6\\0\\0\end{pmatrix}+s\begin{pmatrix}-1\\1\\0\end{pmatrix}$

2. a) $\vec{n}=\begin{pmatrix}x\\y\\z\end{pmatrix}$, $\begin{matrix}4x+3y-z=0\\2x-z=0\end{matrix}$, $\vec{n}=\begin{pmatrix}3\\-2\\6\end{pmatrix}$, $E:(\vec{x}-\begin{pmatrix}1\\0\\1\end{pmatrix})\cdot\begin{pmatrix}3\\-2\\6\end{pmatrix}=0$

b) $\begin{pmatrix}0\\3\\1\end{pmatrix}\cdot\begin{pmatrix}3\\-2\\6\end{pmatrix}=0$, d.h. g verläuft senkrecht zu $\vec{n}$ und damit parallel zu E.

$d(g;E)=d(P(4|-3|2);E)=(\begin{pmatrix}4\\-3\\2\end{pmatrix}-\begin{pmatrix}1\\0\\1\end{pmatrix})\cdot\begin{pmatrix}3\\-2\\6\end{pmatrix}\cdot\frac{1}{7}=3$

c) Wegen $\begin{pmatrix}1\\1\\1\end{pmatrix}\cdot\begin{pmatrix}3\\-2\\6\end{pmatrix}=7\neq0$ verläuft h nicht parallel zu E, es muss genau einen gemeinsamen Punkt geben, dies ist der gemeinsame Stützvektorpunkt P(1|0|1).

d) g und h schneiden sich in S(4|3|4)

e) $\cos\gamma=\frac{\begin{pmatrix}0\\3\\1\end{pmatrix}\cdot\begin{pmatrix}1\\1\\1\end{pmatrix}}{\sqrt{30}}$, $\gamma\approx43{,}09°$

3. a) $\vec{n} = \begin{pmatrix} x \\ y \\ z \end{pmatrix}$, $\begin{matrix} -x+y+z=0 \\ y+2z=0 \end{matrix}$, $\begin{matrix} x=1 \\ y=2, z=-1 \end{matrix}$, $\vec{n} = \begin{pmatrix} 1 \\ 2 \\ -1 \end{pmatrix}$, $E\colon \left(\vec{x} - \begin{pmatrix} 1 \\ 1 \\ 0 \end{pmatrix}\right) \cdot \begin{pmatrix} 1 \\ 2 \\ -1 \end{pmatrix} = 0$ 286

b) $d(O;E) = \begin{pmatrix} 1 \\ 1 \\ 0 \end{pmatrix} \cdot \begin{pmatrix} 1 \\ 2 \\ -1 \end{pmatrix} \cdot \frac{1}{\sqrt{6}} = \frac{3}{\sqrt{6}} \approx 1{,}22$

c) Schnittpunkt: g_1 in E: $\begin{pmatrix} -1+t-1 \\ 2-1 \\ 6-t \end{pmatrix} \cdot \begin{pmatrix} 1 \\ 2 \\ -1 \end{pmatrix} = -6+2t = 0$, $t = 3$, $S(2|2|3)$

Schnittwinkel: $\sin\gamma = \dfrac{\begin{pmatrix} 1 \\ 0 \\ -1 \end{pmatrix} \cdot \begin{pmatrix} 1 \\ 2 \\ -1 \end{pmatrix}}{\left|\begin{pmatrix} 1 \\ 0 \\ -1 \end{pmatrix}\right| \cdot \left|\begin{pmatrix} 1 \\ 2 \\ -1 \end{pmatrix}\right|} = \frac{2}{\sqrt{12}}$, $\gamma \approx 35{,}26°$

d) g_a steht senkrecht auf E, wenn ihr Richtungsvektor parallel zum Normalenvektor von E verläuft:

$d(h,E) = \left|\left(\begin{pmatrix} -1 \\ 2 \\ 6 \end{pmatrix} - \begin{pmatrix} 1 \\ 1 \\ 0 \end{pmatrix}\right) \cdot \begin{pmatrix} 1 \\ 2 \\ -1 \end{pmatrix} \cdot \frac{1}{\sqrt{6}}\right| = \sqrt{6} \approx 2{,}450 \cdot \begin{pmatrix} 1 \\ 1 \\ 3 \end{pmatrix} \cdot \begin{pmatrix} 1 \\ 2 \\ -1 \end{pmatrix} = 0 = 0$ $\Rightarrow \begin{matrix} a = k \\ 1-a = 2k \\ -a = -k \end{matrix}$

$1-a = 2a$, $a = \frac{1}{3}$, $\begin{pmatrix} 1/3 \\ 2/3 \\ -1/3 \end{pmatrix}$ erfüllt dies.

e) g_a verläuft parallel zu E, wenn ihr Richtungsvektor senkrecht zum Normalenvektor von E steht:

$\begin{pmatrix} a \\ 1-a \\ -a \end{pmatrix} \cdot \begin{pmatrix} 1 \\ 2 \\ -1 \end{pmatrix} = a + 2 - 2a + a = 2 \neq 0$ für alle $a \in \mathbb{R}$

Daher verläuft keine Gerade der Schar parallel zu E.

f) $\begin{pmatrix} 1 \\ 1 \\ 3 \end{pmatrix} \cdot \begin{pmatrix} 1 \\ 2 \\ -1 \end{pmatrix} = 0$, also gilt $h \parallel E$

Abstand: $d(h,E) = \sqrt{6} \approx 2{,}45$

g) Ebene durch g_1, senkrecht zu E:

$\left(\vec{x} - \begin{pmatrix} 2 \\ 2 \\ 3 \end{pmatrix}\right) \cdot \begin{pmatrix} x \\ y \\ z \end{pmatrix} = 0$, $\begin{matrix} x+2y-z=0 \\ x-z=0 \end{matrix}$, $\begin{matrix} y=0 \\ x=z=1 \end{matrix}$, $\left(\vec{x} - \begin{pmatrix} 2 \\ 2 \\ 3 \end{pmatrix}\right) \cdot \begin{pmatrix} 1 \\ 0 \\ 1 \end{pmatrix} = 0$

Bestimmung der Schnittgeraden von

E: $\vec{x} = \begin{pmatrix} 1 \\ 1 \\ 0 \end{pmatrix} + r\begin{pmatrix} -1 \\ 1 \\ 1 \end{pmatrix} + s\begin{pmatrix} 0 \\ 1 \\ 2 \end{pmatrix}$ und E_{g1}: $\left(\vec{x} - \begin{pmatrix} 2 \\ 2 \\ 3 \end{pmatrix}\right) \cdot \begin{pmatrix} 1 \\ 0 \\ 1 \end{pmatrix} = 0$

$\begin{pmatrix} 1-r-2 \\ 1+r+s-2 \\ r+2s-3 \end{pmatrix} \cdot \begin{pmatrix} 1 \\ 0 \\ 1 \end{pmatrix} = 2s - 4$, $s = 2$, Projektionsgerade g_p: $\vec{x} = \begin{pmatrix} 1 \\ 3 \\ 4 \end{pmatrix} + r\begin{pmatrix} -1 \\ 1 \\ 1 \end{pmatrix}$

286 3 g) alternativ: Die Projektionsgerade ist festgelegt durch 2 Punkte.
1. Punkt ist der Schnittpunkt S(2|2|3) von g_1 mit E.
Bestimmung eines 2. Punktes:
beliebiger Punkt von g_1 (nicht S), z.B. A(−1|2|6)

Gerade durch A, senkrecht zu E: $g_A : \vec{x} = \begin{pmatrix} -1 \\ 2 \\ 6 \end{pmatrix} + s\begin{pmatrix} 1 \\ 2 \\ -1 \end{pmatrix}$

Der Schnttpunt F von E mit g_A ist der gesuchte 2. Punkt.

$$\begin{pmatrix} -1+s-1 \\ 2+2s-1 \\ 6-s \end{pmatrix} \cdot \begin{pmatrix} 1 \\ 2 \\ -1 \end{pmatrix} = -6+6s = 0 \quad , \quad s = 1, \quad P(0\,|\,4\,|\,5)$$

Projektionsgerade $g_p : \vec{x} = \begin{pmatrix} 2 \\ 2 \\ 3 \end{pmatrix} + s\begin{pmatrix} 2 \\ -2 \\ -2 \end{pmatrix}$

Beide Darstellungen beschreiben die gleiche Gerade:

Für $r = -1$ folgt S(2|2|3), für $s = -\frac{1}{2}$ folgt P(1|3|4)

287 4. a) $E_1 : \vec{n} = \begin{pmatrix} x \\ y \\ z \end{pmatrix}, \quad \begin{matrix} -x+2y+z=0 \\ -y+z=0 \end{matrix}, \quad \begin{matrix} x=3 \\ y=z=1 \end{matrix}, \quad \vec{n} = \begin{pmatrix} 3 \\ 1 \\ 1 \end{pmatrix}, \quad E_1 : (\vec{x} - \begin{pmatrix} 1 \\ 0 \\ 1 \end{pmatrix}) \cdot \begin{pmatrix} 3 \\ 1 \\ 1 \end{pmatrix} = 0$

$E_2 : \vec{x} = \begin{pmatrix} 2 \\ -1 \\ -1 \end{pmatrix} + r\begin{pmatrix} 1 \\ 1 \\ 0 \end{pmatrix} + s\begin{pmatrix} 0 \\ 1 \\ 1 \end{pmatrix}$

b) Die Normalvektoren beider Ebenen sind nicht parallel, die Ebenen müssen sich schneiden.

E_1 in E_2 einsetzen: $\begin{pmatrix} 1-r-2 \\ 2r-s+1 \\ 1+r+s+1 \end{pmatrix} \cdot \begin{pmatrix} 1 \\ -1 \\ 1 \end{pmatrix} = -2r+2s = 0, \quad r = s$

Schnittgerade: $g_{1/2} : \vec{x} = \begin{pmatrix} 1 \\ 0 \\ 1 \end{pmatrix} + r\begin{pmatrix} -1 \\ 1 \\ 2 \end{pmatrix}$

Schnittwinkel: $\cos\gamma = \dfrac{\begin{pmatrix} 3 \\ 1 \\ 1 \end{pmatrix} \cdot \begin{pmatrix} 1 \\ -1 \\ 1 \end{pmatrix}}{\sqrt{11 \cdot 3}} = \dfrac{3}{\sqrt{33}}, \quad \gamma \approx 58{,}52°$

c) $E_1 : 3x+y+z=4$
Eckpunkte des Dreiecks: X(4/3|0|0), Y(0|4|0), Z(0|0|4)

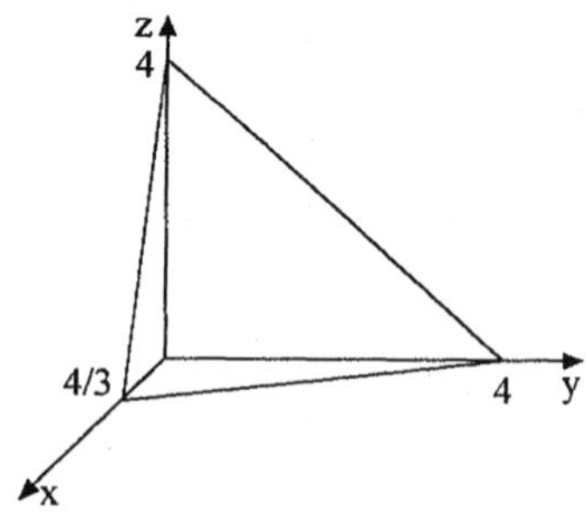

$d(X;Y) = \sqrt{\frac{16}{9}+16} \approx 4{,}22$

$d(X;Z) = \sqrt{\frac{16}{9}+16} \approx 4{,}22$

$d(Y;Z) = \sqrt{16+16} \approx 5{,}66, \quad U \approx 14{,}10$

d) $E_1 : (\begin{pmatrix} -2 \\ 4 \\ 6 \end{pmatrix} - \begin{pmatrix} 1 \\ 0 \\ 1 \end{pmatrix}) \cdot \begin{pmatrix} 3 \\ 1 \\ 1 \end{pmatrix} = 0, \quad P \in E_1$

$E_2 : (\begin{pmatrix} -2 \\ 4 \\ 6 \end{pmatrix} - \begin{pmatrix} 2 \\ -1 \\ -1 \end{pmatrix}) \cdot \begin{pmatrix} 1 \\ -1 \\ 1 \end{pmatrix} = -2 \neq 0, \quad P \notin E_2$

4. e) $E_2: x-y+z=2$, X(2|0|0), Y(0|−2|0), P(−2|4|6) 287
Der Flächeninhalt des Dreiecks ist gleich der Hälfte des von den Vektoren

$\overrightarrow{XY}=\begin{pmatrix}-2\\-2\\0\end{pmatrix}$, $\overrightarrow{XP}=\begin{pmatrix}-4\\4\\6\end{pmatrix}$ aufgespannten Parallogramms:

$$A=\frac{1}{2}\sqrt{\begin{pmatrix}-2\\-2\\0\end{pmatrix}^2\cdot\begin{pmatrix}-4\\4\\6\end{pmatrix}^2-\left(\begin{pmatrix}-2\\-2\\0\end{pmatrix}\cdot\begin{pmatrix}-4\\4\\6\end{pmatrix}\right)^2}=\frac{1}{2}\sqrt{8\cdot 68}\approx 11{,}66$$

alternativ: mittels Vektorprodukt: $A=\frac{1}{2}\left|\begin{pmatrix}-2\\-2\\0\end{pmatrix}\times\begin{pmatrix}-4\\4\\6\end{pmatrix}\right|\approx 11{,}66$

f) Zur Schnittgerade g_s: $\vec{x}=\begin{pmatrix}1\\0\\1\end{pmatrix}+r\begin{pmatrix}1\\2\\1\end{pmatrix}$ wird ein zweiter Richtungsvektor hinzugefügt,

der senkrecht auf E_2 steht, z.B. $\begin{pmatrix}1\\-1\\1\end{pmatrix}$: $E^*:\quad \vec{x}=\begin{pmatrix}1\\0\\1\end{pmatrix}+r\begin{pmatrix}1\\2\\1\end{pmatrix}+s\begin{pmatrix}1\\-1\\1\end{pmatrix}$

5. a) $E_1:\quad \vec{x}=\begin{pmatrix}2\\1\\1\end{pmatrix}+r\begin{pmatrix}3\\4\\2\end{pmatrix}+s\begin{pmatrix}2\\2\\1\end{pmatrix}$, $y-2z+1=0$, $E_2:\quad \left(\vec{x}-\begin{pmatrix}3\\5\\3\end{pmatrix}\right)\cdot\begin{pmatrix}1\\-1\\1\end{pmatrix}=0$

b) Schnittgerade $g_{1/2}$: E_1 in E_2: $\begin{pmatrix}2+3r+2s-3\\1+4r+2s-5\\1+2r+s-3\end{pmatrix}\cdot\begin{pmatrix}1\\-1\\1\end{pmatrix}=1+r+s=0$, $s=-1-r$

$$g_{1/2}:\quad \vec{x}=\begin{pmatrix}2\\1\\1\end{pmatrix}+r\begin{pmatrix}3\\4\\2\end{pmatrix}+(-1-r)\begin{pmatrix}2\\2\\1\end{pmatrix}=\begin{pmatrix}0\\-1\\0\end{pmatrix}+r\begin{pmatrix}1\\2\\1\end{pmatrix}$$

Schnittwinkel γ: Normalenvektor von E_1:

$\vec{n}=\begin{pmatrix}x\\y\\z\end{pmatrix}$, $\begin{matrix}3x+4y+2z=0\\2x+2y+z=0\end{matrix}$, $x=0$, $y=1$, $z=-2$, $\vec{n}=\begin{pmatrix}0\\1\\-2\end{pmatrix}$

$$\cos\gamma=\frac{\begin{pmatrix}0\\1\\-2\end{pmatrix}\cdot\begin{pmatrix}1\\-1\\-1\end{pmatrix}}{\sqrt{5\cdot 3}}=\frac{-3}{\sqrt{15}},\quad \gamma\approx 39{,}23°$$

c) g_{xy}: $z=0$ in E_1: $1+2r+s=0$, $s=-1-2r$

$$g_{x/y}:\quad \vec{x}=\begin{pmatrix}2\\1\\1\end{pmatrix}+r\begin{pmatrix}3\\4\\2\end{pmatrix}+(-1-2r)\begin{pmatrix}2\\2\\1\end{pmatrix},\quad \vec{x}=\begin{pmatrix}0\\-1\\0\end{pmatrix}+r\begin{pmatrix}-1\\0\\0\end{pmatrix}$$

$E_2:\quad \vec{x}=\begin{pmatrix}3\\5\\3\end{pmatrix}+r\begin{pmatrix}1\\1\\0\end{pmatrix}+s\begin{pmatrix}0\\1\\1\end{pmatrix}$, $h_{xy}:\quad z=0$ in E_2: $3+s=0$, $s=-3$

287 5. c) $h_{xy}: \vec{x} = \begin{pmatrix} 3 \\ 2 \\ 0 \end{pmatrix} + r \begin{pmatrix} 1 \\ 1 \\ 0 \end{pmatrix}$.

Schnittwinkel: Beide Geraden in der x–y–Ebene skizzieren liefert $\gamma = 45°$.

alternativ: $\cos\gamma = \dfrac{\begin{pmatrix} -1 \\ 0 \\ 0 \end{pmatrix} \cdot \begin{pmatrix} 1 \\ 1 \\ 0 \end{pmatrix}}{\sqrt{1 \cdot 2}} = \dfrac{-1}{\sqrt{2}}, \quad \gamma = 45°$

alternativ: In der Darstellung $y = mx + n$ gilt: $\left.\begin{matrix} m_1 = 0 \Rightarrow \alpha = 0° \\ m_2 = 1 \Rightarrow \beta = 45° \end{matrix}\right\} \Rightarrow \gamma = 45°$

d) Parallel zu beiden Ebenen verläuft z.B. ihre Schnittgerade mit $\vec{m} = \begin{pmatrix} 1 \\ 2 \\ 1 \end{pmatrix}$, also

$h: \vec{x} = \begin{pmatrix} 2 \\ 3 \\ 3 \end{pmatrix} + r \begin{pmatrix} 1 \\ 2 \\ 1 \end{pmatrix}$

e) Schnitt der Ursprungsgeraden $k: \vec{x} = r \begin{pmatrix} 1 \\ -1 \\ 1 \end{pmatrix}$ mit E_2:

$\begin{pmatrix} r-3 \\ -r-5 \\ r-3 \end{pmatrix} \cdot \begin{pmatrix} 1 \\ -1 \\ 1 \end{pmatrix} = 3r - 1 = 0, \quad r = \frac{1}{3}, \quad S(\frac{1}{3} \mid -\frac{1}{3} \mid \frac{1}{3})$

Spiegelpunkt mit $r = -\frac{1}{3}$: $S(-\frac{1}{3} \mid \frac{1}{3} \mid -\frac{1}{3})$

Spiegelebene: $E'_2: \left(\vec{x} - \begin{pmatrix} -1/3 \\ 1/3 \\ -1/3 \end{pmatrix}\right) \cdot \begin{pmatrix} 1 \\ -1 \\ 1 \end{pmatrix} = 0$

6. a) $E_2: \left(\vec{x} - \begin{pmatrix} 4 \\ 0 \\ 0 \end{pmatrix}\right) \cdot \begin{pmatrix} 4 \\ 4 \\ 2 \end{pmatrix} = 0$

b) Normalenvektor der x–y–Ebene: $\vec{n} = \begin{pmatrix} 0 \\ 0 \\ 1 \end{pmatrix}$

$\cos\gamma = \dfrac{\begin{pmatrix} 4 \\ 4 \\ 2 \end{pmatrix} \cdot \begin{pmatrix} 0 \\ 0 \\ 1 \end{pmatrix}}{6} = \frac{1}{3}, \quad \gamma \approx 70{,}53°$

c) E_1 in E_2: Aus $4(10+r) + 4(10-r+s) + 2(-2-2s) = 16$ folgt $0 = -60$, Widerspruch!
E_1 echt parallel zu E_2.

d) Zwei Punkte von E_2 mit der z–Koordinate 0, z.B. P(4|0|0), Q(0|4|0).

$g_{xy}: \vec{x} = \begin{pmatrix} 4 \\ 0 \\ 0 \end{pmatrix} + r \begin{pmatrix} -4 \\ 4 \\ 0 \end{pmatrix}$

e) $\vec{n} = \begin{pmatrix} x \\ y \\ z \end{pmatrix}$ muss senkrecht zu g_{xy} und senkrecht zu E_2 sein:

$\begin{matrix} -4x + 4y = 0 \\ 4x + 4y + 2z = 0 \end{matrix}, \quad x = y = 1, \quad z = -4, \quad H: \left(\vec{x} - \begin{pmatrix} 4 \\ 0 \\ 0 \end{pmatrix}\right) \cdot \begin{pmatrix} 1 \\ 1 \\ -4 \end{pmatrix} = 0$

288

7\. b) $V = \frac{1}{3} G \cdot h$, $\overrightarrow{AB} = \begin{pmatrix} 8 \\ 6 \\ 0 \end{pmatrix}$, $\overrightarrow{AC} = \begin{pmatrix} 2 \\ 8 \\ 0 \end{pmatrix}$ a)

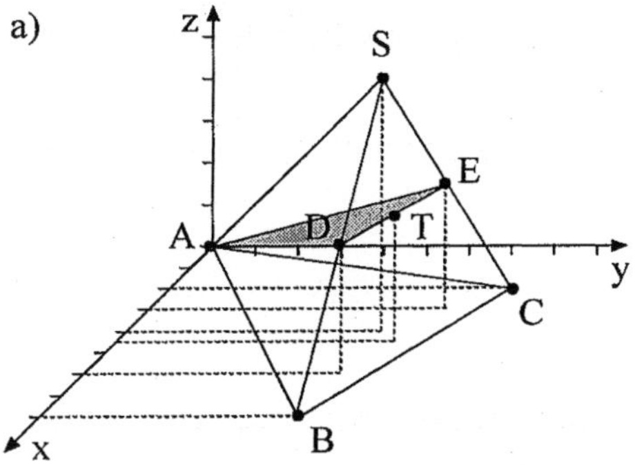

$$G = \frac{1}{2} \sqrt{\begin{pmatrix} 8 \\ 6 \\ 0 \end{pmatrix}^2 \cdot \begin{pmatrix} 2 \\ 8 \\ 0 \end{pmatrix}^2 - \left(\begin{pmatrix} 8 \\ 6 \\ 0 \end{pmatrix} \cdot \begin{pmatrix} 2 \\ 8 \\ 0 \end{pmatrix}\right)^2}$$

$$= \frac{1}{2} \sqrt{100 \cdot 68 - 64^2} = 26$$

bzw. $G = \left| \begin{pmatrix} 8 \\ 6 \\ 0 \end{pmatrix} \times \begin{pmatrix} 2 \\ 8 \\ 0 \end{pmatrix} \right| = 26$

also $V = \frac{1}{3} \cdot 26 \cdot 6 = 52$

c) E: $\overrightarrow{BC} = \begin{pmatrix} -6 \\ 2 \\ 0 \end{pmatrix}$, $\overrightarrow{BS} = \begin{pmatrix} -4 \\ 0 \\ 6 \end{pmatrix}$, $\vec{x} = \begin{pmatrix} 8 \\ 6 \\ 0 \end{pmatrix} + r \begin{pmatrix} -6 \\ 2 \\ 0 \end{pmatrix} + s \begin{pmatrix} -4 \\ 0 \\ 6 \end{pmatrix}$

$\overrightarrow{n_E} = \begin{pmatrix} x \\ y \\ z \end{pmatrix}$, $\begin{matrix} -6x+2y=0, \\ -4x+6z=0, \end{matrix}$ $\begin{matrix} y=4{,}5 \\ x=1{,}5, z=1 \end{matrix}$, $\overrightarrow{n_E} = \begin{pmatrix} 3 \\ 9 \\ 2 \end{pmatrix}$

E: $\left(\vec{x} - \begin{pmatrix} 8 \\ 6 \\ 0 \end{pmatrix}\right) \cdot \begin{pmatrix} 3 \\ 9 \\ 2 \end{pmatrix} = 0$, $3x + 9y + 2z = 78$

$X(26 \mid 0 \mid 0)$, $Y(0 \mid \frac{26}{3} \mid 0)$, $Z(0 \mid 0 \mid 39)$

d) Normalenform von F: $\left(\vec{x} - \begin{pmatrix} 1 \\ 5 \\ 2 \end{pmatrix}\right) \cdot \begin{pmatrix} 1 \\ 3 \\ -8 \end{pmatrix} = 0$

Schnitt von F mit

AS: $\vec{x} = r \begin{pmatrix} 4 \\ 6 \\ 6 \end{pmatrix}$, $\left(r \begin{pmatrix} 4 \\ 6 \\ 6 \end{pmatrix} - \begin{pmatrix} 1 \\ 5 \\ 2 \end{pmatrix}\right) \cdot \begin{pmatrix} 1 \\ 3 \\ -8 \end{pmatrix} = -26r = 0$, $r = 0$, $A(0 \mid 0 \mid 0)$

BS: $\vec{x} = \begin{pmatrix} 8 \\ 6 \\ 0 \end{pmatrix} + r \begin{pmatrix} -4 \\ 0 \\ 6 \end{pmatrix}$, $\left(\begin{pmatrix} 7-4r \\ 1 \\ -2+6r \end{pmatrix}\right) \cdot \begin{pmatrix} 1 \\ 3 \\ -8 \end{pmatrix} = 26 - 52r = 0$, $r = \frac{1}{2}$, $D(6 \mid 6 \mid 3)$

CS: $\vec{x} = \begin{pmatrix} 2 \\ 8 \\ 0 \end{pmatrix} + r \begin{pmatrix} 2 \\ -2 \\ 6 \end{pmatrix}$, $\left(\begin{pmatrix} 1+2r \\ 3-2r \\ -2+6r \end{pmatrix}\right) \cdot \begin{pmatrix} 1 \\ 3 \\ -8 \end{pmatrix} = 26 - 52r = 0$, $r = \frac{1}{2}$, $E(3 \mid 7 \mid 3)$

Die Schnittfläche ist das Dreieck ADE.

$|AD| = \sqrt{36 + 36 + 9} = 9$, $|DE| = \sqrt{9 + 1 + 0} \approx 3{,}16$

$|AE| = \sqrt{9 + 49 + 9} \approx 8{,}19$, $U = 9 + \sqrt{10} + \sqrt{67} \approx 20{,}35$

288 7. e) Schnitt von Ebene E aus c) mit der Geraden durch P(9|13|5) und Q(0|0|1):

$$g_{PQ}: \ \vec{x} = \begin{pmatrix} 9 \\ 13 \\ 5 \end{pmatrix} + t\begin{pmatrix} -9. \\ -13 \\ -4 \end{pmatrix}$$

$$\begin{pmatrix} 8 \\ 6 \\ 0 \end{pmatrix} + r\begin{pmatrix} -6 \\ 2 \\ 0 \end{pmatrix} + s\begin{pmatrix} -4 \\ 0 \\ 6 \end{pmatrix} = \begin{pmatrix} 9 \\ 13 \\ 5 \end{pmatrix} + t\begin{pmatrix} -9 \\ -13 \\ -4 \end{pmatrix}, \quad \begin{matrix} t=0{,}5 \\ s=0{,}5 \\ r=0{,}25 \end{matrix}$$

Der Schnittpunkt T(4,5|6,5|3) liegt wegen $0 < s \leq \frac{1}{2}$ und $0 < r < \frac{1}{2}$ im Dreieck BCS, der Strahl ftrifft also die Pyramide auf der Seite BCS.

8. a) A(4|0|0), B(4|4|0), C(0|4|0), D(0|0|0), E(4|0|4), F(4|4|4), G(0|4|4), H(0|0|4)

b) P und Q sind die Eckpunkte des Vierecks,die in der oberen Würfelecke liegen. Also ist $z = 4$ in E einzusetzen, man erhält $y = 2$: P(0|2|4), Q(4|2|4).
R und S sind die Eckpunkte des Vierecks, die in der rechten Würfelseite liegen, also ist $y = 4$ in E einzusetzen, man erhält $z = 3$: R(4|4|3), S(0|4|3).
Es handelt sich um ein Rechteck.

c) Schnitt von E mit der Ursprungsgeraden $g: \ \vec{x} = r\begin{pmatrix} 0 \\ 1 \\ 2 \end{pmatrix}, \ r + 4r = 10, \ r = 2$

Der Schnittpunkt T(0|2|4) = P ist der Lotfußpunkt, $d(0; P) = \sqrt{4+16} = \sqrt{20} \approx 4{,}47$.

d) Das abgeschnittene Prisma hat das Volumen $V_P = G \cdot h = \frac{1}{2} \cdot 2 \cdot 1 \cdot 4 = 4$.

Der Restkörper hat das Volumen $V_R = 64 - 4 = 60$.

e) $\cos\gamma = \dfrac{\begin{pmatrix} 0 \\ 0 \\ -1 \end{pmatrix} \cdot \begin{pmatrix} 0 \\ -2 \\ 1 \end{pmatrix}}{\sqrt{5}} = \frac{-1}{\sqrt{5}}, \quad \gamma \approx 116{,}57°$

9. a) $\overrightarrow{AB} = \begin{pmatrix} -5 \\ 0 \\ 0 \end{pmatrix}, \quad \overrightarrow{AD} = \begin{pmatrix} 0 \\ -3 \\ 4 \end{pmatrix}, \quad |\overrightarrow{AB}| = 5 = |\overrightarrow{AD}|$

$\overrightarrow{AB} \cdot \overrightarrow{AD} = 0$, also orthogonale Vektoren

b) $C: \ \vec{c} = \vec{b} + \overrightarrow{AD} = \begin{pmatrix} 2 \\ 5 \\ 1 \end{pmatrix} + \begin{pmatrix} 0 \\ -3 \\ 4 \end{pmatrix} = \begin{pmatrix} 2 \\ 2 \\ 5 \end{pmatrix}, \quad C(2\,|\,2\,|\,5)$

$M: \ \vec{m} = \frac{1}{2}(\vec{a} + \vec{c}) = \frac{1}{2}\begin{pmatrix} 9 \\ 7 \\ 6 \end{pmatrix} = \begin{pmatrix} 4{,}5 \\ 3{,}5 \\ 3 \end{pmatrix}, \quad M(4{,}5\,|\,3{,}5\,|\,3)$

c) MS ist die Höhe der Pyramide, wenn MS senkrecht zur Grundfläche ABCD ist.

$\overrightarrow{MS} = \begin{pmatrix} 0 \\ 8 \\ 6 \end{pmatrix}, \quad \overrightarrow{MS} \cdot \overrightarrow{AB} = \begin{pmatrix} 0 \\ 8 \\ 6 \end{pmatrix} \cdot \begin{pmatrix} -5 \\ 0 \\ 0 \end{pmatrix} = 0, \quad \overrightarrow{MS} \cdot \overrightarrow{AD} = \begin{pmatrix} 0 \\ 8 \\ 6 \end{pmatrix} \cdot \begin{pmatrix} 0 \\ -3 \\ 4 \end{pmatrix} = 0$

MS ist die Höhe der Pyramide.

$V = \frac{1}{3} G \cdot h = \frac{1}{3} \cdot 25 \cdot 10 = \frac{250}{3} \approx 83{,}33$

9. d) S' ist der Spiegelpunkt von S bezüglich der Fläche ABCD. 288

$$\vec{s}\,' = \vec{m} + \overrightarrow{SM} = \begin{pmatrix} 4{,}5 \\ 3{,}5 \\ 3 \end{pmatrix} + \begin{pmatrix} 0 \\ -8 \\ -6 \end{pmatrix} = \begin{pmatrix} 4{,}5 \\ -4{,}5 \\ -3 \end{pmatrix}, \quad S(4{,}5 \mid -4{,}5 \mid -3)$$

e) $$E: \quad \vec{x} = \begin{pmatrix} 7 \\ 5 \\ 1 \end{pmatrix} + r\begin{pmatrix} -5 \\ 0 \\ 0 \end{pmatrix} + s\begin{pmatrix} 0 \\ 1 \\ 2 \end{pmatrix}, \quad \vec{n} = \begin{pmatrix} x \\ y \\ z \end{pmatrix} = \begin{pmatrix} 0 \\ 2 \\ -1 \end{pmatrix}$$

$$E: \quad \left(\vec{x} - \begin{pmatrix} 7 \\ 5 \\ 1 \end{pmatrix}\right) \cdot \begin{pmatrix} 0 \\ 2 \\ -1 \end{pmatrix} = 0, \quad MS: \quad \vec{x} = \begin{pmatrix} 4{,}5 \\ 3{,}5 \\ 3 \end{pmatrix} + s\begin{pmatrix} 0 \\ 8 \\ 6 \end{pmatrix}$$

$$\text{in E} \quad \begin{pmatrix} -2{,}5 \\ -1{,}5+8s \\ 2+6s \end{pmatrix} \cdot \begin{pmatrix} 0 \\ 2 \\ -1 \end{pmatrix} \doteq -5 + 10s, \quad s = \tfrac{1}{2}, \quad P(4{,}5 \mid 7{,}5 \mid 6)$$

10. a) $|AB| = 5$, $|AC| = 5$, $|BC| = \sqrt{20} \neq 5$ 289

b) Die Ebene $E: \quad \vec{x} = \begin{pmatrix} 3 \\ 2 \\ -1 \end{pmatrix} + r\begin{pmatrix} -5 \\ 0 \\ 0 \end{pmatrix} + s\begin{pmatrix} -3 \\ -4 \\ 0 \end{pmatrix}$ ist parallel zur x–y–Ebene durch $z = -1$.

Der Ansatz $\begin{matrix} 1-2a & = & 3-5r-3s \\ -3a & = & 2-4s \\ a+2 & = & -1 \end{matrix}$ liefert $a = -3$, $s = -\frac{7}{4}$, $r = \frac{1}{4}$, P(7|9|−1).

c) ABCD ist eine Raute, wenn $|DB| = |DC| = 5$ gilt und D in der Ebene ABC liegt.

$$\overrightarrow{OD} = \overrightarrow{OA} + \overrightarrow{AB} + \overrightarrow{AC} = \begin{pmatrix} 3 \\ 2 \\ -1 \end{pmatrix} + \begin{pmatrix} -5 \\ 0 \\ 0 \end{pmatrix} + \begin{pmatrix} -3 \\ -4 \\ 0 \end{pmatrix} = \begin{pmatrix} -5 \\ -2 \\ -1 \end{pmatrix}, \quad D(-5 \mid -2 \mid -1)$$

d) Dreieck ABC ist parallel zur x–y–Ebene (Teil b), eine Skizze liefert $|AB| = 5$, $h_c = 4$, also beträgt der Inhalt des Dreiecks ABC 10 FE. Mit $V = \frac{1}{3} G \cdot h = \frac{10}{3} \cdot h = 100$ folgt $h = 30$ LE, also S(x|y|29) z.B. S(0|0|29) bzw. S(0|0|−31).

e) Der Umkreismittelpunkt eines Dreiecks ist der Schnittpunkt der Mittelsenkrechten.

Mittelsenkrechte auf AB: $\vec{x} = \begin{pmatrix} 0{,}5 \\ 2 \end{pmatrix} + r\begin{pmatrix} 0 \\ -1 \end{pmatrix}$

Mittelsenkrechte auf BC: $\vec{x} = \begin{pmatrix} -1 \\ 0 \end{pmatrix} + s\begin{pmatrix} 2 \\ 1 \end{pmatrix}$, Schnitt für $r = \frac{5}{4}$, $s = \frac{3}{4}$, $M'(\frac{1}{2} \mid \frac{3}{4})$

Der Radius beträgt $r' = |A'M'| = \sqrt{2{,}5^2 + (\frac{5}{4})^2} \approx 2{,}8$ LE.

289 11. a) Der Ansatz $\begin{matrix} 0 &=& 3+2r \\ 3 &=& 4-r \\ 1 &=& a+2r \end{matrix}$ liefert mit 6 = 11 einen Widerspruch, also liegt C auf keiner der Geraden.

b) Es gilt $h:\ \vec{x} = \begin{pmatrix} -2 \\ -1 \\ -1 \end{pmatrix} + s\begin{pmatrix} 2 \\ 4 \\ 2 \end{pmatrix}$.

Der Ansatz $g_a = h$: $\begin{matrix} 5 &=& -2r+2s \\ 5 &=& r+4s \\ a+1 &=& -2r+2s \end{matrix}$ liefert $s = 1{,}5$, $r = -1$, $a = 4$.

Für a = 4 schneidet g_4 die Gerade h im Punkt S(1|5|2).

c) g_2 und h sind windschief, da der Ansatz aus Teil b zeigt, dass nur g_4 h schneidet.

Der Abstand von g_2 zur Geraden h beträgt $d = \left| \begin{pmatrix} 5 \\ 5 \\ 3 \end{pmatrix} \cdot \begin{pmatrix} 1 \\ 0 \\ -1 \end{pmatrix} \cdot \frac{1}{\sqrt{2}} \right| = \frac{2}{\sqrt{2}} = \sqrt{2} \approx 1{,}41$ LE.

d) Es gilt $k:\ \vec{x} = \begin{pmatrix} 2 \\ 3 \\ 3 \end{pmatrix} + r\begin{pmatrix} 1 \\ 2 \\ 1 \end{pmatrix}$, $\overline{BC}:\ \vec{x} = \begin{pmatrix} 2 \\ -1 \\ 3 \end{pmatrix} + s\begin{pmatrix} -2 \\ 4 \\ -2 \end{pmatrix}$.

Der Ansatz $k = \overline{BC}$: $\begin{matrix} 0 &=& -r-2s \\ 4 &=& -2r+4s \\ 0 &=& -r-2s \end{matrix}$ liefert $s = 0{,}5$, $r = -1$, $S_1(1|1|2)$.

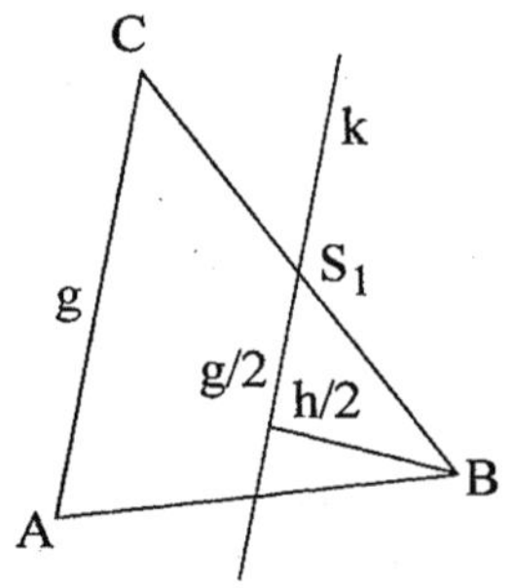

Die Gerade k ist parallel zur Seite AC und halbiert wegen s = 0,5 die Seite BC.
Eine Strahlensatzfigur zeigt, dass das so abgeschnittene Dreieck halbe Grundseite g und halbe Höhe h des Dreiecks ABC hat. Damit hat das abgeschnittene Dreieck $\frac{1}{4}$ des Gesamtinhalts, d.h. das Trapez hat $\frac{3}{4}$ des Gesamtinhalts.
Das Verhältnis beträgt also 1:3.

12. a) Der Ansatz $\begin{matrix} 2 &=& 5-3r \\ 1 &=& -3+4r \\ 3 &=& 3 \end{matrix}$ ist mit r = 1 lösbar, also liegt A auf g_{-2}.

Der Ansatz $\begin{matrix} 3 &=& 3-a-3r \\ 8 &=& 3+3a+4r \\ 3 &=& 3 \end{matrix}$ ist mit r = -1 für a = 3 lösbar, also liegt C auf g_3.

b) E ist parallel zur x-y-Ebene. Es gilt $E:\ \left(\vec{x} - \begin{pmatrix} 3 \\ 3 \\ 3 \end{pmatrix}\right) \cdot \begin{pmatrix} 0 \\ 0 \\ 1 \end{pmatrix} = 0$.

Koordinatengleichung von E: z = 3.

13. a) Ansatz g = h: $\begin{matrix} 1 & = & r+s \\ 8 & = & 2r-s \\ -2 & = & -2r-2s \end{matrix}$ liefert r = 3 , s = -2 , S(3|8|-11) ist der Schnittpunkt. 290

Schnittwinkel: $\cos\alpha = \dfrac{\left|\begin{pmatrix} 1 \\ 2 \\ -2 \end{pmatrix} \cdot \begin{pmatrix} -1 \\ 1 \\ 2 \end{pmatrix}\right|}{|3 \cdot \sqrt{6}|} = \frac{1}{\sqrt{6}} \approx 0{,}41, \quad \alpha \approx 65{,}9°$

b) $E: \quad \vec{x} = \begin{pmatrix} 0 \\ 2 \\ -5 \end{pmatrix} + r\begin{pmatrix} 1 \\ 2 \\ -2 \end{pmatrix} + s\begin{pmatrix} -1 \\ 1 \\ 2 \end{pmatrix}$, bzw. $\left(\vec{x} - \begin{pmatrix} 0 \\ 2 \\ -5 \end{pmatrix}\right) \cdot \begin{pmatrix} 2 \\ 0 \\ 1 \end{pmatrix} = 0$

Koordinatengleichung von E: $2x + z = -5$

Gleichung der x-Achse: $\vec{x} = r\begin{pmatrix} 1 \\ 0 \\ 0 \end{pmatrix}$ in E: r = -2,5 , Schnittpunkt: X(-2,5|0|0)

Schnittwinkel: $\sin\alpha = \dfrac{\left|\begin{pmatrix} 2 \\ 0 \\ 1 \end{pmatrix} \cdot \begin{pmatrix} 1 \\ 0 \\ 0 \end{pmatrix}\right|}{\sqrt{5}} = \frac{2}{\sqrt{5}}, \quad \alpha \approx 63{,}4°$

c) Gleichung von u und v: u: $\vec{x} = \begin{pmatrix} 3 \\ 8 \\ -11 \end{pmatrix} + r\begin{pmatrix} 1 \\ 1 \\ 0 \end{pmatrix}$, v: $\vec{x} = \begin{pmatrix} 3 \\ 8 \\ -11 \end{pmatrix} + r\begin{pmatrix} 2 \\ 0 \\ 1 \end{pmatrix}$

d) $F: \quad \left(\vec{x} - \begin{pmatrix} 3 \\ 8 \\ -11 \end{pmatrix}\right) \cdot \begin{pmatrix} -1 \\ 1 \\ 2 \end{pmatrix} = 0$, die Ebene F steht senkrecht auf der Ebene E.

e) Ansatz $r \cdot \begin{pmatrix} a \\ 1+a \\ -2a \end{pmatrix} = \begin{pmatrix} -1 \\ 1 \\ 2 \end{pmatrix}$ $\begin{matrix} a=-0{,}5, r=2 \\ a=-0{,}5, r=2 \\ a=-0{,}5, r=2 \end{matrix}$: also verläuft $g_{-0,5}$ parallel zu h.

Der Ansatz $\begin{pmatrix} a \\ 1+a \\ -2a \end{pmatrix} \cdot \begin{pmatrix} -1 \\ 1 \\ 2 \end{pmatrix} = 0$ liefert a = 0,25, $g_{0,25}$ verläuft senkrecht zu h.

f) Der Ansatz $g_a = h$ liefert das GS: $\begin{matrix} 1 & = & at+s \\ 8 & = & t+at-s \\ -2 & = & -2at-2s \end{matrix}$, $\begin{matrix} 9 & = & 2at+t \\ & & \\ 0 & = & 0 \end{matrix}$, $\begin{matrix} a & \neq & -0{,}5 \\ t & = & 9/(2a+1) \\ s & = & 1-9a/(2a+1) \end{matrix}$

Die Geraden schneiden sich für $a \neq -0{,}5$ in $S(\frac{9a}{2a+1} \mid \frac{13a+11}{2a+1} \mid \frac{-28a-5}{2a+1})$.

14. a) Der Ansatz g = h: $\begin{matrix} 4-s & = & -2r \\ 7+2s & = & r \\ 5-2s & = & 2r \end{matrix}$, $9-3s = 0$, s = 3 , r = –0,5 bzw. r = 13 liefert einen Widerspruch, d.h. die Geraden sind windschief.

b) $E: \quad \vec{x} = \begin{pmatrix} 3 \\ 1 \\ -4 \end{pmatrix} + r\begin{pmatrix} -2 \\ 1 \\ 2 \end{pmatrix} + s\begin{pmatrix} -1 \\ 2 \\ -2 \end{pmatrix}$

Schnittwinkel mit der x–y–Ebene: $\vec{n} = \begin{pmatrix} 2 \\ 2 \\ 1 \end{pmatrix}$, $\cos\alpha = \dfrac{\left|\begin{pmatrix} 2 \\ 2 \\ 1 \end{pmatrix} \cdot \begin{pmatrix} 0 \\ 0 \\ 1 \end{pmatrix}\right|}{3} = \frac{1}{3}, \quad \alpha \approx 70{,}5°$

c) Abstand z.B. des Punktes P(7|8|1) zu E:

E in HNF: $E: \quad \left(\vec{x} - \begin{pmatrix} 3 \\ 1 \\ -4 \end{pmatrix}\right) \cdot \begin{pmatrix} 2 \\ 2 \\ 1 \end{pmatrix} \cdot \frac{1}{3} = 0$, P in E: $d(P;E) = \left|\begin{pmatrix} 4 \\ 7 \\ 5 \end{pmatrix} \cdot \begin{pmatrix} 2 \\ 2 \\ 1 \end{pmatrix} \cdot \frac{1}{3}\right| = 9$

Der Abstand der Geraden h zur Ebene E beträgt 9 LE.

290

d) Schnitt von g_t mit der x–Achse: $\begin{matrix} 3+2rt & = & s \\ 1+r & = & 0 \\ 4+r-rt & = & 0 \end{matrix}$, $r=-1$, $t=-3$, $s=9$, X(9|0|0)

Schnitt von g_t mit der y–Achse: $\begin{matrix} 3+2rt & = & 0 \\ 1+r & = & s \\ 4+r-rt & = & 0 \end{matrix}$, $r=-5{,}5$, $t=\frac{3}{11}$, $s=-4{,}5$, Y(0|–4,5|0)

Schnitt von g_t mit der z–Achse: $\begin{matrix} 3+2rt & = & 0 \\ 1+r & = & 0 \\ 4+r-rt & = & s \end{matrix}$, $r=-1$, $t=1{,}5$, $s=4{,}5$, Z(0|0|4,5)

Pyramidenvolumen: $V=\frac{1}{3}G\cdot h=\frac{1}{3}\cdot\frac{9\cdot 4{,}5}{2}\cdot 4{,}5=30{,}375$ VE

e) Der Ansatz $\begin{matrix} -1 & = & 3+2rt \\ 5 & = & 1+r \\ 10 & = & 4+r-rt \end{matrix}$ liefert $r=4$, $t=-0{,}5$, $g_{-0,5}$: $\vec{x}=\begin{pmatrix}3\\1\\4\end{pmatrix}+r\begin{pmatrix}-1\\1\\1{,}5\end{pmatrix}$.

Der Abstand von g und $g_{-0,5}$ beträgt $d=\left|\left(\begin{pmatrix}3\\1\\-4\end{pmatrix}-\begin{pmatrix}3\\1\\4\end{pmatrix}\right)\cdot\begin{pmatrix}1\\-2\\2\end{pmatrix}\cdot\frac{1}{3}\right|=\frac{16}{3}$ LE.

291

15. a) AB: g: $\vec{x}=\begin{pmatrix}0\\-50\\20\end{pmatrix}+r\begin{pmatrix}0\\100\\0\end{pmatrix}$, CD: h: $\vec{x}=\begin{pmatrix}-14\\46\\32\end{pmatrix}+r\begin{pmatrix}64\\-64\\-32\end{pmatrix}$

Gleichsetzen der rechten Terme liefert einen Widerspruch, also kein Kollisionskurs.

b) M: $\vec{m}=\begin{pmatrix}-14\\46\\32\end{pmatrix}+\frac{1}{2}\begin{pmatrix}64\\-64\\-32\end{pmatrix}=\begin{pmatrix}18\\14\\16\end{pmatrix}$, M(18 | 14 | 16)

$|MT|=\sqrt{18^2+11^2+4^2}\approx 21{,}47$, $|TD|=\sqrt{50^2+43^2+20^2}\approx 68{,}91$

21,47+68,91 = 90,38; 90,38–0,5|CD| = 90,38 – 48 = 42,38km Umweg

c) MT: k: $\vec{x}=\begin{pmatrix}18\\14\\16\end{pmatrix}+r\begin{pmatrix}-18\\11\\4\end{pmatrix}$

g = k liefert mit s = 1 und r = 0,75 den Schnittpunkt S(0|25|20).

d) $h\cap E$: 2(–14+64s)–2(46–64s)–32+32s = 20,8; s = 0,6

Das 2. Flugzeug hat mit s = 0,5 < 0,6, also vor der Nebelfront den Kurs geändert.

16. a) E: $\vec{x}=\begin{pmatrix}10\\0\\0\end{pmatrix}+r\begin{pmatrix}0\\10\\0\end{pmatrix}+s\begin{pmatrix}-10\\10\\2\end{pmatrix}$, bzw. $\left(\vec{x}-\begin{pmatrix}10\\0\\0\end{pmatrix}\right)\cdot\begin{pmatrix}1\\0\\5\end{pmatrix}=0$

b) $d(S;E)=\frac{1}{\sqrt{26}}\left(\begin{pmatrix}5\\5\\30\end{pmatrix}-\begin{pmatrix}10\\0\\0\end{pmatrix}\right)\cdot\begin{pmatrix}1\\0\\5\end{pmatrix}=\frac{145}{\sqrt{26}}\approx 28{,}44$

c) Gerade eines Lichtstrahls durch die Turmspitze: g: $\vec{x}=\begin{pmatrix}5\\5\\30\end{pmatrix}+r\begin{pmatrix}-2\\0{,}5\\-2{,}5\end{pmatrix}$

$g\cap E$: $\begin{pmatrix}5-2r-10\\5+0{,}5r\\30-2{,}5r\end{pmatrix}\cdot\begin{pmatrix}1\\0\\5\end{pmatrix}=145-14{,}5r=0$, $r=10$, S*(–15 | 10 | 5)

16. d) Mit c) folgt, dass nur die Fläche EFS in Frage kommt. 291

EFS: $\vec{x} = \begin{pmatrix}10\\0\\20\end{pmatrix} + r\begin{pmatrix}0\\10\\0\end{pmatrix} + s\begin{pmatrix}-5\\5\\10\end{pmatrix}$, bzw. $\left(\vec{x} - \begin{pmatrix}10\\0\\20\end{pmatrix}\right)\cdot\begin{pmatrix}2\\0\\1\end{pmatrix} = 0$

Schnittwinkel von g und EFS: $\sin\gamma = \dfrac{\begin{pmatrix}-2\\0,5\\-2,5\end{pmatrix}\cdot\begin{pmatrix}2\\0\\1\end{pmatrix}}{\sqrt{10,5\cdot 5}} = \dfrac{-6,5}{\sqrt{52,5}}$, $\gamma \approx 63,8°$

e) P ist der Mittelpunkt der Kugel, auf der diese Punkte liegen.
Für den Mittelpunkt gilt offensichtlich: $P(5|5|p_3)$.
Einsetzen von E: $25 + 25 + (20-p_3)^2 = r^2$, Einsetzen von S: $(30-p_3)^2 = r^2$
also $450-40p_3+p_3^2 = r^2$ bzw. $900-60p_3+p_3^2$, Subtraktion: $p_3 = 22,5$, also $P(5|5|22,5)$
Abstand $d(P;E) = r = \sqrt{25+25+2,25} \approx 7,5$

17. a) g_1: $\vec{x} = \begin{pmatrix}0\\10\\0\end{pmatrix} + r\begin{pmatrix}5\\-3\\1\end{pmatrix}$, g_2: $\vec{x} = \begin{pmatrix}0\\14\\0\end{pmatrix} + s\begin{pmatrix}5\\3\\1\end{pmatrix}$

T: $\vec{x} = \begin{pmatrix}0\\10\\0\end{pmatrix} + r\begin{pmatrix}5\\-3\\1\end{pmatrix} + s\begin{pmatrix}5\\3\\1\end{pmatrix}$, $\begin{pmatrix}0\\14\\0\end{pmatrix} \in T$, $r = -\frac{2}{3}$, $s = \frac{2}{3}$, T: $x - 5z = 0$ 292

b) $\cos\gamma = \left|\dfrac{\begin{pmatrix}1\\0\\-5\end{pmatrix}\cdot\begin{pmatrix}0\\0\\1\end{pmatrix}}{\sqrt{26}}\right|$, $\gamma \approx 11,31°$

c) g: $\vec{x} = \begin{pmatrix}25\\2\\5\end{pmatrix} + r\begin{pmatrix}-10\\5\\-2\end{pmatrix}$

d) g_i: $\vec{x} = \begin{pmatrix}0\\12\\0\end{pmatrix} + t\begin{pmatrix}5\\0\\1\end{pmatrix}$ $g_i = g$: $t = 1$, $r = 2$, $S(5|12|1)$

e) $\cos\gamma = \dfrac{\left|\begin{pmatrix}-10\\5\\-2\end{pmatrix}\cdot\begin{pmatrix}5\\0\\1\end{pmatrix}\right|}{\sqrt{129\cdot 26}}$, $\gamma \approx 26,12°$

f) $d(A;S) = \sqrt{20^2+10^2+4^2} = \sqrt{516} \approx 22,7$
$d(S;M) = \sqrt{5^2+1^1} = \sqrt{26} \approx 5,1$, $l = 27,8\text{km}$, $t = \frac{l}{v} = \frac{27,8}{500} \approx 0,0556\text{h} \approx 3\text{min}\,20\text{s}$

18. a) Mit z.B. $R(20|10|-0,4) \in E$: $\left|\left(\begin{pmatrix}11\\3\\0,1\end{pmatrix} - \begin{pmatrix}20\\10\\-0,4\end{pmatrix}\right)\cdot\begin{pmatrix}1\\2\\-2\end{pmatrix}\cdot\frac{1}{3}\right| = 8$, Abstand 80km

b) AB: g: $\vec{x} = \begin{pmatrix}7\\2\\0,1\end{pmatrix} + r\begin{pmatrix}4\\1\\0\end{pmatrix}$, $\begin{pmatrix}4r-13\\r-8\\0,5\end{pmatrix}\cdot\begin{pmatrix}1\\2\\-2\end{pmatrix} = 6r - 30 = 0$, $r = 5$, $P(27|7|0,1)$

c) $\begin{pmatrix}23\\6\\0,1\end{pmatrix} = \begin{pmatrix}7\\2\\0,1\end{pmatrix} + r\begin{pmatrix}4\\1\\0\end{pmatrix}$, $r = 4 < 5$, also liegt Q vor P.

292 d) Neuer Kurs: $\vec{v} = \begin{pmatrix} 4 \\ 1 \\ z \end{pmatrix}$ mit $\begin{pmatrix} 4 \\ 1 \\ z \end{pmatrix} \cdot \begin{pmatrix} 1 \\ 2 \\ -2 \end{pmatrix} = 0 \Rightarrow z = 3$

$g_Q: \quad \vec{x} = \begin{pmatrix} 23 \\ 6 \\ 0{,}1 \end{pmatrix} + r\begin{pmatrix} 4 \\ 1 \\ 3 \end{pmatrix}, \quad \cos\gamma = \dfrac{\begin{pmatrix} 4 \\ 1 \\ 0 \end{pmatrix} \cdot \begin{pmatrix} 4 \\ 1 \\ 3 \end{pmatrix}}{\sqrt{17 \cdot 26}} = \dfrac{17}{\sqrt{17 \cdot 26}}, \quad \gamma \approx 36°$

e) $d(Q,E) = \begin{pmatrix} 3 \\ -4 \\ 0{,}5 \end{pmatrix} \cdot \begin{pmatrix} 1 \\ 2 \\ -2 \end{pmatrix} \cdot \frac{1}{3} = 2$, Abstand 20km

f) Mit $\begin{pmatrix} 23 \\ 6 \\ 0{,}1 \end{pmatrix} + r\begin{pmatrix} 4 \\ 1 \\ 3 \end{pmatrix}$ folgt $0{,}1+3r = 0{,}4$ für $r = 0{,}1$, also $T(23{,}4|6{,}1|0{,}4)$

293 19. a) $A(0|8|4)$, $B(0|4|10)$, $C(-8|8|4)$, $E(-8|16|4)$, $F(-11|16|10)$

b) $g_{BD}: \vec{x} = \begin{pmatrix} 0 \\ 4 \\ 10 \end{pmatrix} + r\begin{pmatrix} -1 \\ 0 \\ 0 \end{pmatrix}, \quad g_{FD}: \vec{x} = \begin{pmatrix} -11 \\ 16 \\ 10 \end{pmatrix} + s\begin{pmatrix} 0 \\ -1 \\ 0 \end{pmatrix}$

c) $g_{BD} = g_{FD}$: mit $r = 11$, $s = 12$, $D(-11|4|10)$

d) $g_{DC}: \vec{x} = \begin{pmatrix} -11 \\ 4 \\ 10 \end{pmatrix} + t\begin{pmatrix} 3 \\ 4 \\ -6 \end{pmatrix}, \quad |\overline{DC}| = \sqrt{9+16+36} = \sqrt{61} \approx 7{,}81\text{m}$

e) $\cos\gamma' = \dfrac{\begin{pmatrix} 3 \\ 4 \\ -6 \end{pmatrix} \cdot \begin{pmatrix} 0 \\ 1 \\ 0 \end{pmatrix}}{\sqrt{61}}, \quad \gamma' \approx 59{,}19°, \quad \gamma \approx 120{,}81°$

f) $A_{DCF} = \frac{1}{2}\sqrt{\begin{pmatrix} 3 \\ 4 \\ -6 \end{pmatrix}^2 \cdot \begin{pmatrix} -3 \\ 8 \\ 6 \end{pmatrix}^2 - \left(\begin{pmatrix} 3 \\ 4 \\ -6 \end{pmatrix} \cdot \begin{pmatrix} -3 \\ 8 \\ 6 \end{pmatrix}\right)^2} = \frac{1}{2}\sqrt{61 \cdot 109 - 169} \approx 40{,}25$

$A_{FCE} = \frac{1}{2}\sqrt{\begin{pmatrix} -3 \\ 8 \\ 6 \end{pmatrix}^2 \cdot \begin{pmatrix} 0 \\ 8 \\ 0 \end{pmatrix}^2 - \left(\begin{pmatrix} -3 \\ 8 \\ 6 \end{pmatrix} \cdot \begin{pmatrix} 0 \\ 8 \\ 0 \end{pmatrix}\right)^2} = \frac{1}{2}\sqrt{109 \cdot 64 - 4096} \approx 26{,}83$

$A = 67{,}08\text{m}^2$

alternativ: $A_{Trapez} = \frac{a+c}{2} \cdot h = \frac{12+8}{2} \cdot 6{,}71 = 67{,}1$ mit $h = \sqrt{9+36} \approx 6{,}71$

g) $E_1: \vec{x} = \begin{pmatrix} 0 \\ 8 \\ 4 \end{pmatrix} + r\begin{pmatrix} -1 \\ 0 \\ 0 \end{pmatrix} + s\begin{pmatrix} 0 \\ -4 \\ 6 \end{pmatrix}, \quad \left(\vec{x} - \begin{pmatrix} 0 \\ 8 \\ 4 \end{pmatrix}\right) \cdot \begin{pmatrix} 0 \\ 3 \\ 2 \end{pmatrix} = 0$

$g_{PQ}: \vec{x} = \begin{pmatrix} -2 \\ 5 \\ 12{,}5 \end{pmatrix} + r\begin{pmatrix} 0 \\ 0 \\ 1 \end{pmatrix}$ in E_1: $\left(\begin{pmatrix} -2 \\ -3 \\ 8{,}5-r \end{pmatrix}\right) \cdot \begin{pmatrix} 0 \\ 3 \\ 2 \end{pmatrix} = 8-2r = 0, \quad r = 4, \quad Q(-2|5|8{,}5)$

h) $g_{Schatten}: \vec{x} = \begin{pmatrix} -2 \\ 5 \\ 12{,}5 \end{pmatrix} + r\begin{pmatrix} -4 \\ 2 \\ -7 \end{pmatrix}$ in E_1: $\left(\begin{pmatrix} -2-4r \\ -3+2r \\ 8{,}5-7r \end{pmatrix}\right) \cdot \begin{pmatrix} 0 \\ 3 \\ 2 \end{pmatrix} = 8-8r = 0$

$r = 1, \quad P'(-6|7|5{,}5)$

i) $E_2\colon \vec{x} = \begin{pmatrix}-8\\8\\4\end{pmatrix} + r\begin{pmatrix}0\\1\\0\end{pmatrix} + s\begin{pmatrix}-3\\0\\6\end{pmatrix}, \quad (\vec{x} - \begin{pmatrix}-8\\8\\4\end{pmatrix})\cdot\begin{pmatrix}2\\0\\1\end{pmatrix} = 0$ 293

$$d(K;E_2) = (\begin{pmatrix}11\\12\\26\end{pmatrix} - \begin{pmatrix}-8\\8\\4\end{pmatrix})\cdot\begin{pmatrix}2\\0\\1\end{pmatrix}\cdot\frac{1}{\sqrt{5}} = \frac{38+22}{\sqrt{5}} \approx 26{,}83\text{m}$$

20. a) $E\colon \vec{x} = \begin{pmatrix}0\\500\\0\end{pmatrix} + r\begin{pmatrix}100\\0\\0\end{pmatrix} + s\begin{pmatrix}0\\100\\100\end{pmatrix}, \quad (\vec{x} - \begin{pmatrix}0\\500\\0\end{pmatrix})\cdot\begin{pmatrix}0\\1\\-1\end{pmatrix} = 0$

b) $\cos\gamma = \dfrac{\left|\begin{pmatrix}0\\1\\-1\end{pmatrix}\cdot\begin{pmatrix}0\\0\\1\end{pmatrix}\right|}{\sqrt{2}}, \quad \gamma = 45°$

c) $\vec{x} = \begin{pmatrix}2500\\750\\25\end{pmatrix} + r\begin{pmatrix}-10\\-50\\25\end{pmatrix}$ in $E\colon \begin{pmatrix}2500-10r\\250-50r\\25+25r\end{pmatrix}\cdot\begin{pmatrix}0\\1\\-1\end{pmatrix} = 225 - 75r = 0$

$r = 3, \quad l = 3\cdot\left|\begin{pmatrix}-10\\-50\\25\end{pmatrix}\right| \approx 170{,}37\text{m}$

Ab einer Schnurlänge von ca. 170m gelangt der Drachen in den überwachten Luftraum.

d) $\sin 45° = \sqrt{0{,}5} = \dfrac{\left|\begin{pmatrix}10\\50\\z\end{pmatrix}\cdot\begin{pmatrix}0\\0\\1\end{pmatrix}\right|}{\sqrt{2600+z^2}}, \quad \sqrt{0{,}5}\cdot\sqrt{2600+z^2} = z$

$$0{,}5(2600+z^2) = z^2, \quad z = \sqrt{2600} \approx 51$$

Für $z = 51$ beträgt der Winkel der neuen Lage zur Erde 45°.
Winkel zwischen den Schnurstellungen:

$\cos\gamma' = \dfrac{\begin{pmatrix}-10\\-50\\25\end{pmatrix}\cdot\begin{pmatrix}10\\50\\51\end{pmatrix}}{\sqrt{3225\cdot 5201}}, \quad \gamma' \approx 108{,}88°$ (Drehwinkel)

21. a) $E_1\colon \vec{x} = \begin{pmatrix}5\\-5\\12\end{pmatrix} + r\begin{pmatrix}0\\-5\\4\end{pmatrix} + s\begin{pmatrix}1\\0\\0\end{pmatrix}, \quad E_2\colon \vec{x} = \begin{pmatrix}-5\\5\\12\end{pmatrix} + r\begin{pmatrix}-5\\0\\4\end{pmatrix} + s\begin{pmatrix}0\\1\\0\end{pmatrix}, \quad (\vec{x} - \begin{pmatrix}-5\\5\\12\end{pmatrix})\cdot\begin{pmatrix}4\\0\\5\end{pmatrix} = 0$ 294

b) E_1 in E_2: $\begin{pmatrix}10+s\\-10-5r\\4r\end{pmatrix}\cdot\begin{pmatrix}4\\0\\5\end{pmatrix} = 40 + 4s + 20r = 0, \quad s = -10 - 5r$

$g_{1/2}\colon \vec{x} = \begin{pmatrix}-5\\-5\\12\end{pmatrix} + r\begin{pmatrix}-5\\-5\\4\end{pmatrix}$, r = 0 liefert P(-5|-5|12), r = -1 liefert Q(0|0|8)

$d(P;Q) = \sqrt{25+25+16} = \sqrt{66} \approx 8{,}12$

c) $A = \frac{1}{2}\sqrt{\begin{pmatrix}0\\-5\\2\end{pmatrix}^2\cdot\begin{pmatrix}-5\\0\\2\end{pmatrix}^2 - (\begin{pmatrix}0\\-5\\2\end{pmatrix}\cdot\begin{pmatrix}-5\\0\\2\end{pmatrix})^2} = \frac{1}{2}\sqrt{29^2 - 4^2} = \frac{1}{2}\sqrt{825} \approx 14{,}36\text{m}^2$

d) $h\colon \vec{x} = \begin{pmatrix}5\\5\\6\end{pmatrix} + r\begin{pmatrix}-1\\-1\\-2\end{pmatrix}$, z = 0 für r = 3, S'(2|2|0)

294 22. a) Flussrichtung: $\vec{v}=\begin{pmatrix}8\\8\\0\end{pmatrix}$ (bzw. $\begin{pmatrix}1\\1\\0\end{pmatrix}$), $d(A,B)=\sqrt{64+64}=\sqrt{128}\approx 11{,}31\text{m}$

Flussrichtung: Süd–Osten

b) $E_{\text{Brücke}}: z=30$

c) Mit $P(x|y|10)$, $C(10|5|30)$: $\begin{pmatrix}10\\5\\30\end{pmatrix}=\begin{pmatrix}x\\y\\10\end{pmatrix}+r\begin{pmatrix}-10\\10\\1\end{pmatrix}$ folgt $r=20$, also $P(210|-195|10)$

$d(P,C)=\sqrt{200^2+200^2+20^2}=\sqrt{80400}\approx 283{,}55\text{m}$

$$\cos\gamma=\frac{\begin{pmatrix}-10\\10\\1\end{pmatrix}\cdot\begin{pmatrix}-10\\10\\0\end{pmatrix}}{\sqrt{201\cdot 200}}=\frac{200}{\sqrt{201\cdot 200}},\quad \gamma\approx 4°$$

d) $\overrightarrow{DC}=\begin{pmatrix}1\\3\\28\end{pmatrix}$, Länge $l=|\overrightarrow{DC}|=\sqrt{794}\approx 28{,}18\text{m}$

Steigung: 28m Höhe bei $\sqrt{10}$ in der Horizontalen: $m=\frac{28}{\sqrt{10}}\approx 8{,}85$

23. a) Mit $\begin{pmatrix}850\\-90\\135\end{pmatrix}+r\begin{pmatrix}-10\\10\\-1\end{pmatrix}=\begin{pmatrix}0\\y\\z\end{pmatrix}$ folgt $r=85$, $y=740$, $z=50$, $Q(0|740|50)\in BC$

b) Drei neue Flugrichtungen sind möglich: $\vec{w}_1=\begin{pmatrix}10\\-10\\-1\end{pmatrix}$, $\vec{w}_2=\begin{pmatrix}10\\10\\-1\end{pmatrix}$, $\vec{w}_3=\begin{pmatrix}-10\\-10\\-1\end{pmatrix}$

Berührpunkt $T_1(x|y|0)$: $\begin{pmatrix}x\\y\\0\end{pmatrix}=\begin{pmatrix}0\\740\\50\end{pmatrix}+r\begin{pmatrix}10\\-10\\-1\end{pmatrix}$, $r=50$, $T_1(500|240|0)$

$$\cos\gamma=\frac{\begin{pmatrix}10\\-10\\-1\end{pmatrix}\cdot\begin{pmatrix}10\\-10\\0\end{pmatrix}}{\sqrt{201\cdot 200}}=\frac{200}{\sqrt{201\cdot 200}},\quad \gamma\approx 4°\text{ (gilt für alle 3 Möglichkeiten)}$$

analog: $T_2(500|1240|0)$, $T_3(-500|240|0)$

c) $\begin{pmatrix}475\\1070\\195\end{pmatrix}+r\begin{pmatrix}-325\\-650\\-195\end{pmatrix}=\begin{pmatrix}0\\y\\z\end{pmatrix}$, $r=\frac{19}{13}$, $y=120$, $z=-90$

Der Ball schlägt bei $U(150|420|0)$ am Boden auf ($r=1$) und passiert dann bei $V(0|120|90)$ die Torlinie, trifft also das Tor.

295 24. a) $A(-1|-1|3)$, $B(11|-1|3)$, $C(11|4|9)$, $D(-1|4|9)$, $E(9|4|9)$, $F(1|4|9)$, $K(11|9|3)$

b) E_1: $\vec{x}=\begin{pmatrix}-1\\-1\\3\end{pmatrix}+r\begin{pmatrix}1\\0\\0\end{pmatrix}+s\begin{pmatrix}0\\5\\6\end{pmatrix}$, $\left(\vec{x}-\begin{pmatrix}-1\\-1\\3\end{pmatrix}\right)\cdot\begin{pmatrix}0\\-6\\5\end{pmatrix}=0$

E_2: $\vec{x}=\begin{pmatrix}11\\9\\3\end{pmatrix}+r\begin{pmatrix}1\\0\\0\end{pmatrix}+s\begin{pmatrix}0\\-5\\6\end{pmatrix}$, $\left(\vec{x}-\begin{pmatrix}11\\9\\3\end{pmatrix}\right)\cdot\begin{pmatrix}0\\6\\5\end{pmatrix}=0$

c) $$\cos\gamma=\frac{\begin{pmatrix}0\\-6\\5\end{pmatrix}\cdot\begin{pmatrix}0\\0\\1\end{pmatrix}}{\sqrt{61}},\quad \gamma\approx 50{,}2°$$

d) $\cos\gamma = \left| \frac{\begin{pmatrix}0\\-6\\5\end{pmatrix}\cdot\begin{pmatrix}0\\6\\5\end{pmatrix}}{61} \right|, \quad \gamma \approx 79{,}6° \text{ oder } \gamma = 180° - 2\cdot 50{,}2° = 79{,}6°$ 295

e) $g_G\colon \vec{x} = \begin{pmatrix}9\\0\\7\end{pmatrix} + r\begin{pmatrix}0\\0\\-1\end{pmatrix} \text{ in } E_1: \begin{pmatrix}10\\1\\4-r\end{pmatrix}\cdot\begin{pmatrix}0\\-6\\5\end{pmatrix} = 14-5r = 0, \quad r = 2{,}8, \quad G'(9|0|4{,}2)$

analoge Rechnung oder Symmetrieschluss: H'(1|0|4,2)

f) $A = \frac{g\cdot h}{2} = \frac{2{,}8\cdot 4}{2} = 5{,}6$, Holzbedarf also: $11{,}2\,m^2$

g) $g_S\colon \vec{x} = \begin{pmatrix}3\\3\\10\end{pmatrix} + r\begin{pmatrix}2\\-3\\-2\end{pmatrix} \text{ in } E_3: \vec{x} = \begin{pmatrix}1\\4\\9\end{pmatrix} + r\begin{pmatrix}1\\0\\0\end{pmatrix} + s\begin{pmatrix}0\\-4\\-2\end{pmatrix}, \quad \left(\vec{x} - \begin{pmatrix}1\\4\\9\end{pmatrix}\right)\cdot\begin{pmatrix}0\\-1\\2\end{pmatrix} = 0$

$\begin{pmatrix}2+2r\\-1-3r\\1-2r\end{pmatrix}\cdot\begin{pmatrix}0\\-1\\2\end{pmatrix} = 3-r = 0, \quad r = 3,$ S'(9|−6|4) liegt außerhalb von E_3, der Schatten

liegt also nicht vollständig auf dem Gaubendach.

25. a) $\overrightarrow{BA} = \begin{pmatrix}-1\\3\\0\end{pmatrix}, \quad \overrightarrow{BC} = \begin{pmatrix}3\\1\\0\end{pmatrix}, \quad \overrightarrow{BA}\cdot\overrightarrow{BC} = 0, \quad |\overrightarrow{BA}| = |\overrightarrow{BC}| = \sqrt{10} \approx 3{,}16$

Grundseitenlänge ca. 316,23m

b) $\vec{d} = \vec{c} + \overrightarrow{BA} = \begin{pmatrix}4\\-3\\0\end{pmatrix} + \begin{pmatrix}-1\\3\\0\end{pmatrix} = \begin{pmatrix}3\\0\\0\end{pmatrix}, \quad D(3|0|0)$

Mittelpunkt: M(2|-2|0) (Mitte der Strecke AC), Pyramidenspitze: S(2|-2|2)

c) $E\colon \vec{x} = \begin{pmatrix}0\\-1\\0\end{pmatrix} + r\begin{pmatrix}2\\-1\\2\end{pmatrix} + s\begin{pmatrix}3\\1\\0\end{pmatrix}, \quad \left(\vec{x} - \begin{pmatrix}0\\-1\\0\end{pmatrix}\right)\cdot\begin{pmatrix}2\\-6\\-5\end{pmatrix} = 0$

$$A = \frac{1}{2}\sqrt{\begin{pmatrix}2\\-1\\2\end{pmatrix}^2\cdot\begin{pmatrix}3\\1\\0\end{pmatrix}^2 - \left(\begin{pmatrix}2\\-1\\2\end{pmatrix}\cdot\begin{pmatrix}3\\1\\0\end{pmatrix}\right)^2} = \frac{1}{2}\sqrt{90-25} \approx 4{,}03$$

Flächeninhalt ca. $40311\,m^2$

Winkel bei A: $\cos\alpha = \frac{\begin{pmatrix}2\\-1\\2\end{pmatrix}\cdot\begin{pmatrix}3\\1\\0\end{pmatrix}}{3\cdot\sqrt{10}}, \quad \alpha \approx 58{,}2°$, bei S: $\cos\beta = \left|\frac{\begin{pmatrix}2\\-1\\2\end{pmatrix}\cdot\begin{pmatrix}1\\2\\-2\end{pmatrix}}{9}\right|, \quad \beta \approx 63{,}6°$

bei D: $\cos\gamma = \frac{\begin{pmatrix}-3\\-1\\0\end{pmatrix}\cdot\begin{pmatrix}-1\\-2\\2\end{pmatrix}}{3\cdot\sqrt{10}}, \quad \gamma \approx 58{,}2°$

d) $g_Q\colon \vec{x} = \begin{pmatrix}0{,}5\\5/3\\3{,}5\end{pmatrix} + r\begin{pmatrix}2\\-6\\-5\end{pmatrix} \text{ in } E: \begin{pmatrix}0{,}5+2r\\5/3-6r+1\\3{,}5-5r\end{pmatrix}\cdot\begin{pmatrix}2\\-6\\-5\end{pmatrix} = -32{,}5+65r = 0$

$r = 0{,}5, \quad P(1{,}5|-\frac{4}{3}|1) \text{ in } m: \quad P(150|-133{,}33|100)$

296 26. a) $f_1: \vec{x} = \begin{pmatrix} 3 \\ -2 \\ 5 \end{pmatrix} + r\begin{pmatrix} 2 \\ 2 \\ -1 \end{pmatrix}$, $f_2: \vec{x} = \begin{pmatrix} 6 \\ 2 \\ 6 \end{pmatrix} + s\begin{pmatrix} 2 \\ 1 \\ -1 \end{pmatrix}$

b) E durch A senkrecht zu f_2: $E: \left(\vec{x} - \begin{pmatrix} 3 \\ -2 \\ 5 \end{pmatrix}\right) \cdot \begin{pmatrix} 2 \\ 1 \\ -1 \end{pmatrix} = 0$

f_2 in E: $\left(\begin{pmatrix} 3+2s \\ 4+s \\ 1-s \end{pmatrix}\right) \cdot \begin{pmatrix} 2 \\ 1 \\ -1 \end{pmatrix} = 9 + 6s = 0$, $s = -\frac{3}{2}$, Schnittpunkt von E und f_2: P(3|0,5|7,5)

$d(A;P) = \sqrt{2,5^2 + 2,5^2} = \sqrt{12,5} \approx 3,54$ ist der Abstand von Punkt A zur Geraden f_2.

c) Ansatz $f_1 = f_2$: Das Gleichungssystem $\begin{matrix} -3 & = & -2r+2s \\ -4 & = & -2r+s \\ -1 & = & r-s \end{matrix}$ liefert einen Widerspruch, also sind die Geraden windschief. $d(f_1;f_2) = \left| \begin{pmatrix} 3 \\ 4 \\ 1 \end{pmatrix} \cdot \begin{pmatrix} 1 \\ 0 \\ 2 \end{pmatrix} \cdot \frac{1}{\sqrt{5}} \right| = \sqrt{5} \approx 2,24$ ist ihr Abstand.

d) Flieger 1 ist für r = 3 in P, dann ist Flieger 2 für s = 3 in Q(12|5|3).

e) $\sin\alpha = \dfrac{\left|\begin{pmatrix} 2 \\ 2 \\ -1 \end{pmatrix} \cdot \begin{pmatrix} 0 \\ 0 \\ 1 \end{pmatrix}\right|}{3} = \frac{1}{3}$, $\alpha \approx 19,5°$

Flieger 1 nähert sich unter ca. 19,5° dem Erdboden.

f) z = 0,1 = 5-r gilt für r = 4,9.
Dann gilt x = 3+2 · 4,9 = 12,8 und y = -2+2 · 4,9 = 7,8.
Er befindet sich im Punkt R(12,8|7,8|0,1).

g) Ansatz: $\vec{x} = \begin{pmatrix} 3 \\ -2 \\ 5 \end{pmatrix} + 5\begin{pmatrix} 2 \\ 2 \\ -a \end{pmatrix} = \begin{pmatrix} 13 \\ 8 \\ 5-5a \end{pmatrix}$; es muss $1 \le 5 - 5a \le 2,5$ gelten.

Dies gilt für $0,5 \le a \le 0,8$.
Er müsste die z-Komponente von -1 auf einen Wert zwischen -0,5 und -0,8 korrigieren.

h) $E: \left(\vec{x} - \begin{pmatrix} 3 \\ -2 \\ 5 \end{pmatrix}\right) \cdot \begin{pmatrix} 1 \\ -1 \\ 0 \end{pmatrix} = 0$ f_2 in E: $\left(\begin{pmatrix} 3+2s \\ 4+s \\ 1-s \end{pmatrix}\right) \cdot \begin{pmatrix} 1 \\ -1 \\ 0 \end{pmatrix} = -1 + s = 0$, $s = 1$

F_2 durchfliegt die Ebene E im Punkt S(8|3|5).

d) Gleichung der x-y-Ebene: $E_4: \vec{x} = r\begin{pmatrix} 1 \\ 0 \\ 0 \end{pmatrix} + s\begin{pmatrix} 0 \\ 1 \\ 0 \end{pmatrix}$

E_4 in E_1: $r = -\frac{13}{3} - \frac{4}{3}s$, $g_0: \vec{x} = \begin{pmatrix} -13/3 \\ 0 \\ 0 \end{pmatrix} + r\begin{pmatrix} -4 \\ 3 \\ 0 \end{pmatrix}$

27. a) $E_3: \quad \vec{x} = \begin{pmatrix} 0 \\ 0 \\ 5 \end{pmatrix} + r\begin{pmatrix} 1 \\ 0 \\ 0 \end{pmatrix} + s\begin{pmatrix} 0 \\ 1 \\ 0 \end{pmatrix}$ in E_1: $3r + 4s - 25 = -13$, $r = 4 - \frac{4}{3}s$ 296

Schnittgerade $g: \quad \vec{x} = \begin{pmatrix} 4 \\ 0 \\ 5 \end{pmatrix} + s\begin{pmatrix} -4 \\ 3 \\ 0 \end{pmatrix}$ von E_1 und E_3.

E_3 in E_2: $3r + 4s + 50 = 87$, $r = -4/3s + 9$

Schnittgerade $h: \quad \vec{x} = \begin{pmatrix} 9 \\ 0 \\ 5 \end{pmatrix} + s\begin{pmatrix} -4 \\ 3 \\ 0 \end{pmatrix}$ von E_2 und E_3.

b) Böschungswinkel von E_1: $\cos\alpha = \frac{\left|\begin{pmatrix} 3 \\ 4 \\ -5 \end{pmatrix} \cdot \begin{pmatrix} 0 \\ 0 \\ 1 \end{pmatrix}\right|}{\sqrt{50}} = \frac{5}{\sqrt{50}} = \frac{1}{\sqrt{2}} \approx 0{,}707, \quad \alpha = 45°$

Böschungswinkel von E_2: $\cos\alpha = \frac{\left|\begin{pmatrix} 3 \\ 4 \\ 10 \end{pmatrix} \cdot \begin{pmatrix} 0 \\ 0 \\ 1 \end{pmatrix}\right|}{\sqrt{125}} = \frac{10}{\sqrt{125}} \approx 0{,}89, \quad \alpha \approx 26{,}6°$

c) Abstand z.B. des Punktes Q(4|0|5) zur Geraden h:
Ebene E durch Q senkrecht zu h:

$E: \quad \left(\vec{x} - \begin{pmatrix} 4 \\ 0 \\ 5 \end{pmatrix}\right) \cdot \begin{pmatrix} -4 \\ 3 \\ 0 \end{pmatrix} = 0 \quad$ h in E: $\left(\begin{pmatrix} 2-4s \\ 3s \\ 0 \end{pmatrix}\right) \cdot \begin{pmatrix} -4 \\ 3 \\ 0 \end{pmatrix} = 25s - 20 = 0, \quad s = 0{,}8$

S(5,8|2,4|5), $d(Q;S) = 3$
Die Dammkrone ist 3 m breit.

d) E_4 in E_2: $3r + 4s = 87$, $r = 29 - \frac{4}{3}s$, $\quad h_0: \quad \vec{x} = \begin{pmatrix} 29 \\ 0 \\ 0 \end{pmatrix} + r\begin{pmatrix} -4 \\ 3 \\ 0 \end{pmatrix}$

Ebene F durch R(29|0|0) senkrecht zu g_0:

$F: \quad \left(\vec{x} - \begin{pmatrix} 29 \\ 0 \\ 0 \end{pmatrix}\right) \cdot \begin{pmatrix} -4 \\ 3 \\ 0 \end{pmatrix} = 0 \quad g_0$ in F: $\left(\begin{pmatrix} -100/3-4s \\ 3s \\ 0 \end{pmatrix}\right) \cdot \begin{pmatrix} -4 \\ 3 \\ 0 \end{pmatrix} = \frac{400}{3} + 25s = 0, \quad s = -\frac{16}{3}$

$S_0(17|-16|0)$, $d(R;S_0) = 20$ LE
Die Basis ist 20 m breit.

e) Seilgerade $t: \quad \vec{x} = \begin{pmatrix} 0 \\ -4{,}5 \\ 3 \end{pmatrix} + r\begin{pmatrix} 3 \\ 4 \\ -5 \end{pmatrix}$ in E_1: $9r - 18 + 16r - 15 + 25r = -13$, $r = 0{,}4$

Das Seil trifft im Punkt L(1,2|-2,9|1) auf die Ebene E_1.

Die Seillänge beträgt $l = \sqrt{8} \approx 2{,}83$ m.

f) Der Querschnitt beträgt $A = \frac{3+20}{2} \cdot 5 = 57{,}5$ m.

Für 1000 m werden also 57500 m^3 Erdreich benötigt.

297 28. a) $\overrightarrow{BA}=\begin{pmatrix}4\\0\\-4\end{pmatrix}$, $\overrightarrow{OD}=\overrightarrow{OC}+\overrightarrow{BA}=\begin{pmatrix}2\\4\\9\end{pmatrix}+\begin{pmatrix}4\\0\\-4\end{pmatrix}=\begin{pmatrix}6\\4\\5\end{pmatrix}$, D(6 | 4 | 5)

$A=|AB|\cdot|AD|=\sqrt{32}\cdot\sqrt{8}=16$, der Flächeninhalt des Rechtecks beträgt 16 FE.

b) $\overrightarrow{AE}=\begin{pmatrix}0\\-6\\0\end{pmatrix}$, $\overrightarrow{OF}=\overrightarrow{OB}+\overrightarrow{AE}=\begin{pmatrix}0\\4\\7\end{pmatrix}+\begin{pmatrix}0\\-6\\0\end{pmatrix}=\begin{pmatrix}0\\-2\\7\end{pmatrix}$, F(0 | −2 | 7)

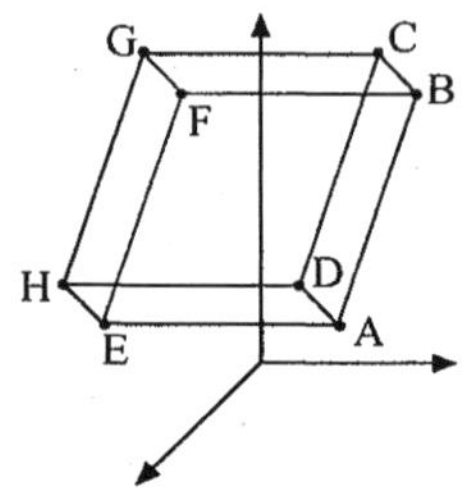

$\overrightarrow{OG}=\overrightarrow{OC}+\overrightarrow{AE}=\begin{pmatrix}2\\4\\9\end{pmatrix}+\begin{pmatrix}0\\-6\\0\end{pmatrix}=\begin{pmatrix}2\\-2\\9\end{pmatrix}$, G(2 | −2 | 9)

$\overrightarrow{OH}=\overrightarrow{OD}+\overrightarrow{AE}=\begin{pmatrix}6\\4\\5\end{pmatrix}+\begin{pmatrix}0\\-6\\0\end{pmatrix}=\begin{pmatrix}6\\-2\\5\end{pmatrix}$, H(6 | −2 | 5)

Es handelt sich um einen Quader, da ABCD ein Rechteck ist (Teil a) und

$\overrightarrow{AB}\cdot\overrightarrow{AE}=\begin{pmatrix}4\\0\\-4\end{pmatrix}\cdot\begin{pmatrix}0\\-6\\0\end{pmatrix}=0$ gilt. Das Volumen beträgt $V=A\cdot h=16\cdot 6=96$ VE.

c) Der Mittelpunkt M liegt z.B. in der Mitte der Strecke

$\overline{EC}$: $\overrightarrow{OM}=\overrightarrow{OC}+\frac{1}{2}\overrightarrow{CE}=\begin{pmatrix}2\\4\\9\end{pmatrix}+\frac{1}{2}\begin{pmatrix}2\\-6\\-6\end{pmatrix}=\begin{pmatrix}3\\1\\6\end{pmatrix}$, M(3 | 1 | 6), $r=|\overrightarrow{MC}|=\left|\begin{pmatrix}-1\\3\\3\end{pmatrix}\right|=\sqrt{19}$.

Kugelgleichung: K: $(x-3)^2+(y-1)^2+(z-6)^2=19$

d) E: $\vec{x}=\begin{pmatrix}0\\4\\7\end{pmatrix}+r\begin{pmatrix}2\\0\\2\end{pmatrix}+s\begin{pmatrix}3\\-3\\-1\end{pmatrix}$ bzw. $\left(\vec{x}-\begin{pmatrix}0\\4\\7\end{pmatrix}\right)\cdot\begin{pmatrix}3\\4\\-3\end{pmatrix}=0$, $\cos\alpha=\dfrac{\left|\begin{pmatrix}3\\4\\-3\end{pmatrix}\cdot\begin{pmatrix}0\\0\\1\end{pmatrix}\right|}{\sqrt{34}}=\dfrac{3}{\sqrt{34}}$

Der von E und der x-y-Ebene eingeschlossene Winkel beträgt ca. 59°.

e) $\overrightarrow{AE}=\begin{pmatrix}0\\-6\\0\end{pmatrix}$, $g_{a,b}$: $\vec{x}=\begin{pmatrix}3\\1\\6\end{pmatrix}+r\begin{pmatrix}a\\0\\b\end{pmatrix}$, $\sin\alpha=\dfrac{\left|\begin{pmatrix}a\\0\\b\end{pmatrix}\cdot\begin{pmatrix}0\\0\\1\end{pmatrix}\right|}{\sqrt{a^2+b^2}}=\dfrac{b}{\sqrt{a^2+b^2}}=\sqrt{\frac{1}{2}}$, $a=\pm b$

Die Gerade g: $\vec{x}=\begin{pmatrix}3\\1\\6\end{pmatrix}+r\begin{pmatrix}1\\0\\\pm 1\end{pmatrix}$ geht durch M und schneidet die x-y-Ebene unter 45°.

29. a) $\overrightarrow{AB}=\begin{pmatrix}0\\4\\3\end{pmatrix}$, $\overrightarrow{AD}=\begin{pmatrix}0\\-3\\4\end{pmatrix}$, $\overrightarrow{BC}=\begin{pmatrix}0\\-3\\4\end{pmatrix}$, $\overrightarrow{CD}=\begin{pmatrix}0\\-4\\-3\end{pmatrix}$

Es gilt:
1. $|AB|=|BC|=|CD|=|AD|=5$
2. $AB \parallel CD$, $AD \parallel BC$
3. $\overrightarrow{AB}\cdot\overrightarrow{AD}=0$, d.h. senkrecht zueinander

Alle vier Seiten sind gleich lang, gegenüberliegende Seiten verlaufen parallel und benachbarte Seiten stehen senkrecht aufeinander, als handelt es sich um ein Quadrat.

$\overrightarrow{OM}=\overrightarrow{OA}+\frac{1}{2}\overrightarrow{AC}=\begin{pmatrix}6\\2\\10\end{pmatrix}+\frac{1}{2}\begin{pmatrix}0\\1\\7\end{pmatrix}=\begin{pmatrix}6\\2,5\\13,5\end{pmatrix}$, M(6 | 2,5 | 13,5), g: $\vec{x}=\begin{pmatrix}6\\2,5\\13,5\end{pmatrix}+r\begin{pmatrix}1\\0\\0\end{pmatrix}$

Die Gerade g verläuft senkrecht durch den Mittelpunkt des Quadrats.

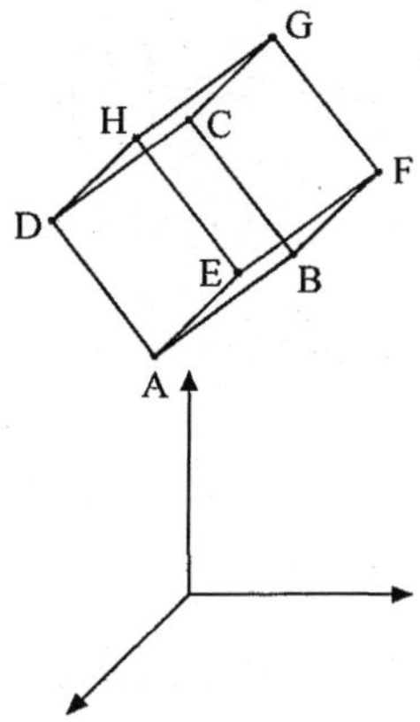

29. b) $\overrightarrow{AE} = \begin{pmatrix} -5 \\ 0 \\ 0 \end{pmatrix} = \overrightarrow{BF} = \overrightarrow{CG} = \overrightarrow{DH}$ 297

$\overrightarrow{AE} \cdot \overrightarrow{AB} = 0$

$V = 5 \cdot 5 \cdot 5 = 125$

c) $\overrightarrow{OM} = \overrightarrow{OA} + \frac{1}{2}\overrightarrow{AG} = \begin{pmatrix} 6 \\ 2 \\ 10 \end{pmatrix} + \frac{1}{2}\begin{pmatrix} -5 \\ 1 \\ 7 \end{pmatrix} = \begin{pmatrix} 3,5 \\ 2,5 \\ 13,5 \end{pmatrix}$

$M(3,5 \mid 2,5 \mid 13,5)$, $\quad r = |AM| = \sqrt{18,75}$

K: $(x-3,5)^2 + (y-2,5)^2 + (z-13,5)^2 = 18,75$

d) $E_1 = E_2$:

mit E_2 : $\vec{x} = \begin{pmatrix} 7,5 \\ 0 \\ 0 \end{pmatrix} + r\begin{pmatrix} 1 \\ 1 \\ 0 \end{pmatrix} + s\begin{pmatrix} 4 \\ 0 \\ -9 \end{pmatrix}$, $\quad \begin{pmatrix} 8+r+4s \\ r \\ -9s \end{pmatrix} \cdot \begin{pmatrix} 9 \\ 9 \\ -4 \end{pmatrix} = 72 + 18r + 72s = 0$, $\quad r = -4 - 4s$

g: $\vec{x} = \begin{pmatrix} 3,5 \\ -4 \\ 0 \end{pmatrix} + s\begin{pmatrix} 0 \\ -4 \\ -9 \end{pmatrix}$ ist die Schnittgerade der Ebenen E_1 und E_2.

$$\cos\alpha = \frac{\left|\begin{pmatrix} 9 \\ 9 \\ -4 \end{pmatrix} \cdot \begin{pmatrix} 9 \\ -9 \\ 4 \end{pmatrix}\right|}{\left|\begin{pmatrix} 9 \\ 9 \\ -4 \end{pmatrix}\right| \cdot \left|\begin{pmatrix} 9 \\ -9 \\ 4 \end{pmatrix}\right|} = \frac{16}{178}, \quad \alpha \approx 84,84°$$ ist der Schnittwinkel der Ebenen.

e) E_3 : $\vec{x} = \begin{pmatrix} 0 \\ -4 \\ 0 \end{pmatrix} + r\begin{pmatrix} 1 \\ 0 \\ 0 \end{pmatrix} + s\begin{pmatrix} 0 \\ 13 \\ 4,5 \end{pmatrix}$ bzw. $\left(\vec{x} - \begin{pmatrix} 0 \\ -4 \\ 0 \end{pmatrix}\right) \cdot \begin{pmatrix} 0 \\ -9 \\ 26 \end{pmatrix} = 0$

$$\cos\alpha = \frac{\left|\begin{pmatrix} 0 \\ -9 \\ 26 \end{pmatrix} \cdot \begin{pmatrix} 0 \\ 0 \\ 1 \end{pmatrix}\right|}{\left|\begin{pmatrix} 0 \\ -9 \\ 26 \end{pmatrix}\right| \cdot \left|\begin{pmatrix} 0 \\ 0 \\ 1 \end{pmatrix}\right|} = \frac{26}{\sqrt{757}}, \quad \alpha \approx 19,1°$$

Der Schnittwinkel der Ebene E_3 mit der x-y-Ebene beträgt ca. 19,1°.

298 30. (1) $\vec{AB}+\vec{BT}+\vec{TA}=\vec{0}$

$$(2)\begin{cases}\vec{AB}=\vec{c}\\ \vec{AC}=\vec{b}\\ \vec{BT}=\alpha\cdot\vec{BC}=\alpha(\vec{b}-\vec{c})=\alpha\vec{b}-\alpha\vec{c}\\ \vec{TA}=-\vec{AT}=-\beta(\frac{\vec{b}}{b}+\frac{\vec{c}}{c})=-\frac{\beta}{b}\vec{b}-\frac{\beta}{c}\vec{c}\end{cases}$$

(3) $(\alpha-\frac{\beta}{b})\vec{b}+(1-\alpha-\frac{\beta}{c})\vec{c}=\vec{0}$

$1-\frac{\beta}{b}-\frac{\beta}{c}=0 \quad , \quad c\beta+b\beta=bc$

$\beta=\frac{bc}{b+c} \quad , \quad \alpha=\frac{c}{b+c}$

$|\vec{BT}|:|\vec{TC}|=\alpha:(1-\alpha)=\frac{c}{b+c}:\frac{b}{b+c}=c:b$

31. $\vec{ML}=\vec{MA}+\vec{AL}=-\frac{\vec{b}}{2}-\vec{c}+\vec{a}+\alpha\cdot\vec{b}+\beta\cdot\vec{c}$

$\vec{KL}=\gamma\cdot\vec{ML} \quad , \quad \vec{OK}=\frac{1}{2}(\vec{a}+\vec{b}+\vec{c})+\gamma(-\frac{\vec{b}}{2}-\vec{c}+\vec{a}+\alpha\cdot\vec{b}+\beta\cdot\vec{c})-\vec{a}-\alpha\cdot\vec{b}-\beta\cdot\vec{c}$

$\Rightarrow \quad (\frac{1}{2}+\gamma-1)\cdot\vec{a}+(\frac{1}{2}-\frac{\gamma}{2}+\gamma\cdot\alpha-\alpha)\cdot\vec{b}+(\frac{1}{2}-\gamma+\gamma\cdot\beta-\beta)\cdot\vec{c}=\vec{0}$

$\frac{1}{2}+\gamma-1=0 \quad \Rightarrow \quad \gamma=\frac{1}{2}$

$\frac{1}{2}-\frac{\gamma}{2}+\gamma\cdot\alpha-\alpha=0 \quad \Rightarrow \quad \alpha=\frac{1}{2}, \quad \frac{1}{2}-\gamma+\gamma\cdot\beta-\beta=0 \quad \Rightarrow \quad \beta=0$

Ergebnis: a) $\vec{AL}=\vec{a}+\frac{\vec{b}}{2}$ b) $\vec{KL}=\frac{1}{2}\cdot\vec{ML}$

32. $\vec{AS_D}=\frac{2}{3}\cdot\frac{1}{2}(\vec{a}+\vec{b})=\frac{1}{3}(\vec{a}+\vec{b})$, $\vec{DS_D}=-\vec{c}+\frac{1}{3}\vec{a}+\frac{1}{3}\vec{b}$, $\vec{DB}=-\vec{c}+\vec{a}$, $\vec{DC}=-\vec{c}+\vec{b}$

$\vec{DS_A}=\frac{2}{3}\cdot\frac{1}{2}(-2\vec{c}+\vec{a}+\vec{b})=\frac{1}{3}(-2\vec{c}+\vec{a}+\vec{b})$, $\vec{AS_A}=\vec{AD}+\vec{DS_A}=\frac{1}{3}(\vec{a}+\vec{b}+\vec{c})$

$\vec{AS}=\alpha\vec{AS_A}=\frac{\alpha}{3}\vec{a}+\frac{\alpha}{3}\vec{b}+\frac{\alpha}{3}\vec{c}$, $\vec{SS_D}=\beta\vec{DS_D}=-\beta\vec{c}+\frac{\beta}{3}\vec{a}+\frac{\beta}{3}\vec{b}$

$\Rightarrow \frac{\alpha}{3}\vec{a}+\frac{\alpha}{3}\vec{b}+\frac{\alpha}{3}\vec{c}+\frac{\beta}{3}\vec{a}+\frac{\beta}{3}\vec{b}-\beta\vec{c}-\frac{1}{3}\vec{a}-\frac{1}{3}\vec{b}=\vec{0}$

$$\left.\begin{array}{l}\frac{\alpha}{3}+\frac{\beta}{3}-\frac{1}{3}=0 \Leftrightarrow \alpha+\beta=1\\ \frac{\alpha}{3}+\frac{\beta}{3}-\frac{1}{3}=0 \Leftrightarrow \alpha+\beta=1\\ \frac{\alpha}{3}-\beta=0 \Leftrightarrow \alpha=3\beta\end{array}\right\} \Rightarrow \beta=\frac{1}{4}, \alpha=\frac{3}{4} \Rightarrow \vec{AS}=\frac{3}{4}\vec{AS_A} \quad , \quad \vec{SS_D}=\frac{1}{4}\vec{DS_D}$$

$\vec{AS}=\vec{AD}+\frac{3}{4}\vec{DS_D}=\vec{c}+\frac{1}{4}\vec{a}+\frac{1}{4}\vec{b}-\frac{3}{4}\vec{c}=\frac{1}{4}\vec{a}+\frac{1}{4}\vec{b}+\frac{1}{4}\vec{c}=\frac{3}{4}\vec{AS_A}$

33. $\vec{HB}=\vec{a}-\vec{b}-\vec{c}$

$\vec{HS}=\alpha\vec{HB}=\alpha\vec{a}-\alpha\vec{b}-\alpha\vec{c}$

$\vec{MT}=\vec{MH}+\vec{HE}+\vec{EA}+\vec{AT}=-\frac{1}{2}\vec{a}-\vec{b}-\vec{c}+\frac{4}{5}\vec{a}+\beta\vec{b}$

$\vec{MS}=\gamma\vec{MT}=-\frac{\gamma}{2}\vec{a}-\gamma\vec{b}-\gamma\vec{c}+\frac{4}{5}\gamma\vec{a}+\beta\gamma\vec{b}$

$\vec{HS}+\vec{SM}+\vec{MH}=\vec{0} \Rightarrow \alpha\vec{a}-\alpha\vec{b}-\alpha\vec{c}+\frac{\gamma}{2}\vec{a}+\gamma\vec{b}+\gamma\vec{c}-\frac{4}{5}\gamma\vec{a}-\beta\gamma\vec{b}-\frac{1}{2}\vec{a}=\vec{0}$

I. $\alpha+\frac{\gamma}{2}-\frac{4}{5}\gamma-\frac{1}{2}=0$ I'. $\alpha+\frac{1}{2}\alpha-\frac{4}{5}\alpha=\frac{1}{2} \Leftrightarrow \frac{7}{10}\alpha=\frac{1}{2} \Leftrightarrow \alpha=\frac{5}{7}=\gamma$

II. $-\alpha+\gamma-\beta\gamma=0$ II'. $\beta=0$

III. $-\alpha+\gamma=0$ $\Rightarrow \vec{AT}=\frac{4}{5}\vec{a}$

Resultat: $\beta=0$, S teilt MT im Verhältnis 5 : 2.

34. a) $a\begin{pmatrix}-1\\1\\-2\end{pmatrix}+b\begin{pmatrix}1\\0\\3\end{pmatrix}+c\begin{pmatrix}-1\\2\\-1\end{pmatrix}=\begin{pmatrix}0\\0\\0\end{pmatrix}$ hat unendlich viele Lösungen (z.B. $a=2$, $b=1$, $c=-1$). 299

Die Vektoren $\vec{a}_{-1}$, $\vec{b}_{-1}$, $\vec{c}_{-1}$ sind linear abhängig. Die Vektoren $\vec{a}_{-1}$, $\vec{b}_{-1}$ sind aber linear unabhängig: $a\begin{pmatrix}-1\\1\\-2\end{pmatrix}+b\begin{pmatrix}1\\0\\3\end{pmatrix}=\begin{pmatrix}0\\0\\0\end{pmatrix} \Rightarrow a=0,\, b=0$

Also bilden $\left\{\vec{a}_{-1}, \vec{b}_{-1}\right\}$ eine Basis von U und folglich ist $\dim U = 2$.

$U=\left\{r\begin{pmatrix}-1\\1\\-2\end{pmatrix}+s\begin{pmatrix}1\\0\\3\end{pmatrix}:\ r,s\in\mathbb{R}\right\}$, $\vec{d}\in U$: $\begin{pmatrix}-1\\4\\1\end{pmatrix}=4\begin{pmatrix}-1\\1\\-2\end{pmatrix}+3\begin{pmatrix}1\\0\\3\end{pmatrix}$

U stellt eine Ursprungsebene dar mit den Richtungsvektoren $\begin{pmatrix}-1\\1\\-2\end{pmatrix}$ und $\begin{pmatrix}1\\0\\3\end{pmatrix}$.

Parameterfreie Darstellung:

$$\begin{pmatrix}x\\y\\z\end{pmatrix}=r\begin{pmatrix}-1\\1\\-2\end{pmatrix}+s\begin{pmatrix}1\\0\\3\end{pmatrix},\quad -3x-y+z=0 \Rightarrow U=\left\{\begin{pmatrix}x\\y\\z\end{pmatrix}\in V_3:\ -3x-y+z=0\right\}$$

b) $\vec{a}_2$, $\vec{c}_2$ gehören zu W, da $\vec{a}_2=\begin{pmatrix}-1\\1\\1\end{pmatrix}$, $\begin{pmatrix}-1\\1\\1\end{pmatrix}\cdot\begin{pmatrix}-3\\1\\-4\end{pmatrix}=0$, $\vec{c}_2=\begin{pmatrix}2\\2\\-1\end{pmatrix}$, $\begin{pmatrix}2\\2\\-1\end{pmatrix}\cdot\begin{pmatrix}-3\\1\\-4\end{pmatrix}=0$ gilt.

$\vec{a}_2$, $\vec{c}_2$ sind linear unabhängig $(r\vec{a}_2+s\vec{c}_2=\vec{0}\Rightarrow r=s=0)$.

Es gilt: $W=\left\{\begin{pmatrix}x\\y\\z\end{pmatrix}\in V_3 \,\middle|\, -3x+y-4z=0\right\}=\left\{r\begin{pmatrix}1\\3\\0\end{pmatrix}+s\begin{pmatrix}0\\4\\1\end{pmatrix},\ r,s\in\mathbb{R}\right\}$

$$\begin{aligned}x&=r\\ y&=3x+4z=3r+4s,\\ z&=s\end{aligned}\qquad \begin{pmatrix}x\\y\\z\end{pmatrix}=r\begin{pmatrix}1\\3\\0\end{pmatrix}+s\begin{pmatrix}0\\4\\1\end{pmatrix}$$

Daher ist $\dim W = 2$, denn $\left\{\begin{pmatrix}1\\3\\0\end{pmatrix},\begin{pmatrix}0\\4\\1\end{pmatrix}\right\}$ bilden eine Basis von W.

Folglich bilden auch $\left\{\vec{a}_2, \vec{c}_2\right\}$ eine Basis von W.

c) Die Vektoren $\vec{a}_t$, $\vec{b}_t$, $\vec{c}_t$ sind für $t \neq 0{,}5$ und $t\neq -1$ linear unabhängig. Wegen $\dim V_3$ bilden sie für diese Fälle eine Basis.

d) $\vec{b}_t\cdot\vec{c}_t=\begin{pmatrix}1\\0\\1-2t\end{pmatrix}\cdot\begin{pmatrix}t\\2\\-1\end{pmatrix}=3t-1=0 \Rightarrow t=\frac{1}{3}$

e) Da $\dim Z = 2$ ist, muss nur die lineare Unabhängigkeit von $\vec{v}_1+\vec{v}_2$, $\vec{v}_1-\vec{v}_2$ gezeigt werden $(Z=\left\{r\vec{v}_1+s\vec{v}_2 \mid r,s\in R\right\})$.

$r(\vec{v}_1+\vec{v}_2)+s(\vec{v}_1-\vec{v}_2)=\vec{0}\Rightarrow (r+s)\vec{v}_1+(r-s)\vec{v}_2=\vec{0}$

Da $\vec{v}_1$ und $\vec{v}_2$ linear unabhängig sind, muss $r+s=0$ und $r-s=0$ sein, woraus $r=s$ in I eingesetzt $2r=0$ und somit $r=s=0$ folgt. Also ist auch $\left\{\vec{v}_1+\vec{v}_2, \vec{v}_1-\vec{v}_2\right\}$ eine Basis von Z.

299 35. a) i) Nachweis, dass f_1, f_2, f_3 linear unabhängig sind:

$$r \cdot f_1 + s \cdot f_2 + t \cdot f_3 = 0 \qquad \text{(Nullpolynom)}$$
$$r \cdot 2 + s \cdot (1-x) + t \cdot (2x + x^2) = 0 \cdot x^2 + 0 \cdot x + 0$$
$$2r + s + x \cdot (-s + 2t) + t \cdot x^2 = 0 \cdot x^2 + 0 \cdot x + 0$$

Koeffizientenvergleich: $2r+s = 0$, $-s+2t = 0$, $t = 0$, $r = s = t = 0$, linear unabhängig

ii) Nachweis, dass es sich um ein Erzeugendensystem handelt:

$$P_2 = \left\{ax^2 + bx + c\,,\, a\,,\, b\,,\, c \in \mathbb{R}\right\},\ p(x) \in P_2 \text{ beliebig}$$
$$p(x) = ax^2 + bx + c = r \cdot f_1(x) + s \cdot f_2(x) + t \cdot f_3(x)$$
$$= tx^2 + (-s + 2t)x + 2r + s$$

Koeffizientenvergleich:

$a = t$, $b = -s+2t$, $c = 2r+s$, $r = \frac{1}{2}c + \frac{1}{2}b - a$, $s = 2a - b$, $t = a$

Für beliebiges $p(x) = ax^2 + bx + c$ aus P_2 gilt:

$$p(x) = ax^2 + bx + c = (-a + \tfrac{1}{2}b + \tfrac{1}{2}c) \cdot f_1(x) + (2a - b) \cdot f_2(x) + a \cdot f_3(x)$$

$B = \left\{f_1, f_2, f_3\right\}$ ist also ein Erzeugendensystem von P_2 und bildet mit (i) eine Basis von P_2.

b) $p(x) = 3x^2 - 2x + 4$, $a = 3$, $b = -2$, $c = 4$

$p(x) = 3x^2 - 2x + 4 = -2f_1(x) + 8f_2(x) + 3f_3(x)$

c) Es sei $A = \begin{pmatrix} 2 & 0 & 0 \\ 1 & -1 & 0 \\ 0 & 2 & 1 \end{pmatrix}$. Gesucht ist die inverse Matrix A^{-1}, denn es gilt:

$$\begin{pmatrix} f_1 \\ f_2 \\ f_3 \end{pmatrix} = A \cdot \begin{pmatrix} 1 \\ x \\ x^2 \end{pmatrix} \quad | A^{-1} \cdot \quad \Rightarrow \quad A^{-1} \cdot \begin{pmatrix} f_1 \\ f_2 \\ f_3 \end{pmatrix} = E \cdot \begin{pmatrix} 1 \\ x \\ x^2 \end{pmatrix} = \begin{pmatrix} 1 \\ x \\ x^2 \end{pmatrix},\ A^{-1} = \begin{pmatrix} 0{,}5 & 0 & 0 \\ 0{,}5 & -1 & 0 \\ -1 & 2 & 1 \end{pmatrix}$$

d) Nach a) ist B eine Basis und infolgedessen $\dim P_2 = 3$. 3 linear unabhängige Elemente aus B bilden also stets eine Basis. Es bleibt zu bestimmen, für welche Werte von $t \in \mathbb{R}$ die gegebenen drei Polynome linear unabhängig sind.

$$a \cdot (-x^2 + 2x + 3) + b \cdot (2x^2 + x + 3) + c \cdot (3tx^2 + x + t) = 0 \quad \text{(Nullpolynom)}$$
$$x^2 \cdot (-a + 2b + 3ct) + x \cdot (2a + b + c) + (3a + 3b + ct) = 0 \cdot x^2 + 0 \cdot x + 0$$

Koeffizientenvergleich: $\begin{matrix} -a+2b+3tc = 0 \\ 2a+b+c = 0 \\ 3a+3b+tc = 0 \end{matrix} \Rightarrow \begin{matrix} -a+2b+3tc = 0 \\ 5b+(6t+1)c = 0 \\ 9b+10tc = 0 \end{matrix} \Rightarrow \begin{matrix} -a+2b+3tc = 0 \\ 5b+(6t+1)c = 0 \\ (4t+9)tc = 0 \end{matrix}$

Für $t \neq -2{,}25$ ist die gegebene Menge linear unabhängig, also eine Basis.

e) U ist kein Vektorraum, denn:

$x^2 + x + 1 \in U$, $2x^2 + 2x + 1 \in U$ aber $(x^2 + x + 1) + (2x^2 + 2x + 1) \notin U$, da $f(0) = 2 \neq 1$ ist.

V ist ein Untervektorraum von P_2.

Nachweis: Alle Polynome 2. Grades, die symmetrisch zu $x = 1$ sind, haben ihren Scheitelpunkt auf $x = 1$ liegen, d.h. sie sind vom Typ $f(x) = a(x-1)^2 + b$. Polynome 1. Grades können nicht symmetrisch zu $x = 1$ sein, Polynome 0. Grades sind alle symmetrisch zu $x = 1$. Folglich gilt $V = \left\{f \,\middle|\, f(x) = a(x-1)^2 + b\,,\, a, b \in \mathbb{R}\right\}$.

Es gilt $(x-1)^2 = x^2 - 2x + 1 \in V \Rightarrow V \neq \varnothing$.

300

36. a) $A = \begin{pmatrix} 2 & 0 & 1 \\ 3 & 4 & 2 \\ 2 & 2 & 0 \\ 0 & 4 & 2 \end{pmatrix}, \quad B = \begin{pmatrix} 1 & 2 & 4 \\ 2 & 2 & 2 \\ 2 & 1 & 1 \end{pmatrix}$

b) $C = A \cdot B = \begin{pmatrix} 2 & 0 & 1 \\ 3 & 4 & 2 \\ 2 & 2 & 0 \\ 0 & 4 & 2 \end{pmatrix} \cdot \begin{pmatrix} 1 & 2 & 4 \\ 2 & 2 & 2 \\ 2 & 1 & 1 \end{pmatrix} = \begin{pmatrix} 4 & 5 & 9 \\ 15 & 16 & 22 \\ 6 & 8 & 12 \\ 12 & 10 & 10 \end{pmatrix}$

c) $R_1 : 50 \cdot 18 = 900, \quad R_2 : 50 \cdot 53 = 2650, \quad R_3 : 50 \cdot 26 = 1300, \quad R_4 : 50 \cdot 32 = 1600$

d) $x + 2y + 4z = 50$
$2x + 2y + 2z = 60$
$2x + y + z = 45, \quad x = 15, \quad y = 12{,}5, \quad z = 2{,}5$

Es können $15E_1$, $12E_2$ und $2E_3$ hergestellt werden.
Es verbleiben $3Z_1$, $2Z_2$ und $1Z_3$, woraus nochmals $1E_2$ gefertigt werden kann.
Dann verbleibt lediglich noch $1Z_1$.

e) Bezeichnungsfehler: R_1: 900, R_2: 2650, R_3: 1300, R_4: 1600
$R_1(4x+250+540) + R_2(15x+800+1320) + R_3(6x+480+720) + R_4(12x+500+600)$
$4x + 790 = 900, \quad x = 27{,}5$
$15x + 2120 = 2650, \quad x = 35{,}3...$
$6x + 1120 = 1300, \quad x = 30$
$12x + 1100 = 1600, \quad x = 41{,}6...$
Die Rohstoffmengen reichen aus, wenn die Produktion von E_1 auf 27 gedrosselt wird.

37. a) R_1: grün , R_2: gelb
Z_1: grün, grün
Z_2: gelb, gelb
Z_3: grün, gelb
E_1: 2 grün, grün, 2 grün, gelb
E_2: 4 gelb, gelb

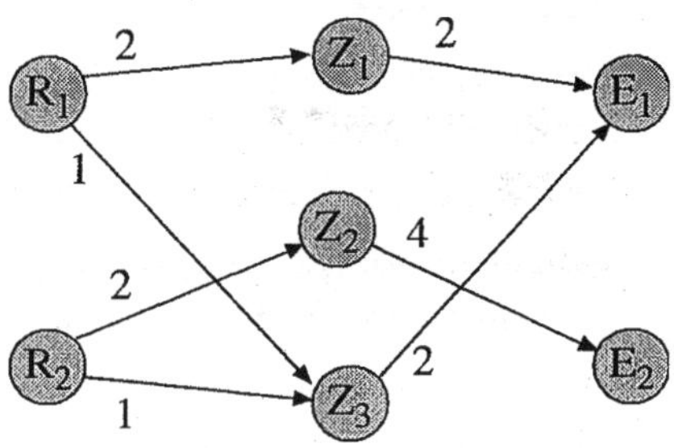

b) $A = \begin{pmatrix} 2 & 0 & 1 \\ 0 & 2 & 1 \end{pmatrix}, \quad B = \begin{pmatrix} 2 & 0 \\ 0 & 4 \\ 2 & 0 \end{pmatrix}, \quad C = A \cdot B = \begin{pmatrix} 2 & 0 & 1 \\ 0 & 2 & 1 \end{pmatrix} \cdot \begin{pmatrix} 2 & 0 \\ 0 & 4 \\ 2 & 0 \end{pmatrix} = \begin{pmatrix} 6 & 0 \\ 2 & 8 \end{pmatrix}$

Die erste Spalte von C beschreibt den Rohstoffbedarf des Endproduktes E_1: $6R_1 + 2R_2$
Die zweite Spalte von C beschreibt den Rohstoffbedarf des Endproduktes E_2: $0R_1 + 8R_2$

c) $\begin{pmatrix} 6 & 0 \\ 2 & 8 \end{pmatrix} \cdot \begin{pmatrix} 50 \\ 100 \end{pmatrix} = \begin{pmatrix} 300 \\ 900 \end{pmatrix}$, d.h. $300R_1$ und $900R_2$

301 38. a)

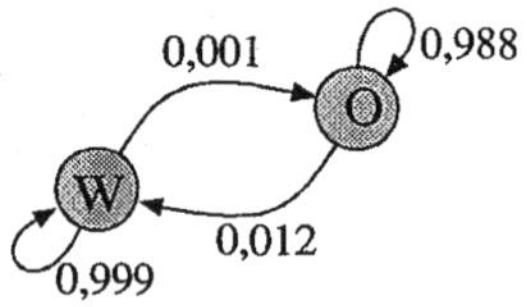

$$M = \begin{pmatrix} 0{,}999 & 0{,}012 \\ 0{,}001 & 0{,}988 \end{pmatrix}$$

b) 2006: $M \cdot \begin{pmatrix} 70 \\ 13 \end{pmatrix} = \begin{pmatrix} 0{,}999 & 0{,}012 \\ 0{,}001 & 0{,}988 \end{pmatrix} \cdot \begin{pmatrix} 70 \\ 13 \end{pmatrix} = \begin{pmatrix} 70{,}086 \\ 12{,}914 \end{pmatrix}$

2007: $M^2 \cdot \begin{pmatrix} 70 \\ 13 \end{pmatrix} = \begin{pmatrix} 0{,}999 & 0{,}012 \\ 0{,}001 & 0{,}988 \end{pmatrix} \cdot \begin{pmatrix} 70{,}086 \\ 12{,}914 \end{pmatrix} = \begin{pmatrix} 70{,}171 \\ 12{,}829 \end{pmatrix}$

2010: $M^5 \cdot \begin{pmatrix} 70 \\ 13 \end{pmatrix} = \begin{pmatrix} 70{,}419 \\ 12{,}581 \end{pmatrix}$

c) $M \cdot \vec{x} = \vec{x}: \quad -x + 12y = 0$

$x + y = 83, \quad x = 76{,}62, \quad y = 6{,}38$

Langfristig wird die Einwohnerzahl im Osten auf 6,38 Mio schrumpfen.

Grenzmatrix: $\frac{1}{13}\begin{pmatrix} 12 & 12 \\ 1 & 1 \end{pmatrix}$

d) Ansatz: $\begin{pmatrix} 0{,}999 & a \\ 0{,}001 & 1-a \end{pmatrix} \cdot \begin{pmatrix} 73 \\ 10 \end{pmatrix} = \begin{pmatrix} 73 \\ 10 \end{pmatrix}$

$72{,}927 + 10a = 73$, d.h. $a = 0{,}0073$

Bei einer Wanderungsrate von 0,73% von Ost nach West und 0,1% von West nach Ost würde sich ein Westbestand von 73 Mio und ein Ostbestand von 10 Mio stabilisieren.

39. a) Bestände im nächsten Jahr: $\begin{pmatrix} 0{,}6 & 0{,}1 & 0{,}2 \\ 0{,}2 & 0{,}8 & 0{,}3 \\ 0{,}2 & 0{,}1 & 0{,}5 \end{pmatrix} \cdot \begin{pmatrix} 400 \\ 400 \\ 200 \end{pmatrix} = \begin{pmatrix} 320 \\ 460 \\ 220 \end{pmatrix}$

Bestände im übernächsten Jahr: $\begin{pmatrix} 0{,}6 & 0{,}1 & 0{,}2 \\ 0{,}2 & 0{,}8 & 0{,}3 \\ 0{,}2 & 0{,}1 & 0{,}5 \end{pmatrix} \cdot \begin{pmatrix} 320 \\ 460 \\ 220 \end{pmatrix} = \begin{pmatrix} 282 \\ 498 \\ 220 \end{pmatrix}$

b) $M \cdot \vec{x} = \vec{x}: \quad -4x + y + 2z = 0$

$2x - 2y + 3z = 0$

$x + y + z = 1000, \quad x = 241, \quad y = 552, \quad z = 207$

Langfristig werden sich die Bestände so stabilisieren: J_1: 241 , J_2: 552 , J_3: 207 Tiere

c) Die Matrix M aus a) ist zu ersetzen durch die Matrix A M mit $A = \begin{pmatrix} 0{,}5 & 0 & 0 \\ 0 & 0{,}5 & 0 \\ 0 & 0 & 2 \end{pmatrix}$.

Bestände im nächsten Jahr: $A \cdot M \cdot \begin{pmatrix} 400 \\ 400 \\ 200 \end{pmatrix} = \begin{pmatrix} 160 \\ 230 \\ 440 \end{pmatrix}$

Bestände im übernächsten Jahr: $(A \cdot M)^2 \cdot \begin{pmatrix} 400 \\ 400 \\ 200 \end{pmatrix} = \begin{pmatrix} 103{,}5 \\ 174 \\ 550 \end{pmatrix}$